U0193259

《丝绸之路南道的历史变迁——塔里木盆地南缘绿洲史地考索》
承蒙浙江大学董氏东方文史哲研究奖励基金资助出版

中亚与丝路文明研究丛书

刘进宝　主编

丝绸之路南道的历史变迁

——塔里木盆地南缘绿洲史地考索

罗帅 —— 著

读者出版传媒股份有限公司

甘肃教育出版社

图书在版编目（CIP）数据

丝绸之路南道的历史变迁：塔里木盆地南缘绿洲史
地考索 / 罗帅著. -- 兰州：甘肃教育出版社，2023.3
（中亚与丝路文明研究丛书 / 刘进宝主编）
ISBN 978-7-5423-5587-4

Ⅰ. ①丝… Ⅱ. ①罗… Ⅲ. ①丝绸之路—绿洲—研究
Ⅳ. ①P942.450.73

中国国家版本馆 CIP 数据核字（2023）第 037513 号

丝绸之路南道的历史变迁
——塔里木盆地南缘绿洲史地考索
罗　帅　著

策　　划　马永强　薛英昭　孙宝岩
项目负责　伏文东
责任编辑　李慧娟　何佩佩
封面设计　MM 末末美书

出　版　甘肃教育出版社
社　址　兰州市读者大道 568 号　730030
电　话　0931-8436489(编辑部)　0931-8773056(发行部)
传　真　0931-8435009
淘宝官方旗舰店　http://shop111038270.taobao.com

发　行　甘肃教育出版社　印　刷　山东新华印务有限公司
开　本　787 毫米×1092 毫米　1/16　印　张　29　插　页　2　字　数　389 千
版　次　2023 年 3 月第 1 版
印　次　2023 年 3 月第 1 次印刷
书　号　ISBN 978-7-5423-5587-4　定　价　108.00 元

总　序

　　浙江是我国名闻遐迩的丝绸故乡，敦煌则是丝绸之路的"咽喉之地"。自唐代开始，浙江又因丝绸经海上运输日本，成为海上丝路的起点之一。1900 年，敦煌学兴起后，中国学者首先"预流"者，即是浙江籍的学者罗振玉与王国维，随后几代浙江学人奋随其后，为敦煌学的发展与丝路文化的发扬光大做出了巨大贡献。

　　浙江大学关于中亚等丝绸之路沿线区域的研究起步较早。1939 年初，向达先生受聘为浙江大学史地系教授，从事西域历史文化与丝绸之路研究；1942 年 8 月，方豪先生受聘为浙江大学史地系教授，主讲"中西交通史"和"元史"课程，后来出版的史学名著《中西交通史》，就是在浙江大学历年讲义的基础上增补修订而成的。20 世纪 80 年代，黄时鉴先生在历史系带领团队成员从事中西关系史研究，出版了大量学术论著，培养了一批中外关系史方向的研究生。

　　2013 年，国家提出"一带一路"倡议后，浙江大学充分发挥自身在敦煌学与丝绸之路研究方面的优势，于 2015 年发起成立"一带一路"合作与发展协同创新中心，主编出版了《"一带一路"读本》和《"一带一路"一百问》。经过几年的建设，形成了丝路文明研究的核心学术团队，于 2016 年组建成立了浙江大学人文学院丝路文明研究中心。丝路文明研究团队的成员承担了一批国家社科基金重大、重点项目和一般项目、青年项目，发表了一批有影响的学术论文，团队的集体成果"敦煌学与丝路文明"还入选浙江大学"十大学术进展"。

此外，丝路文明研究团队编辑出版的《浙江学者丝路敦煌学术书系》，全套计划出版 40 种，目前已经出版 25 种，且有多种重印。其中 5 种入选国家社科基金中华学术外译项目（将以 11 个语种出版），1 种入选"经典中国国际出版工程"，并整体向台湾万卷楼图书股份有限公司输出了繁体字版权，已在台湾出版中文繁体字版 13 种。实现了社会效益和经济效益的双丰收。从 2016 年开始创办《丝路文明》学刊，每年一辑，已经出版 7 辑，得到了国内外学术界的高度赞扬和好评。同时还以学术研究反哺教学，主持承担"敦煌学与'一带一路'"通识核心课程群，在全校开设通识核心课程和专业课程。

正是在这种良好的基础上，2020 年 8 月，浙江大学中亚与丝路文明研究中心成功入选国家民委"一带一路"国别和区域研究中心名单。

中亚与丝路文明研究中心成立后，我们在继续编辑出版《丝路文明》学刊和《浙江学者丝路敦煌学术书系》的基础上，还主办了"敦煌学与丝路文明"系列讲座，邀请海内外著名学者前来切磋学术，加强本团队成员对国内外学术前沿动态的把握。

《丝路文明》学刊的编辑出版和"敦煌学与丝路文明"系列讲座的开办，得到了海内外学者的大力支持，也进一步加强了我们与国内外学界的联系与交流。为了感谢海内外学者对我们的信任与支持，我们编辑了《中亚与丝路文明研究》丛书。

本套丛书的作者，既有浙江大学中亚与丝路文明研究中心成员的成果，如冯培红《鱼国之谜——从葱岭东西到黄河两岸》、余欣《西域文献与中古中国知识-信仰世界》、罗帅《丝绸之路南道的历史变迁——塔里木盆地南缘绿洲史地考索》、刘进宝《西北史地与丝路文明》，更有海内外知名学者的论著，如南京大学刘迎胜教授的《古代中国与亚洲文明》、中国人民大学王子今教授的《汉代丝绸之路文化史》、北京大学荣新江教授的《唐宋于阗史探研》、日本大阪大学荒川正晴教授的《欧亚交通、贸易与唐帝国》。刘迎胜先生、王子今先生、荣新江先生和荒川正晴先生，都是海内外最著名的丝绸之路研究专家，浙江大学的诸位中青年学者，也在国内外学术界有较好的影响和地位，从而保证了丛书的质量。

《中亚与丝路文明研究》丛书，研究的内容涉及历史、地理、政治、经济、文化等各个方面，较为系统地反映了中亚与丝绸之路的历史变迁，多元文化的交流碰撞，多民族、多文明的交汇融合和共同繁荣，为读者进一步了解、认识中亚与丝绸之路的历史地理、民族文化、社会生态及其在东西方文明交流过程中的历史面貌和历史地位提供了全新的视角。

丛书既有对国内新成果、新资料的继承和利用，又有对国际学术界相关研究成果、研究方法的吸收和借鉴；既注意将中亚与丝绸之路研究置于中西政治、经济、文化交流的研究视角之下，对各种考古发现和文献文本材料进行精细解读、微观探讨，又注意将其置于国际学术视野中，从更长更大的时空维度来探讨"丝路文明"的价值和意义。

在本丛书即将出版之际，对各位作者表示衷心的感谢！尤其感谢刘迎胜先生、王子今先生、荣新江先生和荒川正晴先生对我们的信任，同意将其大著收入本丛书出版！感谢浙江大学亚洲文明研究院和社会科学研究院的大力支持！感谢甘肃教育出版社一如既往的倾力支持。

刘进宝

2022 年 12 月 18 日

序

  传统的丝绸之路干道，一般是指从长安出发，经河西走廊、塔里木盆地，越帕米尔高原，经中亚、波斯，到达地中海世界的古代交通道路。丝绸之路南道，一般指的是这一干道中经过塔里木盆地南沿，从罗布泊地区的鄯善，经且末、尼雅、于阗、莎车，到疏勒的一段。汉代张骞"凿空"西域，打通中西交往之路，他第一次出使的回程，就是走的丝路南道。汉唐之间，虽然经行塔里木盆地北沿的丝绸之路北道，有高昌、焉耆、龟兹等大国可以获得供给，但这一线易受天山北麓游牧民族的侵袭，因此南道虽然路况不如北道，自然条件艰苦难行，但不论求法僧人，还是往来商旅，更多采用南道而行。这里不仅可以避开北方游骑的劫掠，商队行进较少风险；而且对于求法僧人来说，更有从莎车南下"悬渡"，短距离进入佛国世界的捷径。所以，我们看到早期来华的粟特商人，多采用丝路南道；而不论向西的朱士行、法显、惠生、宋云，还是东归的玄奘，都选择了南道。五代宋初，敦煌的归义军政权与于阗王国一直维持婚姻关系，双方往来密切，也为使者、僧人、商旅提供经行南道的后援。直到蒙元时期，北道受元朝与察合台汗国征战的影响，而南道相对安稳，所以马可波罗一行就取南道前往上都。可以说，从汉代到元朝，丝绸之路南道为东西方的交往提供了便利通道，南道诸国和地方政权也为东往西来的人众提供了援助，促进了物质文化和精神文化的交往。

  然而，传统的研究往往集中在一个点或一个时段，如于阗、鄯善就有丰富的研究成果，汉与唐时的西域，更是备受关注，但很少有人做总体的观察。罗帅的这本《丝绸之路南道的历史变迁》，正是以汉到元的长时段作为观察的时限，而且是对丝路南道各地发展的总体观察。这种区域研究的长时段视角，可以看到个别地域研究的短板，也可以从对比中发现各地在历史长河中的盛衰变化。

罗帅早年求学于中山大学，主攻考古学。保送北京大学考古文博学院硕士生后，跟从林梅村教授做中亚考古研究，兼留意简牍文献材料。后又进入历史学系博士生阶段，跟从我做中外关系史研究，以汉、罗马、贵霜三者的关系为研究主题，旁及塔里木盆地出土钱币及河西出土汉简。随后又在北大国际汉学家研修基地做博士后，跟从我进行《马可波罗寰宇记》的研究，专注唐至元西域南道史料，以深入了解马可波罗所经行的丝路南道情形。本书就是在此工作的基础上，加工、整理而成。罗帅学科背景丰富，眼界开阔，基础扎实，平日学习用功，努力钻研，知识积累相当深厚，又熟悉网络资源，对海内外考古、文献资料能够及时把握，这本《丝绸之路南道的历史变迁》正是他治学成绩的完美展现。

我与罗帅有多年师生之谊，因略述作者的治学脉络和此书的立意与创新之处，是为序。

荣新江

2022 年 9 月 25 日于三升斋

目 录

绪　论

第一节　史料概况

丝绸之路南道，指沿昆仑山和阿尔金山北麓、塔克拉玛干沙漠南缘的东西向通道。《汉书·西域传》记载："自玉门、阳关出西域有两道。从鄯善傍南山北，波河西行至莎车，为南道；南道西逾葱岭则出大月氏、安息。"[①] 所谓张骞凿空，关键在于打通了这段道路，从而使整个东西方路网得以有效运行。历史上，南道过于阗之后，可在皮山、莎车向西南逾葱岭至罽宾；亦可从莎车继续西行至疏勒，然后逾葱岭。南道是一条沙漠绿洲之路，它自东向西依次串联了若羌绿洲（汉鄯善，晋唐纳缚波，元罗卜）、且末绿洲（汉唐且末，元阇鄘）、克里雅绿洲（汉扞弥，唐坎城、媲摩，元培因）、和田绿洲（汉唐于阗，元忽炭、斡端）、莎车绿洲（汉莎车，唐乌铩，元鸦儿看）和喀什绿洲（汉唐疏勒、伕沙，元可失合儿）等大块绿洲，以及米兰、瓦石峡、策勒、皮山等小型绿洲。曾经生活于这些绿洲的族群聚落历经兴衰变迁，贯穿其间的南道亦随之时兴时废。各个时期留下的文献和文物材料，在数量上存在较大差异。

10 世纪之前，相关的研究资料相对较丰富。传世文献以汉文史料

---

① 《汉书》卷九六《西域传上》，中华书局点校本，1962 年，第 3872 页。

为主。除了正史《西域传》外，还包括多种佛教求法僧的行纪，较重要的有《法显传》《宋云行纪》《大唐西域记》等。这一时期保存下来的遗迹众多，大漠深处掩埋着米兰遗址、楼兰遗址、尼雅遗址、圆沙古城、丹丹乌里克佛寺，等等。这些遗址出土了大量珍贵文物，其中包括成批的汉文、梵文、佉卢文、于阗文、古藏文、粟特文、犹太波斯文文书。虽然这一时期距今久远，但凭借这些传世文献、出土文献、图像及文物材料，我们仍能较清楚地了解到当时南道沿线的政治、经济、宗教等各方面的情况。甚至形成了楼兰研究、尼雅研究、于阗研究等成果颇丰的学术领域。

在喀喇汗王朝时期，喀什噶尔与鸦儿看的地位有了很大提升，南道交通也呈现出繁荣景象。然而，南道的历史在伊斯兰化之后变得不清晰。首先是汉文史料大为减少，没有了求法僧的行纪，在正史《西域传》中也只剩下于阗、哈实哈儿有传[1]。更主要的是，考古材料十分缺乏。特别是蒙元时期，目前整个南道地区尚未发现蒙元城址，一般遗址和墓葬也很少（详参本书第六章）。当然，相对于伊斯兰化之前，记录这一地带的西方文献多了不少。这主要包括波斯、阿拉伯文作品，例如佚名的《世界境域志》[2]，以及加尔迪齐（Gardīzī）[3]、马卫集

---

[1] 《宋史》卷四九〇《外国传六》，中华书局点校本，1977 年，第 14106—14109 页；《明史》卷三三二《西域传四》，中华书局点校本，1974 年，第 8613—8616 页。

[2] *Hudūd al-'Ālam. 'The Regions of the World'. A Persian Geography*, 372 A. H. -982 A. D., XI. 8, translated & explained by V. Minorsky, edited by C. E. Bosworth, Cambridge: Cambridge University Press, 1970, 2nd edition；佚名《世界境域志》，王治来译注，上海：上海古籍出版社，2010 年。

[3] Gardīzī, *The Ornament of Histories: A History of the Eastern Islamic Lands AD 650—1041: The Original Text of Abû Sa'îd 'Abd al-Ḥayy Gardīzī*, tr. and ed. by E. Bosworth, London: I. B. Tauris, 2011.

（Marwazī）①、阿西尔（Athīr）②、志费尼（Juvaynī）③、拉施都丁
（Rashīd al-Dīn）④等人的地理与历史著作。不过，它们提供的内容往往
比较简单。

　　其中有三位作家在可失合儿长期生活过，因此留下的有关南道的文
字稍多。首先是喀什噶里（Kāšγarī）和他的《突厥语大词典》⑤，然而，
它毕竟是一部辞书，提供的史料并不系统，我们只能从其征引的丰富谚
语、传说、史事等内容中，甄别出有关可失合儿、于阗等地的有限历史
信息。然后是《素刺赫字典补编》⑥，其作者札马剌·哈儿昔（Jamāl
Qaršhī）是阿力麻里人，他于1263年移居可失合儿，并长期生活在那
里。这部作品用两大段文字记录了可失合儿和忽炭，但没有再提到南道
别的地方。最后一位是叶尔羌汗国的开国功臣米儿咱·海答儿（Mirza
Haidar），其《中亚蒙兀儿史——拉失德史》对哈实哈儿、鸦儿看和于

　　① al-Marwazī, *Sharaf al-Zamān Ṭāhir Marvazī on China, the Turks, and India*, Arabic text（ca. 1120）with an English translation and commentary by V. Minorsky, London：Royal Asiatic Society, 1942；乌苏吉《〈动物之自然属性〉对"中国"的记载——据新发现的抄本》，王诚译，《西域研究》2016年第1期，第97—110页。

　　② al-Athir, *The Chronicle of Ibn al-Athir for the Crusading Period from al-Kamil fi' l-Ta' rikh*, 3 vols., tr. by D. S. Richards, London：Routledge, 2010.

　　③ 志费尼《世界征服者史》，何高济译，呼和浩特：内蒙古人民出版社，1980年。

　　④ 拉施特主编《史集》，余大均、周建奇译，北京：商务印书馆，1983—1986年。

　　⑤ Maḥmūd al-Kāšγarī, *Compendium of the Turkic Dialects（Dīwān Luγāt al-Turk）*, 3 vols., ed. and tr. by R. Dankoff & J. Kelly, Cambridge：Harvard University Press, 1982—1985；麻赫默德·喀什噶里《突厥语大词典》，校仲彝等译，北京：民族出版社，2002年。

　　⑥ 札马剌·哈儿昔（Jamāl Qaršhī）《素剌赫字典补编》（*Mulahaqat al-Surah*），汉译本见华涛译《贾玛尔·喀尔施和他的〈苏拉赫词典补编〉》，《元史及北方民族史研究集刊》第10期，1986年，第60—69页；第11期，1987年，第92—109页。

阗都有比较详细的描写①。不过，他生活的年代已经是 16 世纪。那时候，南道东段已然默默无闻，这部巨作对东段的情况也很少提及。

蒙元时期，丝绸之路交通因欧亚大陆的混一局面而再次充满活力。有不少欧洲的传教士、使节和商人前往东方，并留下游记，但他们基本上都选取天山以北诸道，行经塔里木盆地南道的，只有马可波罗（Marco Polo）一人②。南道的主要绿洲，即前述喀什、莎车、和田、克里雅、且末和若羌，马可波罗均一一经过，并留下笔墨。相较于同时期的其他作品，《马可波罗行纪》对南道的记载要全面和详细得多③，可谓玄奘之后有关南道最重要的文献。

第二节　地理环境

从今天的行政区划来看，丝绸之路南道东部穿过巴音郭楞州下辖的若羌县和且末县，中部为和田地区下辖的民丰县、于田县、策勒县、洛浦县、和田市、和田县、墨玉县、皮山县，西部为喀什地区下辖的叶城县、泽普县、莎车县、英吉沙县、疏勒县、喀什市、疏附县、塔什库尔干县以及克孜勒苏州下辖的阿克陶县。南道西部地势开阔，水资源相

---

① Mirza Muhammad Haidar, *The Tarikh-i-Rashidi. A History of the Moghuls of Central Asia*, ed. with notes by N. Elias, tr. by E. D. Ross, London: Sampson Low, 1895；米儿咱·马黑麻·海答儿《中亚蒙兀儿史——拉失德史》，新疆社会科学院民族研究所译，王治来校注，乌鲁木齐：新疆人民出版社，1983 年。

② 与马可波罗同一时期取用南道并留下行纪的，尚有景教僧列班·扫马（Rabban Sauma）和雅巴拉哈三世（Yahballaha III）一行，他们于 1275 年从大都出发西行，前往耶路撒冷朝圣，见 *The History of Yaballaha III, Nestorian patriarch, and of His Vicar, Bar Sauma, Mongol Ambassador to the Frankish Courts at the End of the Thirteenth Century*, tr. from the Syriac and annotated by J. A. Montgomery, New York: Columbia University Press, 1927.

③ A. C. Moule & P. Pelliot (ed. and tr.), *Marco Polo. The Description of the World*, London: Routledge, 1938；沙海昂注《马可波罗行纪》，冯承钧译，北京：中华书局，新 1 版，2004 年。

对充沛，古代区域中心疏勒（喀什噶尔）往往能影响到整个喀什噶尔河与叶尔羌河流域。因此，本书行文间或涉及今天喀什地区的麦盖提县、岳普湖县、伽师县、巴楚县，图木舒克市，克州的阿图什市和乌恰县。

丝绸之路南道所穿行的塔里木盆地南缘，位于亚欧大陆的最深处，被称作"亚洲腹地"（Innermost Asia）。构成盆地屏障的阿尔金山、昆仑山、天山和帕米尔高原，均以险绝著称，平均海拔在 4000 米以上。这些高山峻岭不仅阻隔了暖湿气流，使盆地内部形成干旱荒漠性气候，大部分地区为塔克拉玛干沙漠所覆盖，而且也阻碍了盆地内部与外界的大规模交通。但另一方面，山脉提供的冰川融雪汇聚成一条条河流，这些河流奔入沙漠中，孕育了一片片绿洲。山脉之中亦散布着许多隘口。在绿洲和隘口的支持下，盆地内外得以连通，形成了一个巨大的路网，这就是我们所说的丝绸之路。

阿尔金山—昆仑山北麓汇聚成的较大河流，自东向西依次为米兰河、若羌河、瓦石峡河、车尔臣河、喀拉米兰河、尼雅河、克里雅河、策勒河、和田河、桑株河、提孜那甫河、叶尔羌河和喀什噶尔河，其中水量最充足的几条汇合成塔里木河，其余的则最终消失在沙漠中。这些靠冰川融雪补给的河流具有季节性，每年 6 月至 8 月是其汛期，此时水量丰沛；其余时间为枯水期，河床结冰，河流逐渐干涸。河流汛期水势浩大，携带大量泥沙和石块，出山后在山前形成洪积扇。洪积扇上生活着小规模聚落，如汉代的渠勒、戎卢、小宛等国，它们兼营畜牧和农业。河流出山后随着地势陡降，水流逐渐变缓，在中下游和尾闾地带形成绿洲。这些绿洲引河水灌溉，种植瓜果稻麦，人口规模较大，如和田、莎车、喀什等绿洲在汉代各有数万人，到清代已达二十万。河流不仅为绿洲提供水源，还带来著名的昆仑玉石。较大的河流沿途甚至形成了穿越沙漠的南北向交通线，它们成为南道和北道之间的桥梁。例如，

《汉书·西域传》记载扞弥太子赖丹一度委质于龟兹[①]，尼雅出土伕卢
文书也记载有当地居民出奔龟兹之事[②]，分别暗示了扞弥、尼雅与龟兹
之间存在直接的道路交通；《新唐书·地理志》则明确记载了于阗与拨
换城（今阿克苏）之间沿和田河的驿道[③]。

一系列自然与人为因素左右着绿洲和聚落的兴衰，进而影响南道的
通畅，并造成某些时期局部路线的变动。汉唐时期，在南道东部，河流
下游和尾闾地带往往分布着大型聚落，如尼雅遗址、安迪尔遗址、喀拉
墩遗址、丹丹乌里克遗址，等等。后来由于战争、过度用水、气候变化
等原因，这些聚落逐渐废弃，为流沙所掩埋，它们连接的道路亦随之荒
废，南道东部的路线因此南移。河流的改道也会造成某些聚落的荒废，
汉代且末城的废弃即属此例。塔克拉玛干作为世界第二大流动性沙漠，
其流动沙丘对聚落的破坏力十足，南道流传的沙埋古城故事数见不
鲜[④]。西北风带来的沙尘暴在塔里木盆地东南尤为常见，这使得南道东
部的行程异常艰难。

第三节　区域政治史脉络

由于特殊的地理环境，塔里木盆地很早就形成绿洲城邦林立的局
面。据两《汉书》等史料记载，西域本有三十六国，至西汉末哀、平
间，益分为五十五国。东汉光武年间，莎车王贤崛起，诛灭诸国，称霸

---

①　《汉书》卷九六《西域传下》，第 3916 页。

②　T. Burrow, *A Translation of the Kharoṣṭhi Documents from Chinese Turkestan*,
London：Royal Asiatic Society, 1940, pp. 129, 131, no. 621, 632.

③　《新唐书》卷四三《地理志》，中华书局点校本，1975 年，第 1150 页。

④　田卫疆《塔里木盆地"沙埋古城"的两则史料辨析》，《新疆师范大学学
报》2011 年第 1 期，第 84—90 页。

西域。贤死后，绿洲诸国更相攻伐，若干大国日渐强盛，遂兼并诸小国①。具体到南道的情况，《史记》明确提到了于阗、扜弥、楼兰等三国。《汉书·西域传》记载南道沿线国家有鄯善、且末、精绝、扜弥、于阗、皮山、莎车、疏勒；在南道干线以南，还有一排山前小国，包括若羌、小宛、戎卢和渠勒。东汉初，小宛、精绝、戎卢、且末为鄯善所并，渠勒、皮山为于阗所并，南道仅剩鄯善、拘弥（按，原扜弥）、于阗和疏勒。拘弥在东汉时期日益衰落，到东汉末年终为于阗吞并。自此，南道东部归鄯善，中部为于阗②，西部属疏勒，这种土著政权格局延续了数个世纪之久。

塔里木盆地绿洲城邦实力有限，往往受制于周边的强大势力。在张骞出使西域之前，塔里木盆地为匈奴控役。自张骞凿空之后，南道诸国内属，汉朝设置使者、校尉领护之。公元前60年，汉朝设立西域都护府，并护南北道。西汉末年至东汉初，由于王莽举措失当，西域怨叛，与内地关系断绝，南道诸国再次为匈奴盘踞。公元73年，班超开始经略西域，鄯善、于阗、疏勒等国先后归附。公元91年，西域大定，朝廷以班超为西域都护。公元102年，班超年老去职，继任者无能，导致西域叛乱不止。公元107年，朝廷诏罢西域都护，汉朝势力旋即从西域退出。此后二十年间，塔里木盆地的政治格局大致上分为四个区域：东南部的鄯善小心翼翼地保持着独立，西南部的于阗和疏勒依附于贵霜，东北部的焉耆投靠了北匈奴，西北部的龟兹则可能受制于乌孙。公元123年，汉朝任命班勇为西域长史。翌年，班勇率军进抵楼兰，鄯善内附。公元127年，班勇击降焉耆，塔里木盆地西部的龟兹、疏勒、于阗等国纷纷归服。此后约半个世纪，塔里木

① 参余太山《两汉魏晋南北朝时期西域南北道的绿洲大国称霸现象》，《两汉魏晋南北朝正史西域传研究》，北京：中华书局，2003年，第495—507页。
② 关于于阗的政治发展史，可参荣新江、朱丽双《于阗历史概说（公元10世纪以前）》，《于阗与敦煌》，兰州：甘肃教育出版社，2013年，第1—23页。

盆地大体上处于东汉的有效管辖之下。公元 175 年之后不久，因中原战乱，汉朝无力继续经营西域。

曹魏建立后，西域复通。公元 222 年，魏文帝于高昌设戊己校尉，于楼兰置西域长史。西晋、前凉延续了这套西域管理机构体系。其后，前秦、后凉、西凉、北凉、北魏、隋朝势力亦先后及于西域。魏晋南北朝时期，河西与中原政权并未对南道西部形成实际控制，只与它们保持着较密切的朝贡关系。根据 661 号佉卢文书（年代稍早于公元 230 年）和 5 世纪至 6 世纪的于阗语木牍文书可知，此时的于阗进入尉迟王系统治时期，其王采用了"王中之王"的头衔[①]。这样的称号，在中央王朝能够进行有效管辖的时期，如汉代和唐代，是不被允许的，它的出现反映了这一时期于阗王国具有较强的独立性。另一方面，传世文献的记载表明，该王国同时期也多次遭受到吐谷浑、柔然、嚈哒、突厥的轮番攻掠和控役。

至于南道东部，魏晋南北朝时期多数时候是处于河西与中原政权的有效管辖范围之内。鄯善王童格罗伽和陀阇迦在位的初期处于曹魏重返西域之前，相应的佉卢文文书上可见他们采用了"王中之王"称号[②]。陀阇迦的继任者白毗耶在位时已是曹魏时期，其文书则不见此称号。且末出土的安归伽第 2 年佉卢文文书，时间约当魏晋嬗代之际，此时中原对西北边陲的控制有所松动，这件文书上再一次出现了"王中之王"的称号[③]。西晋建立以后，中原王朝加强了同西域的联系。尼雅 N. V. xv

① 张广达、荣新江《关于和田出土于阗文献的年代及其相关问题》，《于阗史丛考（增订新版）》，上海：上海书店出版社，2021 年，第 50—72 页。

② T. Burrow, *A Translation of the Kharoṣṭhi Documents from Chinese Turkestan*, p. 86, no. 422；林梅村《尼雅新发现的鄯善王童格罗伽纪年文书考》，《汉唐西域与中国文明》，北京：文物出版社，1998 年，第 178—197 页。

③ 林梅村《且末所出鄯善王安归伽纪年文书考——兼论汉晋时期塔里木盆地流行之外道》，《松漠之间——考古新发现所见中外文化交流》，北京：三联书店，2007 年，第 137—149 页。

号房址出土的一批西晋泰始五年（269）前后的汉文简牍中，有一枚诏书残文："晋守侍中、大都尉、奉晋大侯、亲晋鄯善、焉耆、龟兹、疏勒、于阗王写下诏书到。"[①] 这枚简牍提到了当时塔里木盆地南北道的五个王国，它们的国王均被册封"守侍中、大都尉、奉晋大侯"之官号，表明西晋初的西域长史至少名义上监管整个塔里木盆地。N.V.xv 号房址出土西晋汉文简牍中，还包括不少敦煌郡、凉州刺史发行的缉盗、过所文书[②]，说明西晋对鄯善确实能够进行有效的行政管辖。这种状况在佉卢文文书中亦有所体现。安归伽第十七年，约当西晋泰始年间，这一年及之后的佉卢文文书在王名前均冠以"侍中"之号，而不再出现"王中之王"的名号。前凉往后，传世文献对鄯善有较多记载。335 年，前凉将领杨宣伐龟兹、鄯善，使之臣服。383 年，前秦大将吕光伐龟兹，鄯善、焉耆王率其国兵为向导。进入 5 世纪，鄯善屡遭外敌侵凌，终致残破。442 年，北凉沮渠安周来侵，鄯善王比龙率众西奔且末。448 年，北魏遣万度归攻灭鄯善，于其地置军镇。470 年前后，鄯善为柔然占据。稍早于 493 年，鄯善为丁零（高车）所破，居民散尽。进入 6 世纪，鄯善之地为吐谷浑所据。609 年，隋炀帝平吐谷浑，在南道东部置鄯善、且末二郡。隋末，中原动乱，二郡废弃，其地复为吐谷浑所有。

入唐以后，在太宗时期，丝绸之路南道东部和西部先后纳入唐朝治下。635 年，李靖大破吐谷浑，鄯善、且末地归唐，属沙州寿昌县。644 年，玄奘东归，描述南道东部呈现一片城郭空旷、人烟断绝的景象。贞观（627—649）中，粟特人康艳典率众东迁，在南道东部建立了典合城等一批据点，并归顺唐朝。646 年，西突厥乙毗射匮可汗遣使唐廷，请求和亲，太宗命其割龟兹、于阗、疏勒、朱俱波、葱

---

① 林梅村编《楼兰尼雅出土文书》，北京：文物出版社，1985 年，第 86 页。

② 孟凡人《佉卢文简牍封泥无"鄯善郡尉"印文，西晋未设置鄯善郡》，《尼雅遗址与于阗史研究》，北京：商务印书馆，2017 年，第 192—194 页。

岭等五国为聘礼。这样，南道西部的控制权名义上从西突厥转移到唐朝手里。648年，唐将阿史那社尔率军大破龟兹，西域震恐，薛万备趁势说服于阗王入朝归附。650年，西突厥阿史那贺鲁叛唐，控制整个西域。657年，唐军灭贺鲁，最终取得西域各国的宗主权。翌年，唐朝在塔里木盆地设立龟兹、于阗、疏勒、焉耆等四镇，并属安西都护府。上元间（674—676），为加强对西域的管理和对吐蕃的防御，唐廷调整了在丝路南道的机构设置，于疏勒置疏勒都督府，于于阗置毗沙都督府，改且末城为播仙镇，改典合城为石城镇，两镇归沙州直接管辖。7世纪下半叶，吐蕃日渐强盛，与唐朝在西域展开角力。在8世纪中叶以前，丝路南道数次被吐蕃占据，但均被唐朝旋即夺回。安史之乱后，唐朝无力经营西域，吐蕃趁机占领南道东部，在此设立萨毗军镇。唐安西四镇在与中原隔绝的形势下，独自支撑了数十年。8世纪末，四镇相继陷蕃，吐蕃在于阗建立军镇，施行羁縻统治。自此，吐蕃掌控整个南道近半个世纪。

842年，吐蕃陷入内乱，其在河西与西域的统治迅速瓦解。848年，张议潮在沙州举兵，建立归义军政权。865年，仆固俊攻克西州等地，建立西州回鹘政权。于阗王国大约也在这期间重新获得独立。9世纪末至10世纪上半叶，丝路南道除中部的于阗王国外，西部的喀什一带为新兴的喀喇汗王朝占据，东部的鄯善故地先后属于璨微、仲云、南山等部族与政权的活动范围。910年，归义军将领罗通达率军征服南道东部部落，打通了敦煌与于阗之间的道路[①]。自此，在整个10世纪，于阗王国与归义军政权联姻结盟，往来频繁，并与中原诸政权保持着经常性的朝贡关系。

10世纪下半叶，于阗佛国与疏勒的喀喇汗王朝之间展开了数十年的拉锯战。1006年前后，喀喇汗的军队最终攻灭于阗，据有丝路

---

① 荣新江《归义军史研究——唐宋时代敦煌历史考索》，上海：上海古籍出版社，1996年，第221—222页；荣新江、朱丽双《于阗与敦煌》，第111—112页。

緒　论 | 11

南道西部。稍后，归义军政权于 1036 年为西夏吞并，南道东部成为黄头回纥（元代称撒里畏吾）的活动区域。1134 年，东喀喇汗王朝沦为西辽的附庸，但仍实际管辖着南道西部地区。1211 年，西辽政权被乃蛮王屈出律篡夺。1218 年，成吉思汗命哲别征讨屈出律，南道西部可失合儿、鸦儿看、忽炭诸地望风降附。1226 年，另一蒙古大将速不台攻取撒里畏吾。至此，南道全境纳入蒙古政权掌控之下。

从成吉思汗至蒙哥朝，回回人牙剌瓦赤和麻速忽父子先后被委任为河中与塔里木盆地农耕区的行政长官，负责为大汗登籍造册，征收赋税。1251 年，蒙哥即汗位后，以天山南北之地设别失八里等处行尚书省，使蒙古国原有的地方统治机构正规化、制度化[1]。1259 年，蒙哥在征宋途中暴毙，忽必烈与阿里不哥随后展开长达五年之久的汗位之争，在此期间，丝路南道由察合台汗阿鲁忽占据。1264 年，忽必烈击败阿里不哥，顺势收回于阗，命大将忙古带驻防[2]，控制丝路南道。1266 年，察合台汗八剌派军将忙古带驱离，洗劫了于阗。1268 年，窝阔台汗海都叛乱，与八剌结盟。1271 年，八剌去世，元朝趁机控制塔里木盆地东部，海都则接管了盆地西部，双方在南道以鸦儿看与于阗（斡端）之间为界，展开了长达十余年的拉锯战。元朝在前期占据优势，一度控制了整个南道，但最终力有不逮，于 1289 年罢斡端宣慰使元帅府，从南道撤出。14 世纪初，海都死后，窝阔台汗国旋即瓦解。丝绸之路南道此后进入察合台后王统治时期。

---

① 刘迎胜《论塔剌思会议——蒙古国分裂的标志》，《蒙元帝国与 13—15 世纪的世界》，北京：三联书店，2013 年，第 174 页。

② 刘迎胜《元代曲先塔林考》，《蒙元帝国与 13—15 世纪的世界》，第 119—120 页。

第四节　研究史回顾

对丝绸之路南道历史的探究，始于晚清西北史地学派。嘉道以来，以徐松、丁谦为代表的一批学者，拥有深厚的考据学功底，专注于整理西北边疆历史文献，考证西域地名、民族、史事，他们的不少成果至今仍颇具参考价值。1812 年，徐松谪戍伊犁，此后近十年间，他亲赴天山南北实地考察，在此基础上撰成《西域水道记》①。此书创造性地将西域水道分为十一个湖泊水系，丝绸之路南道整体上归入罗布淖尔所受水系。书中除详述诸水道源流外，还对各水系内的城镇、族群、物产、古迹等做了清晰的梳理。另外，徐松还著有《汉书西域传补注》二卷，对传中地名的历史沿革详加注解，与《西域水道记》在内容上形成互补②。丁谦是清末民初西北舆地学集大成者，1902 年，其著述汇辑为《蓬莱轩地理学丛书》③，凡 69 卷，系统考证历代 17 部正史和 13 部别杂史中有关我国古代边疆特别是西域的历史地理资料。此丛书与民国时期张星烺《中西交通史料汇编》一起④，是了解丝路南道汉文文献的两部必备的工具书式要籍。

1849 年，英国完成对印度的征服，此后意欲向中亚和我国西北边疆渗透扩张。在这种背景下，英国乃至欧洲东方学界对西域史地的研究应运而生。从 19 世纪 60 年代到 20 世纪初，有关西域的史料从各种传世文献中被辑出。1866 年和 1871 年，英国学者玉尔（H. Yule）先后出

---

① 徐松撰《西域水道记》，朱玉麒整理，北京：中华书局，2005 年。
② 徐松撰《汉书西域传补注》，朱玉麒校，北京：中华书局，2005 年。
③ 丁谦《蓬莱轩地理学丛书》，北京：国家图书馆出版社，2008 年。
④ 张星烺编注《中西交通史料汇编》，朱杰勤校订，北京：中华书局，2003 年。

版了《东域纪程录丛》和《马可波罗行纪译注》[①]。前者对马可波罗书之外，有关中亚和中国的西方材料进行了全面搜集和注释。后者与沙海昂（A. H. J. Charignon）《马可波罗行纪》[②]、伯希和（P. Pelliot）《马可波罗注》一起[③]，并为早期研究马可波罗书的三种最佳注本。玉尔的两部大作，在 20 世纪初经由法国东方学家考迭（H. Cordier）修订再版[④]。1910 年和 1913 年，法国学者戈岱司（G. Cœdès）、费琅（G. Ferrand）分别出版《希腊拉丁作家远东古文献辑录》和《阿拉伯波斯突厥人东方文献辑注》[⑤]，从古代欧洲文献和阿拉伯文献中系统摘录出有关远东的信息片段。

欧洲学界对西域汉文史料的编译起步更早。1820 年，法国汉学家雷慕沙（J. -P. Abel-Rémusat）从《古今图书集成·边裔典》中辑出于阗史料并译成法文，题作《于阗城史》而出版[⑥]。此后百年间，雷慕沙及其弟子儒莲（S. Julien），以及纽曼（Neumann）、伟烈亚力（A. Wylie）、毕尔（S. Beal）、翟理斯（H. Giles）、理雅各（J. Legge）、沙畹（É. Chavannes）、夏德（F. Hirth）等一众汉学家，先后将汉唐正

① H. Yule（ed. and tr.），*Cathay and the Way Thither：Being a Collection of Medieval Notices of China*，London：*Hakluyt Society*，1866；*idem*（ed. and tr.），*The Book of Ser Marco Polo，the Venetian：Concerning the Kingdoms and Marvels of the East*，London：J. Murray，1871.

② 沙海昂注《马可波罗行纪》，冯承钧译，2004 年新 1 版。

③ P. Pelliot，*Notes on Marco Polo*，Paris：Imprimerie nationale，1963.

④ H. Yule（ed. and tr.），*Cathay and the Way Thither：Being a Collection of Medieval Notices of China*，revised by H. Cordier，London：Hakluyt Society，1913—1916；H. Yule（ed. and tr.），*The Book of Ser Marco Polo，the Venetian：Concerning the Kingdoms and Marvels of the East*，revised by H. Cordier，London：J. Murray，1903.

⑤ G. Cœdès，*Textes d'auteurs grecs et latins relatifs à l'Extrême Orient depuis le IVe siècle av. J. -C. jusqu'au XIVe siècle*，Paris：E. Leroux，1910；G. Ferrand，*Relations de voyages et textes géographiques arabes，persans et turks relatifs à L'Extrême Orient du VIIIe au XVIIIe siècles*，2 vols.，Paris：E. Leroux，1913—1914.

⑥ J. -P. Abel-Rémusat，*Histoire de la ville de Khotan*，Paris：Imprimerie de Doublet，1820.

史《西域传》和法显、宋云、玄奘等求法僧著作译成西文[①]。尤需提及的是，1903 年，沙畹的大作《西突厥史料》问世[②]。此书汇辑了《隋书》、两《唐书》《册府元龟》及历代僧人行纪中有关西突厥的材料，并与西方载籍相参证，进而对北朝隋唐之际西突厥与中亚史上一系列重要问题作出了解读，从而将欧洲学界对西域史地的关注从单纯的文献编译推向专题性研究。

19 世纪末 20 世纪初，西方列强在我国西北展开考古探险活动竞争。俄国人普尔热瓦尔斯基（N. M. Przhevalsky）和别夫佐夫（M. W. Pievtsoff）、法国人吕推（J. -L. Dutreuil de Rhins）和李默德（F. Grenard）、瑞典人斯文·赫定（Sven Hedin）、英国人斯坦因

[①] C. F. Neumann（tr.），"*Pilgerfahrten buddhistischer Priester von China nach Indien*," *Zeitschrift für die historische Theologie 3/2*，Leipzig，1833，ss. 114—177；J. -P. Abel-Rémusat（tr.），*Foe Kou Ki, ou Rélation des royaumes bouddhiques*，Paris：l'Imperiale Royale，1836；S. Julien（tr.），*Mémoires sur les contrées occidentales*，2 vols.，Paris：Imprimerie Impériale，1857–1858；S. Beal（tr.），*Travels of Fah-Hian and Sung-Yun, Buddhist pilgrims, from China to India*（400 A. D. and 518 A. D.），London：Trübner，1869；H. A. Giles（tr.），*The Travels of Fa-hsien*（A. D. 399—414），*or Record of the Buddhistic Kingdoms*，London：Trübner，1877；A. Wylie（tr.），"Notes on the Western Regions：Translated from the 'Tsëën Han Shoo,' Book 96, Part 1," *Journal of the Anthropological Institute of Great Britain and Ireland* 10，1881，pp. 20—73；idem，"Notes on the Western Regions. Translated from the 'Tsëën Han Shoo,' Book 96, Part 2", *Journal of the Anthropological Institute of Great Britain and Ireland* 11，1882，pp. 83—115；S. Beal（tr.），*Si-Yu-Ki：Buddhist Records of the Western World*，London：Trübner，1884；J. Legge（tr.），*A Record of Buddhistic Kingdoms：Being an Account by the Chinese Monk Fa-Hsien of His Travels in India and Ceylon*（A. D. 399—414）*in Search of the Buddhist Books of Discipline*，Oxford：Clarendon Press，1886；É. Chavannes（tr.），*Voyage de Song Yun dans l'Udyāna et le Gandhāra*（518—522 p. C.），Hanoï：F. -H. Schneider，1903；F. Hirth（tr.），"The Story of Chang K'ién, China's Pioneer in Western Asia：Text and Translation of Chapter 123 of Ssï-Ma Ts'ién's Shï-Ki," *Journal of the American Oriental Society* 37，1917，pp. 89—152.

[②] É. Chavannes，*Documents sur les Tou-kiue (Turcs) occidentaux*，Paris：Librairie d'Amérique et d'Orient，1903.

（M. A. Stein）、美国人亨廷顿（E. Huntington）、芬兰人马达汉（C. G. Mannerheim）、日本人橘瑞超、德国人特灵克勒（E. Trinkler）先后率队涉足塔里木盆地南道。他们的游记与考察报告不仅披露了大量文物材料，也对不少史地问题提出了见解[①]。其中，斯坦因的三部考古报告《古代和田》《西域考古图记》和《亚洲腹地》，不仅对其造访的莫尔寺、约特干、热瓦克、丹丹乌里克、安迪尔、尼雅、米兰、楼兰等遗址及所获文物作了翔实描述，对南道各地的相关文献记载作了全面梳理，还对玄奘前往喀什噶尔之路线、玄奘之媲摩与马可波罗之培因、玄奘之纳缚波与马可波罗之罗卜等问题，专辟章节加以深入讨论[②]。20 世

---

①　N. M. Przhevalsky, *From Kulja, across the Tian Shan to Lob-Nor*, tr. by E. D. Morgan, London：S. Low, 1879；Н. М. Пржевальскаго, *От Кяхты на истоки Желтой рѣки：изслѣббованіе сѣверной окраины Тибета, и путь через Лоб-Нор по бассейну Тарима*, С. -Петербург：Тип. В. С. Балашева, 1888；М. В. Певцов, *Путешествие в Кашгарию и Кун-Лунь*, Москва：Государственное издательство географической литературы, 1949；F. Grenard, J. -L. *Dutreuil de Rhins. Mission Scientifique dans la Haute Asie 1890—1895*, 3 vols. , Paris：E. Leroux, 1897—1898；Sven Hedin, *Die geographisch-wissenschaftlichen Ergebnisse meiner Reisen in Zentralasien, 1894—1897*, Gotha：Perthes, 1900；Sven Hedin et al. , *Scientific Results of a Journey in Central Asia, 1899—1902*, 6vols. , Stockholm：Generalstabens litografiska anstalt, 1904—1907；E. Huntington, *The Pulse of Asia：A Journey in Central Asia Illustrating the Geographic Basis of History*, London：Archibald Constable, 1907；C. G. Mannerheim, *Across Asia from West to East in 1906—1908*, tr. by E. Birse, Helsinki：Suomalais-Ugrilainen Seura, 1940；E. Trinkler, *The Stormswept Roof of Asia：By Yak, Camel & Sheep Caravan in Tibet, Chinese Turkestan & over the Kara-Koram*, tr. by B. K. Featherstone, London：Seeley, 1931；香川默识编《西域考古图谱》，东京：国华社，1915 年；上原芳太郎编《新西域记》，东京：有光社，1937 年。

②　M. A. Stein, *Ancient Khotan：Detailed Report of Archaeological Explorations in Chinese Turkestan*, Oxford：Clarendon Press, 1907；idem, *Serindia：Detailed Report of Archaeological Explorations in Central Asia and Western-most China*, Oxford：Clarendon Press, 1921；idem, *Innermost Asia：Detailed Report of Explorations in Central Asia, Kansu and Eastern Iran*, Oxford：Clarendon Press, 1928. 亦参罗帅《〈马可波罗行纪〉与斯坦因的考古探险活动》，《国际汉学研究通讯》5 期，北京：北京大学出版社，2012 年，第 313—328 页。

纪前期，随着斯坦因等人所获汉文、梵文、佉卢文、古藏文文书的整理与刊布①，欧洲新一代东方学家，包括伯希和、烈维（S. Lévi）、科诺（S. Konow）、陶慕士（F. W. Thomas）、贝利（H. W. Bailey）等人，得以综合运用传世文献和出土文献，并借助审音勘同等手段，对西域史地诸问题展开深入研究②。

西方探险者所获的大量西域佛教文献与文物，引起日本僧人的极大兴趣。20 世纪初，日本西本愿寺法主大谷光瑞派遣探险队，多次深入我国西北，搜掠甚多。大谷探险队的收获，又激发日本佛学界早期的学者如羽溪了谛、寺本婉雅等，开始对西域佛教特别是于阗佛教史进行研究③。另一方面，20 世纪上半叶，以白鸟库吉、藤田丰八、桑原骘藏、羽田亨为代表的一批日本学者，着力于西域史与东西交涉史的开拓。他们熟稔汉文文献，亦明了西方学者的研究成果和方法，故在西域史地研究领域颇有创获④。

① É. Chavannes, *Les documents chinois découverts par Aurel Stein dans les sables du Turkestan Oriental*, Oxford：Imprimerie de l'universiteé, 1913；A. F. R. Hoernle, *Manuscript Remains of Buddhist Literature Found in Eastern Turkestan*, Oxford：Clarendon Press, 1916；A. Conrady, *Die chinesischen Handschriften-und sonstigen Kleinfunde Sven Hedins in Lou-Lan*, Stockholm：Generalstabens litografiska Anstalt, 1920；M. A. Boyer, E. J. Rapson and M. É. Senart, *Kharoṣṭhī Inscriptions Discovered by Sir Aurel Stein in Chinese Turkestan*, 3 parts, Oxford：Clarendon Press, 1920—1929.

② S. Leévi, "Notes chinoises sur l'Inde," (I-V), *Bulletin de l'Ecole française d'Extrême-Orient* 2—5, 1902—1905；P. Pelliot, "Le 'Cha-tcheou-tou-fou-t'ou-king' et la colonie sogdienne de la region du Lob Nor," *Journal Asiatique* 8, 1916, pp. 111—123；F. W. Thomas & S. Konow, "Two Medieval Documents from Tun-Huang," *Oslo Etnografiske Museums. Skrifter* 3/3, 1929, pp. 123—160；H. W. Bailey, *Opera Minora：Articles on Iranian Studies*, Shiraz：Forozangah Publishers, 1981.

③ 羽溪了谛《西域之佛教》，京都：法林馆，1914 年；寺本婉雅《于阗国史》，京都：丁字屋书店，1921 年。

④ 白鸟库吉《西域史研究》，东京：岩波书店，1944 年；藤田丰八《东西交涉史の研究：西域篇》，东京：冈书院，1932 年；桑原骘藏《东西交通史论丛》，京都：弘文堂书房，1933 年；羽田亨《西域文明史概论》，京都：弘文堂书房，1931 年。

　　民国时期，西北边疆史地成为国内学界关注的焦点之一。作为二重证据法的提出者，王国维很早就留意到外国探险者在丝路南道掘得的简纸文献材料。1914 年，他与罗振玉合撰《流沙坠简》，对斯坦因所获敦煌、楼兰、尼雅汉文简牍以及橘瑞超所获李柏文书加以考释和论述①。随后，陈垣、陈寅恪、岑仲勉、向达等学者，亦纷纷投身于西域史和中西交通史的研究，取得一批开创性成果②。同时，国外学者的重要成果被及时译成中文。商务印书馆刊行了白鸟库吉等日本学者的多部著作的汉译本③。向达等人翻译了斯坦因、斯文·赫定的西域考察行记④。冯承钧则致力于沙畹、伯希和、烈维等法国学者著作的译介，前后译辑《西域南海史地考证译丛》凡九编，74 篇⑤。1930 年，冯承钧应西北科学考察团之邀，编撰了《西域地名》，这是第一部有关西域地名历史沿革的工具书⑥。作为伯希和的弟子，冯承钧本人对西域史地的研究也有很高的造诣，其系列论文编为《西域南海史地考证论著汇辑》一书⑦。鉴于斯坦因考古报告对西域汉文史料的疏漏，冯承钧计划从历代正史、行记、地志、类书中钩稽西域各国资料，分国辑录，逐条考订。他后来

---

　　①　王国维、罗振玉《流沙坠简》，上虞罗氏宸翰楼影印本，1914 年。
　　②　陈垣《元西域人华化考》，北平：励耘书屋，1934 年；陈寅恪《读书札记》（一至三集），北京：三联书店，2001 年；岑仲勉《中外史地考证》，北京：中华书局，1962 年；又《汉书西域传地里校释》，北京：中华书局，1981 年；向达《唐代长安与西域文明》，北京：三联书店，1957 年。
　　③　桑原骘藏《张骞西征考》，杨炼译，上海：商务印书馆，1934 年；羽田亨《西域文明史概论》，郑元芳译，上海：商务印书馆，1934 年；藤田丰八《西域研究》，杨炼译，上海：商务印书馆，1935 年；藤田丰八等《西北古地研究》，杨炼译，上海：商务印书馆，1935 年；白鸟库吉《塞外史地论文译丛》第二辑，王古鲁译，香港：商务印书馆，1940 年。
　　④　斯文·赫定《亚洲腹地旅行记》，李述礼译，上海：开明书店，1934 年；斯坦因《斯坦因西域考古记》，向达译，北京：中华书局，1936 年。
　　⑤　冯承钧译《西域南海史地考证译丛》，全九编，上海：商务印书馆，北京：中华书局，1934—1958 年。
　　⑥　冯承钧《西域地名》，陆峻岭增订，北京：中华书局，1980 年。
　　⑦　冯承钧《西域南海史地考证论著汇辑》，北京：中华书局，1963 年。

完成的工作，集中于鄯善、高昌二国上。鄯善位于丝路南道的东端，冯氏撰有《楼兰鄯善问题》《鄯善事辑》《高车之西徙与车师鄯善国人之分散》等三文，对鄯善的历史变迁作了翔实探究。此外，冯承钧所撰《大食人米撒儿行纪中之西域部落》与《迦腻色迦时代之汉质子》，亦是涉及丝路南道历史的重要研究文章。另一位对丝路南道史地研究做出重要贡献的中国学者是黄文弼。1927—1935 年，黄文弼参加中瑞西北科学考查团，两次深入塔里木盆地南北道，收集了大量文物资料。此后，他又于 1943—1944 年、1957—1958 年两次入疆进行考古调查与发掘。他对丝路南道的历次考察成果，见于《罗布淖尔考古记》《塔里木盆地考古记》《新疆考古发掘报告》等三部报告[①]。黄文弼的考古活动，奠定了我国新疆考古工作的基础。在实地考察的基础上，黄文弼还撰写了多篇论文，对于阗国都的位置，楼兰、鄯善的民族、交通、佛教，古代塔里木河的变迁等丝路南道问题，提出了独到见解[②]。

　　总体而言，20 世纪中叶之前，中外学界对丝绸之路南道的关注，主要是包含在西域史的整体叙事之中，针对南道的专题性研究偏少。而且，相关的工作更偏重于对传统文献的整理和考证。当然，在传统研究之外，也逐渐出现了两种新的研究方向：一是伴随着丝路南道考古的展开，以斯坦因和黄文弼为代表的一批学者已经开始将传世文献和考古材料结合起来，对南道史地的某些问题进行了细致的探讨；二是以科诺、陶慕士、贝利为代表的一批优秀语言学家，作为南道胡语文献的主要释读者，也利用这些新材料对鄯善、于阗等绿洲文明的进程进行了深层次探求。这里面，于阗语专家贝利对丝路南道研究的推

---

　　① 黄文弼《罗布淖尔考古记》，北平：国立北京大学出版部，1948 年；又《塔里木盆地考古记》，北京：科学出版社，1958 年；又《新疆考古发掘报告（1957—1958）》，北京：文物出版社，1983 年。中瑞西北科学考查团的瑞典成员贝格曼也对丝路南道楼兰等地进行了考古调查，见贝格曼《新疆考古记》，王安洪译，乌鲁木齐：新疆人民出版社，2013 年。

　　② 黄文弼《西北史地论丛》，上海：上海人民出版社，1981 年。

进可谓居功至伟。从 1930 年至 1980 年，贝利对敦煌、西域所出于阗语文献进行了系统的转写、翻译和考释，并在此基础上撰写了大量文章，对古代于阗王国进行了全方位的考察。1982 年，他出版了于阗史方面的专著《古代和田塞人之文化》。另外，他对南道西部的佉沙（Khyeṣa），东部的苏毗（Supīya）、仲云（Cimuḍa）等地名与族群也做了广泛探讨，这部分成果收入 1985 年出版的《于阗语文献》第七卷中①。在这两类学者的推动下，得益于楼兰、尼雅、和田等地出土文物和文献的全面刊布，特别是古藏语、于阗语文书整理工作的长足进步②，20 世纪中叶往后，学界对丝路南道的研究进入专门化、区域化的新阶段。

20 世纪 50 年代至 70 年代，除贝利外，西方研究丝路南道的重要学者还有哈密屯（J. Hamilton）和布腊夫（J. Brough）。哈密屯先后发表了《钢和泰卷子考》和《仲云考》两篇文章，对 10 世纪南道东部的地理、交通、族群等问题进行了详细探讨③。布腊夫则利用佉卢文材料写成长文《公元 3 世纪之鄯善及佛教史》，对南道东部早期的历史与佛教流布

---

① H. W. Bailey，*The Culture of the Sakas in Ancient Iranian Khotan*，Delmar：Caravan Books，1982；idem，*Indo-Scythian Studies，being Khotanese Texts*，Vol. VII，Cambridge：Cambridge University Press，1985.

② T. Burrow，*A Translation of the Kharoṣṭhi Documens from Chinese Turkestan*，1940；H. Maspero，*Les documents chinois de la troisieème expeédition de Sir Aurel Stein en Asie Centrale*，London：The British Museum，1953；F. W. Thomas，*Tibetan Literary Texts and Documents Concerning Chinese Turkestan*，4 vols. ，London：Royal Asiatic Society，1935—1963；H. W. Bailey & R. E. Emmerick，*Saka Documents*，6 vols. ，London：Lund Humphries，1960—1973；H. W. Bailey，*Indo-Scythian Studies，being Khotanese Texts*，6 vols. ，Cambridge：Cambridge University Press，1945—1967；H. W. Bailey，*Saka Documents，Text Volume*，London：Lund Humphries，1968.

③ J. Hamilton，"Autour du manuscrit Staël-Holstein，" *T'oung Pao* 46/1—2，2nd series，1958，pp. 115—153；idem，"Le pays des Tchong-yun，Čungul，ou Cumuḍa au Xe siècle，" *Journal Asiatique* 265，1977，pp. 351—379.

作了综合分析①。

　这一时期，日本学者对南道的研究也更进一步。榎一雄发表多篇文章，对于阗的汉佉二体钱，以及南道东部的鄯善国都、仲云部落等问题展开了专门讨论②。长泽和俊专注于楼兰、鄯善国史的探究，这方面的论文结集为《楼兰王国史研究》，对魏晋楼兰屯戍以及鄯善王国的史地变迁、游牧生活、驿传制度、佛教美术等诸多方面都有所阐释。他还对丝绸之路历史地理和历代西域行纪进行了系统考索，相关论文收入《丝绸之路史研究》一书③。保柳睦美出版了专著《丝绸之路地带的自然变迁》，力图揭示环塔里木盆地古遗址、河流与道路的自然环境演变④。此外，内田吟风和松田寿男虽然分别以北方民族史和天山历史地理的研究著称，但二人在丝绸之路南道史方面也有重要论作。内田吟风的《公元 5 世纪西域史之考察：以鄯善之覆灭为中心》，对 5 世纪南道东部的历史作了剖析⑤。松田寿男《乌弋山离道》一文，对汉代丝路南道及南道重要支线罽宾—乌弋山离道的里程、路线进行了详细考辨⑥。

　国内这一时期除了岑仲勉、黄文弼等学者继续耕耘外，主要的工作集中在文物考古方面。1953 年和 1957 年，新疆考古工作者对全疆进行

---

① J. Brough, "Comments on Third-Century Shan-Shan and the History of Buddhism," *Bulletin of the School of Oriental and African Studies* 28/3, 1965, pp. 582—612; idem, "Supplementary Notes on Third-Century Shan-shan," *Bulletin of the School of Oriental and African Studies* 33/3, 1970, pp. 39—45.

② 榎一雄的相关研究，收入《榎一雄著作集》第 1 卷，东京：汲古书院，1992 年。

③ 长泽和俊《シルクロード史研究》，东京：国书刊行会，1979 年；又《楼兰王国史研究》，东京：雄山阁出版，1996 年。

④ 保柳睦美《シルク・ロード地带の自然の变迁》，东京：古今书院，1976 年。

⑤ 内田吟风《第五世纪东トルキスタン史に关する一考察——鄯善国の散灭を中心として》，《古代学》第 10 卷 1 号，1961 年，第 1—19 页。

⑥ 松田寿男《乌弋山离へのみち》，《史学》第 44 卷 1 号，1971 年，第 1—24 页。

了两次较大规模的文物普查，调查了丝路南道汗诺依、艾斯克萨、约特干等城址①。1959 年，史树青、李遇春先后对尼雅遗址进行了调查和发掘，获得司禾府印、丝织品、蓝白印花棉布等重要文物②。1959 年和 1973 年，新疆文物工作者对米兰吐蕃戍堡遗址进行了发掘，清理出一批古藏文木简③。1977 年，和田买力克阿瓦提遗址发现五铢钱窖藏；1979 年，李遇春对该遗址进行了试掘，清理出一批佛像④。1978 年—1979 年，黄小江、张平对若羌瓦石峡遗址进行了调查和试掘，清理出元代汉文文书和玻璃片等文物⑤。夏鼐对南道出土的丝织品、萨珊银币、汉佉二体钱、蚀花肉红石髓珠等代表性文物给予密切关注，均有专文进行了开拓性研究⑥。

20 世纪 80 年代以来，国内外对丝路南道的研究进入多元化的繁荣阶段。首先是考古工作持续而深入地展开。1989 年，王炳华率领塔克

---

① 武伯纶《新疆天山南路的文物调查》，《文物参考资料》1954 年第 10 期，第 74—88 页；李遇春《新疆维吾尔自治区文物考古工作概况》，《文物》1962 年第 7—8 期，第 11—15 页。

② 史树青《新疆文物调查随笔》，《文物》1960 年第 6 期，第 22—32 页；新疆维吾尔自治区博物馆《新疆民丰县北大沙漠中古遗址墓葬区东汉合葬墓清理简报》1960 年第 6 期，第 9—12 页。

③ 彭念聪《诺羌米兰古城新发现的文物》，《文物》1960 年第 8—9 期，第 92—93 页。

④ 李遇春《新疆和田县买力克阿瓦提遗址的调查和试掘》，《文物》1981 年第 1 期，第 33—37 页。

⑤ 黄小江《若羌县文物调查简况（上）》，《新疆文物》1985 年第 1 期，第 20—26 页；张平《新疆若羌出土两件元代文书》，《文物》1987 年第 5 期，第 91—92 页。

⑥ 夏鼐《"和阗马钱"考》，《文物》1962 年第 7—8 合期，第 60—63 页；又《新疆新发现的古代丝织品——绮、锦和刺绣》，《考古学报》1963 年第 1 期，第 45—76 页；又《综述中国出土的波斯萨珊朝银币》，《考古学报》1974 年第 1 期，第 91—110 页；又《我国出土的蚀花的肉红石髓珠》，《考古》1974 年第 6 期，第 382—385 页。

拉玛干沙漠综合考察队考古组对南道若羌至墨玉一线进行了全面考古调查[①];1990—1992 年和 2007—2011 年,新疆考古工作者进行了两次大规模的全疆文物普查,摸清了南道各地遗址、墓葬的分布情况[②]。20 世纪八九十年代,国内考古人员对楼兰古城及墓葬群[③]、洛浦县山普拉墓地[④]、且末县扎滚鲁克墓地[⑤]进行了重点发掘。其他零星重要发现包括和田布扎克墓地与莎车喀群墓地彩棺[⑥],和田阿特曲村喀喇汗王朝铜器窖藏[⑦],且末苏伯斯坎遗址元代汉文文书[⑧],等等。20 世纪 80 年代末至 21 世纪初,国内考古机构还与国外合作,在尼雅河与克里雅河流域开

---

① 塔克拉玛干沙漠综合考察队考古组《塔克拉玛干南缘调查》,《新疆文物》1990 年第 4 期,第 1—53 页;新疆克里雅河及塔克拉玛干科学探险考察队《克里雅河及塔克拉玛干科学探险考察报告》,北京:中国科学技术出版社,1991 年。

② 新疆维吾尔自治区文物普查办公室等《巴音郭楞蒙古自治州文物普查资料》,《新疆文物》1993 年第 1 期,第 1—94 页;又《喀什地区文物普查资料汇编》,《新疆文物》1993 年第 3 期,第 1—112 页;新疆文物考古研究所《和田地区文物普查资料》,《新疆文物》2004 年第 4 期,第 15—39 页;新疆维吾尔自治区文物局《新疆维吾尔自治区第三次全国文物普查成果集成》,28 册,北京:科学出版社,2011 年;又《不可移动的文物》,30 卷,乌鲁木齐:新疆美术摄影出版社,2015 年。

③ 侯灿《楼兰考古调查与发掘报告》,南京:凤凰出版社,2022 年;巴音郭楞蒙古自治州博物馆《1997—1998 年楼兰地区考古调查报告》,《新疆文物》2012 年第 2 期,第 110—126 页。

④ 新疆维吾尔自治区博物馆等《中国新疆山普拉——古代于阗文明的揭示与研究》,乌鲁木齐:新疆人民出版社,2001 年。

⑤ 新疆维吾尔自治区博物馆等《且末扎滚鲁克二号墓地发掘简报》,《新疆文物》2002 年第 1—2 期,第 1—21 页;又《新疆且末扎滚鲁克一号墓地发掘报告》,《考古学报》2003 年第 1 期,第 89—136 页。

⑥ 新疆博物馆等《莎车县喀群彩棺墓发掘简报》,《新疆文物》1999 年第 2 期,第 45—51 页。

⑦ 李吟屏《新疆和田市发现的喀喇汗朝窖藏铜器》,《考古与文物》1991 年第 5 期,第 47—53 页。

⑧ 何德修《新疆且末县出土元代文书初探》,《文物》1994 年第 10 期,第 64—75 页。

展考古工作。中日共同尼雅遗迹学术考察队先后对尼雅遗址和丹丹乌里克遗址进行了系统发掘[1]。中法联合克里雅河考古队五次深入沙漠腹地，对喀拉墩古城、圆沙古城及墓群进行了调查与发掘[2]。近年，考古工作者对南道东部的加瓦艾日克墓地[3]、古大奇墓地[4]、托盖曲根一号墓地[5]、楼兰彩棺墓[6]、楼兰古城[7]、米兰古城[8]、来利勒克遗址[9]，中

---

[1]　中日共同尼雅遗迹学术考察队《中日共同尼雅遗迹学术调查报告书》，京都：中村印刷株式会社，1995—2007 年；新疆文物考古研究所等《丹丹乌里克遗址——中日共同考察研究报告》，北京：文物出版社，2009 年。

[2]　戴寇琳、伊弟利斯·阿不都热苏勒《在塔克拉玛干的沙漠里：公元初年丝绸之路开辟之前克里雅河谷消逝的绿洲——记中法新疆联合考古工作》，吴旻译，《法国汉学》第 11 辑，北京：中华书局，2006 年，第 49—63 页。

[3]　中国社会科学院考古研究所新疆队等《新疆且末县加瓦艾日克墓地的发掘》，《考古》1997 年第 9 期，第 21—32 页。

[4]　新疆文物考古研究所《且末县古大奇墓地考古发掘报告》，《新疆文物》2013 年第 3—4 期，第 67—74 页。

[5]　新疆文物考古研究所《且末县托盖曲根一号墓地考古发掘报告》，《新疆文物》2013 年第 3—4 期，第 51—73 页。

[6]　1998—2005 年，楼兰地区发现多处被盗的彩棺墓，资料均尚未公布。这些墓葬的大体情况参于志勇、覃大海《营盘墓地 M15 及楼兰地区彩棺墓葬初探》，《西部考古》第 1 辑，西安：三秦出版社，2006 年，第 401—427 页。

[7]　秦小光等《新疆古楼兰交通与古代人类村落遗迹调查 2015 年度调查报告》，《西部考古》第 13 辑，北京：科学出版社，2017 年，第 1—35 页。

[8]　于志勇等《新疆若羌米兰遗址考古发掘新收获》，《中国文物报》2013 年 3 月 15 日第 8 版。

[9]　胡兴军《且末县来利勒克遗址群考古调查》，新疆文物考古研究所编《文物考古年报》（2013—2014），2014 年，第 35—36 页。

部的比孜里墓地①、达玛沟佛寺②、斯皮尔古城③、牙布依遗址④、西部的群艾山亚墓地⑤、下坂地墓地⑥、吉尔赞喀勒墓地⑦、托云墓地⑧、亚吾鲁克遗址⑨、汗诺依遗址⑩、莫尔寺遗址⑪以及南道历代城堡与烽火台⑫进行了广泛调查与发掘。

其次是对南道出土文献的整理与研究。汉文文献方面，20 世纪 80 年代，张广达、荣新江系统调查了国内外相关机构收藏和田、敦煌出土于阗文书的情况，并就文书年代及其反映的于阗史事做了深入讨论，相

① 胡兴军、阿里甫《新疆洛浦县比孜里墓地考古新收获》，《西域研究》2017 年第 1 期，第 144—146 页。

② 中国社会科学院考古研究所新疆队《新疆和田地区策勒县达玛沟佛寺遗址发掘报告》，《考古学报》2007 年第 4 期，第 489—525 页；中国社会科学院考古研究所新疆队《新疆策勒县达玛沟 3 号佛寺建筑遗址发掘简报》，《考古》2012 年第 10 期，第 15—24 页。

③ 中国社会科学院考古研究所新疆队《新疆策勒县斯皮尔古城的考古调查与清理》，《考古》2015 年第 8 期，第 63—74 页。

④ 新疆文物考古研究所等《皮山县牙布依遗址考古发掘简报》，《新疆文物》2009 年第 2 期，第 26—33 页。

⑤ 新疆文物考古研究所等《叶城县群艾山亚墓地发掘简报》，《新疆文物》2002 年第 1—2 期，第 22—26 页。

⑥ 新疆文物考古研究所《新疆下坂地墓地》，北京：文物出版社，2012 年。

⑦ 中国社会科学院考古研究所新疆工作队《新疆塔什库尔干吉尔赞喀勒墓地发掘报告》，《考古学报》2015 年第 2 期，第 229—268 页；中国社会科学院考古研究所新疆工作队等《新疆塔什库尔干吉尔赞喀勒墓地 2014 年发掘报告》，《考古学报》2017 年第 4 期，第 545—573 页。

⑧ 新疆文物考古研究所《2003 年度乌恰县托云墓地考古发掘简报》，《新疆文物》2009 年第 2 期，第 34—43 页。

⑨ 喀什地区文物管理所文物队《喀什市亚吾鲁克遗址 2000 年清理简报》，《新疆文物》2002 年第 3—4 期，第 54—57 页。

⑩ 中国社会科学院考古研究所等《2018—2019 年度新疆喀什汗诺依遗址考古收获》，《西域研究》2021 年第 4 期，第 149—154 页。

⑪ 肖小勇、史浩成、曾旭《2019—2021 年新疆喀什莫尔寺遗址发掘收获》，《西域研究》2022 年第 1 期，第 66—73 页。

⑫ 新疆维吾尔自治区文物局《新疆维吾尔自治区长城资源调查报告》，北京：文物出版社，2014 年。

关论文结集为《于阗史丛考》一书①。近年，荣新江还带领团队对国家图书馆、中国人民大学博物馆等单位新入藏的和田汉文文书进行整理，这项工作目前仍在继续。南道东部楼兰、尼雅等地出土的汉文文书，则由林梅村、侯灿、杨代欣、冨谷至等人先后进行了汇编②。此外，郭锋、陈国灿、王冀青、沙知、吴芳思等人对斯坦因在麻札塔格、达玛沟、巴拉瓦斯特、丹丹乌里克、安迪尔、尼雅、楼兰等地所获得的汉文文书，进行了释录和刊布③。胡语文献方面，国外这一时期有更多的学者加入海外散藏西域文献的整理与研究队伍中，这包括恩默瑞克（R. E. Emmerick）、施杰我（P. O. Skjærvø）、熊本裕、麻吉（M. Maggi）、沃洛比耶娃 - 捷夏托夫斯卡娅（M. I. Vorobyova-Desya-tovskaya）对于阗语文书，武内绍人、岩尾一史对古藏语文书，桑德尔（L. Sander）、辛岛静志对梵语文书，以及土谷舍娃（L. Tugusheva）对回鹘语译本《玄奘传》第五卷残卷的刊布与研究④。国内学者中，季羡林在其大作《糖史》里专辟一章，梳理了新疆出土的三部梵语、于阗语和吐火罗 B 语医典中的沙糖资料，并分析了疏勒等地古代种植甘蔗的

① 张广达、荣新江《于阗史丛考（增订新版）》，上海：上海书店出版社，2021 年。

② 林梅村编《楼兰尼雅出土文书》，1985 年；侯灿、杨代欣编《楼兰汉文简纸文书集成》，成都：天地出版社，1999 年；冨谷至编《流沙出土の文字资料——楼兰·尼雅文书を中心に》，京都：京都大学学术出版会，2001 年。

③ 郭锋编《斯坦因第三次中亚探险所获甘肃新疆出土汉文文书——未经马斯伯乐刊布的部分》，兰州：甘肃人民出版社，1993 年；陈国灿《斯坦因所获吐鲁番文书研究（修订本）》，武汉：武汉大学出版社，1997 年；王冀青《斯坦因第四次中亚考察所获汉文文书》，《敦煌吐鲁番研究》第 3 卷，北京：北京大学出版社，1998 年，第 259—290 页；沙知、吴芳思编《斯坦因第三次中亚考古所获汉文文献（非佛经部分）》，上海：上海辞书出版社，2005 年。

④ 参张广达、荣新江《于阗史丛考（增订新版）》所附《于阗研究论著目录》。

可能情况①。国内这一时期也逐渐培养出一批能够解读南道胡语文献的人才。1983 年，王尧、陈践出版了《敦煌吐蕃文献选》，译注了一部分法藏敦煌古藏语文献，其中有不少吐蕃统治时期的于阗史料②。1988 年，林梅村出版了《沙海古卷——中国所出佉卢文书（初集）》，对楼兰、尼雅等地出土的佉卢文材料进行了转写和翻译③。近年，段晴团队对南道新发现的梵语、于阗语、犍陀罗语、犹太波斯语文书做了系统整理与刊布④。此外，张丽香对中国人民大学博物馆入藏的梵语和于阗语文书进行了整理⑤。毕波与辛维廉（N. Sims-Williams）合作，对和田、尼雅等地新出土的十余件粟特语文书进行了释读与探讨⑥。

　　再者，是对传统文献更加系统而深入的整理与研究。20 世纪 80

---

① 季羡林《新疆的甘蔗种植和沙糖应用》，《季羡林文集》第 10 卷，南昌：江西教育出版社，1998 年，第 439—468 页。

② 王尧、陈践译注《敦煌吐蕃文献选》，成都：四川民族出版社，1983 年。

③ 林梅村《沙海古卷——中国所出佉卢文书（初集）》，北京：文物出版社，1988 年。

④ 段晴《于阗·佛教·古卷》，上海：中西书局，2013 年；又《中国国家图书馆藏西域文书——梵文、佉卢文卷》，上海：中西书局，2013 年；又《中国国家图书馆藏西域文书——于阗语卷（一）》，上海：中西书局，2015 年；又《于阗语无垢净光大陀罗尼经》，上海：中西书局，2019 年；又《中国人民大学藏于阗语文书的学术价值》，《中国人民大学学报》2022 年第 1 期，第 12—19 页；段晴、才洛太《青海藏医药文化博物馆藏佉卢文尺牍》，上海：中西书局，2016 年；张湛、时光《一件新发现犹太波斯语信札的断代与释读》，《敦煌吐鲁番研究》第 11 卷，上海：上海古籍出版社，2008 年，第 71—99 页。

⑤ 张丽香《中国人民大学博物馆藏于阗文书——婆罗谜字体佛经残片：梵语、于阗语》，上海：中西书局，2017 年。

⑥ Bi Bo & N. Sims-Williams, "Sogdian Documents from Khotan, I: Four Economic Documents," *Journal of the American Oriental Society* 130/4, 2010, pp. 497—508; idem, "Sogdian Documents from Khotan, II: Letters and Miscellaneous Fragments," *Journal of the American Oriental Society* 135/2, 2015, pp. 261—282; N. Sims-Williams & Bi Bo, "A Sogdian Fragment from Niya," in *Great Journeys across the Pamir Mountains: A Festschrift in Honor of Zhang Guangda on His Eighty-Fifth Birthday*, ed. by Huaiyu Chen & Xinjiang Rong, Leiden: Brill, 2018, pp. 83—104.

年代，季羡林在北京大学组织了一个"西域文化读书班"，对《大唐西域记》进行校注，其校注本被列入中华书局的"中外交通史籍丛刊"①。这套丛刊前后出版了 20 卷共 38 种汉文古籍的整理本，其中跟丝路南道有关的除了玄奘的传、记外，还有《法显传》《大唐西域求法高僧传》《西域水道记》等。这套高水准的整理本，对西域史地的研究提供了极大的便利。与此同时，1984 年，周连宽出版了《大唐西域记史地研究丛稿》，对玄奘归国所经行的佉沙国、斫句迦国、瞿萨旦那国、纳缚波故国以及南道各地之间的行程逐一进行了考证②。1990 年代以来，余太山、李锦绣对历代正史西域传等西域相关史料进行了全面注解和研究③。此外，国外学者何四维（A. F. Hulsewé）、鲁惟一（M. Loewe）、希尔（J. E. Hill）也对两汉书《西域传》等文献重新作了译注④。

在考古和文献整理工作的推动下，丝绸之路和西域研究逐渐成为显学。20 世纪 80 年代以来，多种专门刊物如雨后春笋般涌现，包括《西域研究》《敦煌研究》《敦煌吐鲁番研究》《西北史地》《中亚学刊》《欧亚学刊》《丝瓷之路》《西域文史》《丝路文明》《丝绸之路研究集

---

① 玄奘、辩机原著《大唐西域记校注》，季羡林等校注，北京：中华书局，1985 年。

② 周连宽《大唐西域记史地研究丛稿》，北京：中华书局，1984 年。

③ 余太山《两汉魏晋南北朝与西域关系史研究》，北京：中国社会科学出版社，1995 年；又《两汉魏晋南北朝正史西域传研究》，北京：中华书局，2003 年；又《两汉魏晋南北朝正史西域传要注》，中华书局，2005 年；又《早期丝绸之路文献研究》，上海：上海人民出版社，2009 年；李锦绣、余太山《〈通典〉西域文献要注》，上海人民出版社，2009 年。

④ A. F. Hulsewé & M. Loewe, *China in Central Asia. The Early Stage*, 125 BC-AD 23: *An Annotated Translation of Chapters 61 and 96 of The History of the Former Han dynasty*, Leiden: Brill, 1979; J. E. Hill, *Through the Jade Gate to Rome. A Study of the Silk Routes during the Later Han Dynasty 1st to 2nd Centuries CE: An Annotated Translation of the Chronicle on the 'Western Regions' from the Hou Hanshu*, Charleston: BookSurge Publishing, 2009.

刊》《丝绸之路考古》，以及《丝绸之路研究》（シルクロード研究）、《丝绸之路艺术与考古研究》（Silk Road Art and Archaeology）、《亚洲研究所集刊》（Bulletin of the Asia Institute, new series）、《内亚艺术与考古》（Journal of Inner Asian Art and Archaeology）等等。这些刊物成为丝路南道研究的主要阵地，经常开设南道相关主题的专栏、专号，如《内亚艺术与考古》第3卷"于阗研究"专号，《敦煌吐鲁番研究》第11卷"新获和田文献研究"专栏，《西域研究》2016年第3期"佉卢文简牍研究"、2021年第2期"敦煌与于阗研究"以及"于阗研究"（2014年第1期、2022年第1期、2022年第2期与第3期）专栏。除刊物外，丝绸之路研究相关的丛书也层出不穷，包括布雷波尔（Brepols）出版社的"丝绸之路研究丛书"（Silk Road Studies），奈良丝绸之路研究中心的"丝绸之路学研究丛书"（シルクロード学研究），杨镰主编的"西域考察与探险大系"，张新泰、李维青主编的"丝绸之路研究丛书"，余太山主编的"欧亚历史文化文库"，杨富学主编的"丝绸之路历史文化研究书系"，刘进宝主编的"中亚与丝路文明研究丛书"，等等。

这一时期，涉猎丝路南道问题的学者非常多。其中，林梅村和荣新江所做的工作最为全面。林梅村专注于丝绸之路考古，多次深入南道进行考古调查。作为国内最早解读佉卢文的学者，他对南道东部楼兰、且末、精绝之史地变迁以及鄯善国史的其他诸多方面都做了深入探究；他对南道中部和田地区出土的汉佉二体钱、汉文—于阗文双语文书、大唐毗沙郡将军叶和墓表以及于阗花马、乐舞、梵剧的东渐，对南道西部古代疏勒的语言及佛教遗存等问题，也均有专文论述，相关成果收在《西域文明》等文集中①。荣新江对于阗史的研究用力最多，除了前述

---

① 林梅村《西域文明——考古、民族、语言和宗教新论》，北京：东方出版社，1995年；又《汉唐西域与中国文明》，1998年；又《古道西风——考古新发现所见中西文化交流》，北京：三联书店，2000年；又《松漠之间——考古新发现所见中外文化交流》，2007年；又《西域考古与艺术》，北京：北京大学出版社，2017年。

《于阗史丛考》外，他还与朱丽双合著《于阗与敦煌》一书及论文多篇，对 10 世纪之前两地的历史进行条分缕析①。对于南道东部的族群与历史，他发表了《通颊考》《小月氏考》等文加以阐述。作为粟特研究的代表人物，荣新江还系统梳理了中古时期丝路南道的粟特人据点和贸易网络②。

　　20 世纪 80 年代以来的其余研究中，跟本书最为密切相关的当数南道历史地理研究。在这方面，陈戈、倪利思（J. Neelis）、周清澍概述了各时期南道的交通路线③。殷晴、李吟屏、陈国灿从多个角度对古代和田的道路交通做了调查与考证④。王炳华对葱岭古道⑤，余太山对玄奘

　　①　荣新江、朱丽双《于阗与敦煌》，2013 年；朱丽双、荣新江《两汉时期于阗的发展及其与中原的关系》，《中国边疆史地研究》2021 年第 4 期，第 12—23 页；又《出土文书所见唐代于阗的农业与种植》，《中国经济史研究》2022 年第 3 期，第 31—42 页。

　　②　荣新江《通颊考》，《文史》第 33 辑，北京：中华书局，1990 年，第 119—144 页；又《小月氏考》，《中亚学刊》第 3 辑，北京：中华书局，1990 年，第 47—62 页；又《西域粟特移民聚落考》，《中古中国与外来文明（修订本）》，北京：三联书店，2014 年，第 17—33 页；又《西域粟特移民聚落补考》，《中古中国与粟特文明》，北京：三联书店，2014 年，第 3—21 页。

　　③　陈戈《新疆古代交通路线综述》，《新疆文物》1990 年第 3 期，第 55—92 页；周清澍《蒙元史期的中西陆路交通》，《元蒙史札》，呼和浩特：内蒙古大学出版社，2001 年，第 237—270 页；J. Neelis, *Early Buddhist Transmission and Trade Networks: Mobility and Exchange within and beyond the Northwestern Borderlands of South Asia*, Leiden: Brill, 2011.

　　④　殷晴《古代于阗的南北交通》，原载《历史研究》1992 年第 3 期，收入作者《探索与求真——西域史地论集》，乌鲁木齐：新疆人民出版社，2011 年，第 145—161 页；李吟屏《和田历代交通路线研究》，马大正等主编《西域考察与研究》，乌鲁木齐：新疆人民出版社，1994 年，第 173—194 页；陈国灿《唐代的"神山路"与拨换城》，《魏晋南北朝隋唐史资料》第 24 辑，2008 年，第 197—205 页。

　　⑤　王炳华《"丝绸之路"南道中我国境内帕米尔路段调查》，《西北史地》1984 年第 2 期，第 78—88 页；又《葱岭古道觅踪》，《西域考古文存》，兰州：兰州大学出版社，2010 年，第 115—137 页。

自于阗东归路线[①]，黄盛璋对于阗使者行记、继业行程等西域行记所载路线[②]，分别进行了探讨。苏北海对两汉南道诸国的位置[③]、朱丽双对唐和吐蕃统治时期于阗的行政区划，各作了复原[④]。李正宇对敦煌地理文书《寿昌县地境》《沙州伊州志》《沙州图经》所载南道东部城镇作了笺释[⑤]。王北辰撰写了多篇文章，对南道楼兰至和田一线的古代城镇的名称、地望作了系统论证[⑥]。相马秀广、西村阳子、何宇华通过卫星图像、遥感考古等手段，对于阗、扞弥、楼兰古代遗址的位置和变迁进行了探索[⑦]。此外，孙修身、李吟屏对坎城地望[⑧]，李肖对且末古城地

① 余太山《楼兰、鄯善、精绝等的名义——兼说玄奘自于阗东归路线》，《两汉魏晋南北朝正史西域传研究》，北京：中华书局，2003 年，第 477—485 页。

② 黄盛璋《于阗文〈使河西记〉的历史地理研究》，《敦煌学辑刊》1986 年第 2 期，第 1—18 页；又《于阗文〈使河西记〉的历史地理研究（续完）》，《敦煌学辑刊》1987 年第 1 期，第 1—13 页；又《中外交通与交流史研究》，合肥：安徽教育出版社，2002 年。

③ 苏北海《西域历史地理》，乌鲁木齐：新疆大学出版社，1998 年。

④ 朱丽双《唐代于阗的羁縻州与地理区划研究》，《中国史研究》2012 年第 2 期，第 71—90 页；又《吐蕃统治时期于阗的行政区划》，朱玉麒主编《西域文史》第 10 辑，北京：科学出版社，2015 年，第 201—214 页。

⑤ 李正宇《古本敦煌乡土志八种笺证》，兰州：甘肃人民出版社，2008 年。

⑥ 王北辰《王北辰西北历史地理论文集》，北京：学苑出版社，2000 年。

⑦ 相马秀广《CORONA 卫星写真から见たウズン・タティ遗迹付近：西域南道扞弥国とのかかわり》，《国立历史民俗博物馆研究报告》第 81 号，1999 年，第 227—245 页；相马秀广、高田将志《Corona 卫星写真から判読される米兰遗迹群・若羌南遗迹群：楼兰王国の国都问题との关连を含めて》，《シルクロード学研究》第 17 卷，2003 年，第 61—80 页；西村阳子、北本朝展《和田古代遗址的重新定位——斯坦因地图与卫星图像的勘定与解读》，荣新江主编《唐研究》第 16 卷，北京：北京大学出版社，2010 年，第 169—223 页；何宇华、孙永军《空间遥感考古与楼兰古城衰亡原因的探索》，《考古》2003 年第 3 期，第 77—81 页。

⑧ 孙修身《于阗媲摩城、坎城两地考》，《西北史地》1981 年第 2 期，第 67—72 页；李吟屏《古于阗坎城考》，马大正、杨镰主编《西域考察与研究续编》，乌鲁木齐：新疆人民出版社，1998 年，第 236—262 页。

望①，王炳华对伊循城地望②，纷纷提出了见解。其他较重要的整体性研究，有吴焯对汉唐时期南道宗教与文化的梳理③，丽艾（M. M. Rhie）对南道早期佛教艺术的考察④，张安福对环塔里木盆地考古遗址的调查⑤，等等。

10 世纪之前材料较丰富的几个区域的研究，甚至形成了诸如楼兰学、尼雅学、于阗学一类的专门分支。楼兰和尼雅是南道东部的两处重要遗址，学界通过对它们的研究来揭示古代鄯善王国的历史。马雍分析了佉卢文材料的年代，并据之阐述了魏晋时期楼兰与鄯善的关系⑥。侯灿讨论了楼兰遗址所出简纸文书、粮食遗存以及李柏文书的出土地点，总结了楼兰古城的发展及其衰废历程⑦。孟凡人构建了楼兰、尼雅出土汉文和佉卢文简牍的编年序列，并对鄯善王统与国都、西域长史职官系统及伊循屯田等问题发表了看法⑧。王炳华对尼雅遗址出土的楎椸、琅玕等文物进行了考证，并借此发覆古代精绝国的若

①　李肖《且末古城地望考》，《中国边疆史地研究》2001 年第 3 期，第 37—45 页。

②　王炳华《伊循故址新论》，朱玉麒主编《西域文史》第 7 辑，北京：科学出版社，2012 年，第 221—234 页。

③　吴焯《汉唐时期塔里木盆地的宗教与文化》，《西北民族研究》1993 年第 2 期，第 192—214 页。

④　M. M. Rhie, *Early Buddhist Art of China and Central Asia*, *Vol. I*: *Later Han*, *Three Kingdoms and Western Chin in China and Bactria to Shan-shan in Central Asia*, Leiden: Brill, 2007.

⑤　张安福《塔里木历史文化资源调查与研究》，上海：上海人民出版社，2018 年；张安福、田海峰《环塔里木汉唐遗址》，广州：广东人民出版社，2021 年。

⑥　马雍《西域史地文物丛考》，北京：文物出版社，1990 年。

⑦　侯灿《高昌楼兰研究论集》，乌鲁木齐：新疆人民出版社，1990 年。

⑧　孟凡人《楼兰新史》，北京：光明日报出版社，1990 年；又《楼兰鄯善简牍年代学研究》，乌鲁木齐：新疆人民出版社，1995 年；又《尼雅遗址与于阗史研究》，2017 年。

干历史面向①。刘文锁通过考察佉卢文书的年代、形制与内容，来揭櫫古代尼雅绿洲的社会生活面貌②。李青从艺术史的角度探察了楼兰鄯善的文化源流③。肖小勇从考古学的角度解析了楼兰鄯善王国的社会结构④。陈晓露对楼兰遗址的考古材料进行了系统梳理，论述了楼兰在中外文化交流史上的地位⑤。于阗是丝路南道存续时间最长的王国，有自己独特的文化传统，也是西域佛教的一处重镇。孟凡人考证了于阗王国的王统与都城⑥。殷晴探讨了古代于阗的社会经济及其跟周边地区的文化交流⑦。克力勃（J. Cribb）对汉佉二体钱及其反映的汉代于阗史事进行了剖析⑧。荒川正晴⑨、池田温⑩、吉田丰⑪、文

① 王炳华《西域考古历史论集》，北京：中国人民大学出版社，2008 年。

② 刘文锁《沙海古卷释稿》，北京：中华书局，2007 年。

③ 李青《古楼兰鄯善艺术综论》，北京：中华书局，2005 年；又《丝绸之路楼兰艺术研究》，乌鲁木齐：新疆人民出版社，2010 年。

④ 肖小勇《西域考古研究——游牧与定居》，北京：中央民族大学出版社，2014 年。

⑤ 陈晓露《楼兰考古》，兰州：兰州大学出版社，2014 年。

⑥ 孟凡人《尼雅遗址与于阗史研究》。

⑦ 殷晴《探索与求真——西域史地论集》，乌鲁木齐：新疆人民出版社，2011 年。

⑧ J. Cribb, "The Sino-Kharosthi Coins of Khotan: Their Attribution and Relevance to Kushan Chronology," *The Numismatic Chronicle*, Part 1 in Vol. 144, 1984, pp. 128—152; Part 2 in Vol. 145, 1985, pp. 136—149.

⑨ 荒川正晴《唐代コータン地域のulaγについて：マザル＝ターク出土 ulaγ 関係文書の分析を中心にして》，《龙谷史坛》第 103—104 号，1994 年，第 17—38 页。

⑩ 池田温《麻札塔格出土盛唐寺院支出簿小考》，敦煌研究院编《段文杰敦煌研究五十年纪念文集》，北京：世界图书出版公司，1996 年，第 207—225 页。

⑪ 吉田丰《コータン出土 8—9 世紀のコータン語世俗文書に関する覚え書き》，神户：神户外国语大学外国学研究所，2006 年。

欣①、沈琛②等人利用和田地区出土的汉文、于阗文、古藏文文书，对中古于阗的交通、经济、税制、官制等各方面的问题做了深入探究。李吟屏③、广中智之对于阗佛教史进行了梳理④。贾应逸⑤、陈粟裕⑥、艾丽卡（E. Forte）⑦、姚崇新⑧、张惠明⑨、张健波⑩对于阗佛教美术进行了考索。

伊斯兰化以后的南道历史，囿于史料，研究状况相对薄弱。相关研

①　文欣《于阗国官号考》，《敦煌吐鲁番研究》第 11 卷，上海：上海古籍出版社，2008 年，第 121—146 页。

②　沈琛《吐蕃统治时期于阗的职官》，朱玉麒主编《西域文史》第 10 辑，北京：科学出版社，2015 年，第 215—232 页。

③　李吟屏《佛国于阗》，乌鲁木齐：新疆人民出版社，1991 年。

④　广中智之《汉唐于阗佛教研究》，乌鲁木齐：新疆人民出版社，2013 年。

⑤　贾应逸《新疆佛教壁画的历史学研究》，北京：中国人民大学出版社，2010 年。

⑥　陈粟裕《从于阗到敦煌——以唐宋时期图像的东传为中心》，北京：方志出版社，2014 年。

⑦　E. Forte, "On a Wall Painting from Toplukdong Site no. 1 in Domoko: New Evidence of Vaiśravaṇa in Khotan?" in: *Changing Forms and Cultural Identity: Religious and Secular Iconographies. Papers from the 20th Conference of the European Association for South Asian Archaeology and Art held in Vienna from 4th to 9th of July 2010, Vol. 1, South Asian Archaeology and Art*, ed. by D. Klimburg-Salter & L. Lojda, Turnhout: Brepols, 2014, pp. 215—224; idem, "Images of Patronage in Khotan," in: *Buddhism in Central Asia, I: Patronage, Legitimation, Sacred Space, and Pilgrimage*, ed. by C. Meinert & H. Sørensen, Leiden: Brill, pp. 40—60.

⑧　姚崇新《和田达玛沟佛寺遗址出土千手千眼观音壁画的初步考察——兼与敦煌的比较》，《艺术史研究》第 17 辑，广州：中山大学出版社，2015 年，第 247—282 页。

⑨　张惠明《公元 6 世纪末至 8 世纪初于阗〈大品般若经〉图像考——和田达玛沟托普鲁克墩 2 号佛寺两块"千眼坐佛"木板画的重新比定与释读》，《敦煌吐鲁番研究》第 18 卷，上海：上海古籍出版社，2018 年，第 279—329 页；又《从那竭到于阗的早期大乘佛教护法鬼神图像资料——哈达与和田出土的两件龙王塑像札记》，《西域研究》2021 年第 2 期，第 54—72 页。

⑩　张健波《丝绸之路南道古代造型艺术——以于阗壁画雕塑为中心》，北京：中国建筑工业出版社，2018 年。

究集中在三个方面: 其一, 是依托莎车文书和《突厥语大词典》对喀喇汗王朝时期南道西部历史的探究。20 世纪初, 伯希和、马继业(G. H. MaCartney)从莎车地区获得十余件喀喇汗时期的文书。这批文书中的大部分由埃德尔(M. Erdal)和格隆克(M. Gronke)在 20 世纪 80 年代发表[1]。林梅村根据这批文书探讨了喀喇汗王朝的族群、书面语言和伊斯兰教文化[2]。喀什噶里的《突厥语大词典》包含了大量跟喀什、于阗相关的信息。国内张广达率先撰文对这部文献的史料价值加以介绍[3]。20 世纪 80 年代和 21 世纪初, 这部词典的英译本和汉译本先后问世[4]。学界因此得以方便地利用其中的材料, 对喀喇汗王朝历史社会的诸多方面展开广泛讨论。国内相关的研究论文, 曾由校仲彝结集出版[5]。其二, 是以刘迎胜为代表的学者对察合台汗国史的研究。刘迎胜这方面的论著涉及许多跟至元(1264—1294)前后南道历史相关的论题, 例如, 别失八里行尚书省、斡端宣慰使元帅府等机构的置废, 阿鲁忽、八剌、忙古带拔都儿等人在斡端的活动, 忽必烈与海都、都哇之间在天山南北的战事, 等等[6]。其三, 是以《马可波罗行纪》为基础对丝

① M. Erdal, "The Turkish Yarkand Documents," *Bulletin of the School of Oriental and African Studies* 47/2, 1984, pp. 260—301; M. Gronke, "The Arabic Yārkand Documents," *Bulletin of the School of Oriental and African Studies* 49/3, 1986, pp. 454—507.

② 林梅村《有关莎车发现的喀喇汗王朝文献的几个问题》,《西域研究》1992 年第 2 期, 第 95—106 页。

③ 张广达《关于马合木·喀什噶里的〈突厥语词汇〉与见于此书的圆形地图》, 原载《中央民族大学学报》1978 年第 2 期, 收入作者《文书、典籍与西域史地》, 桂林: 广西师范大学出版社, 2008 年, 第 46—66 页。

④ Maḥmūd al-Kāšγarī, *Compendium of the Turkic Dialects* (*Dīwān Luγāt al-Turk*), ed. and tr. by R. Dankoff & J. Kelly, 1982—1985; 麻赫默德·喀什噶里《突厥语大词典》, 校仲彝等译, 2002 年。

⑤ 校仲彝主编《〈突厥语词典〉研究论文集》, 乌鲁木齐: 新疆人民出版社, 2006 年。

⑥ 刘迎胜《察合台汗国史研究》, 上海: 上海古籍出版社, 2011 年; 又《西北民族史与察合台汗国史研究》, 北京: 中国国际广播出版社, 2012 年; 又《蒙元帝国与 13—15 世纪的世界》, 2013 年。

路南道进行的考察。2011 年以来，荣新江组织和实施的马可波罗项目，催生了一大批跟西域史地、中外关系相关的研究成果。其中涉及丝路南道的有荣新江对马可波罗所载于阗见闻的辨析，陈春晓对中古于阗玉石西传的追踪①，等等。本书亦是该项目的阶段性成果②。

---

① 荣新江《真实还是传说：马可波罗笔下的于阗》，《西域研究》2016 年 2 期，第 39—42 页；陈春晓《中古于阗玉石的西传》，《西域研究》2020 年第 2 期，第 1—16 页。

② 本书部分章节曾以专文发表：罗帅《蒙元时期鸦儿看的疆域与交通》，《西域研究》2017 年第 1 期，第 22—29 页；又《人口、卫生、环境与疾病——〈马可波罗行纪〉所载莎车居民之疾病》，《西域研究》2017 年第 4 期，第 61—77 页；又《且末古史考——以马可波罗的记载为中心》，《国际汉学研究通讯》第 13—14 合期，北京：北京大学出版社，2017 年，第 321—337 页；又《玄奘之媲摩与马可波罗之培因再研究》，李肖主编《丝绸之路研究》第 1 辑，北京：三联书店，2017 年，第 131—151 页；又《玄奘之纳缚波与马可波罗之罗卜再研究——兼论西晋十六国时期楼兰粟特人之动向》，《敦煌研究》2019 年第 6 期，第 101—108 页；又《10—14 世纪塔里木盆地南道的村镇聚落与道路交通》，荣新江、党宝海主编《马可波罗与 10—14 世纪的丝绸之路》，北京：北京大学出版社，2019 年，第 186—203 页；又《汉佉二体钱新论》，《考古学报》2021 年第 4 期，第 501—520 页。

第一章　南道东端绿洲

　　《汉书·西域传》描述丝绸之路南道是从鄯善开始的；13 世纪马可波罗来华，经行南道以罗卜城为终点。两汉时期的鄯善和元代的罗卜，均在今米兰、若羌绿洲一带，可见千余年间南道的东端未曾发生大的变动。南道东部傍昆仑山、阿尔金山北麓而行，这一带最主要的水系是车尔臣河。在车尔臣河以东，还有一些靠冰川融雪补给的较小河流，包括瓦石峡河、若羌河和米兰河，它们自南向北奔向沙漠，但因径流量太小，最终未能汇入车尔臣河而消失在漫漫黄沙中。它们在中下游也塑造了数块绿洲，这些绿洲构成了南道东端的基本生态。其中的瓦石峡绿洲是吐蕃至蒙元时期怯台的所在地；若羌绿洲和米兰绿洲是汉晋鄯善国都的所在地，南北朝时期在此活动的粟特人称之为纳缚波，元代在南道建立站赤交通，此地设有罗卜驿。

第一节　从纳缚波到罗卜

一、罗卜、怯台之地望

　　1273 年下半年，马可波罗沿塔里木盆地南道东行，依次经过可失合儿、鸦儿看、忽炭、培因、阇鄽，最后到达罗卜沙漠（今甘肃与新疆之间的库姆塔格沙漠）边缘的罗卜城。马可波罗将罗卜城描述为穿越沙漠前往敦煌的补给站，相关片段移录如下：

　　罗卜是位于沙漠（FB）边缘的一座大城，离开（Z）此城即进
入一个十分（L）巨大的沙漠，名为罗卜沙漠，它位于东方和东北
方之间。并且（V）这座城市属于大汗治下（VA），而（V）此地
（Z）居民信仰摩诃末。希望穿越沙漠的旅行者所需要的所有东西
都要在这个城市准备好（P）。我告诉你，那些想要穿过大（VA）
沙漠的人必须（V）在这个城镇休息至少（V）一个星期来使他们
自己和他们的牲畜得到恢复。在这个星期结束时，他们必须（V）
为自己和他们的牲畜备好一个月的食物……然后他们从此镇出发进
入沙漠。①

　　在《马可波罗行纪》的多数版本中，罗卜一词都被写作 Lop②。斯
坦因（M. A. Stein）在其第二次中亚探险考察报告《西域考古图记》中
专辟一节《马可波罗之罗卜与玄奘之纳缚波》，考证罗卜城位于今若羌
绿洲③。伯希和（P. Pelliot）及后来的许多研究者均赞同这一点④。不
过，这一观点未必就是定论。斯坦因的论证可概括如下：在且末以东，
历史上只有瓦石峡、若羌和米兰等三块绿洲具备形成城的自然条件。其
中，最东边的米兰遗址在 9 世纪后期已经废弃。若羌绿洲的供水和耕作
区比最西边的瓦石峡充足得多，不会先于瓦石峡荒废。由于瓦石峡存在

　　① A. C. Moule & P. Pelliot（ed. and tr.），*Marco Polo. The Description of the World*，Vol. I, ch. 57, London：Routledge, 1938, pp. 148—150. 译文在北京大学马可波罗项目读书班译定稿的基础上，略有修订。其中，不带下画线的文字为《马可波罗行纪》F 本的内容；带下画线的文字为其他诸本的内容，其括注版本信息。版本缩略语参见原书第 509—516 页表格。

　　② P. Pelliot, *Notes on Marco Polo*, Vol. II, Paris：Imprimerie nationale, 1963, p. 770.

　　③ M. A. Stein, *Serindia：Detailed Report of Archaeological Explorations in Central Asia and Western-most China*, Oxford：Clarendon Press, 1921, pp. 318—322.

　　④ P. Pelliot, *Notes on Marco Polo*, Vol. II, p. 770；玄奘、辩机原著《大唐西域记校注》，季羡林等校注，北京：中华书局，2000 年，第 1033 页；王北辰《若羌古城考略》，《王北辰西北历史地理论文集》，北京：学苑出版社，2000 年，第 164—176 页。

元代遗址,则若羌在元代也应当存在聚落。《马可波罗行纪》称罗卜城位于沙漠边缘,是穿越罗卜沙漠前的最后休整地,而若羌位于瓦石峡的东边,更符合这一记述。因此,罗卜城位于若羌。

斯坦因的推论,存在考古材料方面的风险。目前,若羌和米兰两地均未发现蒙元时期的遗存。斯坦因认为米兰遗址在吐蕃势力撤离不久后就迅速废弃了,但同时也承认,"当然没有明显的理由认为这个放弃是由于干旱,即供水的缺乏"[1]。需要指出的是,斯坦因曾在米兰戍堡及其附近发现了9枚铜钱,可辨识的除开元通宝外,还有一枚政和(1111—1117)通宝和一枚光绪通宝。关于后两枚钱币,他推测可能是某个后来的访问者丢弃的[2]。不过,我认为,那枚政和通宝正暗示了米兰绿洲在北宋时期仍然是沙漠交通路线上的一处歇脚点。既然米兰据点被吐蕃放弃并非因为缺水,那么它被重新开发就存在可能。实际上,在北宋中后期,青海道成为中原与西域交往的重要通道,约昌城(今且末县城西南)因此而繁荣起来。我们有理由相信,在这一背景下,米兰绿洲也得到了有效利用。马可波罗行经罗卜城仅在政和之后百余年,彼时,北宋时期复苏的米兰绿洲完全有可能继续在沙漠交通中发挥作用。关于若羌缺乏蒙元遗存,斯坦因解释说当地风蚀严重,古遗址被破坏了[3]。米兰同样面临这样的情况,其蒙元时期的遗存也可能因自然或人为因素而遭到破坏,或者深埋沙中尚未被发现。随着今后考古工作的推进,也许将来会发现进一步的线索。

将罗卜城比定在若羌,还需面临的另一个重要问题是,蒙元时期的怯台位于何处?斯坦因避开了这一问题,其他学者也没有给出合理答案。《元史》记载,至元二十三年(1286)春正月己卯,元廷"立罗

---

① M. A. Stein, *Serindia*, p. 474.

② M. A. Stein, *Serindia*, p. 474.

③ M. A. Stein, *Serindia*, pp. 313—314.

不、怯台、阇鄘、斡端等驿"①。更早些时候，米兰遗址出土的 8 世纪古藏语文书经常提到 Ka-dag。这是一个拥有城和戍堡的地方，与大、小罗布毗邻，并且相互之间联系紧密，陶慕士（F. W. Thomas）认为它就是元代的怯台②。925 年的钢和泰藏卷《于阗使者行记》第 11 行（11.4）提到"怯台（Kạdakä）地区的城"③。成书于 982 年的波斯语地理书《世界境域志》（IX. 17）记载，"怯台（Kādhākh），在秦境内，但其长官代表吐蕃"④。

16 世纪米儿咱·海答儿（Mirza Haidar）的《拉失德史》多次提到怯台（Katak）之名，且经常与罗卜连用。米儿咱·海答儿记载了一则有关怯台毁灭的生动故事：成吉思汗西征中亚后，伊斯兰苏非主义火者派的大毛拉叔札乌丁·马哈木（Maulana Shuja-Din Muhammad）及其族人被流放到哈剌和林，他们的子孙后来又流落到罗卜、怯台。到 14 世纪上半叶，这些子孙的最后一位，舍赫（shaikh，苏非主义教团领袖之尊称）札马剌丁（Jamal al-Din），率众离开怯台，就在那时，这座城镇被天降的风沙所掩埋。然而，同书还提到，14 世纪下半叶，东察合台汗国的黑的儿火者汗（Khidr Khoja，1361—1399）即位前曾到罗卜、怯台避乱。15 世纪上半叶，歪思汗（Vais Khan，1418—1428 年在位）每年都要到吐鲁番、塔里木、罗卜、怯台等地去打野骆驼。甚至到米儿

---

① 《元史》卷一四《世祖纪》，中华书局点校本，1976 年，第 285 页。

② F. W. Thomas, *Tibetan Literary Texts and Documents Concerning Chinese Turkestan*, *Part II. Documents*, pp. 120—121, 132—137.

③ H. W. Bailey, "The Staël-Holstein Miscellany," *Asia Major* 2/1, new series, 1951, p. 11; J. Hamilton, "Autour du manuscrit Staël-Holstein," *T'oung Pao* 46, 1958, p. 120. 关于怯台之语源，贝利（H. W. Bailey）指出，如果此名来自伊朗语，则它可追溯至 *kan—ta—，而非 kanthā-< kan-θā-(意为"城")，见 H. W. Bailey, *Dictionary of Khotan Saka*, Cambridge: Cambridge University Press, 1979, p. 51.

④ *Hudūd al-'Ālam.* '*The Regions of the World*': *A Persian Geography*, 372 A. H. - 982 A. D., tr. & explained by V. Minorsky, edited by C. E. Bosworth, Cambridge: Cambridge University Press, 1970, 2nd edition, p. 85.

咱·海答儿所处的时代（16 世纪上半叶），罗卜和怯台两个名字仍然为人所知，而且有猎户见到过它们的建筑遗迹，但是不久以后再去那儿又无迹可寻，流沙再次将它们吞噬了[①]。

关于怯台之地望，福赛斯（T. D. Forsyth）首先提出它位于罗卜城以南三日程的地方，但没有提供任何论据[②]。俄国中亚探险队的别夫佐夫（M. W. Pievtsoff）在其地图上车尔臣河尾闾地区标有 Ketek-sher（85°20′ E，39°17′ N）[③]。斯坦因指出这个词即 Kötek-shahri，但他并未明确将其与怯台遗址等同起来[④]。法国吕推（J. -L. Dutreuil de Rhins）探险队成员李默德（F. Grenard）提到，当地向导告诉他，怯台位于贾法尔·萨迪克（Dja'far Sàdik）麻札以北半日程，尼雅河附近的沙漠中[⑤]。亨廷顿（E. Huntington）也曾记录过一处 Kotak Sheri（Chemotona），其地西距安迪尔 138 英里，东距楼兰古城 264 英里。不过，他括注的 Chemotona（折摩驮那）表明，这处遗址显然是指且末古城[⑥]。以上，别夫佐夫、李默德和亨廷顿提到的遗址名称，均如斯坦因所言，来自 kötek-shahri > kōne-shahr，意为"古城"[⑦]。这三处遗址均非怯台之所

---

① Mirza Muhammad Haidar, *The Tarikh-i-Rashidi*：*A History of the Moghuls of Central Asia*, ed. with notes by N. Elias, tr. by E. Denison Ross, London：Sampson Low, 1895, pp. 10—12, 52, 67, 295；汉译本见米儿咱·马黑麻·海答儿《中亚蒙兀儿史——拉失德史》，新疆社会科学院民族研究所译，王治来校注，乌鲁木齐：新疆人民出版社，1983 年，第一编，第 159—162、224、248 页；第二编，第 206—207 页。

② T. D. Forsyth, *Report of a Mission to Yarkund in 1873*：*Historical and Geographical Information*, Calcutta：The Foreign Department Press, 1875, p. 27.

③ Cf. F. Grenard, *J. -L. Dutreuil de Rhins. Mission Scientifique dans la Haute Asie 1890—1895*, Vol. III, Paris：E. Leroux, 1898, p. 147；M. A. Stein, *Serindia*, p. 454.

④ M. A. Stein, *Serindia*, p. 454.

⑤ F. Grenard, *J. -L. Dutreuil de Rhins. Mission Scientifique dans la Haute Asie 1890—1895*, Vol. III, pp. 147—148.

⑥ E. Huntington, *The Pulse of Asia. A Journey in Central Asia Illustrating the Geographic Basis of History*, London：Archibald Constable, 1907, p. 387.

⑦ M. A. Stein, *Serindia*, p. 320 n. 12, p. 454 n. 10.

在，盖因文献提示怯台与罗卜毗邻，它们与罗卜的可能位置均太过遥远。

此外，岑仲勉与黄盛璋声称，斯坦因的考古报告曾考今若羌（Charkhlik）之原音作哈达里克（Khadlik），当地人或呼为 Kuduk-köl。因此他们指出，怯台即 Khad 之对译，其地在今若羌[1]。然而，斯坦因的 Khadlik 位于策勒县达玛沟一带[2]，岑、黄二人将其与 Charkhlik 混为一谈，失之不察。因此，以怯台音对 Charkhlik，尚缺乏可靠证据。

那么，怯台到底在何处呢？我认为，怯台和罗卜均位于斯坦因提到的三块绿洲，即瓦石峡、若羌和米兰。根据《元史》"罗不、怯台、阇鄽、斡端"的排列，怯台应当位于罗卜的西边。如此，则怯台是瓦石峡、若羌之一，罗卜是若羌、米兰之一。古藏语文书里经常出现大罗布（Nob-ched-po）和小罗布（Nob-chu-ṅu），也经常提到罗布三城或四城[3]。陶慕士指出，罗布三城相当于钢和泰藏卷于阗语《于阗使者行记》里的大、小罗布和怯台，再加上七屯城（Rtse-thon）就是罗布四城[4]。此说基本正确，但须稍作补充说明。在钢和泰藏卷《于阗使者行记》里，怯台的地位有所提升，被称作一个地区。而且，在第 11 行"怯台地区的城"（11.4）下面，第 11—12 行之间，插入了一行文字"nākä chittä-pū、nāhä chūṇū、ḍūrtcī 等三城"，它们分别相当于古藏语

① 岑仲勉《天山南路元代设驿之今地》，《中外史地考证》下册，北京：中华书局，2004 年，第 627 页；黄盛璋《于阗文〈使河西记〉的历史地理研究》，《敦煌学辑刊》1986 年第 2 期，第 7 页。

② M. A. Stein, *Serindia*, p. 454；idem, *Innermost Asia: Detailed Report of Explorations in Central Asia, Kansu and Eastern Iran*, Oxford: Clarendon Press, 1928, pp. 128—130.

③ F. W. Thomas, *Tibetan Literary Texts and Documents Concerning Chinese Turkestan*, II, London: Royal Asiatic Society, pp. 135—155.

④ F. W. Thomas, *Tibetan Literary Texts and Documents Concerning Chinese Turkestan*, II, p. 155.

文书里的大罗布、小罗布和弩支城（Klu-rtse）[1]。这行插入语是对"怯台地区的城"的注解，此三城可谓"怯台三城"，亦即古藏语文书里的罗布三城。其中，弩支城为"怯台城"，即今瓦石峡遗址[2]，乃7世纪上半叶康艳典所筑。钢和泰藏卷《于阗使者行记》中既有怯台（古藏语 Ka-dag，于阗语 Kạdakä），又有弩支城（古藏语 Klu-rtse，于阗语 ḍūrtcī＝nūrtcī＜粟特语 nōč，意为"新城"），米兰遗址出土的8世纪古藏语文书中也是如此。这两个名字是一种包含关系：怯台为地区名，相当于瓦石峡绿洲，弩支城是该地区城镇的名字。当然，有些场合怯台也用来指"怯台城"，即弩支城；而某些时期，怯台地位上升，也可用来指一个更大的地区，钢和泰藏卷《于阗使者行记》中的"怯台地区"即属这种情况。敦煌地理文书唐光启元年（885）写本《沙州伊州地志》（S.0367）记载，故伊循时名屯城，又称小鄯善城；故扜泥时名石城镇，又称大鄯善城[3]。一般以唐大、小鄯善城当吐蕃大、小罗布，分别在今若羌和米兰[4]。由于古文书并提怯台与大、小罗布，亦可知怯台不在若羌和米兰。总之，笔者认为怯台在今瓦石峡；而蒙元之罗卜城，在今若羌或米兰。

二、纳缚波之名与义

关于《马可波罗行纪》罗卜（Lop）一名的语源，笔者认为也有必要重新探讨。这种拼法与蒙古语罗布淖尔（Lop-nōr）里的形式是一样

① H. W. Bailey, "The Staël-Holstein Miscellany," p. 11；J. Hamilton, "Autour du manuscrit Staël-Holstein," p. 120.

② 关于弩支城在今瓦石峡，参 M. A. Stein, Serindia, p. 322.

③ 唐耕耦、陆宏基编《敦煌社会经济文献真迹释录》第1辑，北京：书目文献出版社，1986年，第39页。

④ M. A. Stein, Serindia, p. 322；季羡林等校注《大唐西域记校注》，第1034页；王北辰《〈大唐西域记〉中的睹货逻、折摩驮那、纳缚波故国考》，《王北辰西北历史地理论文集》，北京：学苑出版社，2000年，第199页；又《若羌古城考略》，第173页。

的。除《元史》记其名外，明代佚名文献《西域土地人物略》和《西域土地人物图》载有格卜城儿，且《西域土地人物图》在昆仑山北麓自西向东排列四城：克列牙城儿（克里雅城，今于田县）、扯力昌城（今且末县）、格卜城儿、俺鼻城儿①。伯希和认为"格卜"可能是洛卜之误②，其说可从。不过，这个名字最初是以 n-开头，考迭（H. Cordier）、斯坦因、伯希和等人皆将其追溯到玄奘的"纳缚波"和古藏语文书里的 Nob③，这一点没有任何问题。但对于纳缚波之语源，学界尚存分歧。早期注释家认为这个词是该地梵语化名称之音译，可还原成 *Navapa，来源于梵文 nava-pura，意为"新城"④。伯希和接受了这一观点，但认为 *Navapa 是 *Nop 的梵语化形式⑤。季羡林等则认为这个名字与唐初居住在当地的粟特人有关，因此应当来自粟特语 na'wa + âpa，意为"新水"；若其果真是一个梵语名称的话，则原文更可能是 Navāp（nava + ap），意为"新水"，与粟特语同⑥。

王北辰支持季羡林等的看法，并从玄奘传、记中找到一则辅证材料。《大唐西域记》记载缚喝国都小王舍城附近的寺院时提到，"城外西南有纳缚（唐言新）僧伽蓝"，《大慈恩寺三藏法师传》的相应记述

① 李之勤校注《〈西域土地人物略〉校注》，收入李之勤编《西域史地三种资料校注》，乌鲁木齐：新疆人民出版社，2012 年，第 27 页；又《〈西域土地人物图〉校注》，收入李之勤编《西域史地三种资料校注》，第 54 页；张雨撰《边政考》卷八《西域诸国》，台北：台湾华文书局，影印明嘉靖刻本，1968 年，第 597 页。

② P. Pelliot, *Notes on Marco Polo*, Vol. II, p. 770.

③ H. Yule（ed. and tr.），*The Book of Ser Marco Polo, the Venetian: Concerning the Kingdoms and Marvels of the East*, Vol. I, revised by H. Cordier, London: J. Murray, 1903, p. 197 n. 1; M. A. Stein, *Serindia*, p. 322; P. Pelliot, *Notes on Marco Polo*, Vol. II, p. 770; 季羡林等校注《大唐西域记校注》，第 1033 页。

④ S. Beal（tr. and note），*Si-Yu-Ji: Buddhist Record of the Western World*, Vol. 2, London: Trübner, 1884, p. 325.

⑤ P. Pelliot, *Notes on Marco Polo*, Vol. II, p. 770.

⑥ 季羡林等校注《大唐西域记校注》，第 1034 页。

为"城外西南有纳缚伽蓝（此言新）"①，两处皆自注纳缚意为"新"。
王先生认为缚喝通用粟特语，故"纳缚"为粟特。按，缚喝国即今
阿富汗巴尔赫（Balkh），其时使用巴克特里亚语（Bactrian），其地近年
发现的大批4—8世纪巴克特里亚语文书可以为证②。不过，粟特语与巴
克特里亚语同属中古伊朗语东支，多有相通之处。此外，王先生还认
为，贞观间（627—649）康国首领康艳典率众来居鄯善故地，且被唐
廷任命为石城镇使，纳缚波一名系使用粟特语的康国人所命名。玄奘归
国过此地时受到他们的款待，因此记其地区名为"纳缚波"③。

今按，当玄奘归至于阗时，唐太宗遣使复函称："朕已敕于阗等道
使诸国送师，人力鞍乘应不少乏，令敦煌官司于流沙迎接，鄯鄯于沮沫
迎接。"④ 其中的鄯鄯即鄯善故地，如王北辰所言，玄奘路过时接待者
当为康艳典及其众⑤。那么，"纳缚波"之名必定是玄奘从粟特人那里
听到的。笔者认为，这个名称确实应该来自粟特语，而非一种梵语化形
式。盖因鄯善故地固然流行过印度俗语，但佉卢文文书里面并没有提到
过纳缚波一名。而且，更没有材料表明这一带的地名曾有过梵语化的阶
段⑥。再者，贞观中康艳典率众复建之前，那里已是荒废之地。

粟特语表示"新"有三个词：（1）*nw'k*(*w*)（nawāk(u)），源自帕

---

① 季羡林等校注《大唐西域记校注》，第117页；慧立、彦悰撰《大慈恩寺
三藏法师传》，孙毓棠、谢方点校，北京：中华书局，2000年，第32页。

② N. Sims-Williams, *Bactrian Documents from Northern Afghanistan*, 3Vols, Lon-
don: The Nour Foundation in association with Azimuth Editions, 2000—2012.

③ 王北辰《〈大唐西域记〉中的睹货逻、折摩驮那、纳缚波故国考》，第
197—199页。

④ 孙毓棠、谢方点校《大慈恩寺三藏法师传》，第124页。

⑤ 伯希和亦持此观点：P. Pelliot, "Le 'Cha-tcheou-tou-fou-t'ou-king' et la col-
onie sogdienne de la region du Lob Nor," *Journal Asiatique* 8, 1916, pp. 111—123；汉文
节译本见冯承钧译《沙州都督府图经及蒲昌海之康居聚落》，《西域南海史地考证
译丛七编》，北京：中华书局，1957年，第25—29页。

⑥ 伯希和可能认为是玄奘将听到的地名进行了凭空的梵语化加工，但这不符
合玄奘传、记的惯例。

提亚语 *nawāg*；（2）*nw'y*（nawē），摩尼教用语形式作 *nwyy*；（3）*nwc*（nōč）[1]。"纳缚"无疑是第（2）种即 *nw'y*（nawē）的音译。然则，"波"所代表的词语是什么？上文论及，季羡林、王北辰等认为它译自粟特语 *âp*[a]，意为"水"。不过，这个词的正确形式是 *''p*（āp/ 'ph）[2]，以清辅音结尾，并不能对译以元音结尾的"波"（晚期中古音 pua，早期中古拟音 pa[3]）。我认为，"波"所对译的乃是粟特语 *β'δ*（βāδ），意为"地、地方"[4]，结尾的辅音-δ 可以不译出。因此，纳缚波即 *nw'y β'δ*（nawē βāδ），意为"新地"。

纳缚波，《大慈恩寺三藏法师传》回鹘文译本径作 Nop[5]，采用的乃是吐蕃人使用的名称。nawē βāδ>Nop/ Nob 之演变，当与吐蕃人有关。8 世纪吐蕃人占据今罗布泊以南地区后，沿用了粟特语地名 nawē βāδ，但省略了中间的音节，古藏语 Nop 即 na（w）-βā 之译。从吐蕃人的罗布三城来看，Nop 之地在吐蕃统治时期包括了怯台和原鄯善国的扜泥、伊循一带，即今瓦石峡、若羌、米兰等绿洲。

纳缚波之名是否由康艳典所创造？我认为恐非如此。《新唐书》和敦煌地理文书均记载，唐初康艳典率众建造的一批城镇中，有一座名叫弩支城，亦谓新城[6]。上文已论及，此城位于瓦石峡，亦即元明之怯台。弩支即"新"，乃 *nwc*（nōč）之音译[7]。此城既为康艳典所筑，则其名亦必为艳典所命。可见，艳典辈是以上述第（3）种即 *nwc*（nōč）来表示"新"的。

---

① B. Gharib, *Sogdian Dictionary（Sogdian-Persian-English）*, Tehran：Farhangan Publications, 1995, pp. 245—246, 248.

② B. Gharib, *Sogdian Dictionary（Sogdian-Persian-English）*, p. 8.

③ E. G. Pulleyblank, *Lexicon of reconstructed pronunciation in Early Middle Chinese, Late Middle Chinese, and Early Mandarin*, Vancouver：UBC Press, 1991, p. 40.

④ B. Gharib, *Sogdian Dictionary（Sogdian-Persian-English）*, p. 96.

⑤ Л. Ю. Тугушевои, *Фрагменты уйгурской версии биографии Сюань-цзана*, Москва：Наука, 1980, c. 29.

⑥ 《新唐书》卷四三下《地理志七》，中华书局点校本，1975 年，第 1151 页。

⑦ P. Pelliot, *Notes on Marco Polo*, Vol. I, p. 209.

我认为，纳缚波名称之起源远在康艳典到来之前。这一点其实在玄奘的记述中已有端倪。《大唐西域记》记载尼壤以东行程如下：

> 行四百余里，至睹货逻故国。国久空旷，城皆荒芜。从此东行六百余里，至折摩驮那故国，即沮末地也。城郭岿然，人烟断绝。复此东北行千余里，至纳缚波故国，即楼兰地也。①

引文提到了睹货逻、折摩驮那和纳缚波等三个故国。既言"故国"，则所用为古名而非今名。例如，折摩驮那即佉卢文文书中的Calmadana，而玄奘行经时的名字为沮沫。可见，康艳典之时，纳缚波也已经是一个古名。根据唐玄宗给玄奘的复函，唐廷当时仍称其为鄯善。所谓"楼兰地"，乃汉魏两晋南北朝之鄯善国。玄奘称纳缚波故国即楼兰地，亦可知纳缚波为鄯善。

第二节 中古时期罗布泊地区的粟特人

"纳缚波"这个名字到底是何时出现的呢？我认为可以早至4世纪中后期，与两晋南北朝时期粟特人的动向大有关系。今哈密四堡，维吾尔语称为Lapčuq②，清代和民国文献记作拉布楚喀③，明代文献作腊竺、剌术④，钢和泰藏卷于阗语《于阗使者行记》作dapäci⑤。此等名称皆

---

① 季羡林等校注《大唐西域记校注》，第1033页。

② P. Pelliot, "Le 'Cha-tcheou-tou-fou-t'ou-king' et la colonie sogdienne de la region du Lob Nor," pp. 117—120.

③ 陶保廉撰《辛卯侍行记》卷六，刘满点校，兰州：甘肃人民出版社，2002年，第380、382页；谢彬《新疆游记》，乌鲁木齐：新疆人民出版社，2013年，第89页。

④ 陈诚撰《西域行程记》，周连宽校注，北京：中华书局，2000年，第35页；李之勤校注《〈西域土地人物略〉校注》，第22页；又《〈西域土地人物图〉校注》，第51页。

⑤ H. W. Bailey, "The Staël-Holstein Miscellany," p. 13; J. Hamilton, "Autour du manuscrit Staël-Holstein," p. 139.

源于唐代伊州下属之纳职县，这一点，伯希和等人已有论证①。关于纳职、鄯善及粟特人之间的关系，《元和郡县图志》伊州条记载：

> （伊州），后魏及周，又有鄯善人来居之。隋大业六年（610）得其地，以为伊吾郡。隋乱，又为群胡居焉。贞观四年（630），胡等慕化内附，于其地置伊州。
>
> ……
>
> 纳职县，下。东北至州一百二十里。贞观四年置。其城鄯善人所立，胡谓鄯善为纳职，因名县焉。②

《旧唐书·地理志》陇右道伊州条：

> 伊州，下　隋伊吾郡。隋末，西域杂胡据之。贞观四年，归化，置西伊州。……
>
> 伊吾　……后魏、后周，鄯善戎居之。隋始于汉伊吾屯城之东筑城，为伊吾郡。隋末，为戎所据。贞观四年，款附，置西伊州始于此。
>
> ……
>
> 纳职　贞观四年，于鄯善胡所筑之城置纳职县。③

敦煌地理文书《沙州伊州地志》伊州条：

> （伊州），隋大业六年于城东买地置伊吾郡。隋乱，复没于胡。贞观四年，首领石万年率七城来降。
>
> ……
>
> （纳职县），唐初有土人鄯伏陁属东突厥，以征税繁重，率城

---

① P. Pelliot, "Le 'Cha-tcheou-tou-fou-t'ou-king' et la colonie sogdienne de la region du Lob Nor," pp. 116—120; idem, *Notes on Marco Polo*, Vol. II, p. 770; F. W. Thomas, "Some Words Found in Central Asian Documents," *Bulletin of the School of Oriental Studies* 8/2—3, 1936, pp. 793—794.

② 李吉甫撰《元和郡县图志》卷四〇《陇右道下》，贺次君点校，北京：中华书局，1983 年，第 1029—1030 页。

③ 《旧唐书》卷四〇《地理志三》，第 1643—1644 页。

人入碛，奔鄯善至并吐谷浑居住，历焉耆，又投高昌，不安而归。胡人呼鄯善为纳职，既从鄯善而归，遂以为号耳。[①]

以上三种文献所记多有相似之处，有些内容又可互补。从中我们可以了解到这样一些史实：北魏、北周之时，有很多鄯善人迁居伊吾；隋朝一度买地立伊吾郡，但隋末其地复为群胡所据；唐贞观四年，伊吾七城杂胡慕化款附。这些鄯善移民被称作鄯善人、鄯善戎、鄯善胡、西域杂胡等，又其首领名曰石万年，可知他们主要是粟特人。他们占据着伊吾境内的主要城池，而且建立了一座新城，贞观四年置为纳职县。

《元和郡县图志》和《沙州伊州地志》均解释了纳职县名之由来，前者称因其城"鄯善人所立"，后者言因城人"从鄯善而归"，但都提到了一点，即"胡人呼鄯善为纳职"。今按，《元和郡县图志》所言更合理，但二者均未得要领。粟特人名此城必为 nwc（nōč），即弩支城、新城，本与"鄯善"无关。钢和泰藏卷于阗语《于阗使者行记》称纳职为 dapācī = napäciq，后来维吾尔语作 Lapčuq，这两个名称皆来自回鹘语。词尾的-čuq 为回鹘语表示地名的后缀，地名硕尔楚克（Šorchuk，位于焉耆附近）和巴尔楚克（Barquk，今巴楚）皆属此例。因此，回鹘人实际上是以 Nop 来称纳职。伯希和与陶慕士将汉语"纳职"之源音构拟为 *Napčïq[②]，这不正确。纳职乃 nwc（nōč）之完整对译。回鹘人为何以 Nop 称纳职城？可能是回鹘人取代吐蕃人在罗布泊地区的统治之后，沿用了吐蕃地名 Nop，并将其所指范围进一步扩大。当然，也可能与他们接触到的粟特人群有关。在纳职城有两类粟特人，分别偏好使用 nw'y（nawē）和 nwc（nōč）。回鹘人是从前一类那里获知城名的。而汉语之"纳职"，则来源于后一类粟特人。

---

① 唐耕耦、陆宏基编《敦煌社会经济文献真迹释录》第 1 辑，第 40—41 页。

② P. Pelliot, "Le 'Cha-tcheou-tou-fou-t'ou-king' et la colonie sogdienne de la region du Lob Nor," pp. 116—120; idem, *Notes on Marco Polo*, Vol. II, p. 770; F. W. Thomas, "Some Words Found in Central Asian Documents," p. 794.

在汉人的认知里，粟特人称鄯善为纳职；而前已言及，纳缚波为鄯善。纳职、纳缚波分别为上述两类粟特人所使用。粟特人为何将鄯善称作"新"（nōč）／"新地"（nawē βāδ）？我认为，此因十六国时期粟特人在鄯善国内据点之变动所致。根据粟特文古信札等材料可知，西晋末年，粟特商人已经在葱岭以东直至中原地区建立了庞大的贸易网络，在多个城市拥有贸易据点。其中，6 号古信札提到了楼兰(kr'wr'n)[①]。西晋前凉时期，粟特商人在鄯善境内的据点位于罗布泊西北岸的楼兰古城（LA），或称海头城，时为西域长史府驻地。斯坦因在 LA 及其邻近地区发现了一批粟特语文书，年代与古信札一样早，在 4 世纪初叶[②]。荣新江先生翻检出一件汉文出入账目木简（L. A. I. iii. 1），与之伴出的有四件粟特语文书，简文曰："建兴十八年（330）三月十七日粟特胡楼兰（中缺）一万石钱二百。"账目所记一万石之数量，暗示前凉时期聚集在楼兰古城一带的粟特人不在少数[③]。无论是这件木简还是 6 号古信札，使用的均是楼兰(kr'wr'n) 而非鄯善，表明在当地人和粟特胡人眼里，楼兰和鄯善是有所区别的，楼兰指罗布泊西北海岸一带，而鄯善指鄯善王都扞泥和伊循一带。

粟特人聚于楼兰古城，主要与两晋时期塔里木盆地南道交通条件的恶化有关。这一时期，由于气候变干燥、水源缺乏等原因，塔里木盆地

---

① W. B. Henning, "The Date of the Sogdian Ancient Letters," *Bulletin of the School of Oriental and African Studies* 12, 1948, p. 611.

② H. Reichelt, Die *soghdischen Handschriftenreste des Britischen Museums*, II, Heidelberg: C. Winter's, 1931, s. 42; N. Sims-Williams, "The Sogdian Fragments of the British Library," *Indo-Iranian Journal* 18, 1976, p. 43n. 10; F. Grenet & N. Sims-Williams, "The Historical Context of the Sogdian Ancient Letters," in: *Transition Periods in Iranian History: Actes du Symposium de Fribourg-en-Brisgau* (22—24 *mai* 1985), Leuven: Peeters, 1987, p. 111 n. 42.

③ 胡平生《楼兰出土文书释丛》，《文物》1991 年第 8 期，第 41—42 页；荣新江《西域粟特移民聚落考》，《中古中国与外来文明》（修订版），北京：三联书店，2014 年，第 25 页。

东南缘的多处绿洲城邦遭到极大破坏，尼雅遗址和喀拉墩古城皆弃于彼时。南道交通极为艰难，几近荒废。东晋法显西行，从鄯善折向西北抵焉耆，复西南行，斜穿塔克拉玛干沙漠而至于阗[①]。所为皆缘其时且末至于阗间已无道路可循。在这种情况下，粟特商人多沿北道东进。楼兰古城当北道东段，自然成为粟特商人的据点之一，甚至是他们前往中国内地的大本营。

4 世纪中后期，前凉亡后，西域长史遂废（按，废止时间可能早于凉亡），楼兰古城亦逐渐荒废，至 5 世纪后即完全废弃[②]。由于楼兰古城废弃，楼兰的粟特人将据点迁往鄯善王都一带。作为他们的新聚居地，扜泥、伊循一带被他们称作"新地"。最初的"新地"一名使用的是粟特语 nawē βāδ，玄奘译作纳缚波。

南北朝时期，因外敌频侵，鄯善屡遭战乱。442 年，沮渠安周渡流沙来攻，鄯善王比龙率国人之半四千余家，西奔且末[③]。448 年，北魏遣万度归灭鄯善，国除[④]。493 年前后，南齐江景玄出使丁零途经此地，称"鄯善为丁零所破，人民散尽"[⑤]。进入 6 世纪，鄯善之地为吐谷浑所据[⑥]。其后，又经隋朝与吐谷浑之间的争夺及隋末之乱，其地尽废。历次兵燹，迫使鄯善居民纷纷向外逃散。冯承钧指出，在沮渠安周之乱中，鄯善国人除有四千家随比龙奔且末外，其余似多逃往伊州，即所谓

---

① 法显原著《法显传校注》，章巽校注，北京：中华书局，2008 年，第 7—11 页。

② 黄盛璋《于阗文〈使河西记〉的历史地理研究》，第 10 页。

③ 《宋书》卷九八《大且渠蒙逊传》，中华书局点校本修订本，2018 年，第 2651 页；《魏书》卷一〇二《西域传》且末国条，中华书局点校本修订本，2017 年，第 2452 页；《资治通鉴》卷一二四，中华书局标点本，1956 年，第 3960 页。

④ 《魏书》卷一〇二《西域传》鄯善国条，第 2451—2452 页。

⑤ 《南齐书》卷五九《芮芮虏传》，中华书局点校本修订本，2017 年，第 1135 页。

⑥ 《魏书》卷一〇一《吐谷浑传》，第 2427 页；余太山《"宋云行纪"要注》，《早期丝绸之路文献研究》，上海：上海人民出版社，2009 年，第 271 页。

"后魏、后周,鄯善戎居之"[1]。笔者认为,随比龙西奔的主要是鄯善土著,特别是贵胄;东投伊吾、高昌的则主要是粟特人。盖因粟特人是商人,伊吾、高昌地当北新道,随鄯善王西奔则无法继续经营。

第三节 宗教与思想文化

王北辰认为,唐初复建鄯善城镇的康艳典等粟特人皆是从伊吾回归[2],此说未安。《沙州伊州地志》记载石城镇:"贞观中,康国大首领康艳典东来,居此城,胡人随之,因成聚落。"[3]其中明确称康艳典乃"东来",他所率领的应该确实是一批来自粟特本土的康国粟特人。不过,康艳典定居鄯善故地之后,无疑有很多伊吾粟特人来附,纳缚波之故名也由他们带来。《大秦景教流行中国碑》记载,贞观九年(635),景教大德阿罗本携经至长安传教[4]。其东来时间与康艳典一致,当是随之东渡;艳典定居纳缚波之后,阿罗本继续向东前往中原布道。伯希和曾论及二者之关系:"当635年景教教师阿罗本东赴长安传教之时,或曾逗留其地(按,纳缚波),亦未可知。"[5]

三夷教中的另一种——祆教亦曾在罗卜地区流行。敦煌地理文书《沙州都督府图经》残卷(P.5034)在石城镇条下记有"一所祆舍"[6],

---

① 冯承钧《鄯善事辑》,《冯承钧西北史地论集》,北京:中国国际广播出版社,2013年,第17页注释2。

② 王北辰《〈大唐西域记〉中的睹货逻、折摩驮那、纳缚波故国考》,第199页。

③ 唐耕耦、陆宏基编《敦煌社会经济文献真迹释录》第1辑,第39页。

④ 张星烺编注《中西交通史料汇编》第一册,朱杰勤校订,北京:中华书局,2003年,第216—217页。

⑤ P. Pelliot, "Le 'Cha-tcheou-tou-fou-t'ou-king' et la colonie sogdienne de la region du Lob Nor," pp. 111—123.

⑥ 唐耕耦、陆宏基编《敦煌社会经济文献真迹释录》第1辑,第37页;荣新江《西域粟特移民聚落考》,第26页。

表明当地也有信仰祆教的粟特人。实际上，祆教传入这一带可能早至鄯善国时期。林梅村先生讨论了斯坦因在楼兰所获的两件犍陀罗语佉卢文文书（685、686 号），认为其内容是当地百姓为供祀祆神而交纳家畜的账单①。

除了三夷教外，伊斯兰化之前，这一带还长期流行佛教。楼兰和米兰的早期佛教遗址年代为 3—4 世纪②，表现出浓郁的犍陀罗艺术风格。399 年，法显行经鄯善国，他描写道："其国王奉法。可有四千余僧，悉小乘学。诸国俗人及沙门尽行天竺法，但有精粗。从此西行，所经诸国类皆如是。唯国国胡语不同，然出家人皆习天竺书、天竺语。"③林梅村先生指出，法显所述，表明鄯善居民信仰的是小乘佛教，更具体地说，是其中的法藏部④。上述《沙州都督府图经》残卷在石城镇条下同样记有"一所僧寺"⑤，表明在 7—8 世纪粟特人居住时期，罗布泊以南地区仍然流行有佛教。

喀什噶里（Maḥmūd al-Kāšγarī）《突厥语大词典》（成书于 1070 年代）记载，约昌城（今且末）是"穆斯林的边境之一"⑥。由此可知，11 世纪后期伊斯兰教尚未及更东边的罗卜城。到了 13 世纪后期，马可波罗在其行纪中声称，罗卜居民信仰摩诃末（即伊斯兰教）。可见，罗

---

① 林梅村《寻找楼兰王国（插图本）》，北京：北京大学出版社，2009 年，第 180—181 页。

② M. A. Stein, *Serindia*, pp. 389—399, 485—547；黄文弼《新疆考古发掘报告（1957—1958）》，北京：文物出版社，1983 年，第 50—51 页；黄小江《若羌县文物调查简况（上）》，《新疆文物》1985 年第 1 期，第 21 页；塔克拉玛干沙漠综合考察队考古组《若羌县古代文化遗存考察》，《新疆文物》1990 年第 4 期，第 6—7 页。

③ 章巽校注《法显传校注》，第 7 页。

④ 林梅村《寻找楼兰王国（插图本）》，第 167—176 页。

⑤ 唐耕耦、陆宏基编《敦煌社会经济文献真迹释录》第 1 辑，第 35 页。

⑥ Maḥmūd al-Kāšγarī, *Compendium of the Turkic Dialects* (*Dīwān Luγāt al-Turk*), I, ed. and tr. by R. Dankoff and J. Kelly, Cambridge：Harvard University Press, 1982, p. 329.

卜地区的伊斯兰化是在这两百年间实现的。米儿咱·海答儿《拉失德史》记载的一则故事提供了罗卜、怯台地区伊斯兰化的重要线索：

> 我听他（按，大毛拉·火者阿黑麻）说，在他祖先的历史中写着关于大毛拉叔札乌丁·马哈木的故事。叔札乌丁·马哈木是不花剌长老哈非速丁（他是最后一位木吉台希德，在哈非速丁死后再也没出现另一位木吉台希德）的兄弟。当他在世的时候，成吉思汗按照自己的习惯把不花剌的众伊玛目集合起来，把哈非速丁长老处死，并把大毛拉叔札乌丁·马哈木流放到哈剌和林去。大毛拉·火者阿黑麻的〔祖辈们〕也被流放到那里去了。在哈剌和林遭天灾的时候，他的子孙来到了罗卜怯台，它是土鲁番与于阗之间的一个重镇，他们在那里很受尊敬。关于他们这些人的详情我听说了很多，但是大部分都已经忘掉了。这些子孙的最后一位名叫舍赫·札马剌丁，是一个一丝不苟的人，住在怯台。

> 一个主麻日，在祈祷之后，札马剌丁对人民传道说："我已经对你们传道多次，给了你们许多有益的劝告，但是你们谁也不听，我如今得到启示，上天将要降大难于此城，一道神谕允许我从此灾难中逃脱并拯救自己，这是我对你们最后一次讲经。我将离去，我提醒你们，我们下一次会面将在复活之日。"

> 当长老从讲坛上下来时，谟阿津（Muazzin）跟着他，请求随行。长老允诺之。当行至三法尔撒（farakh）时，他们稍作歇脚，谟阿津要求回城去照看一些事情，并说很快就会回来。他〔回去〕经过清真寺时，自言自语道："我做最后一次宣礼吧。"于是他登上尖塔，做晚祈祷宣礼。正在宣礼时，他发现一些东西如雨一样从天上落下，像是雪，但是干的。他朗读完唤拜词以后，就在拜克楼上做了一会儿祷告。接着，他走了下来，却发现拜克楼的门被堵住，他已经出不来了。于是，他重又登上拜克楼观看周围的情况。他看到天上降下来的是沙土，全城都已经湮没；过了一会儿，他发

现地面正往高处隆起，最后只有拜克楼的一部分还露在外面。因此，他惊恐地从拜克楼上跳到沙土上，连夜回到舍赫那里，把这个经过告诉他。舍赫听了立即动身启程，他说："还是远远避开真主的惩罚才好。"于是，他们就急急逃走；这座城至今还埋在沙下。有时一阵大风，使尖塔和穹顶的顶端露出来。也常有这样的事，风使一所房屋露出来。如果有人进去，会发现所有的东西都井然有序，虽然房主已成白骨，但是无生命的东西却未受损害。[①]

前文已论及引文中有关怯台毁灭的故事。故事称怯台遭天谴被沙埋的原因是，札马剌丁长老对当地居民传道多次，但有的人不肯皈依。他率众离开怯台后，于 1348 年到达阿克苏的拜古勒（Bai gul）。刘迎胜据此指出，直到 14 世纪 40 年代，罗卜、怯台一带的居民不信奉伊斯兰教[②]。1220 年，成吉思汗攻陷不花剌时，处死火者派教长哈非速丁（Hafiz al-Din），并将其弟叔扎乌丁·马哈木及族人流放到哈剌和林。引文称，叔札乌丁家族在"和林遭天灾的时候"逃到了罗卜怯台。这可能是在 1261 年，其时忽必烈击败阿里不哥，进占和林。罗卜城的伊斯兰化即始于此时。根据米儿咱·海答儿的记载，他们在这里建立了"清真寺和经文学院等建筑物"[③]。

---

① 新疆社会科学院民族研究所译《拉失德史》第一编，159—161 页；译文亦参考了刘迎胜《察合台汗国史研究》，上海：上海古籍出版社，2011 年，第 457 页。田卫疆曾撰文分析了这则故事的来源、内涵及其蕴含的西域文化史意义，参田卫疆《塔里木盆地"沙埋古城"的两则史料辨析》，《新疆师范大学学报》2011 年第 1 期，第 84—90 页。

② 刘迎胜《察合台汗国史研究》，第 457 页。

③ Mirza Muhammad Haidar, *The Tarikh-i-Rashidi : A History of the Moghuls of Central Asia*, p. 295；新疆社会科学院民族研究所译《拉失德史》第二编，第 206—207 页。

第二章　且末绿洲

车尔臣河是塔里木盆地东南部最大的水系。它发源于昆仑山北坡的木孜塔格峰，全长约 813 公里，最终注入台特马湖。车尔臣河之名最早见于郦道元《水经注》注引的东晋释道安《释氏西域记》，称作且末河，《水经注》还称之为阿耨达大水①，《新唐书·地理志》亦作且末河②，高居诲《于阗国行程记》写作陷河③，明代佚名《西域土地人物略》和张雨《边政考》载其名为扯力昌河④。敦煌文书唐光启元年（885）写本《沙州伊州地志》（S.0367）和后晋天福十年（945）写本《寿昌县地境》（散录1700）记作沮末河，并描述其"源从南山大谷口出。其源去镇城（播仙镇）五百里，经沮末城下过，因以为名"⑤。

历史上，车尔臣河河道变迁较大。林梅村先生实地考察后认为，车尔臣河曾在今塔提让镇附近分叉：一支转弯后自西向东流，即今车尔臣

---

① 郦道元原著《水经注校证》，陈桥驿校证，北京：中华书局，2013 年，第 35 页。

② 《新唐书》卷四三下《地理志七》，中华书局点校本，1975 年，第 1151 页。

③ 《新五代史》卷七四《四夷附录三》，中华书局点校本修订本，2015 年，第 1039 页。

④ 李之勤校注《〈西域土地人物略〉校注》，收入李之勤编《西域史地三种资料校注》，乌鲁木齐：新疆人民出版社，2012 年，第 27—28 页；张雨《边政考》卷八《西域诸国》，台北：台湾华文书局，影印明嘉靖刻本，1968 年，第 597—599 页。

⑤ 唐耕耦、陆宏基编《敦煌社会经济文献真迹释录》第 1 辑，北京：书目文献出版社，1986 年，第 39、53 页。

河下游；另一支继续自南向北流，深入沙漠百余公里，但这条支流在古代就已干涸。林先生还指出，这条南北流向的古河可能就是斯坦因（M. A. Stein）提及的车尔臣河古支流阿亚克塔尔河，并怀疑它是汉魏时期的且末河[1]。车尔臣河在中游大拐弯处形成了一块面积庞大的绿洲，其范围从今且末县城一带延伸到东北边的塔提让镇，古代的范围当比今天更为广大。

第一节　从且末到阇鄽

　　且末在各个历史时期、各种语言中有着多个不同的称呼。斯坦因与伯希和（P. Pelliot）均梳理了相关名字的文献材料[2]，但并不全面，可资补充的地方颇多。总体来看，且末之地历史诸名可分为两类，即且末系和车尔臣系。

　　该地最早见载于《汉书》，称作且末[3]。《魏略》《魏书》《隋书》以及两《唐书》皆承此名[4]。北魏《宋云行纪》作左末[5]；《大慈恩寺三藏法师传》

　　① 林梅村《楼兰鄯善王朝的最后居地》，《汉唐西域与中国文明》，北京：文物出版社，1998 年，第 296 页。

　　② M. A. Stein, Serindia: *Detailed Report of Archaeological Explorations in Central Asia and Western-most China*, Vol. I, Oxford: Clarendon Press, 1921, pp. 293—300; P. Pelliot, *Notes on Marco Polo*, Vol. I, Paris: Imprimerie nationale, 1963, pp. 261—262.

　　③ 《汉书》卷九六上《西域传》且末国条，中华书局点校本，1962 年，第 3879 页。

　　④ 鱼豢《魏略·西戎传》，见《三国志》卷三〇《乌丸鲜卑东夷传》裴松之注引文，中华书局点校本，第 2 版，1982 年，第 859 页，其中将且末误作"且志"；《魏书》卷一〇一《吐谷浑传》，中华书局点校本修订本，2017 年，第 2427 页，卷一〇二《西域传》且末国条，2452 页；《隋书》卷三《炀帝纪上》，中华书局点校本修订本，2019 年，第 82 页，卷二九《地理志上》，第 909 页；《旧唐书》卷一九四下《突厥传》，中华书局点校本，1975 年，第 5184 页；《新唐书》卷四三下《地理志七》，第 1151 页，卷二一五下《突厥传》，第 6056 页。

　　⑤ 余太山《"宋云行纪"要注》，《早期丝绸之路文献研究》，上海：上海人民出版社，2009 年，第 271—272 页。

中，唐太宗复玄奘敕书用的是沮沫①。左末、沮沫即且末的同音异写。至若《梁书》与萧绎《职贡图》题记所载"末国，汉世且末国也"②，早有学者指出此系裴子野之附会，末国与汉代且末国无关，其地位于葱岭以西，当系隋唐史书记载的米国（Maymurgh）或穆国（Merv）③。在 3—4 世纪的佉卢文文书中，此地写作 Calmadana④，与玄奘传、记所载之折摩驮那可完全对译，是为当地本名之印度俗语形式⑤。汉语且末乃当地土名之略译，相当于节译 Calmadana 的前两个音节。在回鹘文译本《大慈恩寺三藏法师传》残卷中，折摩驮那被对译为 Sarmadan，沮沫被译为 Dirbar⑥。10 世纪的敦煌文书记录了 Calmadana 的于阗语和汉语对译形式。在 Ch. 00269 号于阗语文书《于阗使臣奏稿》（写于 10 世纪初）和钢和泰

①　慧立、彦悰撰《大慈恩寺三藏法师传》，孙毓棠、谢方点校，北京：中华书局，2000 年，第 124 页。

②　《梁书》卷五四《西北诸戎传》末国条，中华书局点校本修订本，2020 年，第 899 页；萧绎《职贡图》题记，收入陈志平、熊清元校注《萧绎集校注》，上海：上海古籍出版社，2018 年，第 1387 页。

③　丁谦《梁书夷貊传地理考证》，浙江图书馆校刊，1915 年，第 16b—17a 叶；吕思勉《两晋南北朝史》（上），《吕思勉全集》第 5 册，上海：上海古籍出版社，2015 年，第 605 页；岑仲勉《现存的职贡图是梁元帝原本吗》，《金石论丛》，上海：上海古籍出版社，1981 年，第 476—483 页；榎一雄《滑国に関する梁职贡图の记事について》，《榎一雄著作集》第 7 卷，东京：汲古书院，1994 年，第 132—161 页。

④　T. Burrow, *A Translation of the Kharoṣṭhī Documens from Chinese Turkestan*, London: the Royal Asiatic Society, 1940, pp. 3, 139, no. 14, 686.

⑤　玄奘、辩机原著《大唐西域记校注》，季羡林等校注，北京：中华书局，2000 年，第 1032—1033 页；慧立、彦悰撰《大慈恩寺三藏法师传》，第 124 页；M. A. Stein, *Serindia*, Vol. I, pp. 296—297; P. Pelliot, *Notes on Marco Polo*, Vol. I, p. 261.

⑥　Л. Ю. Тугушевои, *Фрагменты уйгурской версии биографии Сюань-цзана*, Москва: Наука, 1980, с. 29.

藏卷于阗语《于阗使者行记》（写于 925 年）里，均出现地名 ysabaḍā parrūṃ[①]。其中，ysabaḍā 即 P. 3016 号汉文文书《天兴七年（956）十一月于阗回礼使索子全状》中"炎摩多"一词的完整对译[②]，而二者皆相当于 Calmadana 的前三个音节[③]。佚名波斯语地理著作《世界境域志》（成书于 982 年）将此地写作 J.rm.ngān（Charmangān）[④]，这个名字与 Calmadana 比较接近。清末陶保谦《辛卯侍行记》（写于 1891 年）称卡墙"旧名策尔满"[⑤]，策尔满乃且末系名称之最终遗痕。

车尔臣一系的名字，首见于 8 世纪的古藏语文书，写作 Car-chen 或 Cer-cen，伯希和指出它可能是借用了鄯善古国的名字[⑥]。此后，这一系的名字见于多种传世文献：喀什噶里（Maḥmud al-Kāšγarī）《突厥语大词典》

---

① H. W. Bailey, "The Staël-Holstein Miscellany," *Asia Major* 2/1, new series, 1951, p. 11; J. Hamilton, "Autour du manuscrit Staël-Holstein," *T'oung Pao* 46, 1958, p. 121. 关于 Ch. 00269 号文书的年代，参张广达、荣新江《关于敦煌出土于阗文献的年代及其相关问题》，《于阗史丛考（增订新版）》，上海：上海书店出版社，2021 年，第 73—110 页。关于钢和泰藏卷《于阗使者行记》的年代，参 E. G. Pulleyblank, "The Date of the Staël-Holstein Roll," *Asia Major* 4/1, new series, 1954, pp. 90—97.

② 关于 P. 3016 号文书的录文及天兴年号的讨论，见张广达、荣新江《关于唐末宋初于阗国的国号、年号及其王家世系问题》，《于阗史丛考（增订新版）》，上海：上海书店出版社，2021 年，第 16—39 页。

③ J. Hamilton, "Autour du manuscrit Staël-Holstein," p. 121; idem, "Le pays des Tchong-yun, Čungul, ou Cumuḍa au Xe siècle," *Journal Asiatique* 265, 1977, p. 360.

④ Hudūd al-'Ālam. '*The Regions of the World*'. *A Persian Geography*, 372 *A. H.*-982 *A. D.*, XI. 8, tr. & explained by V. Minorsky, edited by C. E. Bosworth, Cambridge：Cambridge University Press, 1970, 2nd edition, p. 93.

⑤ 陶保廉《辛卯侍行记》卷五，刘满点校，兰州：甘肃人民出版社，2000 年，第 353 页。

⑥ F. W. Thomas, *Tibetan Literary Texts and Documents Concerning Chinese Turkestan*, *Part II. Documents*, London：Royal Asiatic Society, 1951, pp. 121, 131—132; P. Pelliot, *Notes on Marco Polo*, Vol. I, p. 262.

（成书于 1070 年代）的词条和所附圆形地图写作 Jurčān[①]；《宋会要辑稿》作约昌[②]，《续资治通鉴长编》误作灼昌[③]；《元史》作阇里辉（按，"辉"乃"缠"字之误）和阇鄘[④]；《马可波罗行纪》F、Z、VA、L、R 本皆写作 Ciarcian，伯希和将其还原成 Čärčän[⑤]；明代佚名《西域土地人物略》和《西域土地人物图》作扯力昌[⑥]；米儿咱·海答儿（Mirza Haidar）《拉失德史》（成书于 1546 年）作 Čärčän 和 Jurjān[⑦]；清代文献作车尔成、卡墙。至于吐谷浑王族成员慕容明（680—738）墓志提到的官职"检校阇甄府都督"[⑧]，从语音上看，其中的"阇甄"（晚期中古音 ja-tʂin 或 ʂɦia-tʂin[⑨]）一名确实可能与"鄯善/车尔臣"有关，但所谓的"阇甄都督府"位于何处却并不清楚，很可能与且末之地无关。

此外，《新唐书》除了录有且末之名，亦载故且末城之新名播仙

① Maḥmūd al-Kāšγarī, *Compendium of the Turkic Dialects* (*Dīwān Luγāt al-Turk*), I, ed. and tr. by R. Dankoff and J. Kelly, Cambridge：Harvard University Press, 1982, p. 329.

② 徐松辑《宋会要辑稿·蕃夷四》，刘琳等校点，上海：上海古籍出版社，2014 年，第 9777 页。

③ 李焘撰《续资治通鉴长编》卷三一七，上海师大古籍所等点校，北京：中华书局，2004 年，第 2 版，第 7661 页。

④ 《元史》卷一二《世祖纪》，中华书局点校本，1976 年，第 245 页；卷一四《世祖纪》，第 285、299、303 页。

⑤ P. Pelliot, *Notes on Marco Polo*, Vol. I, p. 261.

⑥ 李之勤校注《〈西域土地人物略〉校注》，收入李之勤编《西域史地三种资料校注》，第 27—28 页；又《〈西域土地人物图〉校注》，收入《西域史地三种资料校注》，第 54 页；张雨《边政考》卷八《西域诸国》，第 597—599 页。

⑦ Mirza Muhammad Haidar, *The Tarikh-i-Rashidi. A History of the Moghuls of Central Asia*, ed. with notes by N. Elias, tr. by E. Denison Ross, London：Sampson Low, 1895, p. 52.

⑧ 夏鼐《武威唐代吐谷浑慕容氏墓志》，《夏鼐文集》中册，北京：社会科学文献出版社，2000 年，第 165 页。

⑨ E. G. Pulleyblank, *Lexicon of reconstructed pronunciation in Early Middle Chinese, Late Middle Chinese, and Early Mandarin*, Vancouver：UBC Press, 1991, pp. 278, 401.

镇："又西经特勒井，渡且末河，五百里至播仙镇，故且末城也，高宗上元中更名。"①播仙之名同样见于《沙州都督府图经》（P.5034），而在《沙州伊州地志》中，该名被写作"幡仙"，并注明上元三年（676）改为此名②。在古藏语文献中，这个新名字被译作 Pha-śan③。播仙之名为唐高宗新造，与其推广道教信仰有关。

关于车尔臣一系的名字，确如伯希和所推测，其源出"鄯善"，属于古名挪用。哈密屯（J. Hamilton）与蒲立本（E. G. Pulleyblank）从语言学的角度阐释了"鄯善（jien-jien）"与"车尔臣（Charchan）"之间的联系④。李志敏认为，鄯善仅为汉名，以鄯善称且末地只可能是汉人或深受汉文化影响的民族所为，具体而言，这一现象与南北朝时期吐谷浑人进入西域有关⑤。此论点恐不确。《魏书》记载，"真君三年（442），鄯善王比龙避沮渠安周之难，率国人之半奔且末"，又载吐谷浑"地兼鄯善、且末"⑥。据黄文弼考证，吐谷浑据有鄯善、且末，始于魏文成帝兴安元年（452），终于唐贞观九年（635）李靖破吐谷浑之战，其间仅隋大业年间中断⑦。史载，大业五年（609），隋破吐谷浑，

----

① 《新唐书》卷四三下《地理志七》，第 1151 页。

② 唐耕耦、陆宏基编《敦煌社会经济文献真迹释录》第 1 辑，第 32—33、36、39 页。

③ F. W. Thomas, *Tibetan Literary Texts and Documents Concerning Chinese Turkestan*, *Part I. Literary Texts*, London: Royal Asiatic Society, 1935, pp. 59—60, 82; J. Hamilton, "Le pays des Tchong-yun, Čungul, ou Cumuḍa au Xe siècle," p. 359, n. 17.

④ J. Hamilton, "Autour du manuscrit Staël-Holstein," p. 121; E. G. Pulleyblank, "The Consonantal System of Old Chinese, Part I," *Asia Major* 9, new series, 1962, p. 109.

⑤ 李志敏《"车尔成"原音的历史渊源》，《中国历史地理论丛》1994 年第 4 期，第 177—188 页。

⑥ 《魏书》卷一〇一《吐谷浑传》，第 2427 页；卷一〇二《西域传》且末国条，第 2452 页。

⑦ 黄文弼《古楼兰国历史及其在西域交通上之地位》，《黄文弼历史考古论集》，北京：文物出版社，1989 年，第 323—324 页。

置"西海、河源、鄯善、且末等四郡"①。可见，在 5 世纪中期至 7 世纪前期，且末之地确实长期为吐谷浑占据。然而，无论是《隋书》，抑或宋云之行纪、唐太宗复玄奘之敕书，使用的均是且末一系之名字，暗示这一时期吐谷浑人并未对且末之地改名。从贞观九年至安史之乱爆发，丝绸之路南道东部大部分时间为唐朝控制，其间只有短暂几次陷于吐蕃。唐朝控制期间，且末之地先是沿用且末旧称，上元三年之后改称播仙。安史之乱爆发后，吐蕃趁机占领了南道东部一带。上一章我们论及，粟特人早已将原鄯善王都一带称为纳缚波，吐蕃人到来之后沿用了这种叫法，将这一带的城镇称为罗布三城或四城。至此，鄯善之名与鄯善国故都一带相剥离。另一方面，由于播仙之名为唐朝所造，吐蕃人不一定接受，而且末曾为鄯善王族的最后居地，所以吐蕃人将"鄯善"之名挪用到故播仙镇头上。

第二节　宋元时期且末之地的兴衰

1273 年，马可波罗行经丝绸之路南道东部的阇鄽。在其行纪中，专门有一节讲述了他在阇鄽的见闻，相关内容节录如下：

阇鄽乃大突厥之一大（TA）州，位于东北方和东方之间。从前它是一个大而富饶的国家，但被鞑靼人损毁严重（Z）。此州（FB）居民崇拜摩诃末，且有自己的语言（VL）。其下（VB）有众多城镇和村庄，而全（V）区之主要城市、首府（L）亦名（FB）阇鄽。此地也（Z）有很多大（R）河，出产大量（R）碧玉和玉髓，他们（商人）（VA）将此宝石（VA）售往契丹，从中获利巨丰，因为它们量多且非常（VA）优质。全州几乎（VB）布满沙砾，自忽炭至培因如此，自培因至该地依然如此，因而（FB）

---

① 《隋书》卷三《炀帝纪上》，第 82 页。

水多苦恶，<u>然（L）</u>有数处水甘甜且优质。

　　<u>当夏季来临（V）</u>，<u>鞑靼（R）</u>军队经过阇鄘（P）境内时，<u>或敌或友——若为敌军则抢走居民的全部财物，若是友军则宰杀并吃掉其所有牲口。因此（R）</u>若是敌军，<u>州中所有居于军队途经之地的男子（VA）</u>，携其<u>全部（FB）</u>妻儿、牲畜<u>以及一切物品（LT）</u>，逃到沙漠中，<u>距阇鄘（LT）</u>两三日行程的<u>其他的（P）</u>一些地方，他们熟知那里可以<u>找到草地（LT）</u>及<u>优质（L）</u>水，以供其及其牲畜存活，<u>而敌人找不到（V）</u>，<u>他们待在那等到军队离开（LT）</u>。……①

引文所云阇鄘州居民崇拜摩诃末，表明蒙元时期的阇鄘已是伊斯兰教流播之地。更早时期，《突厥语大词典》称约昌城是"穆斯林的边境之一"②。大约在喀喇汗王朝攻灭于阗王国之后不久，伊斯兰教就逐渐渗入阇鄘。在伊斯兰教传入之前，当地流行过佛教。《宋云行纪》提到左末城，"城中图佛与菩萨，乃无胡貌，访古老，云是吕光伐胡所作"③。这被认为是中原佛教艺术回流影响西域的重要线索④。除了佛教之外，三夷教亦可能曾在且末之地流传。《新唐书》和敦煌地理文书记

　①　A. C. Moule & P. Pelliot（ed. and tr.），*Marco Polo. The Description of the World*，Vol. I，chap. 56，London：Routledge，1938，pp. 147—148. 译文在北京大学马可波罗项目读书班译定稿的基础上，略有修订。其中，不带下画线的文字为《马可波罗行纪》F本的内容；带下画线的文字为其他诸本的内容，其后括注版本信息。版本缩略语参见原书第509—516页表格。

　②　Maḥmūd al-Kāšγarī，*Compendium of the Turkic Dialects（Dīwān Luγāt al-Turk）*，Vol. I，p. 329.

　③　余太山《"宋云行纪"要注》，第271页。

　④　M. A. Stein，*Serindia*，Vol. I，pp. 297—298；金维诺《新疆的佛教艺术》，《中国美术史论集》中卷，哈尔滨：黑龙江美术出版社，2004，第21页；李树辉《试论汉传佛教的西渐——从突厥语对"道人"（tojin）一词的借用谈起》，《新疆师范大学学报》2006年第4期，第51页。

载，贞观中，康国大首领康艳典率众在丝绸之路南道东部建立了一批据点①。根据乾陵蕃臣石像右二碑第十人题记"播仙镇城主何伏帝延"②，可知当时粟特人也在且末故地建立了聚落，他们将三夷教信仰带到这里是很有可能的。

《马可波罗行纪》VL 本是唯一提到阇鄽居民"有自己的语言"的版本。VL 本是一种威尼斯语抄本，抄写于 1465 年③。目前我们没有任何资料可以用来论证 13 世纪阇鄽的语言。根据佉卢文文书可知，印度俗语曾经在这里使用过；吐谷浑和吐蕃的统治经历自然也会将他们的语言带到这里。然而，《马可波罗行纪》所指最可能是撒里畏吾人的语言，即回鹘语。关于蒙元时期阇鄽居民使用的文字，贝格曼（F. Bergman）在且末古城发现的一枚钱币也许可以提供一丝线索。这枚钱币"与中国唐代及此后的年代中发行的货币形状完全相同，然而它上面的 4 个文字却不是汉字，且难以辨认。显然这是一枚中国钱币的仿制品"④。

马可波罗称阇鄽"以前是一个富饶的国家，但被鞑靼人损毁严重"。此句仅见于《行纪》Z 本。Z 本是一种拉丁语抄本，约抄写于 1470 年⑤。这句话包含了两个方面的历史信息：一是阇鄽曾经是一个富

---

① 《新唐书》卷四三下《地理志七》，第 1151 页；唐耕耦、陆宏基编《敦煌社会经济文献真迹释录》第 1 辑，第 33、36—37、39、52—53 页；荣新江《西域粟特移民聚落考》，《中古中国与外来文明》（修订版），北京：三联书店，2014 年，第 24 页。

② 陈国灿《唐乾陵石人像及其衔名的研究》，《文物集刊》（2），北京：文物出版社，1980 年，第 197 页。

③ A. C. Moule & P. Pelliot（ed. and tr.），*Marco Polo. The Description of the World*，Vol. I, p. 511.

④ 贝格曼《新疆考古记》，王安洪译，乌鲁木齐：新疆人民出版社，2013 年，第 337、341—342 页；又《考古探险手记》，张鸣译，乌鲁木齐：新疆人民出版社，2000 年，第 81—82 页。

⑤ A. C. Moule & P. Pelliot（ed. and tr.），*Marco Polo. The Description of the World*，Vol. I, p. 515.

饶国家，二是阇鄘被鞑靼人严重破坏。那么，它们分别是指什么时候的事情呢？这是需要重点解释的地方。

阇鄘作为一个国家，径可追溯至汉代的且末国。严格来说，其他时期此地均不可称为一个独立的国家。特别是鄯善国灭之后，此地先后为吐谷浑、隋、唐、吐蕃、于阗、喀喇汗王朝、回鹘等势力所占据。然而，《马可波罗行纪》所言鞑靼人乃指蒙古人，结合文中有关阇鄘居民躲避鞑靼军队骚扰的记载，所言阇鄘"被鞑靼人损毁严重"发生的时间不应距马可波罗行经之时太过久远，曾经富庶的阇鄘国亦不能追溯到古老的且末国。若将此处的"国家"理解为相对独立的群体——而非完全独立的政体，那么，它也许是指黄头回纥控制时期的阇鄘。黄头回纥自11世纪初游牧于阇鄘及以东，即今甘新青交界地带，入元后称为撒里畏吾。在蒙元之前，黄头回纥是占有阇鄘之地的相对独立的回鹘部族①。甚至进入蒙元统治时期之后，撒里畏吾仍拥有相对独立性。例如，据《拉失德史》记载，14世纪察合台后王黑的儿火者汗（Khizir Khwāja Khān）曾逃到这里避难②。

北宋初期，中原与西域的陆路交通主要经由河西路与居延路。11世纪初，党项崛起，逐渐攻占了河西走廊诸地，并于1032年建立西夏政权。同一时期，契丹势力向西扩张到今阿尔泰山一带，控制了居延路。由于河西道和居延道被阻断，北宋寻求新的通道与西域交往，青唐道遂得到重用③。约昌城是青唐道上的重要城镇。关于这条路线，宋人

---

① 佐口透《撒里维吾尔族源考》，吴永明译，《世界民族》1979年第4期，第43—47页；汤开建《西州回鹘、龟兹回鹘与黄头回纥》，《唐宋元间西北史地丛稿》，北京：商务印书馆，2013年，第204—212页；白玉冬《黄头回纥源流考》，《西域研究》2021年第4期，第1—9页。

② Mirza Muhammad Haidar, *The Tarikh-i-Rashidi*, p. 52.

③ 汤开建《解开"黄头回纥"及"草头鞑靼"之谜——兼谈宋代的"青海路"》，《青海社会科学》1984年第4期，第77—85页；周伟洲《西北民族史研究》，郑州：中州古籍出版社，1994年，第377—381页；李华瑞《北宋东西陆路交通之经营》，《求索》2016年第2期，第4—15页。

李远《青唐录》记载：

> 自青唐（今西宁）西行四十里，至林金城（今湟中县多巴），城去青海善马三日可到。海广数百里，其水咸不可食，自凝为盐。其色青，中有岛，广十里。习宣往，意权至，嬴粮食居之。海西地皆平衍，无垄断，其人逐善水草，以牧放射猎为生，多不粒食。至此有铁堠高丈余，羌云：此以识界。自铁堠西，皆黄沙，无人居。西行逾两月，即入回纥、于阗界。[①]

可见，宋代的青唐道是从关中进入西宁，经青海湖、柴达木盆地，出阿尔金山后抵黄头回纥、于阗界。元丰六年（1083），于阗贡使入朝即走此路："道由黄头回纥、草头鞑靼、董毡等国。"[②] 早两年，元丰四年，拂菻（拜占庭帝国）使者入贡宋廷亦经由此道：

> （拂菻国）大首领你厮都令厮孟判言：其国东南至灭力沙，北至大海，皆四十程。又东至西大石及于阗王所居新福州，次至旧于阗，次至约昌城，乃于阗界。次东至黄头回纥，又东至鞑靼，次至种榅，又至董毡所居，次至林擒城，又东至青唐，乃至中国界。[③]

李远所谓的回纥、于阗界，在这里拂菻贡使直接以约昌城当之。从约昌城向东，行两月余可达青海湖，又三日许即抵西宁；从约昌城往西，循塔里木盆地南道可至于阗及以远地区。由于约昌在北宋时期当为中原与西域的交通要道，得商业之利，遂成为富庶之地。此外，斯坦因曾指出，且末绿洲的水源充足，可承载大规模农业，如果劳动力充足，可发展出大型聚落[④]。在黄头回纥控制时期，约昌地区比较安定，农业也可以发展起来。

---

① 李远《青唐录》，收入杨建新编注《古西行记选注》，银川：宁夏人民出版社，1987 年，第 171 页。
② 《续资治通鉴长编》卷三三五，第 8061 页。
③ 《宋会要辑稿·蕃夷四》，第 9777 页。《续资治通鉴长编》所载略同（卷三一七，第 7661 页）。
④ M. A. Stein, *Serindia*, Vol. I, pp. 294—300.

既然《马可波罗行纪》所言曾经的富饶国家是指黄头回纥控制时期的阇鄽，那么它被鞑靼人严重损毁当主要指成吉思汗西征造成的破坏。《元史·速不台传》记载：

> 帝（成吉思汗）欲征河西，以速不台比年在外，恐父母思之，遣令归省。速不台奏，愿从西征。帝命度大碛以往。丙戌（1226），攻下撒里畏吾特勤、赤闵等部，及德顺、镇戎、兰、会、洮、河诸州，得牝马五千匹，悉献于朝。丁亥，闻太祖崩，乃还。[1]

曾于 1246—1247 年出使蒙古的柏朗嘉宾（Jean de Plan Carpin）亦称，成吉思汗征服景教徒畏吾儿人之后，又发大兵进攻撒里畏吾儿人地区[2]。速不台攻撒里畏吾所获颇丰，则对相应地区造成的破坏也很严重。另外，蒙古帝国的扩张改变了西域的交通形势。在大一统的环境下，蒙元时期西域交通主要使用天山北道，青唐道和丝绸之路南道的地位大为衰落。阇鄽由曾经的富庶之地走向衰败也因此不可避免。再者，忽必烈即位后，阿里不哥和海都先后作乱，元军与他们之间的攻伐造成的破坏亦会波及阇鄽。拉施都丁（Rashīd al-Dīn，1247—1318）《史集》对成吉思汗西征和海都之乱给中亚、西亚地区带来的破坏进行过详细描述：

> 通过研究编年史和比较已为理智所理解的东西，无可隐讳，任何时候国土也没有比这些年更荒废，尤其是蒙古军所来到的那些地方，因为从人类出现时起，没有一个君王能够征服过象成吉思汗及其宗族所征服的那么多的地区，没有一个人杀死过象他们所杀死的那么多人。……在各地区被征服时，人口众多的大城市和辽阔地区〔的居民〕遭到了大屠杀，活下来的人很少，巴里黑、沙不儿罕、

① 《元史》卷一二一《速不台传》，第 2977 页。
② 贝凯、韩百诗译注《柏朗嘉宾蒙古行纪》，耿昇汉译，北京：中华书局，2002 年，第 49 页。

塔里寒、马鲁、撒剌哈夕、也里、突厥斯坦、列夷、哈马丹、忽木、亦思法杭、蔑剌合、阿儿迭必勒、别儿答、吉阳札、报达、毛夕里、亦儿必勒以及这些城市所辖大部分地区所发生的情况就是如此。某些地区，由于是边区或经常有军队经过，居民完全被杀死或四散逃走了，土地被废弃了，例如成为合罕和海都之间的交界地带的畏兀儿地区以及其他地区①……总之，如果进行相对比较，就可以发现只有十分之一地区处于繁荣状况，而其余地区都是荒废的。②

成吉思汗的西征军队对一些人口众多的城镇和地区进行了大屠杀，在拉施都丁罗列的名单中，突厥斯坦赫然在列。由于西辽篡位者屈出律施行宗教高压政策，辖区内的穆斯林期盼蒙古军队的解救，当哲别率军到来时，塔里木盆地西部的鸦儿看等城望风而降③，蒙军自然不会摧残这一地区。拉施都丁笔下遭到屠杀的突厥斯坦应指塔里木盆地东南部地区，其缘由即上文提到的速不台对撒里畏吾的征伐。拉施都丁在讲述某些地区由于经常有军队经过而遭到严重破坏时，特别列举了"合罕和海都之间的交界地带的畏兀儿地区"。这里的畏兀儿地区是指别十八里行省的辖区，当然也包括阇鄽所在的撒里畏吾地区。《马可波罗行纪》称阇鄽地区经常有或敌或友的鞑靼军队经过，而阇鄽被鞑靼人损毁严重，

---

① 此句刘迎胜据波斯文刊本作的翻译："一些省份，由于地处边境，军队时常往来，居民完全被消灭了，或四散逃走了，土地也荒芜了，如畏兀儿和其他海都与合罕之间的省份一样。"（《史集》卡里米刊本，第 1104 页；刘迎胜《西北民族史与察合台汗国史研究》，北京：中国国际广播出版社，2012 年，第 148 页）

② 拉施特主编《史集》第三卷，余大均、周建奇译，北京：商务印书馆，1986 年，第 532—533 页（按，此书将"533"页误印成"553"页）。

③ 'Ala-ad-Din 'Ata-Malik Juvaini, *The History of the World-conqueror*, Vol. I, tr. from the text of Mirza Muhammad Qazvini by John Andrew Boyle, Cambridge, Mass.: Harvard University Press, 1958, pp. 61—74；拉施特主编《史集》第一卷第二分册，余大均、周建奇译，北京：商务印书馆，1983 年，第 247—254 页；《元史》卷一二〇《曷思麦里传》，第 2969 页。

这与拉施都丁所言正可遥相呼应。

关于行经阇鄘的或敌或友的鞑靼军队，无疑是指忽必烈即位后，在塔里木盆地周围作战的元军，以及阿里不哥、阿鲁忽及海都的军队。在马可波罗行经塔里木盆地前后，忽必烈与海都在塔里木盆地西南缘进行长期的拉锯战，前线在可失合儿、鸦儿看一带。忽必烈在斡端设立宣慰司，元军从内地经河西走廊支援斡端前线，需途经阇鄘，为获取补给，必然会对当地居民造成一定骚扰。

第三节　元代阇鄘城的地望

一般认为，元代的阇鄘城即且末绿洲南缘的来利勒克古城，也称阔纳协亥尔（Kōne-shahr，意为古城）遗址。它位于今且末县城西南约 6 公里，老车尔臣河岸台地上，地表严重沙化，呈雅丹地貌。1893 年，法国吕推（J. -L. Dutreuil de Rhins）探险队成员李默德（F. Grenard）考察了且末，他在探险报告中首次提到这处古城，并认为它就是马可波罗所说的阇鄘城①。斯坦因对此观点未置可否，仅称"阔纳协亥尔是一处伊斯兰时代早期的居住遗址"②，"不可能猜度现今重新成为灌溉区的地下，到底埋藏着多少古且末和马可波罗时期阇鄘的遗迹"③。不论如何，

---

① F. Grenard, J. -L. *Dutreuil de Rhins. Mission Scientifique dans la Haute Asie 1890—1895*, Paris: E. Leroux, 1897, Vol. I, pp. 183—184; 1898, Vol. III, p. 146.

② M. A. Stein, *Innermost Asia: Detailed Report of Explorations in Central Asia, Kansu and Eastern Iran*, Vol. I, Oxford: Clarendon Press, 1928, p. 158; 斯坦因《亚洲腹地考古图记》第 1 卷，巫新华等译，桂林：广西师范大学出版社，2004 年，第 236 页。

③ M. A. Stein, *Serindia*, Vol. I, p. 301; 斯坦因《西域考古图记》第 1 卷，巫新华等译，桂林：广西师范大学出版社，1998 年，第 189 页。

一个事实是，这处城址缺乏蒙元时期的遗迹[①]。斯坦因提到了此地强大的风蚀作用。然而，这里并非没有古代遗迹遗物。斯坦因、贝格曼等人在城址和邻近的墓葬中，就曾发掘和采集到不少文物，除了少数可以追溯到汉晋时期外，可判断年代的大多属于唐宋时期，包括带古藏文的陶片，宋代的带柄铜镜，各种钱币，等等[②]。这些遗物的年代距离蒙元时期并不遥远，可见风蚀作用不是蒙元遗物缺失的真正原因。

笔者认为，来利勒克古城应该是 11—13 世纪的约昌城遗址。它在汉晋时期即已存在，兴盛于北宋，在 13 世纪初被速不台率领的蒙古军队损毁，迅速衰落和废弃。这座古城出土的钱币，绝大多数属于北宋时期。斯坦因在第三次中亚考察时，曾获得两枚据称出自该遗址的钱币，其中一枚为北宋至和（1054—1056）铜币（至和通宝/元宝/重宝），另一枚为伊斯兰银币[③]。1928 年，贝格曼在此遗址也获得了两枚北宋钱币，一枚为天禧（1017—1021）元宝，另一枚为天圣（1023—1032）通宝[④]。2013—2014 年，新疆文物考古研究所对此遗址进行调查，采集到了一枚祥符（1008—1016）通宝[⑤]。北宋时期，丝绸之路南道一度繁荣，青唐道也为宋廷所重。约昌城位于两道的交叉点上，因此勃兴。钱币学的证据恰好与此相符。

---

① 来利勒克遗址的蒙元时期遗物，迄今仅有新疆考古工作者采集到的一枚察合台汗国银币，见新疆维吾尔自治区文物局编《新疆维吾尔自治区第三次全国文物普查成果集成：巴音郭楞蒙古自治州卷》，北京：科学出版社，2011 年，第 230 页。

② M. A. Stein, *Serindia*, Vol. I, pp. 301—302, 315；贝格曼《新疆考古记》，第 327—354 页；塔克拉玛干综合考察队考古组《且末县古代文化遗存考察》，《新疆文物》1990 年第 4 期，第 21—24 页；新疆维吾尔自治区文物局编《新疆维吾尔自治区第三次全国文物普查成果集成：巴音郭楞蒙古自治州卷》，第 230 页；胡兴军《且末县来利勒克遗址群考古调查》，新疆文物考古研究所编《文物考古年报》（2013—2014），第 35—36 页。

③ M. A. Stein, *Innermost Asia*, Vol. I, p. 158.

④ 贝格曼《新疆考古记》，第 337、340—342 页。

⑤ 胡兴军《且末县来利勒克遗址群考古调查》，第 36 页。

迄今为止，整个巴音郭楞蒙古自治州境内，均未发现可确定为元明时期的城址①。即使是这一时期的普通遗址，历次文物普查所知的也很少。且末县境内的元代遗迹，目前可明确认定的仅有塔提让镇东北15.5公里处的苏伯斯坎遗址。1986 年，一位牧民在该遗址中找到了 27 件汉文文书，包括书信、呈状、驴账、名录、布告、杂剧、习字等②。这批文书现藏巴州博物馆。其中两件带有明确纪年，分别为"至元二十年十二月"和"至元二十一年（1284）"。其余文书可比照推定为 1284 年前后，上距马可波罗行经阇鄘只有十余年。该遗址几乎全部被塔克拉玛干沙漠南侵掩埋，地表未见其他遗物，但隐约可见原土坯房屋的断壁残垣。由于未经发掘，其建筑规模不详。这处遗址及所出文书，目前仅见前巴州文管所所长何德修先生撰文介绍和讨论③。

文书的内容表明苏伯斯坎遗址在元代是一处驿站。《元史·世祖纪》记载，至元十九年九月，"别速带请于罗卜、阇里辉立驿，从之"；二十三年春正月，"立罗不、怯台、阇鄘、斡端等驿"；二十四年七月，"立阇鄘屯田"，同年十二月，"发河西、甘肃等处富民千人往阇鄘地，与汉军、新附军杂居耕植"④。显然，至元十九年别速带所请得到批准后，即开始在罗卜、阇鄘一线建设驿站；至元二十三年，南道东段驿站

① 新疆维吾尔自治区文物局编《新疆维吾尔自治区第三次全国文物普查成果集成：巴音郭楞蒙古自治州卷》，第 13 页。

② 新疆维吾尔自治区文物局编《新疆维吾尔自治区第三次全国文物普查成果集成：巴音郭楞蒙古自治州卷》，第 239 页。

③ 何德修《新疆且末县出土元代文书初探》，《文物》1994 年第 10 期，第 64—75、86 页；又《沙海遗书——论新发现的〈董西厢〉残页》，马大正、杨镰主编《西域考察与研究续编》，乌鲁木齐：新疆人民出版社，1998 年，第 230—231 页。刘迎胜讨论过"苏伯斯坎"之名义，以及所谓该遗址出土的兀浑察文书。不过，这件兀浑察文书实际上是瓦石峡遗址出土的 1 号文书。刘先生将这两个遗址或它们出土的文书弄混淆了，见刘迎胜《察合台汗国史研究》，上海：上海古籍出版社，2011 年，第 282—283 页。

④ 《元史》卷一二《世祖纪》，第 245 页；卷一四《世祖纪》，第 285、299、303 页。

全线贯通；翌年元朝又在阇鄽开设军屯和民屯，以保障南道站赤系统的给养。何德修认为苏伯斯坎遗址就是其中的阇鄽驿。盖因该遗址地理位置和环境适合建立驿站和屯垦。它位于今车尔臣河北岸，距河岸五六十米，土地平坦肥沃，交通线傍河而行。再者，文书内容表明苏伯斯坎遗址不是一般的小驿站。3 号文书暗示其地设有百户所，驻有军人或军户百人以上；4 号文书是张祜求治病马的信札，当是从别的小站派人送来的；其他文书还包括数十名军人的名录及逃兵通缉布告[①]。

我认为何先生的观点是有道理的。不但阇鄽驿在苏伯斯坎遗址，元代的阇鄽城也可能在那里，或者在其附近。苏伯斯坎遗址周围地区也存在一些古代遗迹。在其西 500 余米处即有一座烽火台遗址。斯坦因曾将它当作佛塔基座，并指出其土坯构造与安迪尔早期遗址（1—4 世纪）的窣堵坡非常相似[②]。1989 年，这座烽燧中出土了一件古藏文文书[③]。同年，塔克拉玛干沙漠综合考察队在塔提让乡调查了两处遗址，其一是乡政府东北 4 公里处的阿亚克塔提让烽火台遗址，位于车尔臣河西岸；另一处是乡政府东北 40 公里处的阿孜利克遗址，位于车尔臣河东南岸，发现有土坯房屋 12 间，羊圈、木栅圈、墓葬各 1 座，但未见遗物[④]。前者在苏伯斯坎遗址以西约 10 公里处，后者在东边约 25 公里处。此外，1893 年，法国吕推探险队成员李默德在塔提让也发现了古河道与古遗址[⑤]。烽火台出土的古藏文文书表明，塔提让的烽燧线属于吐蕃统治时

---

① 何德修《新疆且末县出土元代文书初探》，第 74—75 页。

② M. A. Stein, *Serindia*, Vol. I, pp. 296—297.

③ 这件古藏文文书，何德修先生言出自苏伯斯坎遗址（何德修《新疆且末县出土元代文书初探》，第 75、86 页）。然而，林梅村先生称，1989 年夏，他在巴州博物馆见到这件文书时，何德修先生告诉他，"这是从且末附近一古代烽燧遗址中发现的"（林梅村《楼兰鄯善王朝的最后居地》，第 302 页注 14）。

④ 塔克拉玛干综合考察队考古组《且末县古代文化遗存考察》，第 27—28 页。

⑤ F. Grenard, J. -L. *Dutreuil de Rhins. Mission Scientifique dans la Haute Asie 1890—1895*, 1897, Vol. I, pp. 183—184; 1898, Vol. III, p. 146.

期。可见，苏伯斯坎遗址在唐代和元代均位于交通线上。从苏伯斯坎遗址沿今 315 国道或车尔臣河岸，去往来利勒克遗址的路程约为 65 公里。蒙元驿制通行的驿站间隔为 60 里[1]，约合 25 公里[2]。既然已确定苏伯斯坎存在一处较大的驿站，如果这一带设驿遵循 60 里之制的话，则来利勒克遗址不当设驿。其地既无阇鄘驿，则亦无阇鄘城。另一方面，阿孜利克遗址与苏伯斯坎之间的距离正合一站，可能是东边的一座小驿。

《世界境域志》第 11 章 8 节记载："大、小 J. rm. ngān，这是沙漠边缘的两个城镇。其地胜境既少，物产亦不多。居民从事狩猎。"[3] 米诺尔斯基（V. Minorsky）将 J. rm. ngān 还原成 Charmangān。此节前后两节分别记载 *Ajā-Yul 和 Twsmt（Tūsmat），即暗示 Charmangān 位于这两个地方之间。Tūsmat 是于阗以南的某个地方；Ajā 即吐谷浑，Ajā-Yul 意为"吐谷浑的国家"，指罗布泊以南地区。由于这种位置关系，再结合语音的相似性，米诺尔斯基倾向于将 Charmangān 比定为约昌[4]。《世界境域志》的这条记载表明，在 10 世纪，今且末地区有大、小两座约昌城，二者均位于沙漠边缘。我认为，大约昌即北宋的约昌城，亦即来利勒克遗址，在 13 世纪初毁于速不台军的攻掠；小约昌位于苏伯斯坎，即元代的阇鄘城。

[1] 党宝海《蒙元驿站交通研究》，北京：昆仑出版社，2006 年，第 239—240 页。

[2] 丘光明《计量史》，长沙：湖南教育出版社，2002 年，第 470—477 页。学界关于元代的尺长争议较大，陈梦家按 1 元尺合 31.57 厘米，算得 1 元里 = 0.3157× 1200 = 378.84 米（陈梦家《亩制与里制》，《考古》1966 年第 1 期，第 42 页）。丘光明在综合研究各种资料的基础上，推算得 1 元尺约合 35 厘米，则 1 元里合 420 米。

[3] *Hudūd al-'Ālam. 'The Regions of the World'. A Persian Geography*, 372 A. H. - 982 A. D., XI. 8, p. 93；王治来译注《世界境域志》，上海：上海古籍出版社，2010 年，第 66—67 页。

[4] *Hudūd al-'Ālam. 'The Regions of the World'. A Persian Geography*, 372 A. H. - 982 A. D., tr. & explained by V. Minorsky, pp. 258—259.

第三章　克里雅绿洲

克里雅河是丝绸之路南道中部的一条大河，今河全长近 700 公里，发源于昆仑山主峰乌斯腾格山北坡，自南往北一路奔流，最后消失于沙漠腹地。历史上，克里雅河河道多次变迁，最长的古河道曾贯通塔克拉玛干沙漠，一直向北延伸至塔里木河，全长达 860 公里[①]。克里雅河流域的绿洲，今天主要有于田县城所在的于田绿洲，以及尾闾的达里雅博依三角洲。不过，克里雅河下游曾经的古绿洲分布范围要广泛得多。在接近塔里木河的沙漠深处，考古工作者发现了以克里雅北方墓地和居址为代表的青铜时代遗存[②]。再往南，在克里雅河河道西侧依次散布着历史时期的圆沙遗址群、喀拉墩遗址群和丹丹乌里克遗址群[③]。这些遗址群代表着古绿洲的范围，它们已被掩埋在黄沙之中。

----

① 周兴佳《克里雅河曾流入塔里木河的考证》，新疆克里雅河及塔克拉玛干科学探险考察队《克里雅河及塔克拉玛干科学探险考察报告》，北京：中国科学技术出版社，1991 年，第 40—46 页。徐松在《西域水道记》中就曾描述塔里木河"又东，克勒底雅河（按，克里雅河）从南来注之"，见徐松撰《西域水道记》，朱玉麒整理，北京：中华书局，2005 年，第 82 页。

② 林铃梅、李肖、买提卡斯木·吐米尔《近年来新疆克里雅河流域下游采集陶器的研究》，《丝绸之路考古》第 5 辑，北京：科学出版社，2022 年，第 36—57 页。

③ 李并成《塔里木盆地克里雅河下游古绿洲沙漠化考》，《中国边疆史地研究》2020 年第 4 期，第 106—118 页；张峰、王姣、王金花等《克里雅河尾闾遗址群序列：考察回顾与年代研究综述》，《新疆大学学报（自然科学版）》2021 年第 2 期，第 204—212 页。

于田绿洲是历史时期克里雅河流域主要的人类活动区域。不过，于田之名与此地历史传统并不相符，盖因晚近行政变迁所致。光绪八年（1882），清廷依汉古国名置于阗县，县治设在和田绿洲西部的喀拉喀什（今墨玉县城）。光绪十年（1884），为方便管理县境东部广大地区，乃将县治迁往克里雅绿洲的克里雅城。1959年，国务院将于阗县名简化为于田。实际上，跟于田县城周边地区相关的历史名称主要有两组：一组为扞弥城（Khema）、捍麼城、坎城（Kaṃdva）、建德力城、绀城、肯汗城（Kenhān）、克列牙城儿、克里雅城；另一组为玄奘提到的媲摩城（Phema）和马可波罗提到的培因城（Pein）。

第一节　从扞弥到克里雅

一、扞弥、扞弥之正误

克里雅绿洲在汉代属扞弥国疆域。扞弥在西汉时期乃西域南道大国之一，可与于阗相比拟，而盛于鄯善、莎车。到东汉时期其国势日趋衰落，终在汉魏之际为于阗兼并。其国名在汉晋佉卢文文书中称作 Khema[1]，汉唐时期的汉文史料写作扞弥、扞弥、拘弥等不同名称。《史记·大宛列传》点校本修订本记载大宛以东有"扞罙、于寘"[2]，即扞弥和于阗；前者在影印百衲本《史记》中作"扞罙"[3]。《汉书·西域传》有扞弥国传（渠犁传作杆弥），王治扞弥城，西通于阗390里，传

---

① 见斯坦因（M. A. Stein）所获 214、272、506、709 等号佉卢文文书，T. Burrow, *A Translation of the Kharoṣṭhī Documens from Chinese Turkestan*, London: the Royal Asiatic Society, 1940, pp. 40, 49, 99, 142.

② 《史记》卷一二三《大宛列传》，中华书局点校本修订本，2013年，第3808页。

③ 百衲本《史记》卷一二三《大宛列传》，影印南宋黄善夫刊本，上海：商务印书馆，1936年，第3a叶。

尾特别指出其"今名宁弥"①。《后汉书·西域传》有拘弥传，治宁弥城，传尾亦称其西接于阗 390 里②。扜弥改称宁弥，可能是王莽所为。《魏略·西戎传》载称，南道"戎卢国、扞弥国、渠勒国、皮山国皆并属于阗"③，其中，扞弥国首字使用的是"扞"。这条史料后来被《新唐书·西域传》所传抄，亦云于阗"并有汉戎卢、杅弥、渠勒、皮山五国故地"④。其中改用音近的"杅"字，可能是因为"扌"和"木"字旁易混而造成的抄写之误，但也不排除是编纂者有意为之，以避免扞、扜之误。又，《新唐书·地理志》记载，宁弥故城一曰"汗弥国"⑤。

关于扜弥、拘弥、扞弥、杅弥、汗弥之首字，前辈学者多主张"扜"是正字⑥，沙畹（É. Chavannes）则倾向于"扞"，但立论太过简略⑦。笔者赞同后说。今据悬泉汉简和古音审音，试作阐述。仔细比较汉代史料，我们发现仅有《汉书》和部分版本的《史记》使用了扜弥/㝇。荀悦《汉纪》⑧、司马彪《续汉书》⑨与《后汉书》一样，均使用拘弥。敦煌悬泉汉简中有两枚简牍提到此国，二简均无纪年，但据伴出的纪年简，均应属公元前 1 世纪中期宣帝时期。其中一枚（II

① 《汉书》卷九六《西域传》，中华书局点校本，1962 年，第 3880、3916 页。
② 《后汉书》卷八八《西域传》，中华书局点校本，1965 年，第 2915 页。
③ 鱼豢《魏略·西戎传》，见《三国志》卷三〇《乌丸鲜卑东夷传》裴松之注引文，中华书局点校本，第 2 版，1982 年，第 859 页。
④ 《新唐书》卷二二一上《西域传》，中华书局点校本，1975 年，第 6235 页。
⑤ 《新唐书》卷四三下《地理志七》，第 1150 页。
⑥ 岑仲勉《汉书西域传地里校释》，北京：中华书局，1981 年，第 55—63 页；蒲立本《上古汉语的辅音系统》，潘悟云、徐文堪译，北京：中华书局，1999 年，第 36—37 页；余太山《两汉魏晋南北朝正史西域传研究》，北京：中华书局，2003 年，第 204—205 页。
⑦ 沙畹笺注《魏略西戎传笺注》，冯承钧译，《西域南海史地考证译丛》第 7 编，北京：中华书局，1957 年，第 45 页。
⑧ 《史记》卷一二三《大宛列传》，第 3809 页注文。
⑨ 周天游辑注《八家后汉书辑注》，上海：上海古籍出版社，1986 年，第 506 页。

90DXT0213③：122）写作拘弥[1]；另一枚（Ⅰ91DXT0309③：97）张德芳先生录作扜弥[2]，但所提供的图版上"扜"字右半边已无法辨识，姑置勿论。"拘"字今音近"扜"，均属唇硬腭音；然而，其早期中古音读作 kuə（晚期中古音略同，读作 kyə），反而与"扜"字（早期中古音 ɣanʰ）音近，均属软腭音，二者可对译佉卢文 Khema 之首音节 Khe(m)-。扜、于古音相同，唐人司马贞、颜师古分别注"扜"读污、乌音[3]，为声门塞音，早期中古音读作 ʔɔ[4]，这与回鹘语和突厥语之 udun[5]，以及伯希和（P. Pelliot）所构拟"于阗"之古音'Odan 是一致的[6]；在古代汉文文献中，于阗又作五端、兀丹、斡端等[7]，首字音皆源出一系。前引悬泉汉简Ⅱ90DXT0213③：122 中，于阗作扜阗，表明扜、于通用。那么，《史记·大宛列传》并提扜罙、于寶，显然表明正字应该是"扜罙"，否则，为何不直接写作"于罙"呢？综上，汉唐时期多数史料的记载都近"扜"音，"扜"应该是正字，"扜"字乃传写之讹。

———————————

① 张德芳《悬泉汉简中有关西域精绝国的材料》，《丝绸之路》2009 年第 24 期，第 5—7 页。

② 张德芳《敦煌悬泉汉简中的"大宛"简以及汉朝与大宛关系考述》，《出土文献研究》第 9 辑，北京：中华书局，2010 年，第 143—144 页，图版十二简四；甘肃简牍博物馆等编《悬泉汉简（贰）》，上海：中西书局，2020 年，第 66、368 页。

③ 《史记》卷一二三《大宛列传》，第 3809 页注文；《汉书》卷九六上《西域传》，第 3880 页注文。

④ 拟音据 E. G. Pulleyblank, *Lexicon of reconstructed pronunciation in Early Middle Chinese, Late Middle Chinese, and Early Mandarin*, Vancouver：UBC Press, 1991, pp. 119, 163, 325.

⑤ Л. Ю. Тугушевои, *Фрагменты уйгурской версии биографии Сюань - цзана*, Москва：Наука, 1980, с. 16；Maḥmūd Kāšɣarī, *Compendium of the Turkic Dialects（Dīwān Luɣāt al-Turk）*, Part I, tr. by R. Dankoff & J. Kelly, Cambridge：Harvard University Press, 1982, pp. 114—115.

⑥ P. Pelliot, *Notes on Marco Polo*, Vol. I, Paris：Imprimerie nationale, 1963, pp. 408—418.

⑦ 玄奘、辩机原著《大唐西域记校注》，季羡林等校注，北京：中华书局，2000 年，第 1002 页。

出现讹误的根源在于《汉书》的作者班固。班固在借鉴《史记》时，错误地写了"扜弥"，古代一些不明就里的注书家根据他的错误写法来校对《史记》，反而使《史记》的一些流传版本也出现了误写。而早在西汉中后期，为了防止将扜弥之首字误作"扜"，国家驿传机构工作人员已经采用了读音相近但字形迥异的"拘"字，可能当时的涉外文案也多采用此字，因为司马彪、范晔等人见到的西域资料均作拘弥。不过，"扜弥"也一直在沿用，《魏略》作者鱼豢就采用了这种写法。北魏《宋云行纪》载有捍麼，乃扜弥的另一种译写。

二、捍麼城、末城

捍麼城之名见于《洛阳伽蓝记》卷五所载之宋云、惠生行纪中，二人于519年西行途经塔里木盆地。其相关片段如下：

> 从左末城西行一千二百七十五里，至末城。城傍花果似洛阳，唯土屋平头为异也。
>
> 从末城西行二十二里，至捍麼城。〔城〕南十五里有一大寺，三百余僧众。有金像一躯，举高丈六，仪容超绝，相好炳然，面恒东立，不肯西顾。父老传云：此像本从南方腾空而来，于阗国王亲见礼拜，载像归，中路夜宿，忽然不见，遣人寻之，还来本处。王即起塔，封四百户以供洒扫。户人有患，以金箔贴像所患处，即得阴愈。后人于此像边造丈六像者及诸像塔，乃至数千，悬彩幡盖，亦有万计。魏国之幡过半矣。幡上隶书，多云太和十九年、景明二年、延昌二年。唯有一幡，观其年号是姚兴时幡。
>
> 从捍麼城西行八百七十八里，至于阗国。……①

按，左末城即且末城。许多学者将引文中所描述的捍麼城瑞像视作玄奘记载的媲摩城瑞像，并认为捍麼城即媲摩城。然而，仔细对比，我

---

① 余太山《"宋云行纪"要注》，《早期丝绸之路文献研究》，上海：上海人民出版社，2009年，第272—273页。

们可以发现宋云和玄奘所描述的瑞像实际上有诸多不同。捍麼城并非媲摩城，它对应的当是唐代的坎城。为便于比较，援引玄奘《大唐西域记》的相关内容如下：

> 战地东行三十余里，至媲摩城，有雕檀立佛像，高二丈余，甚多灵应，时烛光明。凡有疾病，随其痛处，金箔贴像，即时痊复。虚心请愿，多亦遂求。闻之土俗曰：此像，昔佛在世憍赏弥国邬陀衍那王所作也。佛去世后，自彼凌空至此国北曷劳落迦城中。初，此城人安乐富饶，深着邪见，而不珍敬。传其自来，神而不贵。后有罗汉礼拜此像。国人惊骇，异其容服，驰以白王。王乃下令，宜以沙土垄此异人。时阿罗汉身蒙沙土，糊口绝粮。时有一人心甚不忍，昔常恭敬尊礼此像，及见罗汉，密以馔之。罗汉将去，谓其人曰："却后七日，当雨沙土，填满此城，略无遗类。尔宜知之，早图出计。犹其垄我，获斯殃耳。"语已便去，忽然不见。其人入城，具告亲故。或有闻者，莫不嗤笑。至第二日，大风忽发，吹去秽壤，雨杂宝满衢路。人更骂所告者。此人心知心然，窃开孔道，出城外而穴之。第七日夜，宵分之后，雨沙土满城中。其人从孔道出，东趣此国，止媲摩城。其人才至，其像亦来，即此供养，不敢迁移。闻诸先记曰：释迦法尽，像入龙宫。今曷劳落迦城为大堆阜，诸国君王，异方豪右，多欲发掘，取其宝物。适至其侧，猛风暴发，烟云四合，道路迷失。①

两相比较，可知宋云和玄奘所描述的瑞像有以下差别：首先，瑞像所在的位置明显不一致，宋云谓瑞像在捍麼城南15里大寺内；玄奘所云瑞像在媲摩城中。其次，瑞像的高度相差较大，宋云谓像举高丈六；《西域记》所载像高二丈余，《慈恩传》甚至言其高三丈余。再者，瑞像的来历不一样，宋云只道像自南方腾空而来；玄奘则云瑞像先从憍赏

---

① 季羡林等校注《大唐西域记校注》，第 1025—1030 页。

弥国凌空飞至曷劳落迦城，此城遭沙埋后又飞到媲摩城。最后，有关瑞像的民间传说不同，宋云听到的是于阗国王试图迁像和起塔的故事；玄奘听到的则是瑞像的飞来过程和沙埋曷劳落迦城的传言[1]。此外，敦煌莫高窟第 231、237 窟西壁佛龛顶均同时绘有媲摩城瑞像和坎城瑞像，二像差异明显。敦煌文书和石窟瑞像题记亦称，媲摩瑞像自憍赏弥国飞来，坎城瑞像则从汉国来。荣新江和朱丽双认为，后者暗示了坎城与唐朝的密切关系[2]。孙修身已指出，宋云记载的捍麽城金像即莫高窟第231、237 窟所绘之坎城瑞像[3]。笔者赞同此说。坎城和媲摩城各有瑞像，它们分别被宋云和玄奘描述。玄奘所记媲摩城在于阗以东 330 余里，而坎城在于阗以东 307 里（详下），可知坎城在媲摩城以西 20 余唐里；又，宋云谓捍麽城在末城以西 22 里，约当 22 唐里[4]。两组距离差可比拟。因此，若捍麽城即坎城，则末城当媲摩城在方位和里程上是讲得通的。

贝利（H. W. Bailey）推测，媲摩之名可能来自于阗语 pěma "像"（image，佛教梵语 pratimā）[5]。其说颇有见地。媲摩城先从西方请回一尊雕檀瑞像，城以像闻名，遂被称作"（瑞）像城"。后来，坎城也得到了瑞像，其像据传来自汉地。这一传言可从宋云的记载中得到印证：在捍麽瑞像周围上万件彩幡中，魏国之幡过半，其上以隶书题写北魏晚

---

① 有关沙埋曷劳落迦城故事之研究，见田卫疆《塔里木盆地"沙埋古城"的两则史料辨析》，《新疆师范大学学报》2011 年第 1 期，第 84—90 页。

② 荣新江、朱丽双《于阗与敦煌》，兰州：甘肃教育出版社，2013 年，第259—260 页。

③ 孙修身《莫高窟佛教史迹故事画介绍（二）》，《敦煌研究》1982 年第 1期，第 98—110 页。

④ 丘光明推定北魏后尺为 29.6 厘米（丘光明《计量史》，长沙：湖南教育出版社，2002 年，第 313 页），则 1 北魏里 = 0.296×1800 = 532.8 米。

⑤ H. W. Bailey, *Dictionary of Khotan Saka*, Cambridge：Cambridge University Press, 1979, pp. 249, 263. 关于媲摩名称之来源尚有其他一些说法，参季羡林等校注《大唐西域记校注》，第 1028—1029 页注释所列，但均不足为据。

期年号；而末城"城傍花果似洛阳，唯土屋平头为异"，均暗示这一地区在北魏时期存在汉人并深受汉文化影响。无独有偶，在讲述左末（且末）城时，宋云亦写道："城中图佛与菩萨，乃无胡貌，访古老，云是吕光伐胡时所作。"[1]对此，许多学者指出，彼时且末城为汉人或汉化的土著所居，且中原佛教艺术波及此城[2]。根据这些线索，笔者认为在北魏时期曾有一批汉人徙居塔里木盆地南道东段，并带来汉地佛教艺术的回流影响。

最后，尚有一个相关问题仍需解决：如果宋云时期就存在捍麽城（坎城）和末城（媲摩城）两处瑞像，为何宋云和玄奘均只记载了其中的一处？根据宋云的记载，捍麽城仅在末城以西22里，远不足一日之程。宋云描述末城十分简洁，且言末城"城傍花果似洛阳"，"城傍"二字暗示他未入城，只是途经此地，可见，他是赶往捍麽城歇脚的。玄奘在于阗获诏之后，东归心切，《大唐西域记》于阗以东沿途记载相当疏阔。玄奘应该停住媲摩城，但没有多逗留。由于坎城、媲摩城一带佛像众多，他们只记载了各自所停歇的那座城的瑞像，而没有时间去打听另一座城的瑞像情况。

三、建德力城与《新唐书·地理志》之错简

《新唐书·西域传》记载：

> 于阗东三百里有建德力河，七百里有精绝国；河之东有汗弥，

[1] 余太山《"宋云行纪"要注》，第271页。
[2] M. A. Stein, *Serindia: Detailed Report of Archaeological Explorations in Central Asia and Western-most China*, Vol. I, Oxford: Clarendon Press, 1921, pp. 297—298；李肖《且末古城地望考》，《中国边疆史地研究》2001年第3期，第38页；金维诺《新疆的佛教艺术》，《中国美术史论集》中卷，哈尔滨：黑龙江美术出版社，2004年，第21页；李树辉《试论汉传佛教的西渐——从突厥语对"道人"（tojin）一词的借用谈起》，《新疆师范大学学报》2006年第4期，第51页。

居达德力城，亦曰拘弥城，即宁弥故城。皆小国也①。

达德力城，乃建德力城之误②，即汉代之拘弥城、宁弥城，坐落于建德力河东岸，在于阗以东 300 里。又，《新唐书·地理志》据贾耽《皇华四达记》"边州入四夷道"，谓坎城在于阗以东 300 里③。建德力城和坎城在方位和里程上是一致的，当为同一座城。建德力河即今克里雅河，亦即《大唐西域记》所载之媲摩川。

《新唐书·地理志》里有一段类似的记载，但行文凌乱，颠三倒四：

> 有宁弥故城，一曰达德力城，曰汗弥国，曰拘弥城。于阗东三百九十里，有建德力河，东七百里有精绝国。……又于阗东三百里有坎城镇，东六百里有兰城镇。④

文末的兰城乃蔺城之误，即玄奘提到的尼壤城⑤。在这里，《新唐书·地理志》的编撰者在整合手头资料时显然出现了问题。最后一句抄自贾耽《皇华四达记》，前两句则杂糅了《新唐书·西域传》上的引文以及两《汉书》等史籍的部分内容，语序上有错简，显得混乱不堪。勘误后，正确的行文顺序应该调整为：

> 于阗东三百九十里，有建德力河，有宁弥故城，一曰建德力城，曰汗弥国，曰拘弥城，东七百里有精绝国。……又于阗东三百里有坎城镇，东六百里有蔺城镇。

---

① 《新唐书》卷二二一上《西域传》，第 6236 页。

② 岑仲勉和余太山先生认为"达德力"是正字，乃丹丹乌里克（Dandān—Uiliq）之译音（见二人前揭书）。然而，丹丹乌里克为晚近的维吾尔语名称，其地在唐代汉文文书中称作杰谢，于阗语作 Gaysāta。"建德力"可能来自坎城之于阗语名称 Kaṃdva。

③ 《新唐书》卷四三下《地理志七》，第 1150 页。

④ 《新唐书》卷四三下《地理志七》，第 1150—1151 页。

⑤ 朱丽双《唐代于阗的羁縻州与地理区划研究》，《中国史研究》2012 年第 2 期，第 78—82 页。

句首的"于阗东三百九十里"抄自两《汉书》[1]，指汉代扜弥城/宁弥城至于阗的距离，是汉代的里程数。唐代的里分大小里，但日常一般使用大里，1 唐里 = 531 米，1 汉里 = 417.53 米[2]。换算过来，390 汉里约当307 唐里，取整约数即 300 唐里，这样就和《皇华四达记》及《新唐书·西域传》所载坎城/建德力城去于阗的距离完全一致。

四、绀州、绀城

后晋天福三年（938），于阗王李圣天所遣贡使抵达晋廷。晋廷遣供奉官张匡邺假鸿胪卿，彰武军（驻延州，今延安一带）节度判官高居海为判官，回使于阗，册封李圣天为"大宝于阗国王"。当年冬十二月（939），张匡邺等自灵州（今宁夏吴忠）出发，历二载（940）至于阗，至七年冬（942）乃还。高居海记录了沿途的山川道里，保留在《新五代史》等典籍中，称《于阗国行程记》。其所记塔里木盆地南缘经行路线为：

> 匡邺等西行入仲云界，至大屯城，仲云遣宰相四人、都督三十七人候晋使者，匡邺等以诏书慰谕之，皆东向拜。自仲云界西，始涉酿碛，无水，掘地得湿沙，人置之胸以止渴。又西，渡陷河，伐樟置水中乃渡，不然则陷。又西，至绀州。绀州，于阗所置也，在沙州西南，云去京师九千五百里矣。又行二日至安军州，遂至于阗。[3]

---

① 《汉书》卷九六上《西域传》，第 3880 页；《后汉书》卷八八《西域传》，第 2915 页。

② 陈梦家《亩制与里制》，《考古》1966 年第 1 期，第 40—42 页。学界关于古代量制定值尚存分歧，例如，丘光明先生推定汉尺为 23.1 厘米，唐大尺为 30.3 厘米（丘光明《计量史》，第 241、367 页），则 1 汉里合 415.8 米，1 唐里合 545.4 米。据此换算，390 汉里约当 297 唐里。

③ 《新五代史》卷七四《四夷附录》，中华书局点校本修订本，2015 年，第 1039 页。

引文表明，公元 9 世纪中叶以后，于阗摆脱了吐蕃的统治，其行政区划效仿唐朝统治时期，列州而治，在国都周边即今和田县境置安军州，其东置绀州。殷晴认为绀州辖有今于田、策勒一带[①]，即唐朝统治时期的坎城和六城地区。另外，俄藏敦煌汉文文书 Dx. 2148（2）+ Dx. 6069（1）《于阗天寿二年（964）弱婢祐定等牒》第 11—12 行记载："又绀城细继寄三五十匹东来，亦乃沿窟使用。"[②]所谓"绀城"，应即高居诲《于阗国行程记》提到的绀州之州治，其地当在原来的坎城。

五、肯汗城

法国吕推（J. -L. Dutreuil de Rhins）探险队曾于 19 世纪 90 年代考察了丝绸之路南道。其成员李默德（F. Grenard）在考察报告中摘译了作家喀布里（Maḥmūd Karam Kābulī）著作中的一个片段，其中讲述了 12 世纪一支伊斯兰军队在征服阿克苏后，沿克里雅河南下，攻击上游异教徒的肯汗州（the province of Kenhān）[③]。肯汗的镇将是一位称作"突厥达干"的犹太人，他隶属于基督徒努墩汗（Nūdūn Khān），后者是西辽委任的于阗统治者。伊斯兰军队击败突厥达干后，占领并洗劫了富庶的吴六杂提城（Ulūgh-Ziārat），接着攻占了质逻（策勒），继而向于阗进发。吴六杂提城邻近都城肯汗城，后者在遭受这次"蹂躏"后便奇迹般消失了。

斯坦因（M. A. Stein）指出，肯汗州的范围包括克里雅至策勒一带

---

① 殷晴《唐宋之际西域南道的复兴——于阗玉石贸易的热潮》，《探索与求真——西域史地论集》，乌鲁木齐：新疆人民出版社，2011 年，第 287 页。

② 关于此文书的录文与相关研究，参荣新江《绵绫家家总满——谈十世纪敦煌于阗间的丝织品交流》，包铭新主编《丝绸之路·图像与历史》，上海：东华大学出版社，2011 年，第 42—44 页。

③ F. Grenard, *J. -L. Dutreuil de Rhins. Mission Scientifique dans la Haute Asie 1890—1895*, Vol. III, Paris：E. Leroux, 1898, pp. 43—45.

的诸绿洲①。这跟唐朝统治时期坎城镇的军事辖区一致，亦跟高居诲之绀州、马可波罗之培因州的行政疆域一致。而且，肯汗州与坎城、绀州一样，隶属于阗。因此，笔者认为如同 Kenhān 跟坎、绀在语音上是一脉相承的一样，肯汗州也正是坎城镇、绀州的延续，肯汗城即坎城、绀城。另外，吴六杂提（Ulūgh-Ziārat）意为"圣地"，而媲摩意为"瑞像"；吴六杂提城与肯汗城毗邻，媲摩城与坎城亦如此，这些都暗示了吴六杂提城即媲摩城、培因城。肯汗城在这支 12 世纪的伊斯兰军队劫掠之后消失了，表明扞弥城—捍麼城—坎城—绀城—肯汗城沿袭至此而废弃。吴六杂提城则劫后重生，得以复苏，并成为该地区唯一的政治中心。因此，当 13 世纪马可波罗经过此地时，只见到培因城，而未闻有肯汗城。

六、克里雅城

今于田县城在清代称为克里雅城或克勒底雅城，在明代的《西域土地人物略》和《西域土地人物图》中写作克列牙城儿②。这个名字最早可追溯到 11 世纪早期。12 世纪初，作家马卫集（Marwazī）记载了从喀什噶尔沿塔里木盆地南道至沙州的路程，他提到，自于阗东行 5 日到达 K.rwyā。马卫集书的译注者米诺尔斯基（V. Minorsky）将 K.rwyā 还原为 Keriya，即克里雅。马卫集的信息来自一个契丹、回鹘使团，该使团于 1027 年到访哥疾宁（Ghaznavid dynasty）王朝的都城，并可能在那里留

---

① M. A. Stein, *Ancient Khotan*：*Detailed Report of Archaeological Explorations in Chinese Turkestan*, Vol. I, Oxford：Clarendon Press, 1907, p. 463.

② 李之勤校注《〈西域土地人物略〉校注》，收入李之勤编《西域史地三种资料校注》，乌鲁木齐：新疆人民出版社，2012 年，第 28 页；又《〈西域土地人物图〉校注》，收入《西域史地三种资料校注》，第 54 页；张雨《边政考》卷八《西域诸国》，台北：台湾华文书局，影印明嘉靖刻本，1968 年，第 599 页。

下了一份官方的访谈记录①。"克里雅"可能是唐代建德力城之名的流变，清代学者早已注意到了这一点②。但二者并非同一座城，上文论及，建德力城即肯汗城已在 12 世纪毁于兵燹。

第二节　玄奘之媲摩与马可波罗之培因

　　1273 年，著名的旅行家马可波罗行经塔里木盆地南缘，他在行纪中提到了沿途的六个地名，即可失合儿（今喀什）、鸦儿看（莎车）、忽炭（和田）、培因（Pein）、阇鄽（且末）和罗卜（若羌或米兰）。其中，唯有培因不见于其他蒙元时期的文献。不过，更早时期的文献对这个地方有不少记载，并保留了此地的多个不同名称。例如，玄奘之传、记称其为媲摩，并不惜笔墨详述了当地的瑞像传闻。1906 年，斯坦因撰文《玄奘之媲摩与马可波罗之培因》，立足于实地考古调查，分析和比较了玄奘与马可波罗的文本以及宋云关于捍麾的记载，将培因、媲摩、捍麾勘同，并将它们的位置推定在今策勒县达玛沟乡北部的乌宗塔提（Uzun-Tati）一带③。他的这些结论影响很大，为大多数学者所接受。然而，百余年来新的出土文献提供的新线索，对其部分观点带来了巨大的挑战。因此，笔者认为，有必要对培因、媲摩的相关问题重新进行审视。

---

　　① al-Marwazī, *Sharaf al-Zamān Ṭāhir Marvazī on China, the Turks, and India*, Arabic text (ca. 1120) with an English translation and commentary by V. Minorsky, London: Royal Asiatic Society, 1942, pp. 18, 68.

　　② 周寿昌撰《汉书注校补》卷五三，上海：商务印书馆，影印光绪十年周氏思益堂刻本，2006 年，第 928 页；陶保廉撰《辛卯侍行记》卷五，刘满点校，兰州：甘肃人民出版社，2002 年，第 353 页；刘锦藻撰《清朝续文献通考》卷三二一《舆地考十七》，杭州：浙江古籍出版社影印，1988 年，第 10625b—10626a 页。

　　③ M. A. Stein, "Hsüan-tsang's Notice of P'i-mo and Marco Polo's Pein," *T'oung Pao* 7/4, 2nd series, 1906, pp. 469—480; also in: idem, *Ancient Khotan*, Vol. I, pp. 452—463.

《马可波罗行纪》结束忽炭州一章后，紧接着就描写了培因的情况，内容包括该州的居民、宗教、城镇、物产、风俗等各个方面。为便于下文讨论，现节录相关片段如下：

> 培因乃<u>一小</u>（TA）州，广五日行程，位于东方与东北方之间。<u>此州</u>（LT）居民崇拜摩诃末，且<u>同样</u>（P）臣属于大汗。<u>治下</u>（VB）有众多城镇和乡村，<u>全州</u>（V）最宏大城市名培因，乃该区之首府。有一条河<u>流经其地</u>（Z），河中可以找到<u>数量</u>（V）非常大的<u>珍贵</u>（LT）宝石，人们称之为碧玉和玉髓。<u>此州</u>（Z）百姓拥<u>有极为</u>（VB）丰富的<u>一切必需</u>（Z）品。该地<u>也</u>（V）盛产棉花。人们<u>更多地</u>（VB）以贸易和手艺为生。[1]

培因在《马可波罗行纪》诸本中的写法各有差异，在 F 本中写作 Pein。伯希和认为，最初的拼法当以 -m 结尾，因此，正确的形式是 Z 本的 Pem[2]。

贞观十八年（644），玄奘在于阗得诏，获允东归。《大慈恩寺三藏法师传》记其于阗以东行程为："自发都三百余里，东至媲摩城。城有雕檀立佛像……从媲摩城东入沙碛，行二百余里，至泥壤城。"[3]《大唐西域记》所载略同，称于阗国都以东 300 余里为古战场，又 30 余里为媲摩城[4]。此外，由于媲摩城雕檀佛像乃于阗著名瑞像之一，因此媲摩之名屡见于敦煌石窟汉文瑞像题记以及敦煌文书 P.3033 和 S.2113A，

---

① A. C. Moule & P. Pelliot（ed. and tr.），*Marco Polo. The Description of the World*, Vol. I, chap. 55, London: Routledge, 1938, p. 147. 译文在北京大学马可波罗项目读书班译定稿的基础上，略有修订。其中，不带下画线的文字为《马可波罗行纪》F 本的内容；带下画线的文字为其他诸本的内容，其后括注版本信息。版本缩略语参见原书第 509—516 页表格。

② P. Pelliot, *Notes on Marco Polo*, Vol. II, p. 801.

③ 慧立、彦悰撰《大慈恩寺三藏法师传》，孙毓棠、谢方点校，北京：中华书局，2000 年，第 124 页。

④ 季羡林等校注《大唐西域记校注》，第 1026—1029 页。

但其中"媲"字往往误作"媿",或写作俗字形式①。

1871 年,玉尔(H. Yule)最先将马可波罗之培因比定为玄奘之媲摩②。此后,除了沙海昂(A. H. J. Charignon)之外③,几乎所有的研究者都赞同此说。玉尔的观点在地理位置和语音学方面是讲得通的。在《大慈恩寺三藏法师传》回鹘语译本中,媲摩写作 Bim④。伯希和将媲摩(晚期中古音 pɦji-mua⑤)的本名准确地复原为 *Phema 或 *Phima⑥。现在我们已经知道,在和田地区出土的 8 世纪于阗语文书中,媲摩写作 Phema⑦;而在敦煌文书钢和泰藏卷于阗语《于阗使者行记》(写于 925 年⑧)中,媲摩城写作 Phiṃāṇa kaṃtha⑨。于阗语文书中的这两种形式与伯希和所拟完全一致。在古藏语文献《牛角山授记》中,媲摩被写

---

①　张广达、荣新江《敦煌"瑞像记"、瑞像图及其反映的于阗》,《于阗史丛考(增订新版)》,上海:上海书店出版社,2021 年,第 177—238 页。

②　H. Yule(ed. and tr.),*The Book of Ser Marco Polo*,*the Venetian*:*Concerning the Kingdoms and Marvels of the East*,Vol. I,London:J. Murray,1871,p. 177.

③　沙海昂以诸本中培因有作 Pein、Peim、Poin、Poim 者,与两《唐书》里的"播仙"音近,因而将二者勘同,见沙海昂注《马可波罗行纪》,冯承钧译,北京:中华书局,新 1 版,2003 年,第 159—167 页。

④　Л. Ю. Тугушевои,*Фрагменты уйгурской версии биографии Сюань-цзана*,Москва:Наука,1980,c. 28.

⑤　E. G. Pulleyblank,*Lexicon of reconstructed pronunciation in Early Middle Chinese*,*Late Middle Chinese*,*and Early Mandarin*,Vancouver:UBC Press,1991,pp. 217,236.

⑥　P. Pelliot,*Notes on Marco Polo*,Vol. II,p. 801.

⑦　根据文欣的统计,提到 Phema 的于阗语文书有近 30 件,见文欣《中古时期于阗国政治制度研究》,北京大学硕士学位论文,2008 年,第 91—92 页,表 4-5。

⑧　E. G. Pulleyblank,"The Date of the Staël-Holstein Roll,"*Asia Major* 4,new series,1954,pp. 90—97.

⑨　H. W. Bailey,"The Staël-Holstein Miscellany,"*Asia Major* 2/1,new series,1951,pp. 2,10;J. Hamilton,"Autour du manuscrit Staël-Holstein,"*T'oung Pao* 46,2nd series,1958,p. 117.

作 Phye-ma 和 Bye-ma[①]。10 世纪诗人兼旅行家米撒儿（Abū Dulaf Mis'ar bin al-Muhalhil）声称，他曾奉中亚萨曼王朝（Samanid dynasty）异密之命出使过中国，其行纪在于阗（Khatiyān）之后，紧接着描写了一个叫作 Pima 的地方[②]。

此外，唐代早期老子化胡说里出现了一种"于阗化胡说"，声称于阗有毗摩城（或言比摩寺、毗摩寺、毗摩伽蓝、毗摩城伽蓝[③]），为老子化胡之所。此说在敦煌十卷本《老子化胡经》卷一（S.1857、P.2007）里有详细表述[④]。目前所知，这种说法最早见于《隋书》（成书于 636 年）："于阗西五百里有比摩寺，云是老子化胡成佛之所。"[⑤]所谓的比摩寺跟玄奘之媲摩在方位、里程方面均对不上，但综合"于阗化胡说"的各种描述来看，二者应指同一个地方。刘屹对"于阗化胡

① F. W. Thomas, *Tibetan Literary Texts and Documents Concerning Chinese Turkistan*, *Part* I: *Literary Texts*, London: The Royal Asiatic Society, 1935, p. 24; *ibid*, *Part* II: *Documents*, London 1951, pp. 309—310；朱丽双《唐代于阗的羁縻州与地理区划研究》，第 79 页。

② 费琅编《阿拉伯波斯突厥人东方文献辑注》，耿昇、穆根来译，北京：中华书局，1989 年，第 238 页；冯承钧《大食人米撒儿行纪中之西域部落》，《西域南海史地考证论著汇辑》，北京：中华书局，1957 年，第 186 页。伯希和对米撒儿的相关记载表示严重怀疑（P. Pelliot, *Notes on Marco Polo*, Vol. II, p. 801）。马雍对米撒儿出使中国一事进行过探究，指出此事系其杜撰，所载沿途地名、部落皆得自传闻（马雍《萨曼王朝与中国的交往》，《西域史地文物丛考》，北京：文物出版社，1990 年，第 174—182 页）。不过，我认为米撒儿有关于阗、媲摩的描述虽非其亲历所见，但亦非虚构，当抄自前人著作。

③ 释念常《佛祖历代通载》卷二二，收入《大正藏》第 49 册 2036 号，台北：佛陀教育基金会，1990 年，第 719a 页；释祥迈《大元至元辨伪录》卷二，收入《大正藏》第 52 册 2116 号，第 761c 页。

④ P.2007 号文书录文参见罗振玉编《敦煌石室遗书百廿种》，收入黄永武主编《敦煌丛刊初集》（六），台北：新文丰出版公司，1985 年，第 257 页；S.1857 号文书录文参见李小荣《敦煌道教文学研究》，成都：巴蜀书社，2009 年，第 412 页。

⑤ 《隋书》卷八三《西域传》于阗国条，中华书局点校本修订本，2019 年，第 2083 页。

说"进行了深入研究，认为此说的兴起与李唐皇室直接有关，它首先在635年进入起居注一类的皇家实录，并被次年成书的《隋书》所采录，后来更是为多种文献所传袭；而《化胡经》中的毗摩寺，乃是道士们据《宋云行纪》《大唐西域记》等记载虚构出来的[①]。张广达、荣新江先生亦指出，《老子化胡经》是远离于阗的中原道士虚构之作，有关比摩寺的记载除了见诸老子化胡传说之外，别无他证[②]。这些论断可谓切中肯綮。唯《隋书》"比摩"一名源自何处尚需探讨。玄奘之传、记均提到了媲摩，但他归国较《隋书》成书晚九年。南宋释志磐《佛祖统纪》云："《隋史·西域传》、魏宋云《西行记》、唐太子实录，皆言于阗有毗摩寺，是老子化胡处。"[③] 然而，今辑佚本《宋云行纪》并未言及"比摩"，原本也许记载有"毗摩寺"，或未可知。南宋谢守灏《混元圣纪》载称："（贞观）九年二月丁卯，于阗王遣子来朝贡，语及其国土所有，云西有毗摩伽蓝，相传是老子化胡之所。"[④]据此，《隋书》"比摩寺"之名也可能来自这位于阗王子。不论如何，《隋书》的记载表明，在玄奘归国之前，媲摩及其佛教即已蜚声中原。因此，唐初的"于阗化胡"论者才将其视作佛门重地，说成是老子化胡成佛之所。

第三节　唐代媲摩与坎城之关系

媲摩与坎城之关系是一个错综复杂的问题。沙畹最早将培因、媲摩

① 刘屹《敦煌十卷本〈老子化胡经〉残卷新探》，荣新江主编《唐研究》第2卷，北京：北京大学出版社，1996年，第101—120页。
② 张广达、荣新江《于阗佛寺志》，《于阗史丛考（增订新版）》，上海：上海书店出版社，2021年，第254页。
③ 释志磐撰《佛祖统纪》卷四〇，收入《大正藏》第49册2035号，台北：佛陀教育基金会，1990年，第372b页。
④ 谢守灏撰《混元圣纪》，收入《道藏》第17册，北京：文物出版社，1988年，第856b页。

与坎城勘同，而赞同者颇多①。也有一些学者，如亨廷顿
（E. Huntington）②、哈密屯（J. Hamilton）③、孙修身④，认为二者不是同一个地方。近年，文欣、段晴提出新的看法，认为媲摩即坎城；媲摩是一定范围的区域名称，同时也可以指这个区域内的一座城⑤。今按，前说均有未安者，以下试析之。

关于坎城，《新唐书·地理志》云，"于阗东界有兰城、坎城二守捉城"；又据贾耽《皇华四达记》"边州入四夷道"指出，"于阗东三百里有坎城镇，东六百里有兰城镇"，"西经移杜堡、彭怀堡、坎城守捉，三百里至于阗"⑥。由此可知，唐朝在于阗国都以东 300 里处设有坎城镇、守捉。但这里的 300 里、600 里显系取整的约数。

坎城之名经常出现在和田地区出土的汉文文书里。在古藏语文献

---

① 沙畹笺注《宋云行纪笺注》，冯承钧译，收入《西域南海史地考证译丛》第六编，北京：中华书局，1956 年，第 13—14 页；H. W. Bailey, *Indo-Scythian Studies*, *being Khotanese Texts*, Vol. IV, Cambridge：Cambridge University Press, 1961, pp. 135—137；吉田豊《コータン出土 8—9 世紀のコータン語世俗文書に関する覚え書き》，神户：神户外国语大学外国学研究所，2006 年，第 39、52、127、147 页；王北辰《古代西域南道上的若干历史地理问题》，《王北辰西北历史地理论文集》，北京：学苑出版社，2000 年，第 320—321 页；又《新疆地名考五条——和田、于田、若羌、鄯善、罗布泊》，《王北辰西北历史地理论文集》，第 410—413 页。

② E. Huntington, *The Pulse of Asia. A Journey in Central Asia Illustrating the Geographic Basis of History*, London：Archibald Constable, 1907, pp. 191, 387—388.

③ J. Hamilton, "Autour du manuscrit Staël-Holstein," pp. 117—118.

④ 孙修身《莫高窟佛教史迹故事画介绍（二）》，第 108—110 页。

⑤ 文欣《中古时期于阗国政治制度研究》，第 90—91 页；段晴《Hedin 24 号文书释补》，新疆吐鲁番学研究院编《语言背后的历史——西域古典语言学高峰论坛论文集》，上海：上海古籍出版社，2012 年，第 74—78 页。

⑥ 《新唐书》卷四〇《地理志四》，第 1048 页；卷四三下《地理志七》，第 1150—1151 页。

里，其名写作 Khaṃ sheng、Kam sheng 或 sKam sheng[①]，乃汉文名称之音译。而汉文"坎城"可能来自于阗语文书中的地名 Kaṃdva[②]。另外，于阗语文献里还有一个名字也可能跟坎城有关，即赫定 42 号文书中的 Khaṃśarāña。这件文书是一份残损的驻军分布名单，在总共 30 个驻军地点中，所列的第一个便是 Khaṃśarāña，其他地点包括 Abīyāgīri、屋悉贵（Ustāki）、Mattiskāña、Salā 等等。这个名字在赫定 4 号和 64 号文书中分别写作 Khaṃśarāṃ 和 Khaśarāña。赫定 4 号文书是一封于阗某王（尉迟曜）二十一年（784）的书信，由 Khaśarāṃ 的居民 Budasaṃga 所写，信的前半部分讲述他收到一批债务还款时，特意提到小麦和大麦使用的度量单位是"汉人的升"（ceṃgāṃ ṣṣaṃgna）；赫定 64 号文书是下达给六城的勿日桑宜（Vaśa'rasaṃgä）的文牒，令其征收布匹并遣送某人至 Khaśarāña，其中还提到 Khaśarāña 有军队指挥官（troop-commanders）[③]。通过这三件文书，我们大致了解到 Khaṃśarāña 是一个有驻军且受汉人文化影响较大的地方。我们知道，赫定文书主要得自和田以东老达玛沟一带，42 号文书也提到了六城的屋悉贵，如果这件文书记载的是于阗东部的驻军情况，那么我认为排在首位的 Khaṃśarāña 很可能是指坎城。这是基于以下三点考虑：首先，从语言学的角度看，这个名字像是汉语"坎城"（晚期中古音 kʰam- ṣɦiajŋ[④]）的完整音译，它跟古藏文的 Khaṃ sheng 基本一致；其次，出土文书和《新唐书》等文献都表明，坎城是

① R. E. Emmerick, *Tibetan Texts Concerning Khotan*, London：Oxford University Press, 1967, pp. 88—91；朱丽双《〈于阗国授记〉译注（上）》，《中国藏学》2012 年第 S1 期，第 244 页；又《唐代于阗的羁縻州与地理区划研究》，第 79 页；荣新江、朱丽双《于阗与敦煌》，第 256 页。

② 文欣《中古时期于阗国政治制度研究》，第 90 页。

③ H. W. Bailey, *Indo-Scythian Studies*, *being Khotanese Texts*, Vol. IV, pp. 74—79, 151—152, 165—166；idem, *Saka Documents*, *Text Volume*, London：Percy Lund, 1968, pp. 2, 4.

④ E. G. Pulleyblank, *Lexicon of reconstructed pronunciation in Early Middle Chinese*, *Late Middle Chinese*, *and Early Mandarin*, pp. 54, 170.

于阗东部的军事镇防中心[①]，驻守有唐朝的军队；再者，大量和田地区出土文书都揭示了六城向坎城输送人力、物力的情况，而4号和64号文书体现的正是六城与Khaṃśarāña之间的人员和物资往来。概言之，汉语"坎"城最初可能节译自于阗语地名Kaṃdva的首音节，但后来在于阗语文书里又出现了对译汉语"坎城"的名字Khaṃśarāña。

赫定24号文书为厘清媲摩与坎城之关系提供了最关键的线索。其正面是一件贞元十四年（798）的汉语—于阗语双语文书（图3-1），背面是一份于阗语士兵名籍。正面汉文第4行有"人畜一切尽收入坎城防备"等字句[②]；根据贝利和施杰我（P. O. Skjærvø）的译文，于阗文的相应部分为"将此区域内的人畜全部转移到媲摩城（Phęmā̃ña kiṃtha）"[③]。由于这种对应关系，将坎城与媲摩城勘同貌似无可厚非。然而，实际上这并不合理。因为，既然坎城在于阗语中存在Kaṃdva和Khaṃśarāña这样的对应名字，而且它们在多件文书中被使用，那么这里为何不用这两个名字来对译？

这件文书使用汉语和于阗语双语的用意何在？总的说来，所有的双语/多语文书都是因为牵涉的人群包含有使用这两种/多种语言的人。但具体到不同的文书类别，如宗教文书、经济法律文书、军事行政文书，其意义又不尽相同：若是佛经，可能是为了经文的转译对照；契约和收据，是为了明示一致的法律效力；下达的公文文牒，是就某件事通知不同的人群。前两种无疑需要文本内容高度一致，最后一种却未必。具体

---

① 沈琛《吐蕃统治时期的于阗》，北京大学硕士学位论文，2015年，第52—54页。

② 张广达、荣新江《8世纪下半叶至9世纪初的于阗》，《于阗史丛考（增订新版）》，上海：上海书店出版社，2021年，第258页。

③ H. W. Bailey, *Indo-Scythian Studies*, *being Khotanese Texts*, Vol. IV, pp. 135—138; idem, *Saka Documents*, *Text Volume*, pp. 12—13; P. O. Skjærvø, "The End of Eighth-Century Khotan in Its Texts," *Journal of Inner Asian Art and Archaeology* 3, 2008 [2009], p. 120.

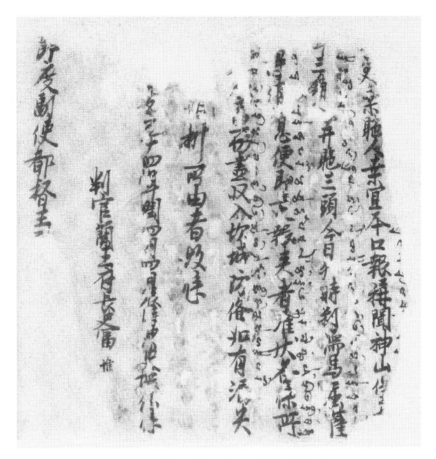

图 3-1 赫定 24 号汉语—于阗语双语文书

到赫定 24 号文书，其于阗文与汉文夹行相间，于阗文写于每行汉文左侧，但二者并非逐行对译，于阗文内容较汉文简略①。相关的背景是，于阗既存在唐朝的汉人军队，也存在于阗的土著居民和军队。这份牒文要指示的事情是，敌军来袭，牒文所达，辖区内一切汉胡人等均需做好

---

① 关于赫定 24 号文书汉语、于阗语夹行相间的原貌录文及讨论，见荣新江《汉语—于阗语双语文书的历史学考察》，新疆吐鲁番学研究院编《语言背后的历史——西域古典语言学高峰论坛论文集》，上海：上海古籍出版社，2012 年，第 20—22 页。

防备。荣新江先生正确指出了该文书的功用："这种双语文本可以供当地的唐人和于阗人官吏共同使用，而在再次转发的时候，可以分别写成汉文和于阗文，转发到唐人和于阗人集中的小吏手中。""于阗语在汉语的行间或汉语部分的后面书写，不另起草新的文书，这也增加了行政的效率。"[①] 也就是说，这件由安西节度副使、毗沙都督府都督、于阗王尉迟曜签署的文书之所以使用双语，是为了提高传递效率，当它抵达下层机构之后，汉文和于阗文文本将被分别抄出，转发给相应的人群。其汉文部分的接受者是于阗东部的唐朝镇守军，于阗文部分则是这一带的土著军民。俄藏于阗语文书 SI P 103.49 明确提到 cemgaॅña Kamdvaॅña（汉人之坎城）[②]，这是因为在唐朝统治时期，坎城由唐朝军队驻守，是一个军镇。赫定 24 号文书命令唐朝军队进入坎城即 Kamdva 防守，于阗语部分不使用 Kamdva，恰恰表明媲摩城（Phemāॅña kimtha）和坎城不是同一个地方。这件文书并非让当地的土著军民也涌入坎城，而是另有去处，即前往媲摩城。

英藏于阗语文书 Or. 11344/8 提到了 Pheme Kamdvāṣta，即"媲摩之坎城"[③]，表明媲摩和坎城存在着密切关系。在和田地区出土文书中，类似的两个地名连用的情况还有六城质逻、六城杰谢、杰谢合川、拔伽屋悉贵等，反映的关系均是一种包含关系：前一个是更高级别的行政单位，后一个从属于前者（当然，也有质逻六城的用法，质逻是六城的治所）。据此看来，坎城应在媲摩之辖区内。另一些文书也提示了媲摩与

① 荣新江《汉语—于阗语双语文书的历史学考察》，第 30—31 页。

② R. E. Emmerick & M. I. Vorob'ëva-Desjatovskaja, *Saka Documents*, *Text Volume*, *III*: *The St. Petersburg Collections*, London: School of Oriental and African Studies, 1995, p. 156.

③ H. W. Bailey, *Indo-Scythian Studies*, *being Khotanese Texts*, Vol. II, Cambridge: Cambridge University Press, 1954, p. 34; idem, *Saka Documents*, *Text Volume*, p. 36; P. O. Skjærvø, *Khotanese Manuscripts from Chinese Turkestan in the British Library. A Complete Catalogue with Texts and Translations*, with contribution by U. Sims-Williams, London: British Library Publishing, 2002, pp. 111—112.

坎城之关系，如 Or. 6399/1.5 和 Or. 6401/2.2 均提到 Phema śūkṣuha[1]，吉田丰将 śūkṣuha 比定为汉文"守捉"[2]，这个词组的意思是"媲摩守捉"。而《新唐书》提到了于阗东部有坎城和兰（蔺）城两个守捉，文书里又见到坎城守捉和杰谢守捉，这里的媲摩守捉当是指坎城守捉。坎城即《新唐书》里提到的守捉城。

　　总体来看，以上材料反映了坎城与媲摩（城）之间难以捉摸的微妙关系。笔者认为，造成各种困惑的根源可能是中亚与西域普遍存在的大城现象（笔者姑且称之为城镇共同体）。刘迎胜讨论过这种现象。他援引了 14 世纪马穆鲁克朝学者乌马里（Ibn Faḍl Allāh al-'Umarī，1301—1349）《眼历诸国行纪》中的一条史料：

　　　　自撒麻耳干至汗八里的路程应〔为〕：自撒麻耳干至养吉 20
　　日程。养吉由 4 座城组成，互相距离一个帕剌伤，各有其名：养
　　吉、养吉八里、肯切克和塔剌思。自上述城市养吉至阿力麻里为
　　20 日程。[3]

　　根据这则材料，刘先生指出，养吉、养吉八里、肯切克和塔剌思等四座城构成一座大城，名曰养吉（意为"新城"）。帕剌伤（Parasang）为波斯长度单位，约当今 13 华里，因此这几座小城彼此相距一二十里。由几个邻近的小城镇合为一座大城的情况在古代西域很常见。例如，元

---

①　H. W. Bailey, *Indo-Scythian Studies*, *being Khotanese Texts*, Vol. V, Cambridge：Cambridge University Press, 1963, p. 12；P. O. Skjærvø, *Khotanese Manuscripts from Chinese Turkestan in the British Library. A Complete Catalogue with Texts and Translations*, p. 19.

②　吉田丰《コータン出土 8—9 世纪のコータン语世俗文书に关する觉え书き》，第 127 页。

③　Ibn Faḍl Allāh al-'Umarī, *Das mongolische Weltreich. Al-'Umari's Darstellung der mongolischen Reiche in seinem Werk Masālik al-abṣār fī mamālik al-amṣār*, Mit Paraphrase und Kommentar hrsg. von K. Lech, Wiesbaden：Harrassowitz, 1968, s. 111. 汉译文参考了刘迎胜《西北民族史与察合台汗国史研究》，北京：中国国际广播出版社，2012年，第 169 页。

代别失八里（唐代的北庭）本身就是"五城"的意思①。大城现象在塔里木盆地各个相对独立的绿洲上显然也容易出现。前已论及，北魏《宋云行纪》提到在末城以西 22 里有捍麼（早期中古音 ɣanʰ-ma，晚期中古音 xɥan-mua②）城，这个名字无疑来自汉代的扞弥：捍、扞同音同义；又，斯坦因所获 214、272、506、709 等号佉卢文文书中，扞弥作 Khema③，可见早期中古汉语以"弥"译-ma，晚期中古汉语则以"麼、摩"译之。捍麼城亦即唐代之坎城——此城在唐代因为由汉军驻守而被称为汉人之城，并有了汉语名称"坎城"（试比较 khem- > ɣanʰ>kʰam 坎）。宋云所谓的末城即后来的媲摩城，"末"是对 Phema 第二个音节的省译（更可能的情况是，今辑佚本《宋云行纪》"末"字前有阙文，原作"□末城"）。捍麼城与末城仅相距 22 里（当今 23 里），暗示了当地存在城镇共同体的可能。

根据以上分析，笔者认为存在一座名为媲摩的城镇共同体：它以媲摩城为首，至少还包括坎城，也许还有其他城镇、村落，以及军事据点、设施。Pheme Kaṃdvāṣṭa 指的是媲摩城镇共同体里的坎城；当然，也可能存在更上一级的行政单位媲摩州。

和田地区出土文书里有两组文书，分别提到了"大城"和"内堡"，它们也暗示了媲摩城镇共同体的存在。第一组文书是中国人民大学博物馆新近入藏的和田汉文文书中的三个残片（出土地可能是丹丹乌里克/杰谢）④，里面均包含有"大城"字样。这三个残片在内容上相关联，可能来自同一件文书，其中一片给出的正式编号是 GXW0106，定名为《武周某年事目历》。这件事目历记录的是六城跟坎城镇、大城之

---

① 刘迎胜《西北民族史与察合台汗国史研究》，第 169 页。

② E. G. Pulleyblank, *Lexicon of reconstructed pronunciation in Early Middle Chinese, Late Middle Chinese, and Early Mandarin*, pp. 119, 217.

③ T. Burrow, *A Translation of the Kharoṣṭhī Documens from Chinese Turkestan*, pp. 40, 49, 99, 142.

④ 非正式编号为 034A、034B、035—1。

间的公文书信往来情况。在三个残片中，一共出现领送坎城牒 5 次，使牒坎城镇 1 次，领送大城牒 2 次。显然，其中的坎城与大城存在密切关系。笔者认为，"大城"指的是媲摩城，其于阗语形式可能为 Chemjsa-purrāṃ，详见下文讨论。媲摩城的规模比坎城大，是当地城镇共同体的主城，因此被称为"大城"，其名也因此用作整个城镇共同体的名字。

关于媲摩城镇共同体，唐宋扬州城可提供有益的参考。唐代扬州城包括子城和罗城两座相邻的城。子城，又称牙城、衙城，由内城、外城和附郭东城组成，居于蜀岗之上，为官府所在；罗城，又称大城，居于蜀岗之南、运河岸边的平地，为商业区。子城面积约 2.828 平方公里，罗城约 13.1 平方公里，后者称作"大城"名副其实。到了宋代，扬州城又演变成宋大城、宝祐城和夹城的三城格局①。造成扬州二城或三城的原因是地形的限制。早期的扬州城在蜀岗高地之上，到唐代随着长江北岸向南推移了近 30 里②，蜀岗南面形成大片沉积平地，后来就在平地的运河沿岸增筑了罗城作为商业区。媲摩城镇共同体的成因自然不同，但是，唐宋扬州城之布局与西域大城模式遥相呼应，无疑为媲摩城镇共同体提供了很好的注脚。

南宋朝廷降元后，扬州宋朝守将李庭芝凭借"宋三城"的坚固防御布局，还继续抵抗了相当长的一段时间③。因此，扬州"宋三城"的布局在我国军事史、城防建筑史上具有极其重要的地位④。这样的城形

---

① 中国社会科学院考古研究所等《扬州城：1987～1998 年考古发掘报告》，北京：文物出版社，2010 年；又《扬州城遗址考古发掘报告：1999—2013 年》，北京：科学出版社，2015 年。

② 罗宗真《扬州唐代古河道等的发现和有关问题的探讨》，《文物》1980 年第 3 期，第 22 页；又《试述扬州港开始繁荣于唐代的原因》，南京博物院编《罗宗真文集·历史文化卷》，北京：文物出版社，2013 年，第 174 页。

③ 《宋史》卷四二一《李庭芝传》，中华书局点校本，1977 年，第 12600—12602 页。

④ 中国社会科学院考古研究所等《扬州宋大城西门发掘报告》，《考古学报》1999 年第 4 期，第 515 页。

成了掎角之势，扩大了攻城的战线。这从侧面暗示了为何坎城在唐、吐蕃统治时期一直是于阗东部的军事防御中心——它处于媲摩城镇共同体之中，坎城、媲摩等城镇亦成掎角，利于防守。

第二组文书包括多件于阗语文书，其中均提到了"内堡（haṃdara prū）"①。贝利和施杰我将这个词译作 Inner Fort/ Inner Military Fort/ Inner Military Post，表明它是一个军事据点。这些文书的内容均是内堡从六城征调人力和各种物资。在现今已知的和田出土文书中，向六城下达的征调事牒，汉文文书绝大部分来自坎城，于阗语文书主要来自媲摩（Phema），其次就是这些内堡文书。笔者认为，内堡指的就是坎城，它只出现在于阗语文书中，是坎城军事化之后于阗人对它的另一个称呼。它是媲摩城镇共同体里面的军事据点，所以称作内堡。

这两组文书反映了自唐朝军队驻守坎城以来，汉胡军民对媲摩区域内的地名的几个有趣称呼。综合上文的讨论，可总结如下：唐朝军队驻守在媲摩城镇共同体内的 Kaṃdva 城之后，将其汉译作坎城，此后该城作为唐军的活动基地，于阗土著有时将其称作 ceṃgāña Kaṃdvāña（汉人之坎城）；久而久之，于阗人甚至将汉语"坎城"完整音译回于阗语 Khaṃśarāña；此外，于阗本地居民有时也将其称作内堡。另一方面，汉胡军民将 Phema 城称作大城（Cheṃjsa-purrāṃ）；熟悉玄奘传、记的佛教徒（敦煌相关瑞像的制作者）也根据玄奘的叫法，使用其汉文名字"媲摩"；宋云则可能省译了首音节，将其称作末城。

第四节　坎城之地望与交通

关于坎城之地望，学界大体上有两类意见：一类认为在今于田绿洲即于田县城一带，另一类认为当在今策勒县北的老达玛沟遗址群中求

---

① 关于内堡文书的统计和介绍，参沈琛《吐蕃统治时期的于阗》，第 60—62 页。

之。1907 年，亨廷顿首先指出马可波罗所说之培因在克里雅①，即今于田县城。同时，斯坦因在《古代和田》中则论证培因在老达玛沟之乌宗塔提②。此后，伯希和等学者纷纷附和斯坦因的意见③。黄文弼和李吟屏亦主张坎城在老达玛沟，但将其比定为另一处遗址，即卡纳沁遗址④。殷晴认为，从西汉的扜弥城到马可波罗的培因城均系一地，但时间上历经千年，岂能毫无移动，因此提出这些古城均在老达玛沟一带，而不应限定为某处具体遗址⑤。赞成亨廷顿观点的学者亦有之。1980 年代，王北辰根据玄奘所记载的路程，指出坎城在今克里雅河流域于田县城附近⑥。近年，文欣和朱丽双亦撰文⑦，支持其说。

笔者近年参与整理中国人民大学博物馆新入藏的和田汉文文书，从中发现一则材料，可证亨廷顿、王北辰之说更为合理。这件文书被定名为《杰谢百姓牒稿为放免正税事》（GXW0062），刘子凡已公开发表了文书录文，现转录如下：

　　1 　］杰谢百姓等

---

① E. Huntington, *The Pulse of Asia*, pp. 191, 387—388.

② M. A. Stein, *Ancient Khotan*, Vol. I, pp. 452—457.

③ P. Pelliot, *Notes on Marco Polo*, Vol. II p. 801；J. Hamilton, "Autour du manuscrit Staël-Holstein," p118；冯承钧原编《西域地名》（增订本），陆峻岭增订，北京：中华书局，1982 年，第 75、101 页；吉田丰《コータン出土 8—9 世纪のコータン语世俗文书に关する觉え书き》，第 39 页。

④ 黄文弼《罗布淖尔考古记》，北平：国立北京大学出版部，1948 年，第 50 页；又《塔里木盆地考古记》，北京：科学出版社，1958 年，第 47—48 页；李吟屏《古于阗坎城考》，马大正、杨镰主编《西域考察与研究续编》，乌鲁木齐：新疆人民出版社，1998 年，第 236—262 页。

⑤ 殷晴《湮埋在沙漠中的绿洲古国》，《探索与求真——西域史地论集》，乌鲁木齐：新疆人民出版社，2011 年，第 1—23 页。

⑥ 王北辰《古代西域南道上的若干历史地理问题》，第 320—321 页；又《新疆地名考五条——和田、于田、若羌、鄯善、罗布泊》，第 410—413 页。

⑦ 文欣《中古时期于阗国政治制度研究》，第 90—93 页；朱丽双《唐代于阗的羁縻州与地理区划研究》，第 78—80 页。

2　　　］勿萨踵是杰谢乡百姓，其乡去坎城及坎城守捉远四百

余里，道路

3　　　　］往来于□，放免正税，钱输纳不阙，其□杂差

4　　　　　］新造使薄钱恐不□□牒送留须

（后缺）①

其中，"坎城及坎城守捉""远""道""免""正""恐"等字均为行右添字。可见，这是一份文书的草稿，加之纸张保存状况较差，甚为残破，这些都给我们理解文意造成一定困难。文书的内容，大致讲的是杰谢乡百姓被要求输送税赋到坎城及坎城守捉，他们以道路险远为由，申请放免正税。刘子凡认为其中提到的"正税"是指百姓需要按例缴纳的常规性税赋，并引用《唐六典》卷三《户部郎中员外郎》的记载"凡诸国蕃胡内附者，亦定为九等，四等以上为上户，七等以上为次户，八等以下为下户；上户丁税银钱十文，次户五文，下户免之"②，指出文书所说的"正税"钱，很可能就是这种唐朝对内附民按户丁征收的银钱③。然而，据文意，所谓的正税恐怕是指按例须缴纳的粮食（青麦、小麦、粟等）、柴草、纺织品等税物，它不是以钱币的形式缴纳。杰谢百姓大概申请用钱币的形式来代替实物缴纳，盖因路途遥远，实物难以运输。

这件文书中有一句话对判断坎城的位置非常重要，即杰谢乡"其乡去坎城及坎城守捉远四百余里，道路……"。杰谢乡即今丹丹乌里克遗址，在策勒县城以北约90公里的沙漠中，这一点学界已达成共识。四百唐里约合212公里。斯坦因谓培因/媲摩在今达玛沟乡以北19公里之

① 刘子凡《于阗镇守军与当地社会》，《西域研究》2014年第1期，第16—28页。

② 李林甫等撰《唐六典》卷三，陈仲夫点校，北京：中华书局，1992年，第77页。

③ 刘子凡《于阗镇守军与当地社会》，第17页。

乌宗塔提遗址，然而，该遗址仅在丹丹乌里克以南 70 公里，远小于文书所说的"四百余里"。如果从丹丹乌里克顺策勒古河、渠道下到策勒绿洲（六城州治质逻），再沿今天的道路到于田县城附近的话，路程刚好在 200 公里左右；有学者指出历史上克里雅河有一支流向西流经丹丹乌里克[①]，而从丹丹乌里克遗址向东沿着这条支流到达克里雅河下游干道，然后溯河而上，至今于田县城，距离亦在 200 公里左右。由此可见，若坎城位于今克里雅河畔于田县城附近，则正符合文书提到的杰谢与坎城之间的里程。

赫定 7 号于阗语文书提到，屋悉贵寺与媲摩城分隔遥远（详下）。屋悉贵即六城拔伽乡的治所，拔伽与杰谢均属六城州。这里反映的情况正与上件文书互相呼应。而乌宗塔提与屋悉贵均位于老达玛沟遗址群，二者自然称不上分隔遥远，这也反映了媲摩城不应在乌宗塔提。

第五节　宗教与思想文化

马可波罗只提到培因居民信仰伊斯兰教，但更早时候，此地曾是多种宗教并存的局面。上文论及，10 世纪的作家米撒儿记载，从 Khatiyān 旅行二十日后，来到一个叫作皮麻 Pima 的国家：

> 我们到了皮麻（Pima）国，这里棕树密布，蔬菜葡萄遍野。有一座城郭，有很多村镇，乃一叫皮麻国王的治地。城里有伊斯兰教徒、犹太人、基督教徒、祆教徒和偶像崇拜者。〔当地人〕有固定节日。这里有一种绿石，可治眼眵，有一种红石可治脾病。这里有一种红色靛蓝（原文如此），质量极好，放在水上，轻而不沉。

---

① 樊自立、季方《克里雅河中下游自然环境变迁与绿色走廊保护》，《干旱区研究》1989 年第 3 期，第 16—24 页；李并成《塔里木盆地克里雅河下游古绿洲沙漠化考》，第 106—118 页。

我们旅行四十日。〔时而〕平安无事，〔时而〕担惊受怕。①

关于 Khatiyān 和 Pima，玉尔和冯承钧皆认为指于阗和媲摩②，这是没有问题的。米撒儿关于中国西北部族、地名的描述得自早期传闻③，应当抄自 8—9 世纪的波斯阿拉伯语地理著作。关于媲摩城的宗教，米撒儿声称该城居住着伊斯兰教徒、犹太教徒、基督教徒、祆教徒和佛教徒。这表明，在喀喇汗王朝征服之前，于阗境内已经有穆斯林传教布道。其他几种宗教是否也存在过呢？斯坦因曾在丹丹乌里克遗址发现了一件 8 世纪下半叶的犹太波斯语信札残片（Or. 8212/166）④；近年，中国国家图书馆入藏了一件来自同一地区、同一时代的犹太波斯语信札（X-19）⑤。在唐代，于阗有很多粟特人聚落⑥，例如六城州就存在名为"粟特村"的村庄⑦。可见，这一带在唐代生活着犹太教徒和祆教徒是没有疑问的。上文论及，肯汗州的长官是一位犹太人，暗示了到 12 世纪这里仍存在犹太教徒。关于基督徒，马可波罗提到了塔里木盆地西缘与河西走廊众多城镇存在基督教徒和教堂，但在塔里木盆地南道的忽炭、培因、阇鄽、罗卜等地，只谓当地居民信奉摩诃末，未言及有基督徒，而米撒儿在这里罗列了基督教徒。二人的记载与阙载，也许反映了

① 费琅编《阿拉伯波斯突厥人东方文献辑注》，第 238 页。亦参 H. Yule, *Cathay and the Way Thither. Being A Collection of Medieval Notices of China*, Vol. 1, London：The Hakluyt Society, 1866, pp. 189—190；冯承钧《大食人米撒儿行纪中之西域部落》，第 184—187 页。

② H. Yule, *Cathay and the Way Thither*, Vol. I, pp. 189—190；冯承钧《大食人米撒儿行纪中之西域部落》，第 187 页。

③ 马雍《萨曼王朝与中国的交往》，第 179—180 页。

④ M. A. Stein, *Ancient Khotan*, Vol. I, pp. 570—574.

⑤ 张湛、时光《一件新发现犹太波斯语信札的断代与释读》，《敦煌吐鲁番研究》第 11 卷，上海：上海古籍出版社，2009 年，第 71—99 页。

⑥ 荣新江《西域粟特移民聚落考》，《中古中国与外来文明》（修订版），北京：三联书店，2014 年，第 19—24 页；又《西域粟特移民聚落补考》，《中古中国与粟特文明》，三联书店，2014 年，第 11—13 页。

⑦ 文欣《中古时期于阗国政治制度研究》，第 83、88 页。

唐元间基督教在塔里木盆地南缘的发展变化。

　　媲摩的佛教，除了有关坎城瑞像和媲摩瑞像的记载外，我们还可以从出土的于阗语文书中探知一些情况。瑞典探险家斯文·赫定曾在和田东北一带掘得一批纸质文书，其中第 7 号文书是一件双面书写的于阗语文书，年代为吐蕃统治时期。正面 11 行，为《某年二月二十六日赞摩（Tcarma）寺法师尉迟跋陀罗（Viśābhadra）致媲摩城诸法师书》①。发信人是于阗城南赞摩寺的尉迟跋陀罗，收信人为媲摩城的五位高僧：两藏法师 Yaśi-pramña、三藏法师上座 Puṃña-mittra、上座三藏法师 Mittra-pramña、上座三藏法师 Nāgasthira、三藏法师 Bhadri-śvaramittra。尉迟跋陀罗在信中表达了对他们的问候和赞美，以及对他们曾提供帮助的谢意。在这封信里，媲摩城被写作 phmaña kiṃtha，kiṃtha 意为"城郭"，吉田丰认为相对于质逻等六"城"，这似乎是一种破格的待遇②。

　　背面 9 行，为《媲摩僧侣为财产纠纷事上僧正状》③。其内容有助于我们了解吐蕃统治时期媲摩地区寺院的组织、管理、僧众等情况。兹将贝利的释读文本转译如下：

　　　　我们向僧正申诉。住在屋悉贵寺的众弟子……被隔绝，远离尊长者。摩陀罗婆诃（Madravaha）叩拜十戒上首……上座众多，达五六十位。他侵夺了比丘们的财产，对众弟子不利。王室供养物……仆役、例赠，都被他侵夺了。我们曾向教授阿阇黎和上首维摩

　　① H. W. Bailey, *Saka Documents*, Vol. I, London：Lund Humphries, 1960, pl. VI；idem, *Indo-Scythian Studies, being Khotanese Texts*, Vol. IV, pp. 25, 32, 82—86；idem, *Saka Documents, Text Volume*, pp. 11—12.

　　② 吉田丰《コータン出土 8—9 世纪のコータン语世俗文书に关する觉え书き》，第 47—48 页。

　　③ H. W. Bailey, *Saka Documents*, Vol. I, pl. VI；idem, *Indo—Scythian Studies, being Khotanese Texts*, Vol. IV, pp. 26, 86—92；idem, *Saka Documents, Text Volume*, pp. 11—12；R. E. Emmerick & P. O. Skjærvø, *Studies in the Vocabulary of Khotanese*, Vol. III, Wien：Verlag der Österreichischen Akademie der Wissenschaften, 1997, p. 180.

罗什罗（Vimalaśila）申诉此事。他们为此向住在媲摩的阿阇黎们下达命令，说："你们应向上座们通告此事，并向我们回馈结果。"随后，他和吐蕃人一起为我们执行。他下令束缚并杖责其他的阿阇黎。媲摩功德使命令就此事备案。他们让我们签名，说："你们务必声明此事处理得当。"上首立刻同意了。我们不能接受；那只是上首的个人陈词。因此，寺院僧众打算提出友善的抗议。上首与吐蕃人处理此事时于我们不利。他帮他们在各种困难中对付我们。他侵夺了住在大城的众弟子的财产，侵夺了我们在拘尸那寺的僧房。现在，我们只能祈求阿阇黎菩萨的庇护。

这份诉状反映的情况是，一些原居住在媲摩城的僧人被某位上首侵夺了他们在拘尸那寺（Jyūsna-vri）的僧房，并被驱逐到遥远的屋悉贵寺。他们向教授阿阇黎以及上首维摩罗什罗申诉此事[①]。二者责成媲摩的诸阿阇黎来处理。随后，媲摩功德使要求双方就处理结果陈词备案。上首独自写了状词并要求僧人们签名。但这些僧人觉得事情并没有得到妥善解决，因此又向僧正提起申诉。

可以想见，文书正面提到的五位媲摩城法师收到了赞摩寺法师尉迟跋陀罗的来信，后来，他们中的一位或多位遭遇了上述不幸事件，因此用信件的背面书写了这份诉状。状词中提到的地名除了媲摩外，还有Chemjsa-purrām、屋悉贵寺和拘尸那寺。关于Chemjsa-purrām，贝利解释chem即古藏语chen"大"，purrām即古藏语phrom"城镇、军镇"。上文论及，中国人民大学博物馆所藏和田汉文文书中有一件《武周某年事目历》，里面多次提到地名"大城"。笔者认为，"大城"即Chemjsa-purrām之意译，指媲摩城。拘尸那寺是上状僧人们原来所居住的寺院，

---

① 在敦煌于阗语文书Or. 8212/162中亦出现了维摩罗什罗之名，是一位高僧，"ttayąsī 大师 Vimalaśila"，见 H. W. Bailey, *Saka Documents*, *Text Volume*, p. 26；P. O. Skjærvø, *Khotanese Manuscripts from Chinese Turkestan in the British Library. A Complete Catalogue with Texts and Translations*, p. 47。当然，我们不敢确定两件文书提到的是否为同一个人。

也即五位收信法师所居住的寺院，它可能位于媲摩城中或附近。五位收信人中的三位拥有上座身份，四位拥有三藏法师的称号，另一位拥有两藏法师称号。另外，诉状提到"上座众多，达五六十位"，由于这句话前面有阙文，我们不能确定它描述的对象是谁，但很可能说的就是拘尸那寺的情况。通过这些信息我们可以获知，这座寺院的规模十分宏大，僧侣的佛学水平也很高，其影响力必不小。它应该就是敦煌瑞像题记以及玄奘提到的那座拥有瑞像的寺院。诉状中也提到了媲摩功德使，说明媲摩城存在官衙。可见，媲摩城是一座兼具政治、宗教功能的综合性城市。

功德使是唐至元代中原王朝设置的管理全国僧尼事务的官职，起初可以由僧人或非僧人充任，在唐德宗贞元四年（788）后一度由宦官专任[①]。唐朝的功德使是一种中央政府官职，于阗将其引进，并在地方上如媲摩也设立此职[②]。过去我们通过出土文书了解到，于阗语借用了汉语的"大使""刺史""守捉""兵马使"等词汇[③]，暗示了唐朝对于阗的政治军事影响。在这份诉状中，功德使的于阗语形式为 kū-thaigä-ṣī，直接借自汉语，进一步表明唐朝对于阗的统治是深入的，唐朝制度的影响不仅表现在行政和军事层面，也表现在宗教管理方面，而且这些影响甚至延续到了唐朝统治结束以后。

---

① 汤一介《功德使考——读〈资治通鉴〉札记》，《文献》1985 年第 2 期，第 60—65 页。

② 关于媲摩功德使，尚有未明了的地方。唐朝的功德使是中央政府设置的管理僧尼事务的最高官职，在唐朝统治于阗时期，这一官职及其名称应该不能借入于阗和于阗语里。像"刺史"等官职名称被借入于阗语中，是因为唐朝在于阗设立了这些职位。但是，唐朝统治时期于阗应该不能设置功德使一职——如果设了此职，说明功德使在某个时期出现了变化，可以设置在地方。在唐朝统治时期，于阗设置的更可能是僧统、僧正一类的地方僧官。更有可能的是，在吐蕃统治于阗时期，吐蕃设置了新的僧尼管理体系，并借用了唐朝的功德使等官职。

③ 吉田豊《コータン出土 8—9 世纪のコータン语世俗文书に関する覚え书き》，第 16—24 页。

关于屋悉贵寺，贝利将其释作 the saṃghārāma in Ustāka，即"位于屋悉贵的伽蓝"①。可见，这件诉状实际上并没有提到这座寺院的名字。我们不清楚它是否有正式的名字，这里用村庄的名字来指称它，暗示屋悉贵可能只有一座寺院。20 世纪初，斯坦因在策勒县的麻扎托格拉克（Mazar Toghrak）获得了一些仓库记账用的汉语—于阗语双语木简，其中，在 Or. 12637/13 号上面，汉语"屋悉贵"和于阗语 Ustāka 对应出现，吉田豊首先据此将二者勘同②。近年，在和田地区新发现了更多的这种双语木简，再次出现了二者对应出现的例子，荣新江和文欣的研究表明，屋悉贵是六城州拔伽乡的一个村，且为乡治所在地③。吉田豊指出，斯坦因发现的巴拉瓦斯特（Balawaste）遗址之名是拔伽（Birgaṃdara）名称遗留下来的音译④。屋悉贵村的位置应当就在这一带。斯坦因在哈达里克（Khadalik）遗址所获的一枚于阗语木简（遗物编号 Kha. ix. 40，馆藏编号 IOL Khot Wood 12）中也提到了屋悉贵寺，写作 Ustāvi（ = Ustāki）saṃghārāma⑤。近年，中国国家图书馆新获的一件于阗语案牍文书《高僧买奴契约》（BH4-66），也跟屋悉贵的僧人有关。段晴对这件契约进行了译注和研究，可知契约的买方是屋悉贵的高

① H. W. Bailey, *Indo-Scythian Studies*, *being Khotanese Texts*, Vol. IV, p. 87.

② 吉田豊《コータン出土 8—9 世紀のコータン語世俗文書に関する覚え書き》，第 39、53 页。

③ 荣新江、文欣《和田新出汉语—于阗语双语木简考释》，《敦煌吐鲁番研究》第 11 卷，上海：上海古籍出版社，2009 年，第 45—69 页；Rong Xinjiang & Wen Xin, "Newly Discovered Chinese-Khotanese Bilingual Tallies," *Journal of Inner Asian Art and Archaeology* 3, 2008［2009］, pp. 99—118.

④ 吉田豊《コータン出土 8—9 世紀のコータン語世俗文書に関する覚え書き》，第 51 页。

⑤ H. W. Bailey, *Indo-Scythian Studies*, *being Khotanese Texts*, Vol. V, p. 185; idem, *Saka Documents*, *Text Volume*, pp. 40, 42; P. O. Skjærvø, *Khotanese Manuscripts from Chinese Turkestan in the British Library. A Complete Catalogue with Texts and Translations*, p. 562.

僧阿阇黎起贤（Udayabadri）①。我们不敢断言诉状中提到的 Ustāka 是否就是拔伽乡下属的这个屋悉贵村，但这种可能性极大，因为诉状中提到这里与媲摩分隔遥远。如果它们确实是同一个地方，那么当时媲摩功德使的管辖范围包含了六城地区。

第六节　马可波罗眼中的培因玉石

克里雅绿洲的古代物产，最值称道者乃桑蚕②、棉花等项。出土文书表明，于阗王国所辖之多处绿洲各有颇具声誉之特色农产品。例如，段晴曾指出，六城地区出产的丝织品"绁绅"具备特殊的质地，属于进奉于阗官府的物品，上达王公贵族之家③。在坎城地区，进奉官府的农业特产则是优质的棉织品。上文论及，俄藏敦煌汉文文书 Dx. 2148（2）+ Dx. 6069（1）《于阗天寿二年（964）弱婢祐定等牒》第 11—12 行记载："又绀城细㲲寄三五十匹东来，亦乃沿窟使用。"④ 所谓"绀城"，即唐代的坎城。

"㲲"是"氎"的俗字，可指棉布或毛布，这两者于阗王国都有出产，故难以判断这里具体所指。不过，《大唐西域记》描述于阗国"少

---

① 段晴《于阗语高僧买奴契约》，《于阗·佛教·古卷》，上海：中西书局，2013 年，第 245—266 页。

② 段晴《于阗文的蚕字、茧字、丝字》，李铮、蒋忠新主编《季羡林教授八十华诞纪念论文集》上册，南昌：江西人民出版社，1991 年，第 45—50 页；又《于阗绁绅，于阗锦》，《伊朗学在中国论文集》第 5 辑，2021 年，第 50—64 页；段晴、李建强《钱与帛：中国人民大学博物馆藏三件于阗语—汉语双语文书解析》，《西域研究》2014 年第 1 期，第 29—38 页。

③ 段晴《和田博物馆藏于阗语租赁契约研究》，《于阗·佛教·古卷》，第 277—278 页。

④ 关于此文书的录文与相关研究，参荣新江、朱丽双《于阗与敦煌》，第 234—237 页。

服毛褐毡裘，多衣絁绅白氎"①，其中的"白氎"应指白色棉布。荣新江先生认为，"绀城细緤"若指坎城特有的精细棉布，在敦煌显然是很亮丽的衣料；若指坎城特有的细毛布，也是完全讲得通的②。如果结合《马可波罗行纪》此处关于培因"盛产棉花"的记载，那么，我认为它指当地出产的优质棉布的可能性更大。信中要求一次寄送敦煌的数量多达三五十匹，可知其产量很大。

除棉织品外，马可波罗提到的培因玉石亦颇值得注意。这位威尼斯旅行家在谈论培因的物产时说道，"有一条河（按，克里雅河）流经其地，河中可以找到数量非常大的珍贵宝石，人们称之为碧玉（jasper）和玉髓（chalcedony）"③。最近，荣新江先生撰文，对这条记载进行了深入讨论④。玉文化是中国传统文化的重要组成部分，于阗玉在古代中国最负盛名。马可波罗在描述阇鄽的碧玉和玉髓时指出，"他们（按，商人）将此宝石售往契丹，从中获利巨丰，因为它们量多且非常优质"⑤。可见，他也清楚地意识到了昆仑玉石在中国人心目中的价值。然而，在讲述忽炭时他并没有提及于阗玉，甚至也没有提到产玉的于阗河；反而在讲述培因和阇鄽时，均提到当地河流出产碧玉和玉髓两种玉石。这颇令人费解。不过，仔细分析当时的历史背景，笔者发现，马可波罗关于昆仑山北麓玉石出产情况之记载，以及对忽炭极其简短之描述，正是至元间（1264—1294）丝绸之路南道历史最真实的反映。

---

① 季羡林等校注《大唐西域记校注》，第 1001 页。

② 荣新江、朱丽双《于阗与敦煌》，第 237 页。

③ A. C. Moule & P. Pelliot（ed. and tr.），*Marco Polo. The Description of the World*, Vol. I, chap. 55, p. 147.

④ Rong Xinjiang, "Reality of Tale? Marco Polo's Description of Khotan," *Journal of Asian History* 49, 2015, pp. 161—174；荣新江《真实还是传说：马可波罗笔下的于阗》，《西域研究》2016 年 2 期，第 37—44 页。

⑤ A. C. Moule & P. Pelliot（ed. and tr.），*Marco Polo. The Description of the World*, Vol. I, chap. 56, p. 147.

马可波罗提到的碧玉和玉髓实际上皆属石英，并非真正的玉类，这跟于阗玉（软玉类）迥然不同。关于这一点，闻广认为马可波罗所谓碧玉和玉髓实指于阗青玉和白玉。西方玉（jade）及软玉（nephrite）之名是哥伦布发现新大陆之后才陆续出现的，马可波罗比哥伦布早 200 多年，其时西文玉的名词尚未有之，于阗玉遂被当作颜色相似的 jasper 与 chalcedony[①]。这种说法貌似合理。然而，于阗玉有白玉、青玉、青白玉、墨玉诸色[②]。忽必烈指示于阗贡玉"必得青黄黑白之玉"[③]，高居诲《于阗国行程记》亦称于阗玉河包括白玉河、绿玉河及乌玉河[④]。马可波罗若果真以西方 jasper 等相似物类指称于阗玉，必以三词当之，何故独遗墨玉而不表？

我认为，马可波罗在培因与阇鄽两章所言碧玉和玉髓并非指于阗玉。它们可能是指昆仑软玉，也可能确实指碧玉和玉髓，更可能是对这一带所产各类玉石之泛称[⑤]。斯坦因指出，软玉在所有发源于昆仑山北麓而流入塔里木盆地的大河河床中，都有出产；而碧玉和玉髓也广泛分布于这一带。他曾在罗布沙漠采集到大量这两种材料的制成品，年代属于新石器时代[⑥]；贝格曼（F. Bergman）在且末和瓦石峡两地所获亦不少，但年代不明[⑦]。

至元间，塔里木盆地西南历经阿里不哥、八剌、海都之乱，连年兵

---

① 闻广《〈马可波罗行纪〉中地质矿产史料》，《河北地质学院学报》第 15 卷 2 期，1992 年，第 207 页。

② 殷晴《唐宋之际西域南道的复兴——于阗玉石贸易的热潮》，第 289 页。

③ 《永乐大典》卷一九四一七《站赤二》，北京：中华书局影印，1984 年，第 7199a 页。

④ 《新五代史》卷七四《四夷附录》，第 1039 页。

⑤ 中国古代对玉石并无严格定义，石之美者即为玉。以此观之，碧玉和玉髓当然可以称作玉石，但相较于和田河出产之软玉，无疑属于次等玉料。

⑥ M. A. Stein, *Serindia*, Vol. I, p. 299.

⑦ 贝格曼《新疆考古记》，王安洪译，乌鲁木齐：新疆人民出版社，2013 年，第 337—364 页。

祸致使民户逃散，社会经济凋敝。马可波罗途经忽炭前不久，其地遭到了八剌的蹂躏，拉施都丁（Rashīd al-Dīn）在《史集》中言简意赅地写道："八剌的军队洗劫了忽炭。"① 宏达迷儿（Khwandamīr）《旅行者之友》（Habīb al-Siyār）亦称："在统治之初，八剌就重新组建了一支军队，并制订了远征斡端的计划。他将忽必烈合罕派驻其地的人赶走，然后便开始劫掠。"② 这种情势，令马可波罗在忽炭停留短暂，因此在行纪中对忽炭着墨不多，他没有记载于阗玉石的主要原因也可能在此。除此之外，还有另外两方面的原因导致他忽略了著名的于阗玉。

首先，马可波罗可能错过了忽炭的捞玉季节，他行经忽炭时根本没有机会见到当地的捞玉场景。高居诲《于阗国行程记》描述了大宝于阗国时期，于阗玉河及采玉的相关情况：

> 玉河在于阗城外。其源出昆山，西流一千三百里，至于阗界牛头山，乃疏为三河：一曰白玉河，在城东三十里；二曰绿玉河，在城西二十里；三曰乌玉河，在绿玉河西七里。其源虽一，而其玉随地而变，故其色不同。每岁五六月，大水暴涨，则玉随流而至。玉之多寡，由水之大小。七八月水退，乃可取，彼人谓之捞玉。其国之法，官未采玉，禁人辄至河滨者。③

从这段记载中可知，玉河即于阗河作为最优质玉石之产地，其采玉

---

① 拉施特主编《史集》第三卷，余大均、周建奇译，北京：商务印书馆，1986 年，第 108 页。

② Khwandamīr, "Histoire des khans mongols du Turkistan et de la Transoxiane, extraite du *Habib essiier* de Khondémir, (2e article)," traduite du persan et accompagnée de notes par M. C. Defrémery, *Journal Asiatique* 19, 1852, pp. 251—252；刘迎胜《察合台汗国史研究》，上海：上海古籍出版社，2011 年，第 173—175 页。

③ 唐慎微原著《大观本草》卷三，艾晟刊订，尚志钧点校，合肥：安徽科学技术出版社，2002 年，第 74 页。高居诲《于阗国行程记》原文已佚，内容保存在《新五代史》等著作中。此段文字为北宋苏颂《图经本草》（此书亦佚）摘引，继而为唐慎微《证类本草》转引，见于今存大观本、政和本中。

活动受到于阗官府的严格控制[1]。玉河之玉由河水从昆仑山上冲刷携带而来。塔里木盆地南缘的河流基本都靠昆仑山的冰川和融雪补给，水量受制于气温，每年五六月份为汛期，此时正当盛夏，气温高，融水足，河流水势浩大，人们无法下河捞玉；只有待到七八月份天气转凉，进入枯水期之后，水位下降，方可下河采玉。于阗河的采玉季节到来时，官府先行采捞，且禁止人们到河滨；官府采毕，百姓才可以下河捡漏。采玉的季节是短暂的，进入严冬之后，河水冰凉刺骨、坚冰覆盖，自然无法采玉。于阗河的这种捞玉政策可能延续到了马可波罗时代。如果马可波罗不是在适合采玉的秋季经过忽炭的话，他就见不到官方及随后民间的大规模捞玉活动。即便他在秋季较早的时候到达这里，也会因为河禁而无法目睹捞玉场面。所以，只有当他在秋季稍晚的时候到达忽炭，才可能见到捞玉场面，并在民间作坊和市场上见到大量的于阗玉。

其次，马可波罗行经之时，正值皇家玉课兴起，而其淘玉地点在远离忽炭城的匪力沙。《元史·食货志》记载，"产玉之所，曰于阗，曰匪力沙"[2]。又言元代玉课之情况：

> 玉在匪力沙者，至元十一年（1274），迷儿、麻合马、阿里三人言，淘玉之户旧有三百，经乱散亡，存者止七十户，其力不充，而匪力沙之地旁近有民户六十，每同淘焉。于是免其差徭，与淘户等所淘之玉，于忽都、胜忽儿、舍里甫丁三人所立水站，递至京师。此玉课之兴革可考者然也。[3]

匪力沙，位于喀拉喀什河上游，今皮山县赛图拉镇东南约 30 公里之苏盖提[4]，即《新唐书·地理志》所载于阗南六百里（约合 320 公

---

① 荣新江、朱丽双《于阗与敦煌》，第 193 页。
② 《元史》卷九四《食货志二》，中华书局点校本，1976 年，第 2378 页。
③ 《元史》卷九四《食货志二》，第 2380 页。
④ 谭其骧主编《中国历史地图集》第 7 册，察合台汗国图，北京：中国地图出版社，1982 年，第 38—39 页；蔡美彪等《中国通史》第 7 册，北京：人民出版社，1994 年，第 635 页。

里）之胡弩镇①。《元史·世祖纪》记载，至元十一年春正月丙午"立于阗、鸦儿看两城水驿十三，沙州北陆驿二。免于阗采玉工差役"②。其中，"于阗、鸦儿看两城水驿"即《食货志》中"忽都、胜忽儿、舍里甫丁三人所立水站"；"免于阗采玉工差役"即《食货志》所载免匦力沙旁近民户之差徭。马可波罗行经忽炭大约在1273年下半年，于阗玉课在此之前已然开始。《经世大典》站赤条记载，至元十年（1273）六月十八日：

> 兵刑部侍郎伯术奏："〔可〕失呵儿、斡端之地产玉，今遣玉工李秀才者采之。合用铺马六匹，金牌一面。"上曰："得玉将何以转致至此？"对曰："省臣已拟令本处官忙古·拔都儿，于官物内支脚价运来。"上曰："然则必得青黄黑白之玉。复有大者，可去其瑕璞起运。庶几驿传轻便。"③

刘迎胜指出，"本处官忙古·拔都儿"即忙古带，其名可还原成蒙古语 Monggholtai Ba'atur，而"本处官"应指斡端的镇守官④。《元史》和《经世大典》的这些记载反映了两个重要史实：一是历经阿里不哥、八剌等叛乱之后，忽炭民户锐减，以淘玉之户为例，1274年的户数不及乱前的四分之一；二是至元间皇家淘玉地点在忽炭城西南320公里处的匦力沙。上有所好，下必甚焉。既然忽必烈对于阗玉课有所指示，于阗地方自当全力以赴，忽炭城的淘玉之户无疑都被调往匦力沙，即便如此，仍然"其力不充"。忽炭城附近的于阗河畔，即使不存在河禁，也会因为缺乏劳动力而见不到足够引人注目的捞玉场景。

昆仑山北缘其他河流出产的次等玉石大概不受官方的采集限制。南

---

① 《新唐书》卷四三下《地理志七》，第1147页。

② 《元史》卷八《世祖纪》，第153页。

③ 《永乐大典》卷19417《站赤二》，北京：中华书局，1984年，第7199a页。

④ 刘迎胜《蒙元帝国与13—15世纪的世界》，北京：三联书店，2013年，第231—232页。

道其他河流要么比于阗河小，要么水流不及其湍急，上游矿床也不如于阗河优质。水量较小较缓使得它们携带的玉石较少较次，水位较低则使当地适合下河捞玉的时间比于阗河早。马可波罗很可能正是在夏末初秋之际经过忽炭，这时于阗河尚未退水，不适合下河捞玉；当他经过培因、阇鄘的时候，正值当地河流的采玉季节，他可以很容易看到当地的采玉场面，了解到当地出产玉石的具体情况。所以，他在培因、阇鄘两章里提到了当地的河流出产玉石，并正确地指出这两个地方出产的是碧玉和玉髓这类次等玉石。

综观上文，我们认为，于阗东部的历史，六城地区因有丰富的出土文书而被深入探究，另两个地名，媲摩（Phema）和坎城（Kaṃdva），虽然在文献中亦屡有提及，但因材料零散，二者的关系、地望以及文化面貌等问题一直扑朔迷离。本章在前人研究的基础上，系统梳理和分析了各种文献记载，对这些问题一一进行了考订。

自赫定 24 号汉语—于阗语双语文书解读以后，多数学者倾向将媲摩与坎城勘同。然而，于阗的这类军事行政文书使用双语是为了提高传递效率，双语内容无须严格对应，这件文书中的 Phẹmā ña kiṃtha 与坎城并不形成对译关系。另两组和田出土文书提供了重要线索，一组提到大城（Cheṃjsa-purrāṃ），即媲摩城；一组提到内堡，即坎城。此外，还有文书提到 Pheme Kaṃdvāṣṭa，"媲摩之坎城"。这些都暗示了媲摩城与坎城是相距很近的两座城，它们组成了一座城镇共同体。媲摩城可追溯到北魏宋云所载之末城，它在 12 世纪的一次伊斯兰征服战争中遭到洗劫，但旋即复苏。13 世纪马可波罗称其为培因城，是当时的区域中心。坎城最早可追溯到汉代的扜弥城（Khema），宋云称其为捍麼城，并详细描述了城南大寺中的瑞像。唐朝统治时期，坎城为唐军驻地，设有坎城镇、守捉，是于阗东部的军事镇防中心。吐蕃统治时期，坎城同样为区域军事重镇。吐蕃统治结束后，于阗王在于阗东部地区设立绀州，治绀城（坎城）。绀州建制在于阗国灭后得以延续，西辽时期称作肯汗（Kenhān）州，州治肯汗城（绀城）在 12 世纪的伊斯兰征服战争中被摧毁。明清时期，其地附近又建起新城，称克列牙城儿、克勒底雅城、克里雅城。

关于媲摩、坎城之地望，斯坦因推测在老达玛沟的乌宗塔提一带；王北辰、文欣等人根据史籍的记载提出异议，认为应在克里雅河畔今于田县城附近。两件相关文书提供的信息支持了后一种看法。中国人民大学博物馆藏和田文书《杰谢百姓牒稿为放免正税事》，明确提到杰谢乡（丹丹乌里克遗址）"去坎城及坎城守捉远四百余里"。这个里数远远超过丹丹乌里克与乌宗塔提之间的距离，而与丹丹乌里克至于田县城的路程相符，亦与赫定 7 号文书所载屋悉贵与媲摩分隔遥远之情况相呼应。

媲摩地区在古代流行过佛教、祆教、犹太教、基督教、伊斯兰教等多种宗教。在伊斯兰化之前，这里佛教昌盛，声名远播。唐代十卷本《老子化胡经》推出于阗化胡说，媲摩城被描述成老子化胡成佛之所。媲摩之名，源自于阗语 pěma，意为像、瑞像，乃因玄奘提到的媲摩城雕檀瑞像而得名。赫定 7 号文书透露了媲摩佛教的更多史实，包括媲摩城高僧同于阗赞摩寺僧人之间的交游，吐蕃统治时期媲摩功德使之设立，等等。

媲摩地区盛产棉花，敦煌汉文文书提到了称作绀城细緤的精致棉布，是当地进奉于阗官府的重要产品。《马可波罗行纪》记载培因的主要物产除了棉花之外，还有克里雅河出产的碧玉和玉髓。马可波罗没有提及于阗玉，而载称培因、阇鄘两地产玉石，这正是至元间塔里木盆地南道战乱频仍，皇家玉课兴起之真实反映。

第四章　和田绿洲

和田河是丝绸之路南道中部的一条著名河流。《史记·大宛列传》记载，"汉使穷河源，河源出于寘，其山多玉石"[①]。这句话代表了司马迁时代人们对和田河的探究与认知，其中蕴含两个对中国传统文化影响深远的观念：其一，和田河被认为是塔里木河之源，也是黄河之源；其二，和田河盛产玉石。这条大河的上源有两支，东支玉龙喀什河（意为白玉河）发源于昆仑山，西支喀拉喀什河（意为墨玉河）发源于喀喇昆仑山，二者在科什拉什汇合后称和田。和田河由南向北穿过塔克拉玛干沙漠，在阿瓦提县库罗鲁希汇入塔里木河，全长 1127 公里[②]。两条支流出山口后，在山前冲积出一大片东西向绿洲，和田、墨玉、洛浦三县分列其上。

相较于南道其他绿洲，和田的相关史料要丰富得多。塔里木盆地古代诸国中，于阗出现在历代正史《西域传》的次数最多。作为西域佛教重镇，于阗也受到求法僧们的青睐，屡屡见载于各种行纪。和田地区发现了多处前伊斯兰时代重要遗址，包括约特干、牛角山、麻札塔格等。这些遗址出土了汉佉二体钱、佛教壁画与造像等丰富的遗迹遗物，

---

① 《史记》卷一二三《大宛列传》，中华书局点校本修订本，2013 年，第 3851 页。

② 周聿超主编《新疆河流水文水资源》，乌鲁木齐：新疆科技卫生出版社，1999 年，第 420—429 页。

以及大量的汉文、佉卢文、梵语、于阗语、古藏语、粟特语等多语种文书。在这样的背景下，于阗像敦煌、吐鲁番一样，成为丝绸之路研究的焦点。有关于阗史的研究论著琳琅满目，且方兴未艾，详情可参张广达、荣新江《于阗史丛考》所附《于阗研究论著目录》[①]。当然，跟材料的分布有关，目前学界对于阗的关注集中在中古时期，汉代及伊斯兰化之后的研究相对较薄弱。本文在系统梳理于阗史脉络的基础上，着重对这两个时期的若干面相展开考索。

第一节 从于阗到忽炭

文献所载和田之古称繁复多样，前贤斯坦因（M. A. Stein）、贝利（H. W. Bailey）、季羡林、张广达、荣新江等均做过探究[②]，而以伯希和（P. Pelliot）在《马可波罗注》中的长篇高论为集大成者[③]。此地之名最早见于《史记·大宛列传》，作"于寘"，是《史记》记录的少数几个塔里木盆地国家之一。以后，从《汉书》到《宋史》的汉文文献基本都因循《史记》，将此地写作"于阗"。在蒙元时期汉文文献里，耶律楚材《西游录》作"五端"[④]；《经世大典图》和《元史·西北地附录》作"忽炭"，《元史》其他纪传又作"斡端""于阗""忽

① 张广达、荣新江《于阗史丛考（增订新版）》，上海：上海书店出版社，2021 年，第 325—461 页。

② M. A. Stein, *Ancient Khotan: Detailed Report of Archaeological Explorations in Chinese Turkestan*, Vol. 1, Oxford: Clarendon Press, 1907, pp. 151—156; H. W. Bailey, "Hvatanica III," *Bulletin of the School of Oriental Studies* 9/3, 1938, p. 541; 玄奘、辩机原著《大唐西域记校注》，季羡林等校注，北京：中华书局，2000 年，第 1002—1003 页；张广达、荣新江《上古于阗的塞种居民》，《于阗史丛考（增订新版）》，上海：上海书店出版社，2021 年，第 174—175 页。

③ P. Pelliot, *Notes on Marco Polo*, Vol. I, Paris: Imprimerie nationale, 1963, pp. 408—425.

④ 耶律楚材撰《西游录》，向达校注，北京：中华书局，2000 年，第 2 页。

丹"①；《元朝秘史》作"兀丹"②。《明史》作"阿端"，又承古名作
"于阗"③；明代佚名《西域土地人物略》和《西域土地人物图》作
"阿丹"④。清代称和阗，中华人民共和国成立后改为"和田"。此外，
7世纪上半叶，玄奘《大唐西域记》对此地各种名称作了汇总："瞿萨
旦那国，唐言地乳，即其俗之雅言也。俗语谓之汉（涣）那国，匈奴
谓之于遁，诸胡谓之豁旦，印度谓之屈丹，旧曰于阗，讹也。"⑤

　　在早期于阗语（又称和田塞语）里，其地作 Hvatana，晚期于阗语
作 Hvamna-、Hvana-、Hvam-⑥，对应玄奘之涣那。更早的佉卢文文书作
Khotana、Khotamna⑦，汉佉二体钱佉卢文钱铭作 yidi（详下）。联想到
10世纪前期的于阗文《于阗使臣奏稿》（P.2741）将汉语"于阗"
回译为 yūttin⑧，笔者认为，佉卢文 yidi 也可能是汉语"于阗"的译写。
在吐鲁番出土的粟特语地名录中，其地作 γwδn-⑨，对应玄奘之豁旦。

①　《元史》，中华书局点校本，1976年，卷七《世祖纪四》，第136页；卷八
《世祖纪五》，第153页；卷六三《西北地附录》，第1568页；卷八五《百官志
一》，第2149页。

②　乌兰校勘《元朝秘史（校勘本）》续集卷一，第263节，北京：中华书局，
2012年，第364页。

③　《明史》，中华书局点校本，1974年，卷三三〇《西域传二》，第8554页；
卷三三二《西域传四》，第8613—8614页。

④　李之勤校注《〈西域土地人物略〉校注》，收入李之勤编《西域史地三种资
料校注》，乌鲁木齐：新疆人民出版社，2012年，第30—32页；又《〈西域土地人
物图〉校注》，收入《西域史地三种资料校注》，第56页；张雨《边政考》卷八
《西域诸国》，台北：台湾华文书局，影印明嘉靖刻本，1968年，第601—603页。

⑤　季羡林等校注《大唐西域记校注》，第1000页。

⑥　H. W. Bailey, *Dictionary of Khotan Saka*, Cambridge：Cambridge University
Press, 1979, pp. 501—502.

⑦　T. Burrow, *A Translation of the Kharoṣṭhī Documens from Chinese Turkestan*,
London：the Royal Asiatic society, 1940, pp. 137, 139, no. 661, 686.

⑧　H. W. Bailey, *Saka Documents*, *Text Volume*, London：Percy Lund, 1968,
pp. 62, 65.

⑨　H. B. Henning, *Sogdica*, London：The Royal Asiatic Society, 1940, pp. 9, 11.

唐代礼言《梵语杂名》拟其梵语为"矫（引）喋多（二合）曩"
（*Kōrttana）①。古藏语文献作 vu then②，称其国为"李域"（li yul）。
回鹘文《玄奘传》作 Udun③。《突厥语大词典》作 Khotan 与 Udun④。
波斯语和阿拉伯语文献作 Khotan⑤，由于元《经世大典图》和《西北地
附录》主要依据穆斯林舆地学著作，所载"忽炭"正是 Khotan 之对音。
《马可波罗行纪》F 本作 Cotan⑥；同时期畏兀儿景教僧列班·扫马
（Rabban Sauma）之行纪作 Loton⑦，伯希和将其订正为*'Oton。

伯希和的"Cotan"词条抽丝剥茧，厘清了和田名称演变的诸多
细节。他认为，《史记》所载"于寘"一名系张骞从匈奴人那里获
知，可还原为*'Odan；《西域记》所载于遁，则还原为*'Odon。在此
基础上，他推测公元前 2 世纪其名在当地语中为*Godan。到公元 1 世

---

①　礼言撰《梵语杂名》，收入《大正藏》第 54 册 2135 号，台北：佛陀教育基
金会，1990 年，第 1236a16 页。

②　朱丽双《〈于阗国授记〉译注（上）》，《中国藏学》2012 年 S1 期，第
232、242 页。

③　Л. Ю. Тугушевои, *Фрагменты уйгурской версии биографии Сюань - цзана*,
Москва：Наука，1980，с. 16.

④　Maḥmūd Kāšγarī, *Compendium of the Turkic Dialects*（*Dīwān Luγāt al-Turk*），
Vol. I, tr. by R. Dankoff & J. Kelly, Cambridge：Harvard University Press, 1982, pp. 83,
114；麻赫默德·喀什噶里《厥语大词典》第 1 卷，校仲彝等译，北京：民族出版
社，2002 年，第 32、82 页。

⑤　*Hudūd al-'Ālam. 'The Regions of the World'. A Persian Geography*, 372 A. H. —
982 A. D., XI. 8, tr. & explained by V. Minorsky, ed. by C. E. Bosworth, Cambridge：
Cambridge University Press, 1970, 2nd edition, p. 24；al-Marwazī, *Sharaf al-Zamān
Ṭāhir Marvazī on China, the Turks, and India*, Arabic text（ca. 1120）with an English
translation and commentary by V. Minorsky, London：Royal Asiatic Society, 1942, p. *6.

⑥　A. C. Moule & P. Pelliot（ed. and tr.），*Marco Polo. The Description of the World*,
Vol. I, chap. 54, London：Routledge, 1938, p. 146.

⑦　*The History of Yaballaha III*, *Nestorian patriarch*, *and of His Vicar*, *Bar Sauma*,
Mongol Ambassador to the Frankish Courts at the End of the Thirteenth Century, tr. from the
Syriac and annotated by J. A. Montgomery, New York：Columbia University Press,
1927, p. 35.

纪又出现新名 *Gostāna > Gostana，即玄奘之"瞿萨旦那"。Godan 与
Gostana 均意为"*Go 地（或国）"。伯希和不确定 *Go 的具体含义，
只谓其可能是国名或族群名①。张广达和荣新江先生指出，梵语 go-，
于阗语 gau-和 gū-，皆意为"牛"，Godan 与 Gostana 即"牛地（或
国）"。张、荣二人还梳理了各种于阗建国传说，其中多有和牛相关
者，表明和田绿洲最早的一批居民或以牛为崇拜对象。他们属于塞
种，乃于阗王国的建立者。公元前 2 世纪上半叶，天山北部的塞种受
月氏打击而大批南迁，其中一支迁到了虚旷无人的和田绿洲，在此建
立城郭，过上定居生活②。

　　考古发现表明，战国秦汉之际天山北部的塞人信奉火祆教。既然于
阗最早的城邦乃南下的塞人所建，那么祆教信仰被带入此地自是顺理成
章。《后汉书·班超传》为此提供了相关线索。东汉永平十六年（73），
班超抚定鄯善后，继续向西联络于阗。时于阗国"俗信巫"，巫师蛊惑
于阗王广德疏远班超，说道："神怒何故欲向汉？汉使有騧马，急求以
祠我。"③ 其中所言杀马祭巫之俗，乃火祆教之做法。可见，在佛教传
入之前，于阗人崇奉的是祆教。祆教对于阗文化影响深远，后来于阗人
翻译的佛教典籍中就含有许多祆教词汇④。直到唐代，祆教仍在于阗流
行，两《唐书·于阗传》皆载其俗好事祆神，崇奉佛教⑤。

　　佛教大约在公元 2 世纪传入于阗。1892 年，法国吕推（D. de
Rhins）探险队在和田牛角山获得一份写在桦树皮上的佛经残片，同一

　　① P. Pelliot, *Notes on Marco Polo*, Vol. I , pp. 412—413.
　　② 张广达、荣新江《上古于阗的塞种居民》，第 167—175 页。
　　③《后汉书》卷四七《班超传》，中华书局点校本，1965 年，第 1573 页。
　　④ 林梅村《从考古发现看火祆教在中国的初传》，《汉唐西域与中国文明》，
北京：文物出版社，1998 年，第 105 页。
　　⑤《旧唐书》卷一九八《西戎传》于阗国条，中华书局点校本，1975 年，第
5305 页；《新唐书》卷二二一上《西域传》于阗国条，中华书局点校本，1975 年，
第 6235 页。

时期俄国人彼得罗夫斯基（N. F. Petrovsky）也在新疆搜集到一叶类似经卷。二者后被证实属于同一抄本，年代约在 2 世纪末，内容为犍陀罗语佉卢文《法句经》[1]。这是和田地区发现的最早的佛教典籍。据林梅村先生考证，这部经属小乘佛教法藏部经典[2]。

曹魏甘露五年（260），被誉为西行求法第一人的朱士行自雍州出发，涉流沙而至于阗。他在当地见到大乘佛典《放光般若经》。但在抄出此经欲送回内地时，受到当地"诸小乘学众"的百般阻挠[3]。朱士行的遭遇反映了这一时期大乘佛教虽已传入于阗，但占主导的仍是小乘。后秦弘始元年（399），法显西行道经于阗，见到当地的情况已是"众僧乃数万人，多大乘学"[4]，表明在三至四世纪的百余年间，于阗大乘佛教终于取得优势地位，自此成为塔里木盆地著名的大乘中心。

1006 年前后，于阗佛国为喀喇汗王朝攻灭[5]。之后，此地居民逐渐皈依了伊斯兰教。到 13 世纪下半叶，马可波罗行经此地时，发现当地百姓皆崇拜摩诃末（即伊斯兰教）[6]。于阗覆灭前后时期的佛教状况，在 10—11 世纪的穆斯林文献里也多有记述。公元 940 年，大食人米萨尔（Abū Dulaf Misʿar bin al-Muhalhil）声称他从布哈拉前往中国，在塔

① 纪赟《和田本犍陀罗语〈法句经〉的发现与研究情况简介》，张凤雷主编《宗教研究》（2015·春），北京：宗教文化出版社，2016 年，第 29—46 页。

② 林梅村《犍陀罗语〈法句经〉初步研究》，《西域文明——考古、民族、语言和宗教新论》，北京：东方出版社，1995 年；又《法藏部在中国》，《汉唐西域与中国文明》，北京：文物出版社，1998 年，第 344—348 页。

③ 释慧皎撰《高僧传》卷四《朱士行传》，汤用彤校注，汤一玄整理，北京：中华书局，1992 年，第 145—146 页。

④ 法显原著《法显传校注》，章巽校注，北京：中华书局，2008 年，第 11—12 页。

⑤ 荣新江、朱丽双《于阗与敦煌》，兰州：甘肃教育出版社，2013 年，第 321—343 页。

⑥ A. C. Moule & P. Pelliot（ed. and tr.），*Marco Polo. The Description of the World*, Vol. I, chap. 54, p. 146.

里木盆地南缘经过一个名叫 Khatiyān 的部落，一般认为，Khatiyān 即于阗。米萨尔记载，该部落"有一祈祷之寺庙，经常有人前往，新月时和满月时的虔诚者一样多，他们不穿带色之衣服"①。

10 世纪后期，佚名的《世界境域志》（成书于 982 年）记载中国所属诸地时，提到一个叫 Kūghm.r 的地方，称其地"有许多偶像寺。这是一个近山的胜地。其中有一尸体为居民所崇拜"②。米诺尔斯基（V. Minorsky）怀疑 Kūghm.r 即《水经注》所载之于阗南山仇摩置③，但又言二者在语音和方位上难以勘同④。按，斯坦因将《大唐西域记》之牛角山（Gośṛṅga）比定为 Kōhmārī 山⑤，其地在喀拉喀什河右岸，于阗城西南约 25 公里⑥。Kōhmārī 即仇摩置，亦即《法显传》所载瞿摩帝寺之"瞿摩（帝）"⑦。其梵文形式作 Gomatī，藏文作 Goma 或 mGo-ma，于阗文作 Gūmattīra。不过，张广达、荣新江先生认为瞿摩帝寺与牛头山（即牛角山）寺是两座不同的寺院，但二者位置相近。二

---

① H. Yule, *Cathay and the Way Thither: Being A Collection of Medieval Notices of China*, Vol. 1, London: The Hakluyt Society, 1866, pp. 189—190；费琅编《阿拉伯波斯突厥人东方文献辑注》，耿昇、穆根来译，北京：中华书局，1989 年，第 237 页；冯承钧《大食人米撒儿行纪中之西域部落》，《西域南海史地考证论著汇辑》，北京：中华书局，1957 年，第 186—187 页。

② *Hudūd al-'Ālam. 'The Regions of the World'. A Persian Geography*, 372 A. H. - 982 A. D., IX. 11, p. 85；汉译本见王治来译注《世界境域志》，上海：上海古籍出版社，2010 年，第 52 页。

③ 郦道元原著《水经注校证》，陈桥驿校证，北京：中华书局，2013 年，第 34 页。

④ *Hudūd al-'Ālam. 'The Regions of the World'. A Persian Geography*, 372 A. H. - 982 A. D., IX. 11, tr. & explained by V. Minorsky, p. 232.

⑤ 季羡林等校注《大唐西域记校注》，第 1013 页。

⑥ M. A. Stein, *Ancient Khotan*, pp. 185—190; idem, *Serindia: Detailed Report of Archaeological Explorations in Central Asia and Western-most China*, Vol. 1, Oxford: Clarendon Press, 1921, p. 95.

⑦ 章巽校注《法显传校注》，第 12 页。

人还指出，瞿摩（帝）最早是于阗的一条河流，即喀拉喀什河的名字①。从《世界境域志》所述 Kūghm.r 的佛教情形来看，其为瞿摩（帝）是有可能的。

11 世纪中期，加尔迪齐（Gardīzī）在《记述的装饰》（成书于1050—1052 年间）中，这样描述于阗城的宗教情况："在和阗城里有许多偶像和许多□□。居民的宗教是佛教；该城有两座基督教堂，一座在城里，另一座在城郊。"② 加尔迪齐的记载可能来源于某种 10 世纪或更早的著作。不过，汤开建认为加尔迪齐的描述正是 11 世纪于阗宗教状况的真实反映。他指出，喀喇汗王朝击败大宝于阗国之后，于阗不久又以独立政权存在。佛教到 11 世纪后期在于阗仍占主导地位，但伊斯兰教势力日渐强盛。至 12 世纪后期西辽攻占于阗时，这一地区基本上已经伊斯兰化了③。汤氏所言，异于常说，其中不乏合理之处，但有些地方未必讲得通。归根结底，问题在于 10 世纪后，有关于阗的可靠史料非常稀少。加尔迪齐上引文的后半部分也值得注意，他提到了于阗的两座基督教堂。这是有关景教或基督教在于阗流行情况的少有材料。关于喀喇汗朝和西辽时期于阗的佛教与景教，还需提及的是 13 世纪初，西辽僭主屈出律施行宗教高压政策，逼迫于阗等地的穆斯林改宗佛教和基督教（详见本章第三节）。

---

① 张广达、荣新江《于阗佛寺志》，《于阗史丛考（增订新版）》，上海：上海书店出版社，2021 年，第 244—247 页。

② 巴托尔德《加尔迪齐著〈记述的装饰〉摘要——〈中亚学术旅行报告（1893—1894 年）〉的附录》，王小甫译，《西北史地》1983 年第 4 期，第 113—114 页。

③ 汤开建《宋代的于阗——兼论于阗政权与喀喇汗王朝的关系》，《唐宋元间西北史地丛稿》，北京：商务印书馆，2013 年，第 213—239 页。

在古代和田的物产中，于阗玉石的名声很早就蜚声在外[①]。先秦文献《管子》多次提到"禺氏边山之玉"[②]，即是由月氏人转贸到中原的于阗玉。前引《史记·大宛列传》也提到于阗"多玉石"，且汉使者采回献给汉武帝。《汉书·西域传》记载于阗物产，仅言其国"多玉石"[③]。南北朝时期，随着于阗与内地交往的深入，史书对于阗物产的记载不再限于玉石。《魏书·于阗传》："土宜五谷并桑麻，山多美玉，有好马、驼、骡。"[④]《梁书·于阗传》："其地多水潦沙石，气温，宜稻、麦、蒲桃。有水出玉，名曰玉河。国人善铸铜器。其治曰西山城，有屋室市井。果蓏菜蔬与中国等。"[⑤]《隋书·于阗传》："土多麻、麦、粟、稻、五果，多园林，山多美玉。"[⑥]三传除言及玉石外，还谈到于阗手工业中的铜器铸造，农业中的牲畜和作物种类。具体来说，农作物包括麦、粟、稻等谷物，葡萄等瓜果，以及麻、桑两种经济作物。后二者暗示了这一时期于阗存在麻纺与丝织业。7世纪上半叶，玄奘对于阗物

---

① 在历史时期中国玉文化里，于阗玉一枝独秀，备受追捧。有关于阗玉在葱岭以西的情况，目前尚缺乏可靠研究。巴基斯坦塔克西拉（Taxila）希尔卡普城址（Sirkap）曾出土过三片"中国玉"，发掘者推测为于阗玉（马歇尔《塔克西拉》第1卷，秦立彦译，云南人民出版社，2002年，第274页），但没有成分检测依据。最近，陈春晓发表《中古时期于阗玉石的西传》（《西域研究》2020年第2期）一文，探讨了古代特别是伊利汗国时期伊朗的用玉情况、琢玉工艺和玉石文化。然而，该文并没有明晰伊朗玉石与于阗玉石的关系，即古代伊朗所用之玉是否从于阗传来。

② 黎翔凤校注《管子校注》，梁运华整理，北京：中华书局，2004年，第486、517、520、546、549页。

③ 《汉书》卷九六上《西域传上》于阗国条，中华书局点校本，1962年，第3881页。

④ 《魏书》卷一〇二《西域传》于阗国条，中华书局点校本修订本，2017年，第2453页。

⑤ 《梁书》卷五四《西北诸戎传》于阗国条，中华书局点校本修订本，2020年，第898—899页。

⑥ 《隋书》卷八三《西域传》于阗国条，中华书局点校本修订本，2019年，第2083页。

产与经济的这几个方面进行了更细致的观察：

> 瞿萨旦那国周四千余里，沙碛太半，壤土隘狭，宜谷稼，多众
> 果。出氍毹细毡，工纺绩絁䌷，又产白玉、黳玉。气序和畅，飘风
> 飞埃。俗知礼义，人性温恭。好学典艺，博达技能。众庶富乐，编
> 户安业。国尚乐音，人好歌舞。少服毛褐毡裘，多衣絁䌷白氎。[①]

吐鲁番出土的北凉至阚氏高昌国时期文书，提到在当地市场上有丘
慈（龟兹）锦、疏勒锦、钵（波）斯锦[②]，反映了5世纪中后期塔里木
盆地乃至葱岭以西的伊朗高原已经获得了丝绸技术。于阗流传的一则东
国公主（一作汉王之女）与蚕种西传的古老传说，正是这一时期桑蚕
传入塔里木盆地的真实写照。该故事的两个稍异版本保留在《大唐西域
记》和古藏文文献《于阗国授记》里，《新唐书·于阗传》也从《西域
记》中作了节录[③]。另外，20世纪初，斯坦因在古于阗东部的丹丹乌里
克（Dandān-Oilik）、哈达里克（Khadalik）等佛寺遗址发现了八块木版
画，也被认为是这个故事的变相[④]。故事讲述了于阗本无桑蚕，某位于
阗王向东国求取而不得，转而求娶东国公主而获允。这位公主出嫁时将
桑蚕种子藏于帽絮中，躲过了边防官的严查，遂得以将桑蚕种携入于
阗。于阗王后来在初种之地专门建了麻射僧伽蓝，以为供奉。因为这个
故事，麻射伽蓝在于阗国具有特殊意义，被视为中国丝绸工艺西传的重
要里程碑[⑤]。

桑蚕技术进一步向葱岭以西的传播，体现在普罗科波（Procope de

---

① 季羡林等校注《大唐西域记校注》，第1001页。

② 唐长孺主编《吐鲁番出土文书》（壹），北京：文物出版社，1992年，第89、93、122、125页。

③ 季羡林等校注《大唐西域记校注》，第1021—1022页；《新唐书》卷二二一上《西域传》于阗国条，第6235页；朱丽双《〈于阗国授记〉译注（上）》，第251—252页。

④ M. A. Stein, *Ancient Khotan*, Vol. 1, pp. 259—260; J. Williams, "The Iconography of Khotanese Paiting," *East and West* 23/1—2, 1973, pp. 147—150.

⑤ 张广达、荣新江《于阗佛寺志》，第249页。

Césarée，卒于562年）《哥特人的战争》所载的一则故事中①。这个故事讲的是在拜占庭查士丁尼大帝（Justinian I，527—565年在位）时期，"某些来自印度的僧侣们"前来觐见查士丁尼，声称自己曾在一个叫作赛林达（Sêrinda）的地方生活过一段时间，并非常仔细地研究过拜占庭制造丝绸的可行办法，他们向皇帝详细介绍了桑蚕的孵化过程。于是皇帝鼓励他们把桑蚕弄到拜占庭。为此目的，这些僧人返回赛林达，从那里把一批蚕卵顺利带到拜占庭，并将其培育成功。从此，罗马人也开始生产丝绸。这个故事中的关键地点Sêrinda，意为"中国与印度之间的地方"，指塔里木盆地，斯坦因就曾将其第二部中亚考古探险报告命名为Serindia。将蚕引入拜占庭的"印度僧侣"很可能是佛教徒，当属汉唐之际大批前往葱岭以东弘法的天竺、月氏僧人之列。这些僧人曾在赛林达生活过，表明他们在塔里木盆地某地（比如于阗）开展佛教活动时，了解到当地种桑养蚕之法。后来，他们又向西前往拜占庭传教，为查士丁尼介绍桑蚕知识。这正是东罗马皇帝感兴趣的话题，他正在努力阻止罗马人从萨珊波斯那里购买丝绸。这些僧人历尽艰辛朝见查士丁尼，并将蚕种引入拜占庭，以博取东罗马统治者的好感，此乃他们的一种传教策略。这与景教传入唐朝、明清之际基督教入华采取的策略一样，是通过殊方技艺来吸引统治阶层的兴趣，从而获取支持。

最近，朱丽双、荣新江系统梳理传世文献及和田出土汉语、于阗语文书，对唐代于阗的农业生产和种植进行了全面考察②。研究表明，唐代于阗的主要粮食作物有小麦、青麦、粟、穈，主要经济作物有桑、麻、棉（按，即玄奘之白氎），此外还种植油麻（按，又名胡麻、芝

---

① 赛萨雷的普罗科波（Procope de Césarée）《哥特人的战争》，IV. 17，戈岱司编《希腊拉丁作家远东古文献辑录》，耿昇译，北京：中华书局，1987年，第96—97页。

② 朱丽双、荣新江《出土文书所见唐代于阗的农业与种植》，《中国经济史研究》2022年第3期，第31—42页。

麻）。粮食作物中，小麦、青麦和粟都有大量种植，糜相对少一些；青麦既是普通百姓的主要粮食，也是马、牛等牲畜的饲料。三种纺织经济作物中，棉是唐代于阗人的日常服装用料。这些结论与《隋书》等文献记载相呼应，但揭示了更多细节，让我们对唐代于阗的物产与社会经济有了更深入的认识。

唐代以后，第一位到过于阗并留下详细记载的旅行家是高居诲。后晋天福三年（938）九月，于阗王李圣天遣使者马继荣来贡玉团、白氎布、牦牛尾、红盐、郁金、硇砂、大鹏砂、玉装鞍辔、鞉鞯、鞖鞯、手刃（按，最后四种物品皆为玉装，即饰以玉石）①。同年十二月，晋廷命张匡邺、高居诲等回访于阗，册封李圣天为"大宝于阗国王"。匡邺等还，李圣天又以都督刘再昇为使者，来献玉千斤及玉印、降魔杵等。高居诲后来撰有《于阗国行程记》，原书已佚，部分内容存留于《新五代史·四夷附录》。其中对于阗国的葡萄酒、玉石等物产，以及衣食习惯、采玉活动等有颇为详细的介绍：

> 以蒲桃为酒，又有紫酒，青酒，不知其所酿，而味尤美。其食，粳沃以蜜，粟沃以酪。其衣，布帛。有园圃花木。俗喜鬼神而好佛。圣天居处，尝以紫衣僧五十人列侍，其年号同庆二十九年。其国东南曰银州、卢州、湄州，其南千三百里曰玉州，云汉张骞所穷河源出于阗，而山多玉者此山也。其河源所出，至于阗分为三：东曰白玉河，西曰绿玉河，又西曰乌玉河。三河皆有玉而色异，每岁秋水涸，国王捞玉于河，然后国人得捞玉。②

10世纪下半叶，波斯语地理文献《世界境域志》提到于阗"居民

① 王钦若等编《宋本册府元龟》卷九七二《外臣部·朝贡五》，北京：中华书局影印，1989年，第3860页。
② 《新五代史》卷七四《四夷附录三》于阗国条，中华书局点校本修订本，2015年，第1038—1040页。

之产品绝大部分为生丝","诸河出产玉石"①。11 世纪前期,中亚学者比鲁尼(al-Bīrūnī, 973—1048)在其《医药书》中,对于阗产玉情况作了相当细致的描写:

> 玉石出自于阗两河之中,一曰喀什(Qāsh),出产最优质之白玉;另一曰喀拉喀什(Qarāqāsh),所出玉石色泽乌黑,有如炭精。于阗乃一绿洲。人们无法抵达玉河之源。小块玉石可归百姓,大块玉石则属国王。②

11 世纪中期,另一位波斯史家加尔迪齐在《记述的装饰》中也对于阗的物产作了细致入微的描写,他提到了当地的各种农产品和玉石,大量的桑树和丝绸,以及面粉加工业的详情:

> 在那个地区(按,于阗)有许多水果,大量小麦、大麦、南瓜、黍稷、芝麻、柠檬和无花果树,大批的丝绸,他们的穿着多半都是丝绸,桑树多得很,有时一个人就拥有两千株。还有许多葡萄和不同品种的梨。他们那儿的河里有碧玉。和田地区有许多磨房(磨坊),这里的每座磨房都是底下的磨盘动,而上面的磨盘始终处于静止状态,一动也不动。磨房里装有用中国丝绸做的罗,用水推动,面粉往下落,麸皮留在上面。他们还有一种叫作巴达斯亚布(译者按,波斯语,本意为"风磨")的特殊器械,人们把粮食送到那儿去弄净,渣滓落到一边,干净的粮食在另一边。巴达斯亚布也是用水(原文如此)推动的。他们还有另一种器械,用来收拾芜菁和南瓜,该器械象(像)一个圆桶,里面安一根坚固的棍子,

---

① *Hudūd al-'Ālam. ' The Regions of the World'. A Persian Geography*, 372 A. H. -982 A. D., IX. 18, pp. 85—86;王治来译注《世界境域志》,第 53 页。

② Muḥammad ibn Aḥmad Bīrūnī, *Al-Bīrūnī's Book on Pharmacy and Materia Medica*, Vol. I, ed. & tr. by H. M. Said and R. E. Elahie, Karachi:Hamdard National Foundation, 1973, p. 341.

棍子上系一块坚硬的石头，最后，棍子被施以妖术，使水转动它。[①]

11 世纪下半叶，喀什噶里（Maḥmūd Kāšɣarī）《突厥语大词典》在注解 qāš（玉石）一词时，谈到了于阗玉的若干细节：

> qāš 这是一种透明的石头，有白色和黑色，为了避雷、防口渴和避电击而将这种白玉石镶在戒指上。qāš ögūz 玉河，是流经于阗城两侧的两条河。其一被称作 ürüŋ qāš ögūz 玉龙喀什河，因此地出产透明的白玉，河流也就以此命名。另一个被称作 qara qāš ögūz 喀拉喀什河，此地产透明的黑玉。世界上其他地方不出这种玉，只出在此地。[②]

13 世纪往后，元代汉文文献仍痴迷于于阗玉石的轶闻。陶宗仪《南村辍耕录》记载，丞相伯颜曾到于阗国，"于其国中凿井，得一玉佛，高三四尺，色如截肪，照之，皆见筋骨脉络。即贡上方。又有白玉一段，高六尺，阔五尺，长十七步，以重，不可致"[③]。色目人则更加关注于阗的其他物产。13 世纪下半叶，马可波罗途经此地，他眼中的忽炭是如下情景：

> 其地肥沃且（L）富有人们生活所需之（R）全部物产。该州盛产棉花，亚麻、大麻（L）、油料、小麦（VL）、谷物、葡萄酒及其它（他）物产则皆如我们这里一样（L）。其人多葡萄园、园圃及花园。又（V）居民以贸易和手艺为生，不是武士，然吝啬十

---

① 巴托尔德《加尔迪齐著〈记述的装饰〉摘要——〈中亚学术旅行报告（1893—1894 年）〉的附录》，第 113—114 页。

② Maḥmūd Kāšɣarī, *Compendium of the Turkic Dialects (Dīwān Luɣāt al-Turk)*, Vol. II, 1984, p. 226；喀什噶里《突厥语大词典》第 3 卷，校仲彝等译，北京：民族出版社，2002 年，第 147 页。

③ 陶宗仪《南村辍耕录》卷二八《于阗玉佛》，北京：中华书局，1959 年，第 346 页。

<u>足且非常怯懦</u>（VB）。[①]

当然，我们也应当留意，这段描述属于古法语本（F）的只有棉花、葡萄园、园圃、花园以及当地的贸易和手工业。其他物类，包括亚麻、大麻、油料、葡萄酒、小麦等谷物，则散见于其他版本中，有可能是后人插入《马可波罗行纪》的内容。

与马可波罗同时代的札马剌·哈儿昔（Jamāl Qaršī），在其《素剌赫字典补编》（成书于 14 世纪初）中对于阗的环境与物产多有着墨。作为长期生活于塔里木盆地西南缘的作家，其记述的可靠性自然值得信赖。他提到了当地的面粉、玉石、果园、牧业，以及纺织业中的丝、棉、毛产品：

> 和阗曾是个美好的城市。庭院宽畅，应有尽有。气候温和，天河清白，果园众多、牧场耕地肥沃。然而如今那里的耕作困难。田里很难摸到粮粒，〔因为〕穗上粒稀。而〔以前〕曾经穗含百粒。它的面粉确实质地精优，食用可口，〔磨〕取方便。和阗的首府位于两个河谷间，谷中水甜可饮，谷中有黑、白玉石。河谷地面渗水很多，树上桑蚕纺织。其市场为棉布和丝毛织物交易点。和阗人面容清秀、眼目白晰（皙）。令人惊奇的是，一旦黑羊在此牧放一年，羊毛即变白[②]。

16 世纪上半叶，另一位本土作家米儿咱·海答儿（Mīrzā Muḥammad Ḥaidar，1499—1551）在《拉失德史》中对于阗的物产作了评价：

[①] A. C. Moule & P. Pelliot (ed. and tr.), *Marco Polo. The Description of the World*, Vol. I, chap. 54, p. 146. 译文在北京大学马可波罗项目读书班译定稿的基础上，略有修订。其中，不带下画线的文字为《马可波罗行纪》F 本的内容；带下画线的文字为其他诸本的内容，其后括注版本信息。版本缩略语参见原书第 509—516 页表格。

[②] 华涛译《贾玛尔·喀尔施和他的〈苏拉赫词典补编〉》（下），《元史及北方民族史研究集刊》第 11 期，1987 年，第 100 页。

于阗有两条河流，名叫哈喇哈什河和乌陇哈什（玉陇哈什）河，在这两条河中都有举世罕见的玉石。这两条河流的水，〔有些人〕认为比鸭儿看的水好，但我个人认为并没有什么优越之处。于阗是全世界最著名的城镇之一，但现在只有玉石值得称道了。

……

这地方（按，哈实哈儿至于阗一带）有几种特产：第一是玉石，在鸭儿看和于阗的河流中都有，世界上其他任何地方绝找不到这种玉石；第二是野骆驼，捕捉后如未受伤，则可将它安置在〔骆驼的〕行列中，它就会跟着走，好像一匹驯顺的骆驼一样，出产于于阗东部与南部的沙漠中；第三，山区有形体特大的野牦牛（Kutás），性格极端凶猛，向人扑来时，无论是角抵、脚踢、舌舐、都能致人死命。……此外，这一带的水果大多数都产量丰富，其中以梨为最好，我在其他地方还没有见过这样好的梨，堪称举世无双。这里的玫瑰花和玫瑰水也很出色，几乎同哈烈（罗按：今阿富汗赫拉特）的不相上下。这儿的水果比别处的水果好在对健康较少害处。这里冬季十分寒冷，夏季却不太热，气候宜人。一般说来，早餐时或吃完其他食物后吃水果，是有害健康的；可是在这里，由于气候特别好，却不会产生不良的后果，因而是无害的。秋季，哈实哈儿和于阗地区习惯上不贩卖水果。但也不禁止任何人采摘。而且，果树一般都种植在路旁，大家可以随意采摘。①

这位叶尔羌汗国贵族认为于阗出名的物产只剩下玉石。前人津津乐道的各种农作物，以及棉、麻、丝绸等纺织品，在他看来均不值一提。

---

① Mīrzā Muḥammad Ḥaidar, *The Tarikh-i-Rashidi. A History of the Moghuls of Central Asia*, Part II, tr. by E. D. Ross, ed. & annot. by N. Elias, London: Sampson Low, 1895, pp. 298, 301—303；汉译本见米儿咱·马黑麻·海答儿《中亚蒙兀儿史——拉失德史》第二编，新疆社会科学院民族研究所译，王治来校注，乌鲁木齐：新疆人民出版社，1983 年，第 211、215—217 页。

他也谈论了野骆驼和野牦牛，梨等水果，以及玫瑰花和玫瑰水。米儿咱·海答儿对于阗物产的评价并不公允，这跟其贵族身份有关。例如，他特意描写的两种野生动物，应是其狩猎娱乐的对象；他关注的玫瑰水，也是上层人士的用品。至于农作物和纺织品，也许这一时期在南道趋同化了，于阗的产品相较于其他绿洲并无特别之处。

第二节　汉代于阗在丝绸之路上的地位

一、和田文物中的罗马文化因素

据段晴研究，和田洛浦县山普拉乡出土五幅氍毹（年代在公元 560 年前后）上的图案，表现的竟是两河流域苏美尔文明的吉尔伽美什史诗[1]。不过，苏美尔文明与山普拉氍毹时间上相差数千年，这些氍毹反映的不是两地跨越时空的交往，而是汉唐之际丝绸之路东西方文化交流对于阗文化的影响。

《汉书·西域传》声称，西北印度的罽宾国出产"珠玑、珊瑚、虎魄、璧琉璃"[2]。然而，珊瑚、琥珀来自罗马帝国及以远地区，罽宾一带并不出产。《汉书》所载实际上暗示了罽宾在两汉之际是罗马物质与文化东传的中转地。这一时期，于阗与罽宾交往密切，和田地区出土了不少来自罽宾的物品（详见本书第七章）。在罽宾道（亦称陀历道）被频繁利用的背景下，地中海世界的物质与文化也被传输到于阗。

19 世纪末 20 世纪初，瑞典人斯文·赫定（Sven Hedin）、英国人斯坦因（M. A. Stein）、日本大谷探险队纷纷考察和田绿洲，在当地收购

---

[1]　段晴《神话与仪式——破解古代于阗氍毹上的文明密码》，北京：三联书店，2022 年。

[2]　《汉书》卷九六上《西域传上》罽宾国条，第 3885 页。

古物，并多次挖掘约特干等遗址，掠走大批文物。在他们的收集品里，就包含有多件带有罗马文化元素的器物。

1. 罗马人在于阗

大谷探险队在于阗国都约特干遗址采集到一尊红陶质塑像，现藏于韩国国立中央博物馆。这尊塑像通高 15 厘米，表现的是埃及冥神沙拉毗斯（Serapis）的形象，他头戴果篮冠，脸庞布满浓密的胡须，端坐于王座之上，怀里斜躺着他的儿子哈波克勒斯（Harpocrates）（图 4-1：1）[①]。沙拉毗斯是埃及托勒密王朝（Ptolemaic dynasty，前305—前 30 年）的希腊统治者创造的一位重要神祇，希腊化时期和罗马帝国时期，他在亚历山大城（Alexandria）一带被广泛崇拜；哈波克勒斯则是埃及的儿童神。令人兴奋的是，笔者在浏览英国国家博物馆（British Museum）藏品时，意外发现了一件几乎一模一样的红陶塑像（馆藏编号：EA37562，图 4-1：2），其通高 17.5 厘米（按，这件塑像的底座稍厚，塑像的高度实际上与约特干的一致），出土地点为埃及的法尤姆（Fayum）[②]。这两件相隔万里的塑像在造型、材质、尺寸等方面是如此一致，让我不得不得出这样的结论——它们必定出自同一个模子或依据同一件母本。由于英国国家博物馆的这尊塑像的存在，我们因此可以断定约特干的塑像既不是于阗本地制作的，亦非来自中亚希腊化地区。毫无疑问，这两尊塑像的产地应该在埃及，也许就在法尤姆。英国国家博物馆的塑像被断代为公元 1 世纪，这个年代在约特干遗址的年代范围之内，那么，约特干的复本也可定在这一时期。

约特干的沙拉毗斯塑像小巧玲珑，但做工并不精致，不会是被作

---

① 田边胜美、前田耕作主编《世界美术大全集》东洋编 15《中央アジア》，东京：小学馆，1999 年，第 279 页。

② 英国国家博物馆网站，2022/7/26，*https：//www.britishmuseum.org/collection/object/Y_EA37562*。

图 4-1　约特干与法尤姆的沙拉毗斯塑像

为稀有的艺术品而辗转远销至和田绿洲。再者，它表现的是带有典型埃及地方色彩的神话人物，虽然到公元 1—2 世纪，由于罗马皇帝的偏爱，沙拉毗斯在罗马疆域内流行起来，但遥远的中亚及以远地区从来不是该神的崇拜区域。既然于阗及周邻地区缺乏信仰基础，那么这尊塑像也不会是作为普通宗教商品而贩卖至此。笔者认为，它应该是一位信仰沙拉毗斯神的虔诚的罗马商人随身携带之物。这位商人在于阗国都逗留期间将其遗落。正是通过这尊小塑像，我们可以确证罗马人曾经越过葱岭进入塔里木盆地（这一点也有文献反映，参本书第七章）。若此，则和田等地发现的那些带有罗马文化因素的文物的来源，都值得重新考量了。在过去，这类器物通常被笼统地认为是从中亚希腊化地区流传过来的。现在，我们应当辨析出那些直接从地中海世界传入的物品，并评估它们对输入地带来的影响。

　　斯坦因在约特干遗址也获得了一件地中海世界的神像，为雅努斯

（Janus）的青铜头像（Yo.00174，图4-2：1）[1]。雅努斯是罗马神话里的门神，也是罗马人的保护神，特征是一头双面或多面，在罗马钱币和艺术品中经常可见到其形象（图4-2：2）。约特干出土的雅努斯像通高约6厘米，头戴扁平帽，面部略有磨损。值得注意的是，头像颈部下面为一圆环，显系为了穿绳悬挂佩戴。这件雕像的功用，应与上述沙拉毗斯塑像一样，属于便携式造像，是信仰者随身携带以求护佑之物。这位信仰者，也很可能是来自罗马帝国的商人。

图4-2　约特干遗址及罗马钱币上的雅努斯像

有关罗马人出现在古代于阗的证据，还包括斯坦因在约特干发现的一件球腹红陶瓮（Y.0027.a，图4-3：1）。其口部和把手已残，残高17.8厘米、腹径14厘米，腹部从颈到底通饰竖式棱状波浪纹，在把手下方贴塑有两个公牛头像[2]。此瓮带有浓厚的地中海古典艺术色彩，斯

---

① M. A. Stein, *Serindia*, Vol. 1, p. 119. 伦敦大学韦陀教授对斯坦因收集品做过专门研究，本节列举的和田诸遗址器物均被他归为罗马帝国时期，参R. Whitefield, *The Art of Central Asia：the Stein Collection in the British Museum*, Vol. III, Tokyo：Kodansha, 1985.

② A. Stein, *Ancient Khotan*, p. 217, pl. XLIII, Y. 0027. a.

坦因指出瓮身的波浪纹是受多利克（Doric）柱式的影响，但我认为这种装饰手法更可能借鉴自同一时期的罗马容器，而非受古典建筑艺术的启发。罗马帝国时期，在玻璃或陶质容器的腹部装饰竖式棱状波浪纹很常见。2009 年，北京中华世纪坛世界艺术馆的"秦汉—罗马文明展"中，展出了一件公元 1 世纪的罗马骨灰瓮，出自庞贝（Pompeii）遗址，其器形和腹部纹饰与约特干的陶瓮如出一辙（图 4-3：2）。约特干陶瓮应该就是这种骨灰瓮，它当然不大可能从地中海地区输入。那么它为何会出现在和田绿洲呢？这或许暗示了罗马葬俗一度在古代于阗有过实践。可能是一位罗马商人在于阗国都意外离世，同伴为其制作了这件葬具，并按照罗马葬俗将其火化安葬。

图 4-3　约特干与庞贝遗址出土波浪纹陶瓮

　　和田绿洲诸遗址还出土了大量各种材质的印章。这些印章上的图案包罗万象，有大象、孔雀、狮子等南亚和西亚的动物题材，也有波斯和印度的人物肖像，还有格里芬、翼马等西方怪物母题。我们注意到，罗马人物肖像和神像在其中也有发现。例如，斯坦因在约特干遗址发现的一件圆形的凹雕红宝石残印章（Yo.012.b，图 4-4：1），直径约 1.4 厘米，表现的是罗马神话里的胜利女神维多利亚（Victoria），她头戴桂冠，身披长袍，张开双翼，飞临大地，双手伸向一套战利品（头盔、铠甲等）[1]。在地中海世界，这种圆形或椭圆形的宝石印章通常嵌于戒指上，既可作为首饰，也可作为私人用印。

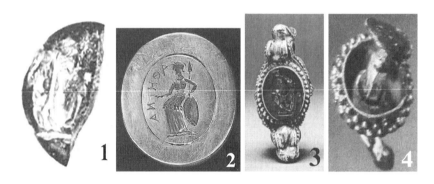

图4-4　约特干等地出土的罗马宝石像章戒指

　　这种希腊罗马式像章戒指的实物，在东部亚洲各地多有发现。阿富汗提罗特佩（Tilā Tepe，亦称黄金之丘，约公元1世纪初）的贵霜先王墓里，曾出过四枚金戒指，上面镶嵌有圆形或椭圆形的凹雕宝石（红宝石和绿松石）像章，图案均为希腊罗马神祇[2]。其中一枚表现的是手持长矛和盾牌的女战神雅典娜坐像（图4-4：2），图像旁边还用希腊字母刻有她的名字"AΘHINA"。新疆伊犁河流域吉林台墓地的一座汉代乌孙墓里，亦曾出土过一枚镶嵌圆形宝石像章的金戒指（图4-4：3）。戒指底座上装饰一圈突起的联珠纹，镶嵌的红宝石上阴刻一位端坐在椅子上的女性，她头戴圆冠，一手持花，是罗马丰腴女神波莫那（Pomona）

① M. A. Stein, *Serindia*, p. 104, pl. V.

② V. I. Sarianidi, *The Golden Hoard of Bactria: From the Tillya-tepe Excavations in Northern Afghanistan*, New York: H. N. Abrams, 1985, pp. 168—171, cat. nos. 2.1, 2.2, 6.6, 3.60.

的形象①。类似的镶嵌圆形红宝石像章的金戒指，在蒙古中部后杭爱省的高勒·毛德（Gol Mod）I 号匈奴墓地里也出土过一枚（图 4-4：4），墓葬年代在公元 20—50 年之间。该戒指的底座同样装饰有一圈突起联珠纹，印章表现的是一位西方女子的形象②。目前，在这些地区并未发现封泥或其他相关的印纹。这些游牧民族贵族墓的墓主人，可能只是将这些罗马戒指单纯当作贵重的首饰而加以收藏。

不过，在于阗以东的鄯善王国，发现有使用这类像章戒指进行钤印的证据。尼雅遗址出土的 3—4 世纪的佉卢文木牍，有多枚在发现时尚未启封，上面留有完好的封泥印记。这些印纹包括古典式、印度式和西域本土的题材。古典图案表现为希腊罗马人物肖像和神祇形象。前者的例子有手持花朵的男性胸像，手持花朵或镜子的女性胸像，一对男女相对而立的形象，等等；后者则包括一大批带有宙斯、雅典娜、美杜莎等形象的印纹③。斯坦因等人认为，古典风格的印章可能来自罗马，它们与居住在印度和中亚的罗马商人有关④。鄯善和于阗分列南道东、西部，尼雅遗址的实例或可侧证于阗的同类文物也曾用作私印，其所有者当然也可能是流寓当地的罗马商人。

2. 于阗的罗马商品

来自罗马帝国的商品在和田绿洲诸遗址也有发现，目前发现的主要是一些玻璃制品。斯坦因收集品里有一块出自约特干的绿色透明玻璃，厚度仅为 1.5 毫米，是一件吹制玻璃容器的残片（Yo. 00153）⑤。另有

---

① 祁小山、王博编著《丝绸之路·新疆古代文化》，乌鲁木齐：新疆人民出版社，2008 年，第 250—251 页。

② Mission archéologique française en Mongolie, *Mongolie：Le premier empire des steppes*, Arles：Actes sud, 2003, p. 270.

③ M. A. Stein, *Serindia*, pp. 230—231, N. XXIV. viii. 77—79.

④ M. A. Stein, *Ancient Khotan*, Vol. 1, p. 357; K. K. Thaplyal, "Coin Devices on Clay Lumps," in：*Early Indian Indigenous Coins*, ed. by D. C. Sircar, Calcuta：University of Calcutta, 1970, p. 127.

⑤ M. A. Stein, *Serindia*, Vol. 1, p. 118.

四粒彩色千花玻璃珠，呈圆角六面体形，每一面用黄绿红三色玻璃在玻璃坯上镶嵌出一朵菊花图案（Khot. 0072，图 4-5：1）[1]。这种镶嵌玻璃技术在罗马帝国时期的地中海世界十分流行，埃及贝勒尼克（Bereni-ke）港口遗址就出土有类似的黄绿红三色镶嵌玻璃珠，年代为公元 1—2 世纪（图 4-5：2）[2]。该遗址位于红海西南岸，是罗马帝国同东方的印度等地进行海上贸易的始发港。

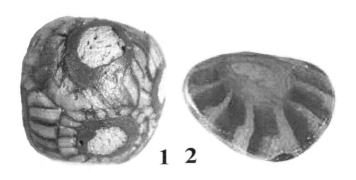

图 4-5　约特干与贝勒尼克遗址出土彩色千花玻璃珠

3. 于阗器物中的罗马风格

和田绿洲诸遗址出土的一些红陶器，它们应该是于阗本地生产的，但在器形和装饰纹样等方面带有明显的罗马风格。斯坦因在约特干遗址发现的一件单耳柠檬形红陶壶（Y. 0028，图 4-6：1），高 10.6 厘米、腹径 9 厘米，壶身通饰横式肋骨纹[3]。这种纹样让人联想到罗马玻璃容

① M. A. Stein, *Serindia*, p. 119, Yo. 00175, p. 125, pl. IV, Khot. 0072; M. A. Stein, *Innermost Asia: Detailed Report of Explorations in Central Asia, Kansu and Eastern Iran*, Vol. 1, Oxford: Clarendon Press, 1928, p. 110, Kh. 037—038.

② P. Francis, Jr., *Asia's Maritime Bead Trade: 300 B. C to the Present*, Honolulu: University of Hawai'i Press, 2002, pp. 93—94; J. Then-Obluska, "Cross-cultural Bead Encounters at the Red Sea Port Site of Berenike, Egypt. Preliminary Assessment (Seasons 2009—2012)," *Polish Archaeology in the Mediterranean* 24/1, 2015, pp. 735—777.

③ M. A. Stein, *Ancient Khotan*, p. 217, pl. XLIII, Y. 0028.

器中，有一种在器身堆塑肋骨状玻璃条的装饰技术，这样的玻璃瓶在阿富汗的罗马商站遗存（即贝格拉姆/Begram 宝藏）里发现有多件（图 4-6：2）[①]。也许，有这种风格的玻璃器越过葱岭流传到于阗，其装饰技巧被当地陶工吸收和模仿。

图 4-6 约特干与贝格拉姆出土肋骨纹容器

和田绿洲诸遗址出土的红陶容器，腹部把手的下方经常贴饰圆形的动物、人物或神话人物面像，以起到加固把手的作用。这种做法源于罗马帝国，美国康宁玻璃博物馆（Corning Museum of Glass）收藏有一件单耳玻璃瓶，出自意大利，年代在公元 50—75 年之间，器耳下根部就贴饰了一个酒神祭司的头像[②]。从约特干等和田遗址出土的面像里，我们可辨识出希腊罗马神话里的美杜莎（Medusa）、萨特尔（Satyr）、尼普顿（Neptune）等形象。

美杜莎是希腊罗马神话里蛇发女怪戈尔贡（Gorgon）三姐妹之一，在罗马艺术作品里其形象表现为怪异的圆脸，杂乱的蛇发，圆张（或半张）

---

① 罗帅《阿富汗贝格拉姆宝藏的年代与性质》，《考古》2011 年第 2 期，第 72—73 页。

② 康宁玻璃博物馆，2022/8/1，*http：//collection. cmog. org/detail. php？ t = objects&type = all&f = &s = mold+glass&record = 28*。

的大口和圆睁的双眼。约特干遗址出土的美杜莎面像比较抽象，以直线表示头发，有着圆盘似的双眼，口是微张或闭合的（Y0.0012.a）①。类似的美杜莎形象在塔克西拉（Taxila）遗址的希尔卡普（Sirkap）城址里也可见到，但显得更加抽象化②。贝格拉姆宝藏里有一件青铜盾牌，其正面塑饰鱼群，中心为美杜莎的头像③。

和田绿洲诸遗址出土过多件萨特尔的红陶贴像（Y0.0043，Yo.055）④。萨特尔是希腊罗马神话里半人半羊的森林之神，长有公羊的角、耳、腿和尾巴，其形象在罗马艺术品里多有体现⑤。贝格拉姆宝藏中出过一件铜质的萨特尔小面像⑥。塔克西拉的希尔卡普城址出土过一件公元 1 世纪的圆形陶制黛砚，上面塑有萨特尔和山泽女神宁芙（Nymph）。在更东边，蒙古高原的两座高级匈奴贵族墓葬里同样出土过萨特尔浮雕像：一是蒙古中央省苏珠克图（Судзуктэ）墓地 M20 出土的一件圆形银牌饰，上面也雕刻有萨特尔调戏宁芙的场景；二是俄罗斯外贝加尔地区查拉姆（Царам）墓地 M7 出土的一件镶嵌绿松石的金带扣，上面有萨特尔的浮雕头像⑦。

---

① M. A. Stein, *Serindia*, p. 113, pl. III, Yo. 0012. a, pl. IV. a；idem, *Innermost Asia*, p. 102, pl. I, Yo. 018.

② J. Marshall, *Taxila*, Cambridge：Cambridge University Press, 1951, p. 436, pl. 131, n. l.

③ J. Hackin et al., *Nouvelles recherches archéologiques à Begram (ancienne Kāpicī), 1939—1940*, Paris：Imprimerie nationale, Presses universitaires, 1954, fig. 356.

④ M. A. Stein, *Ancient Khotan*, p. 221, pl. XLIV, Kh. 003. k；M. A. Stein, *Innermost Asia*, p. 104, pl. I, Yo. 055.

⑤ 苏珊·伍德福德《古代艺术品中的神话形象》，贾磊译，济南：山东画报出版社，2006 年，第 116—118 页。

⑥ J. Hackin et al., *Nouvelles recherches archéologiques à Begram*, p. 280, fig. 329, N° 77.

⑦ 马健《匈奴葬仪的考古学探索——兼论欧亚草原东部文化交流》，兰州：兰州大学出版社，2011 年，第 162、323 页。

罗马海神尼普顿的形象也屡见于约特干遗址出土的红陶贴像上（Y.0017）[1]。在罗马艺术品里，尼普顿一般表现为卷曲的头发，浓密的胡须，赤裸上半身，手持三叉戟。贝格拉姆宝藏里的一件玻璃杯，杯身浮雕刻有亚历山大灯塔，灯塔顶上也有一尊尼普顿的立像[2]。

通过以上分析，我们了解到，公元 1 世纪前后地中海古典神话艺术题材曾在中亚及以远地区广为流传，而于阗是其传播路线中的重要一环。和田出土陶器饰件上的这类希腊罗马神话人物面像，有可能直接仿自传入当地的罗马器物，但也可能是受到西北印度艺术里地中海古典文化因素的间接影响。

二、和田等地出土的汉佉二体钱

汉佉二体钱因其多元文化面貌而成为研究汉朝、贵霜和于阗关系史的重要材料。一个多世纪以来虽有很多研究，但关于其年代、功能等问题仍难形成统一意见。姚朔民曾对 1987 年之前的研究情况作了概述[3]；近年，孟凡人、汪海岚（Helen Wang）、刘文锁、王樾等人又提出不少有益见解[4]。关于汉佉二体钱的发行年代，主要有如下观点：（1）赫恩雷（A. F. Hoernle）提出公元 70—200 年，夏鼐支持并修正为公元 73 年

---

① M. A. Stein, *Ancient Khotan*, p. 216, pl. XLIII, Y. 0017；M. A. Stein, *Innermost Asia*, Vol. 1, p. 104, Yo. 57.

② 罗帅《阿富汗贝格拉姆宝藏的年代与性质》，第 72 页。

③ 月氏（姚朔民）《汉佉二体钱（和田马钱）研究概况》，《中国钱币》1987 年第 2 期，第 41—48 页。

④ 孟凡人《于阗汉佉二体钱的年代》，《楼兰鄯善简牍年代学研究》，乌鲁木齐：新疆人民出版社，1995 年，第 410—427 页；Helen Wang, *Money on the Silk Road: The Evidence from Eastern Central Asia to c. AD 800. With a Catalogue of the Coins Collected by Sir Aurel Stein*, London：British Museum Press, 2004, pp. 37—39；刘文锁《双语钱币》，上海博物馆编《丝绸之路古国钱币暨丝路文化国际学术研讨会论文集》，上海：上海书画出版社，2011 年，第 334—346 页；王樾《汉佉二体钱刍议》，上海博物馆编《丝绸之路古国钱币暨丝路文化国际学术研讨会论文集》，第 347—353 页。

至 3 世纪末佉卢文书不复通行以前①；（2）克力勃（J. Cribb）提出公元
1—132 年，汪海岚支持并修正为公元 30—150 年②；（3）马雍提出公元
152—180 年③；（4）林梅村先生提出公元 175—220 年④。关于汉佉二体
钱的性质，目前大体有两种观点：马雍认为是一种政治性纪念币，王樾
支持这一观点⑤；大多数学者主张是出于经济需要而发行的中介货币，
刘文锁近年为这种观点提供了新的证据⑥。通过梳理相关考古和文献材
料，笔者认为汉佉二体钱确实是一种中介货币，发行年代约为公元
85—132 年。本节尝试对汉佉二体钱重新检讨，并对汉代丝绸之路经济
文化交流以及于阗历史展开论述。

　　大部分汉佉二体钱是 19 世纪末 20 世纪初西方探险家在和田及其邻
近地区搜集的，现分藏于英、法、俄、芬兰、印度、巴基斯坦和我国的
多家单位。各家收藏情况的公布先后不一，马雍、姚朔民、汪海岚等人
曾做过统计，现在看来均不完全，加之近年又有一些新发现，因此有必

---

　　① A. F. R. Hoernle, "Indo-Chinese Coins in the British Collection of Central Asian
Antiquities," *Indian Antiquary* 28, 1899, pp. 46—56. 汉译见赫恩雷《英国中亚古物
收集品中的印—汉二体钱》，杨富学译，《新疆文物》1994 年第 3 期，第 98—108
页；夏鼐《"和阗马钱"考》，《文物》1962 年第 7—8 合期，第 60—64 页。

　　② J. Cribb, "The Sino-Kharosthi Coins of Khotan: Their Attribution and Relevance
to Kushan Chronology," *The Numismatic Chronicle*, Part 1 in Vol. 144, 1984, pp. 128—
152; Part 2 in Vol. 145, 1985, pp. 136—149; Helen Wang, *Money on the Silk Road*,
pp. 37—39. 汉译见克力勃《和田汉佉二体钱》，姚朔民编译，《中国钱币》1987 年
第 2 期，第 31—40 页。

　　③ 马雍《古代鄯善、于阗地区佉卢文字资料综考》，《西域史地文物丛考》，
北京：文物出版社，1990 年，第 65—73 页。

　　④ 林梅村《佉卢文及汉佉二体钱所记于阗大王考》，《西域文明——考古、民
族、语言和宗教新论》，北京：东方出版社，1995 年，第 279—294 页；又《再论
汉佉二体钱》，《西域文明》，第 295—314 页；又《汉佉二体钱佉卢文解诂》，《考
古与文物》1988 年第 2 期，第 85—88 页。

　　⑤ 马雍《古代鄯善、于阗地区佉卢文字资料综考》，第 65—73 页；王樾《汉
佉二体钱刍议》，第 347—353 页。

　　⑥ 刘文锁《双语钱币》，第 334—346 页。

要对出土汉佉二体钱重新统计（表4—1）。小规模的发现比较清楚，计有：福赛斯（T. D. Forsyth）2枚，罗伯特·肖（Robert B. Shaw）1枚，吕推4枚，彼得罗夫斯基和奥登堡（S. F. Oldenburg）21枚，大谷探险队11枚，黄文弼1枚。另外，榎一雄提到了罗伯特·肖和布利斯比（G. B. Bleasby）各1枚，姚朔民提到了雷奥尔、布什、冯·海勒各1枚，肖特2枚[①]。对于两批大宗的发现——斯坦因收集品与赫恩雷收集品，各家说法差异较大，现可根据汪海岚《丝绸之路上的钱币》的统计来确定。全部斯坦因收集品和大部分赫恩雷收集品都藏于英国国家博物馆钱币和像章部，汪氏即工作于该部门，她对所藏汉佉二体钱进行了专门整理，给出的数字为斯坦因179枚（实际应为226枚[②]），赫恩雷152枚；另外，她的统计还新增了另一大宗，即马达汉（C. G. Mannerheim）的76枚[③]。近三十年，国内文博单位人员以及文物图录新披露了13枚：1989年，刘文锁在安迪尔发现1枚[④]；1992年，

[①] K. Enoki, "On the So-callded Sino-Kharoṣḥī Coins", *East and West* 15/3—4, 1965, pp. 231—235；马雍《古代鄯善、于阗地区佉卢文字资料综考》，第65—68页；月氏（姚朔民）《汉佉二体钱（和田马钱）研究概况》，第41—47页。

[②] 226枚是笔者根据汪海岚书末所附的《斯坦因从新疆所获钱币目录》统计得出的数字（Helen Wang, *Money on the Silk Road*, pp. 127—277）。其中包含32枚"缺失"钱币，即它们在斯坦因的三本考古报告中有器物编号且被鉴定为汉佉二体钱，但目前在英国国家博物馆中找不到实物，可能已经遗失了；也包含17枚"新增"钱币，即汪海岚对英国国家博物馆所藏斯坦因钱币进行全面清理的基础上，新鉴定出来的汉佉二体钱，它们在斯坦因的报告中也有器物编号，但未被鉴定为汉佉二体钱。这样，一减一增，目前英国国家博物馆实际收藏的斯坦因汉佉二体钱为211枚。汪海岚在其书正文中给出的数字是179（Helen Wang, *Money on the Silk Road*, p. 37），不知依据为何。

[③] 最先公布马达汉藏品中汉佉二体钱情况的是：T. Talvio, "The Coins in the Mannerheim Collection," in：C. G. *Mannerheim in Central Asia 1906—1908*, ed. by P. Koskikallio & A. Lehmuskallio, Helsinki：National Board of Antiquities, 1999, pp. 117—121.

[④] 刘文锁《安迪尔新出汉佉二体钱考》，《中国钱币》1991年第3期，第3—7页。

新疆维吾尔自治区博物馆在和田墨玉县征集到 1 枚[①]；1996 年，李吟屏刊布了洛浦县发现的 7 枚[②]；中国人民银行新疆分行金融研究所（现新疆钱币博物馆）从和田征集到 1 枚[③]，新疆文物考古研究所新获 1 枚，巴音郭楞蒙古自治州博物馆藏有 2 枚[④]，上海博物馆收藏 26 枚[⑤]。综合这些信息，可知目前已正式报道的汉佉二体钱总数为 539 枚[⑥]。这个数字与新疆出土的汉代五铢钱相比，无疑要少很多。

① 伊斯拉菲尔·玉苏甫、安尼瓦尔·哈斯木《新疆博物馆馆藏古钱币述略》，上海博物馆编《丝绸之路古国钱币暨丝路文化国际学术研讨会论文集》，上海：上海书画出版社，2011 年，第 153—154 页。

② 陇夫（李吟屏）《和田地区文管所藏汉佉二体钱》报道的 7 枚，发现于和田地区洛浦县（《中国钱币》1996 年第 2 期，第 55—56 页）。Helen Wang, *Money on the Silk Road*, pp. 37—39. 蒋其祥《新疆钱币》图谱（乌鲁木齐：新疆美术摄影出版社，1991 年）里有 7 枚，但没有给出土地点，可能就是于阗洛浦发现的 7 枚，故不计入统计。

③ 穆舜英主编《中国新疆古代艺术》，乌鲁木齐：新疆美术摄影出版社，1994 年，第 57、187 页。

④ 周文索《汉佉二体钱》，孙凤鸣主编《巴音郭楞年鉴》（2003），乌鲁木齐：新疆人民出版社，2003 年，第 171 页。该文关于汉佉二体钱写道："自治区考古所收藏 2 枚，巴州博物馆收藏 2 枚。"刘文锁发现的一枚藏于新疆文物考古研究所，不重复计入。

⑤ 承蒙上海博物馆青铜研究部王樾先生告知，谨致谢忱！

⑥ 承蒙荣新江、李肖、朱玉麒等先生告知，最近莎车县境内发现了一个汉佉二体钱窖藏，数量据说逾两千枚，但这批珍贵文物已经流散到民间。按，莎车在公元 1 世纪为于阗所灭，在汉佉二体钱流通的年代，它是于阗王国的一部分。

表 4-1　汉佉二体钱的出土与收藏情况

发现者	数量	收藏单位
赫恩雷	152	英国国家博物馆、印度政府图书馆
斯坦因	226	英国国家博物馆
福赛斯	2	
罗伯特·肖	1	
雷奥尔	1	
布什	1	
肖特	2	牛津阿什莫林博物馆
冯·海勒	1	
布利斯比	1	巴基斯坦拉合尔博物馆
吕推	4	不明
彼得罗夫斯基和奥登堡	21	埃尔米塔什博物馆
马达汉	76	芬兰国家博物馆
大谷探险队	11	旅顺博物馆
黄文弼	1	中国国家博物馆
刘文锁	1	新疆文物考古研究所
不明	1	
不明	1	新疆维吾尔自治区博物馆
不明	7	4 枚藏和田地区文管所
不明	1	新疆钱币博物馆
不明	2	巴音郭楞蒙古自治州博物馆
不明	26	上海博物馆
总计	539	

　　早期西方探险家所获的汉佉二体钱基本上没有确切的出土地点，它们是赫恩雷、斯坦因、马达汉等人在塔里木盆地购买搜集的，但绝大部分据称来自和田绿洲的约特干等遗址，少数发现于库车[①]。出土地点相对明确的有：吕推的 4 枚出自和田；黄文弼发现的来自阿克斯皮尔古城；刘文锁发现的来自和田以东的安迪尔，洛浦县发现了 7 枚，另有几枚是从和田征集的。可见，大部分汉佉二体钱出自古代于阗境内，集中出自于阗国都约特干一带，少量流散到邻近的龟兹和鄯善西境。因此，这种钱币是由于阗国发行应该没有问题。少数几枚钱币上有汉字"于阗大〔王〕"[②]，也证明了这一点。

　　汉晋时期，贵霜曾对塔里木盆地西缘的疏勒等国在政治上产生过重要影响。那么，汉佉二体钱为何没在这些国家发行，而偏偏在比疏勒更靠东的于阗发行？仔细考察汉代葱岭以西地区同塔里木盆地交往的情况，似乎可以找到答案。在汉代，贵霜与塔里木盆地之间的道路主要有以下三条：其一从犍陀罗经迦毕试（阿富汗贝格拉姆）至蓝氏城（阿富汗巴尔赫），再向北经大宛（费尔干纳盆地）到达疏勒（喀什），可称为大宛道；其二在蓝氏城向东经瓦罕谷地至蒲犁（塔什库尔干），然后下至皮山或莎车，可称为瓦罕道；还有一条溯印度河上游谷地，过悬渡至蒲犁，然后亦到达皮山或莎车，称为罽宾道。这几条道路的汇合点正在于阗境内[③]。在公元前后几个世纪，翻越葱岭的商队和使团往来更多使用罽宾道。罽宾道在西汉后期已被充分利用，在贵霜时期仍被继续频繁使用，而且，贵霜的都城犍陀罗正位于罽宾

---

　　① 斯坦因在库车购买了 10 枚，其中 3 枚据传系出自附近的裕勒都斯拜格（Yulduz-bāgh）。另外，他还在莎车购得一枚。

　　② J. Cribb, "The Sino-Kharosthi Coins of Khotan," Part 1, pp. 134—135, 143—144.

　　③ 王小甫《七至十世纪西藏高原通其西北之路——联合国教科文组织（UNESCO）"平山郁夫丝绸之路研究奖学金"资助考察报告》，《边塞内外——王小甫学术文存》，北京：东方出版社，2016 年，第 55—86 页。

道的南端。

20 世纪 70 年代以来，德国考古机构联合巴基斯坦学者对喀喇昆仑公路两侧的摩崖题记进行了调查，并对沿途多处遗址进行了发掘。摩崖题记包括粟特文、佉卢文、婆罗迷文、汉文等多种文字，经耶特马尔（K. Jettmar）、辛维廉（N. Sims-Williams）和马雍等人整理均已发表①。遗址部分的发掘报告也经豪普特曼（H. Hauptmann）等人的整理陆续出版②。近年来，日本的土谷遥子也对这条道路展开了调查③。结果表明，罽宾道在古代商旅交通和文化传播等方面十分重要。倪利思（J. Neelis）曾利用发现的佉卢文材料考察了这条道路对于古代商业和佛教传播的意义④。正是由于贵霜时期罽宾道在商业和文化交往方面的重要性，而于阗作为这条道路的北方端点，因此汉佉二体钱由于阗而不是别的西域国家发行。

三、汉佉二体钱与汉代于阗政治史

在讨论之前，我们首先要澄清汉佉二体钱和于阗自造币之间的关系。从目前出土的材料来看，于阗发行的钱币在材质和币面设计上比较复杂多样，我们所讨论的汉佉二体钱只是其中的主要部分，除此之外，还包括多种数量很少的特殊类型。因此，笔者将所有的于阗自造

① K. Jettmar et al, *Antiquities of Northern Pakistan. Reports and Studies*, 5 Vols., Mainz: P. von Zabern, 1989—2004；N. Sims-Williams, *Sogdian and Other Iranian Inscriptions of the Upper Indus*, 2 Vols., London: School of Oriental and African Studies, 1989—1992；马雍《巴基斯坦北部所见"大魏"使者的岩刻题记》，《西域史地文物丛考》，北京：文物出版社，1990 年，第 129—137 页。

② H. Hauptmann（ed.），*Materialien zur Archäologie der Nordgebiete Pakistans*, 9 Vols., Mainz: P. von Zabern, 1994—2009.

③ 土谷遥子《〈法显伝〉に见える陀历仏教寺院：パキスタン北部地区ダレル渓谷プグッチ村における闻き取り调查（2008）》，《オリエント》53 巻 1 号，2010 年，第 120—143 页。

④ J. Neelis, *Early Buddhist Transmission and Trade Networks: Mobility and Exchange within and beyond the Northwestern Borderlands of South Asia*, Leiden: Brill, 2011.

币分为典型汉佉二体钱、变种汉佉二体钱和特殊于阗自造币等三个种类。

绝大多数的于阗自造币具有一般的范式，可称作典型汉佉二体钱，青铜质圆形无孔，分大钱和小钱两种，通过打压制成，属于希腊造币体系。典型钱币的一面印有汉文铭文，小钱作"六铢钱"，三个字呈"品"字安排，占满整个币面；大钱的中心为族徽图案，周围环绕"重廿四铢铜钱"六字，最外围还有一圈边饰。另一面印有佉卢文铭文，中心为一匹立马或走马，周围环绕一圈佉卢文（表4-2）。此外，部分钱币上还有一些戳记。另有少数钱币在材质或币面设计上有所变化，这类钱币过去一般仍然归为汉佉二体钱，姑且称作变种汉佉二体钱，包括三类：银质汉佉二体钱，驼纹汉佉二体钱（佉卢文一面的中心为一头立驼），以及汉铭作"于阗大〔王〕"的汉佉二体钱。还有一些钱币与典型汉佉二体钱差别很大，一般并不将它们视作汉佉二体钱，可称作特殊于阗自造币。特殊种类钱币在早期探险家的收集品里偶尔能见到，近年在和田地区又陆续出土了一些，李吟屏对此做了报道和汇总[①]。笔者认为，典型汉佉二体钱代表于阗自造币的成熟稳定阶段，变种汉佉二体钱和特殊于阗自造币则是初始阶段和尾声阶段的产物。

关于汉佉二体钱佉卢文铭文的内容，目前学界争议仍然较大。赫恩雷首先进行了系统的归纳，将其分为短铭和长铭两种，均由头衔+王名构成[②]：

1. maharaj uthabiraja +王名，释作"大王、于阗王某某"；

2. maharajasa rajatirajasa mahatasa +王名，释作"大王、众王之王、伟大者某某"。

---

① 李吟屏《和田历代地方政权发行货币概论》，《新疆钱币》2005年第2期，第21—26页。

② 赫恩雷《英国中亚古物收集品中的印—汉二体钱》，第102页。

第 1 种的第二个头衔，克力勃认作 yitirajasa 或 yidirajasa，仍然释作于阗王；第 2 种的第三个头衔他也全部认作 yidirajasa[1]。不过，林梅村先生认为带有 mahatasa 和 yidirajasa 两种头衔的钱币都存在[2]。因此，长铭应该分为两种，除了第 2 种外，另一种形式为：

3. maharajasa rajatirajasa yidirajasa＋王名，释作"大王、众王之王、于阗王某某"。

一般而言，短铭用在小钱上，长铭用在大钱上。唯有一种小钱使用的是长铭，为第 3 种铭文[3]。大部分钱币的王名均以 gugra 开头，赫恩雷辨认出五个，即 gugramada，gugradama，gugramaya，gugramoda 和 gugrataida。考虑到相似字母混淆等情况，他把它们归并为三个：gugra-mada，gugradama 和 gugratida，认为它们是三个国王的名字，并推测 gugra 等同于于阗王族姓氏 vijaya（尉迟）[4]。马雍先生认同赫恩雷的认读，但他认为这五个名字实际上是同一个人，即《后汉书·西域传》中的于阗王安国；于阗王之姓尉迟起源甚早，这位国王（安国）亦当姓尉迟[5]。林梅村先生也认为它们是同一人名，并推测其汉译形式为秋仁，生活于二、三世纪之交[6]。笔者赞同这三位先生的大部分看法，即这些以 gugra 开头的名字均指同一位于阗王，但既不是安国，也不是秋仁，而是活跃于公元 1 世纪晚期的广德。语音方面，"广德"与 gugra-mada 等形式可以很好地勘同。"广德"的上古汉语拟音为 kuaŋ-dək[7]。

---

① J. Cribb, "The Sino-Kharosthi Coins of Khotan," Part 1, pp. 130—135.

② 林梅村《再论汉佉二体钱》，第 302 页。不过，林先生将 yidirajasa 认作 thabirajasa，释作都尉王。

③ 这种钱币即克力勃分类的第 10 型，发行者为 inaba，见 J. Cribb, "The Sino-Kharosthi Coins of Khotan," Part 1, pp. 133—134.

④ 赫恩雷《英国中亚古物收集品中的印—汉二体钱》，第 100—106 页。

⑤ 马雍《古代鄯善、于阗地区佉卢文字资料综考》，第 69—72 页。

⑥ 林梅村《佉卢文及汉佉二体钱所记于阗大王考》，第 289—294 页。

⑦ 郭锡良《汉字古音手册》（增订本），北京：商务印书馆，2010 年，第 35、414 页。

林梅村先生已经指出，犍陀罗语经常不分 g 和 k[①]，那么，gugramada>kukramada。由于词首 kukr 存在相近音素重叠的情况，按照梵语和俗语"特弱变化"的音变规则，辅音 kr 在发音时可能部分或全部省略，即 kukramada>ku（r）amda，听起来为两个音节 kuam+da，与汉语"广德"的发音相同。克力勃将这些名字的前半部分认作 gurga[②]，后半部分的读法也略有不同，但不影响笔者的结论。

　　另外，克力勃还认出三个不属于 gurga 组的新王名，即 inaba、panadosana 和…doga，他认为 gurga 组中包含三位国王，加上这三个，至少有六位于阗王发行过汉佉二体钱。克力勃还指出，panadosana 与《后汉书》记载的于阗王放前的名字在语音学上可以勘同[③]。这一点我完全同意，"放前"的上古汉语拟音为 pǐwaŋ-dzian[④]，与 pana+（do）sana 契合。带有三种新名字的钱币数量不多，其中带有…doga 的更是只有 1 枚，即克力勃分型中的第 11 型，因此它能否代表一位新的国王很难说，可能只是放前名字的另一种写法。关于 inaba，克力勃提供了两条线索：其一，放前的钱币在风格上是从 inaba 的钱币延续下来的；其二，有一枚 inaba 钱币是在广德的钱币上二次打压而成的[⑤]。可见，inaba 在位的时间比放前要早，但比广德要晚。《后汉书》没有记录广德和放前之间的于阗王。但是，藏语文献《于阗国授记》（li yul lung bstan pa）提供了相关线索，该书记载的第 16 代于阗王尉迟僧诃（sing ha）可比定为广德，第 18 代于阗王尉迟散瞿罗摩（sang

---

①　林梅村《佉卢文及汉佉二体钱所记于阗大王考》，第 293 页。

②　到底是认作 gugra 还是 gurga 尚无定论，因为难以判断第二个复合辅音符号中的 r 是前置还是后置，在佉卢文中，前置的 r 和后置的 r 的表达形式极其相似，容易混淆，参林梅村《再论汉佉二体钱》，第 299 页。

③　J. Cribb, "The Sino-Kharosthi Coins of Khotan," Part 2, p. 137.

④　郭锡良《汉字古音手册》（增订本），第 327、406 页。

⑤　J. Cribb, "The Sino-Kharosthi Coins of Khotan," Part 1, pp. 147—149.

gra ma）可比定为放前，在二者之间的第 17 代于阗王叫作尉迟讫帝
（kīrti）[1]。《于阗国授记》是一部教法史著作，最初用于阗语写成于公
元 840 年。其中的于阗王世系故事应当是根据于阗本地的历史传说改
编而成的。不过，kīrti 是佛教化的名字，意为"称"，inaba 则是世俗
名字，所以二者之间难以建立对音关系，但它们均指广德和放前之间
的同一位于阗王。概言之，我认为发行汉佉二体钱的有三位于阗王，
分别为广德、讫帝和放前。

　　克力勃根据铭文内容和币面图案将汉佉二体钱分为十三型，虽然显
得烦琐，但这显示了钱币之间的所有细微差别。根据重叠打压等线索，
他进一步将这十三型按年代从早到晚划分为三期：第 1—8 型为第一期，
9—11 型为第二期，12—13 型为第三期[2]。他的分期基本正确，只是
第 11 型应该归入第三期，理由是该型钱币上马的形象与第 12 型完全一
致，而第 9—10 型中间的动物形象是双峰驼。笔者认为，修正后的三期
钱币，第一期佉卢文铭文包含王名成分 gurga，第二期包含 inaba，
第三期包含 panadosana 或…doga，它们分别由广德、讫帝和放前发行
（表 4-2）。克力勃之所以将第 11 型归入第二期，是因为其汉文铭文为
"重廿四铢铜钱"，与前两期的大钱一致，而第 12—13 型的汉文铭文自
成一系，为"于阗大〔王〕"。殊不知，放前钱币汉文铭文的这种变化
说明了他在位期间进行了货币改革，而这些改革措施正是导致汉佉二体
钱终止发行的一个重要原因。

---

　　① 朱丽双《〈于阗国授记〉译注（上）》，第 258—261 页。关于尉迟僧诃
=广德，尉迟散瞿罗摩=放前，参殷晴《于阗尉迟王家世系考述》，《新疆社会科
学》1983 年第 2 期，第 123—146 页。

　　② J. Cribb, "The Sino-Kharosthi Coins of Khotan," Part 1, p. 139.

表 4-2　汉佉二体钱的类型、分期与发行者

期	型	币面摹本	发行者
第一期	1 型		广德
	2 型		
	3 型		
	4 型		
	5 型		
	6 型		
	7 型		
	8 型		

（续表）

期	型	币面摹本	发行者
第二期	9 型		讫帝
	10 型		
第三期	11 型		放前
	12 型		
	13 型		

注：表中图片引自 J. Cribb, "The Sino-Kharosthi Coins of Khotan," Part 1, pp. 130—135.

汉佉二体钱的另一些特征有助于我们进一步精确其发行年代，这些特征在以往的研究中基本被忽略了。首先是关于佉卢文和马纹（以及驼纹）图案的采用。汉佉二体钱在重量、铭文和图案等方面受到贵霜钱币的极大影响，显然是以某种或某几种贵霜钱币作为样本的。但是，并非所有贵霜钱币都符合这种样本要求。贵霜王朝使用四种文字：希腊文（希腊语）、巴克特里亚文（巴克特里亚语）、佉卢文（犍陀罗语）和婆罗迷文（梵语、犍陀罗语之外的俗语）。这几种文字在不同时期的地位是不一样的。阿富汗出土的罗巴塔克（Rabatak）碑铭宣称，迦腻色迦（Kaniṣka I，127—150 年在位）在纪元元年（公元 127 年）推行了一项重要的语言改革措施，即用巴克特里亚语取代希腊语作为官方语言[1]。诚然，在这项改革之后，佉卢文和婆罗迷文仍在贵霜境内使用。但是，迦腻色迦、胡毗色迦（Huviṣka，150—187 年在位）和波调（Vasudeva，187—237 年在位）的钱币上只使用巴克特里亚文（迦腻色迦最初发行的一两种铜币仍然使用希腊文），萨珊—贵霜沙（Kushano-Sasanian）时期诸王的钱币使用巴克特里亚文和婆罗迷文。形成对照的是，贵霜前三王，即丘就却（Kujula Kadphises，30—80 年在位）、维马·塔克图（Vima Takhto，80—110 年在位）和阎膏珍（Vima Kadphises，110—127 年在位）的钱币均使用希腊文和佉卢文，并且大部分是带有这两种语言文字的双语钱币（图 4-7）。钱币的铭文内容也表现出这种阶段性变化。自迦腻色迦起，贵霜钱币上的头衔仅保留了"众王之王"——迦腻色迦的多数钱币甚至只有省文形式"王"，而前三王均发行有带"大王、众王之王"头衔的钱币[2]。特别值得注意的是维马·塔克图在西犍陀罗地区发行的一套德拉克马（drachm）和四德拉克马（tetradrachm）银币，属于希腊文—佉卢文双语钱币，佉卢文铭文为"大王、众王之王、伟大者、救世主"[3]，这和汉佉二体钱的第 2 种佉卢文铭文格式基本一样。在币面图案方面，贵霜钱币也表现出类似的差别。贵霜钱币正面基本为王的全身像或头像，背面情况各异：丘就却的钱币包括神像和骆驼像，维马·塔克图的钱币包括骆驼和马的形象，阎膏珍的钱币基本上是

① N. Sims-Williams, "The Bactrian Inscription of Rabatak: A New Reading," *Bulletin of the Asia Institute* 18, new series, 2004[2008], p. 56; 罗帅《罗巴塔克碑铭译注与研究》，朱玉麒主编《西域文史》第 6 辑，北京：科学出版社，2012 年，第 122—124 页。

② 参杜维善《贵霜帝国之钱币》，上海：上海古籍出版社，2012 年。

③ D. W. Macdowall, "Soter Megas, the King of Kings, the Kushāna," *Journal of the Numismatic Society of India* 30, 1968, p. 29.

骑公牛的湿婆形象，从迦腻色迦往后的钱币为各种神像（图 4-7）[①]。
因此，作为汉佉二体钱样本的贵霜钱币只可能属于前三王，尤以维马·
塔克图的钱币最为接近。我们当然也可以假设，较晚的于阗王可能使用
了沿用下来的早期贵霜钱币作为样本。然而，目前塔里木盆地出土的贵
霜钱币中，属于迦腻色迦的最多，如果汉佉二体钱开始发行的时间晚于
迦腻色迦元年，那么作为样本的理应为迦腻色迦的钱币。由此可见，汉
佉二体钱的始发时间早于迦腻色迦元年，是以某种或某几种贵霜前三王
特别是维马·塔克图的钱币作为样本。

图 4-7　贵霜诸王钱币背面图案与铭文

1. 丘就却：骆驼；2—3. 维马·塔克图：骆驼、马，佉卢文衔铭；4. 阎膏珍：公牛，
佉卢文衔铭；5. 迦腻色迦：神祇，巴克特里亚文铭文（娜娜女神 NANA）；6. 胡毗色
迦：神祇，巴克特里亚文铭文（丰收女神阿尔多克什 APΔOXþO）

　　第二个容易被忽略的细节是对钱币正背面的确认。汉佉二体钱的发
行者存在一种矛盾的心理。发行钱币既是一种经济行为，也是一种重要

---

① 杜维善《贵霜帝国之钱币》，第 91—171 页；Katsumi Tanabe, *Silk Road Coins: The Hirayama Collection*, Kamakura: The Institute of Silk Road Studies, 1993, pp. 58, 104.

的政治宣示。当于阗王开始发行汉佉二体钱时，他首先面临的一个难题是如何将这两个方面统一起来。其解决方法体现为巧妙安排钱币的正背面。夏鼐是唯一注意到这一问题的学者，他指出，依中亚古钱惯例，马像一面为背面，汉文一面为正面[1]。但夏先生的论断没有引起其他研究者的重视，如克力勃等人仍将马像和佉卢文的一面当作正面，汉文的一面作为背面。因此，这里有必要对夏先生提到的中亚古钱惯例作进一步阐述。在贵霜前三王发行的钱币中，带有马、骆驼纹样和佉卢文名号的一面无一例外是背面，带有发行者立像（或头像）以及希腊文铭文的一面为正面。于阗王既然以贵霜钱币作为样本，不会不知道这个情况。于阗王在钱币背面使用佉卢文并照搬贵霜王的头衔，称"大王、众王之王、伟大者"，显然是展示给贵霜人看的，显示出一种和贵霜王平起平坐的姿态。这里，我们可以举丘就却早期发行的钱币作为助证。丘就却早年在政治上依附于罽宾王阴末赴（Hermaeus），因此发行的钱币正面为阴末赴的头像和名字，背面为丘就却的名字，并且只称"贵霜翕侯"，崛起之后，才称"大王、众王之王"。可见，在贵霜人眼里，钱币上称号的采用与政治地位息息相关。

在本应该使用王像和名衔的正面，于阗王采用汉文铭文"六铢钱"和"重廿四铢铜钱"作为主要图案，小钱的正面甚至只有"六铢钱"三个字，且占满整个币面（表4-2）。币铭仅标示钱重，这符合汉钱的传统，可以建立同五铢钱的兑换关系[2]。不出现任何反映政治主张的文字，更是对汉王朝地位的认可和尊重。于阗王通过使用"六铢钱"字样来向汉王朝表明，汉佉二体钱是五铢钱的一种变体，是一种从属于五

---

[1] 夏鼐《"和阗马钱"考》，第61页。

[2] 夏鼐认为，汉佉二体钱上的汉铭"六铢钱""重廿四铢铜钱"是基于钱币自身的重量，使用的是波斯—印度标准的德拉克马和四德拉克马，其比值为1∶4。虽然它们不直接采用五铢钱的制度，保存了原有的货币单位，但它们与五铢钱之间的换算很方便。最基本的换算关系为，5个六铢钱可换6个五铢钱，1个二十四铢钱加上1个六铢钱，也可以换6个五铢钱（夏鼐《"和阗马钱"考》，第63页）。

铢钱的辅助货币。赫恩雷认为,汉文铭文的使用表明汉朝势力在于阗国
必占重要地位,所以汉佉二体钱开始发行的年代必须在公元 73 年班超
降于阗王之后[1]。这个观点无疑是正确的。夏鼐也曾指出,汉佉二体钱
上的汉文篆体结构拘谨,与东汉铜容器上的铭文风格类似[2]。

不惟汉铭,汉佉二体钱在佉卢文衔铭的设计上也体现了对汉王朝的
尊重。在多种丘就却和维马·塔克图的钱币上,佉卢文衔铭包含有 de-
vaputra,意为"天子";在罗巴塔克碑铭里,迦腻色迦也拥有类似的巴
克特里亚语头衔[3]。贵霜钱币上的王衔基本上属于中亚系统,唯有 deva-
putra 与汉文化存在交集——中原王朝皇帝的称号正是"天子"。于阗王
如果引入这一头衔,无疑会对汉王朝形成冒犯,所以汉佉二体钱不予采
用。形成对比的是,在塔里木盆地出土的佉卢文文书中,我们可以发现
多个绿洲国家的国王采用了这一头衔。佉卢文文书的年代为 3—4 世纪,
这时候中原王朝的势力在西域已经式微。

汉佉二体钱的币面安排体现了于阗尊汉而与贵霜平起平坐的态度,
其政治话外音是:汉朝为西域之宗主,贵霜只能与汉朝附庸于阗的地位
对等。这非常符合汉王朝的利益,因此,它的发行得到了班超及汉廷的
认可和支持。也正因为如此,我们就不难理解班超为何会断然拒绝贵霜
在公元 87 年提出的尚汉公主的请求[4]。贵霜试图通过与汉朝联姻的方式
来提高在西域的地位,这显然会打破汉佉二体钱所反映的既有政治格
局,是为班超所不能容忍。

通过对典型汉佉二体钱的细节分析,笔者将汉佉二体钱开始发行的
时间限定在公元 73—127 年,即班超降服于阗王至迦腻色迦元年之间。
下面,笔者将对于阗自造币的另两类——变种汉佉二体钱和特殊于阗自

---

① 赫恩雷《英国中亚古物收集品中的印—汉二体钱》,第 104—106 页。
② 夏鼐《"和阗马钱"考》,第 62 页。
③ 罗帅《罗巴塔克碑铭译注与研究》,第 126 页。
④ 《后汉书》卷四七《班超传》,第 1580 页。

造币——进行考察。上文已论及，这两类钱币是汉佉二体钱发行的初始阶段和尾声阶段的产物，它们对于明确汉佉二体钱的开始和终止发行时间大有帮助。

变种汉佉二体钱有三种：

1. 讫帝发行的钱币，背面中心为一匹骆驼；

2. 放前的晚期钱币，正面的汉铭作"于阗大〔王〕"；

3. 银质汉佉二体钱。

特殊于阗自造币也有三种（图 4-8）[①]：

4. 汉佉二体五铢铜钱；

5. 马纹圆形无穿铅钱；

6. 长方穿汉文铅钱。

第 1、2 种钱币表明讫帝和放前均曾对汉佉二体钱进行过改革，它们分别相当于克力勃第 9、10 和 12、13 型[②]。放前的"于阗大〔王〕"钱币是其币制改革后发行的多种钱币中的一种，关于这一点下文再述。这里先尝试分析讫帝为何对汉佉二体钱进行了革新。相关的线索仍然来自《于阗国授记》，该书记载了尉迟讫帝的一件事迹："初，迦腻色迦（ka ni ka）王、龟兹（gu zan）王以及于阗尉迟讫帝王等率军远征天竺，占领娑枳多城（so ked）时，尉迟讫帝王获取许多舍利。"[③] 娑枳多

[①] 李吟屏还报道了另外两种和田及邻近地区出土的钱币，即双面驼、马纹小铜钱和佉卢文圆形方穿小铜钱，并指出它们是汉佉二体钱的辅币（李吟屏《和田历代地方政权发行货币概论》，第 23—24 页）。双面驼、马纹小铜钱仅 1 枚，汪海岚已经指出它实际上是枚维马·塔克图的公牛—骆驼纹德拉克马铜钱（Helen Wang, *Money on the Silk Road*, p. 33）。这枚铜钱发现于民丰县安得悦河畔的夏羊塔格古城遗址，新疆文物考古研究所曾在同一个地点发现 1 枚汉佉二体钱（刘文锁《安迪尔新出汉佉二体钱考》，第 3—7 页）。佉卢文圆形方穿小铜钱可能也不属于汉代于阗自造币，这种钱只面世 2 枚，一枚为斯坦因发现于麻扎塔格（Helen Wang, *Money on the Silk Road*, p. 39），另一枚出自洛浦县的阿克斯皮尔古城，钱呈汉式圆形方穿，正面在穿的四周各有一个字母，目前尚难以断定其年代和发行者。

[②] J. Cribb, "The Sino-Kharosthi Coins of Khotan," Part 1, pp. 133—135.

[③] 朱丽双《〈于阗国授记〉译注（上）》，第 260 页。

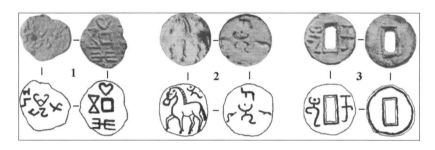

图 4-8　特殊于阗自造币

1. 汉佉二体五铢铜钱；2. 马纹圆形无穿铅钱；3. 长方穿汉文铅钱

（来源：J. Cribb, "The Sino-Kharosthi Coins of Khotan," Part 1, pp. 135—136；Part 2, pl. 22）

即《法显传》记载的沙祇大（梵文 Sāketa），位于恒河中游支流果戈拉河（Gogra）岸边，今法扎巴德市（Fyzabad）以东约 9 公里之阿约底村（Ajodhyā）[①]。引文中对迦腻色迦、龟兹和沙祇大城等三个关键名词的认定都是准确的。笔者认为，这个故事来源于于阗当地的早期传说，反映了一段正史中阙载的于阗历史。罗巴塔克碑铭列举了一份到迦腻色迦纪元元年为止贵霜已经征服的印度城市名单，沙祇大（巴克特里亚文 σαγηδο = Saged）是其中的第三个[②]。这些城市是迦腻色迦在纪元元年之前，在其父阎膏珍时期及其本人统治初期（110—127）征服的[③]。《后汉书》提到广德最晚是公元 87 年（不过，广德的在位时间很长，可能一直到公元 100 年左右），提到放前最早是公元 129 年，处于这两位于阗王之间的尉迟讫帝在位的时期确实与阎膏珍同时。此外，在公元 107—123 年间，汉朝军队和西域都护撤出了塔里木盆地，贵霜势力趁

①　章巽校注《法显传校注》，第 59—60 页。"娑枳多"是章巽新译的名字，宜采用《法显传》原本的译法。

②　N. Sims-Williams, "The Bactrian Inscription of Rabatak: A New Reading," p. 56；罗帅《罗巴塔克碑铭译注与研究》，第 122—130 页。按，古藏文 so ked，梵文 Sāketa 和巴克特里亚文 Saged 之间的对音完全没有问题。其中，古藏文与巴克特里亚文形式更为接近，可以从侧面印证《于阗国授记》记载的这条史料的真实性。

③　罗帅《罗巴塔克碑铭译注与研究》，第 128—129 页。

机渗入，例如，贵霜在汉安帝元初年间（114—120）曾率军护送臣磐归国就任疏勒王①。值此贵霜强势之际，塔里木盆地的于阗、龟兹为了自保，可能像疏勒一样偏附于贵霜。那么，尉迟讫帝等被要求率军参与到迦腻色迦征服印度的战争中是完全有可能的。也正是在这段贵霜影响比较大的时期，讫帝发行的汉佉二体钱出现了一些变化，将以前使用的马像改为骆驼像。我们发现，在阎膏珍发行的几种钱币上也普遍采用骆驼像。

其余四种变种汉佉二体钱和特殊于阗自造币对于汉佉二体钱年代范围的判定很重要。笔者认为，其中第 3、4 两种为广德试验发行自造币的产物，处于汉佉二体钱发行的前奏阶段；第 5、6 两种和第 2 种一样，是放前币制改革的产物，处于汉佉二体钱发行的余波阶段。下面分别探讨它们所揭示的汉佉二体钱年代信息。

银质汉佉二体钱。共发现 3 枚，国内民间收藏一枚，另两枚分藏于英国国家博物馆和俄国埃尔米塔什博物馆（Hermitage Museum）②。贵霜之前的中亚诸王国如印度—帕提亚（Indo-Parthian）和同时期的西部州政权（Western Kṣatrapas）均发行过大量银币。但是，在贵霜诸王中，只有维马·塔克图发行过几种银币，其中包括上文已论及的在西犍陀罗地区发行的一套德拉克马和四德拉克马银币③。这套银币与汉佉二体钱之间有着太多的相似之处：为双语钱币（希腊文—佉卢文），图案中有马像，大小钱的比值为 4:1，佉卢文铭衔与汉佉二体钱一致，等等。西犍陀罗地区位于罽宾道的南端，同于阗之间有着比较便捷的交通。笔者认为，维马·塔克图的这套银币很可能就是汉佉二体钱的最早样本，而这 3 枚银质汉佉二体钱应该是于阗王最初的尝试之作。

还有一个重要证据表明汉佉二体钱的始发时间约当维马·塔克图在

---

① 《后汉书》卷八八《西域传》，第 2927 页。

② Helen Wang, *Money on the Silk Road*, p. 43, n. 6.

③ D. W. Macdowall, "Soter Megas, the King of Kings, the Kushāna," p. 29.

位时期。1981 年，克力勃在研究英国国家博物馆的一批贵霜钱币时，发现其中 20 枚贵霜铜币背面打印有汉字"于"，暗示了它们的发行可能跟于阗有关。这类钱币正面图案为一头公牛，铭文为希腊文"Bupnei Bupnein Haoou"，乃"Basileōs Basileōn Zaoou"之讹，意为"众王之王、翕侯"；背面图案为一头立驼，铭文为佉卢文"maharajasa rajatirajasa devaputrasa vema sakho"。克力勃当时将背面铭文末尾的"sakho"解释为"khoshana"的不完整拼写，将铭文释作"大王、众王之王、天子维马，贵霜"，并将这组钱币归在维马·卡德菲赛斯（阎膏珍）名下[1]。不过，在 1999 年的文章里，他更正了这种看法，认为佉卢文末尾的部分应该读作"vema takho"，即第二位贵霜王维马·塔克图[2]，则铭文应重新释作"大王、众王之王、天子维马·塔克图"。因此，这批带有汉字"于"的贵霜钱币由维马·塔克图发行；由于希腊文衔铭中带有"翕侯"，它们的发行时间可能在维马·塔克图即位之初。值得一提的是，杜维善《贵霜帝国之钱币》收录的上海博物馆所藏贵霜钱币中，也有两枚"于"字铜币（图 4-9），其中一枚被误作丘就却钱[3]。这两枚钱币属于杜维善收集并捐献给上海博物馆的大批丝绸之路古国钱币中的一部分。林梅村先生认为，"于"字贵霜钱反映了它们相当于汉文于阗钱，二者的对应关系为：于阗汉文大钱相当于贵霜四德拉克马钱，小

① J. Cribb, "A New Coin of Vima Kadphises, King of the Kushans," in: *Coins, Culture and History in the Ancient World: Numismatic and Other Studies in Honor of Bluma L. Trell*, ed. by L. Casson & M. Price, Detroit: Wayne State University Press, 1981, pp. 29—37.

② J. Cribb, "The early Kushan Kings: New Evidence for chronology," in: *Coins, Art, and Chronology: Essay on the pre-Islamic History of the Indo-Irian Borderlands*, ed. by M. Alram & D. E. Klimburg-Salter, Wien: Österreichischen Akademie der Wissenschaften, 1999, p. 181.

③ 杜维善《贵霜帝国之钱币》，第 95 页，no. 017，第 99 页，no. 023。后者亦见上海博物馆青铜器研究部《上海博物馆藏丝绸之路古代国家钱币》，上海：上海书画出版社，2006 年，no. 1215。

钱相当于德拉克马钱；由于这两种钱币之间存在交换关系，那么它们的年代必在同一时期[1]。林先生的观点是可取的，笔者认为维马·塔克图的"于"字钱和于阗的汉佉二体钱分别是贵霜和于阗发行的中介货币，用以解决两个国家之间日益增加的贸易支付问题。它们的发行时间在维马·塔克图即位之初，即公元80年后不久。公元87年，月氏向汉朝进献珍宝和瑞兽并提出娶汉公主的请求，双方关系达到最佳状态。但随着贵霜的联姻要求被班超拒绝，双方关系骤然紧张，最终酿成了公元90年的战争。所以，汉佉二体钱开始发行的时间应该在公元80—87年之间，考虑到维马·塔克图的钱币传到于阗需要一个过程，也许公元85年左右是一个合理的时间。

图4-9　贵霜于字钱

汉佉二体五铢铜钱（图4-8：1）。共发现2枚，其中一枚为民间收藏者所有，另一枚为法国吕推探险队发现，现藏于巴黎国家图书馆（La bibliothèque nationale de France）[2]。它们系打压制成，正面中心打出象征中国钱穿的方框凸纹，方框周围有汉字"五朱"（即五铢）和心形族徽——这种族徽也见于汉佉二体钱；背面中间为心形族徽，周围环绕5

---

[1]　林梅村《于阗汉文钱币考》，第320页。

[2]　J. Cribb, "The Sino-Kharosthi Coins of Khotan," Part 1, p. 136; 李吟屏《和田历代地方政权发行货币概论》，第22—23页。

个佉卢文字母，不可卒读。这种钱无疑想模仿五铢钱，但其重量只有约1.5克，不及五铢钱的一半；钱背的佉卢文铭文也显得杂乱无章，设计不成熟。笔者认为这种钱币同样是汉佉二体钱发行的前奏时期的产物，它生动地反映了汉佉二体钱发行者的设计思路和摸索过程。广德最初发行的自造币试图模仿五铢钱，表明当时五铢钱在西域流通甚广。考古发现也证实了这一点，斯坦因三次中亚考察在和田地区共获得五铢钱468枚以上[①]；1977年，和田的买力克阿瓦提遗址曾出土陶缸一口，内盛汉代五铢钱45公斤，约合五铢钱一万五千枚[②]。这些数字与和田出土的汉佉二体钱和贵霜钱相比要大得多，表明五铢钱在东汉时期于阗的货币流通体系中占主要地位，而汉佉二体钱则是一种辅助性质的中介货币[③]。

马纹圆形无穿铅钱（图4-8：2）。共发现2枚，均出自和田，一枚藏于英国国家博物馆，另一枚出自洛浦县阿克斯皮尔古城，藏于中国钱币博物馆[④]。这种钱币系打压而成，背面为一走马，与汉佉二体钱上的马像略同（不过，这种钱上的走马面朝左向，汉佉二体钱上的为右向）；正面中央为一个汉字"方"，周围有三个佉卢文字母，读作dosana。克力勃认为，"方"通"放"，系放前名字的前半部；dosana则是放前的佉卢文名字的后半部[⑤]。这种解说是有道理的，汉佉二体钱中就存在王名省写的形式，例如，克力勃第2型钱币的佉卢文王名为gurga[⑥]，系广德名字的前半部。所以，这种铅钱是放前发行的一种类型。

---

① Helen Wang, *Money on the Silk Road*, p. 25.

② 李遇春《新疆和田县买力克阿瓦提遗址的调查和试掘》，《文物》1981年第1期，第34页。

③ 我们可以通过出土数量来判断五铢钱和汉佉二体钱在汉代于阗的大致流通情况，但这不适用于贵霜钱币。因为在于阗境内，五铢钱和汉佉二体钱是本币，贵霜钱币是外币，进入于阗货币流通系统的贵霜钱币最终可能会流回贵霜本土。

④ J. Cribb, "The Sino-Kharosthi Coins of Khotan," Part 1, p. 135；李吟屏《和田历代地方政权发行货币概论》，第23页。

⑤ J. Cribb, "The Sino-Kharosthi Coins of Khotan," Part 1, p. 135.

⑥ J. Cribb, "The Sino-Kharosthi Coins of Khotan," Part 1, pp. 130—131.

长方穿汉文铅钱（图 4-8：3）。共发现 13 枚左右，赫恩雷收集品 1 枚，斯文·赫定在楼兰 LA 遗址（斯坦因编号）发现 1 枚，斯坦因在和田的约特干购得 5 枚[①]；近年，李吟屏又报道了和田新发现的 2 枚，并指出新疆钱币博物馆收藏有 1 枚，民间收藏约 3 枚[②]。这种铅钱也分大小钱两种，重量分别与汉佉二体钱大小钱一致。与汉佉二体钱不同的是，这种钱属于中国造币体系，系浇铸而成，钱币呈圆形，长方穿，正面穿两侧有汉文铭文"于""方"二字，背素，肉好周郭。克力勃认为，"于"字代表于阗，"方"代表放前名字的前半部[③]。因此，这种钱币也是放前发行的一种类型。另外，中国楼兰考古队曾在楼兰 LA 遗址采集到 1 枚阎膏珍后期的铜币[④]。放前的在位时间正当阎膏珍后期，斯文赫定发现的放前铅钱和这枚阎膏珍铜币可能是由同一批商人从于阗带到楼兰的，它们反映了这一时期贵霜、于阗、楼兰之间的长途贸易关系。

至此，我们可以对放前发行的钱币以及汉佉二体钱的终止时间做一总结。根据目前能够确定的材料来看，放前一共发行了四种钱币。早期，他更改了讫帝的驼纹钱币设计，回归到广德的马纹汉佉二体钱样式，汉铭仍使用"重廿四铢铜钱"（大钱）。晚期，他进行了重大的货币改革，放弃了汉佉二体钱传统的汉铭格式，改作"于阗大〔王〕"；同时，他还发行了两种铅币——马纹圆形无穿铅钱和长方穿汉文铅钱。总的来看，放前的货币政策多有变动，比较混乱。克力勃认为，顺帝阳嘉元年（132），忠于汉朝的疏勒王臣磐率军击败于阗王放前，这一事

① 林梅村《于阗汉文钱币考》，《西域文明》，第 315—317 页。

② 李吟屏《和田历代地方政权发行货币概论》，第 23 页。

③ J. Cribb, "The Sino-Kharosthi Coins of Khotan," Part 1, p. 136.

④ 考古队《楼兰古城址调查与试掘简报》，《文物》1988 年第 7 期，第 20 页；小谷仲男《关于在中国西域发现的贵霜硬币的一些想法》，联合国教科文组织等编《十世纪前的丝绸之路和东西文化交流》，北京：新世界出版社，第 383—391 页。

件导致了汉佉二体钱最终停止发行①。他的看法有一定道理。汉佉二体钱在放前统治的末期终止发行是政治因素和经济因素共同作用的结果。

政治方面，放前依附贵霜，对汉朝屡有冒犯。公元 123 年，班勇代表东汉重返西域；127 年，于阗连同疏勒、龟兹等国背贵霜而向汉；自 129 年起，放前又不用汉命，在西域擅行废立之事，终于在 132 年被亲汉的疏勒王臣磐击败。放前即位于阗王的时间大概在 119 年东汉重新对西域产生影响之后②，因此即位之初，放前发行的汉佉二体钱沿袭广德的钱币形制，大钱汉铭仍用"重廿四铢铜钱"，以示对汉朝的尊崇。到 129 年，可能因为得到了贵霜的支持，放前的野心大为膨胀。在钱币设计方面，他放弃了传统的汉铭体例，径自使用"于阗大王"等字样，侵犯了东汉的威严。132 年放前被挫败之后，作为一种遏制和惩罚措施，汉朝禁止了于阗发行钱币的权力。由于突然失去了汉佉二体钱这种中介货币，一批贵霜钱币因此涌入于阗市场。这时正当贵霜王迦腻色迦在位的时期，所以目前在和田出土的贵霜钱币中，迦腻色迦的占绝大多数。公元 2 世纪中期，迦王钱币在于阗被持续使用。到 2 世纪晚期，由于罗马、贵霜、汉朝纷纷陷入危机，贵霜同于阗之间的贸易规模逐渐缩小，并维持在物物交换和汉钱可以应付的范围之内，因此不复需要贵霜货币进入于阗市场流通。

经济方面，汉佉二体钱并非一种高质量钱币，兼因于阗的造币金属匮乏，决定了汉佉二体钱不可能成为长期持续发行的货币。一般认为，汉佉二体钱的重量采用的是波斯—印度标准单位的德拉克马（3.26 克）和四德拉克马（13.05 克）。赫恩雷曾测得 63 枚小钱的平均重量为 3.10 克，9 枚大钱的平均重量为 13.83 克。汉铭标称小钱重 6 铢，大钱重 24

---

① 　J. Cribb, "The Sino-Kharosthi Coins of Khotan," Part 2, pp. 139—143.

② 　《后汉书·西域传》记载，元初六年（119），敦煌太守曹宗"乃上遣行长史索班，将千余人屯伊吾以招抚之，于是车师前王及鄯善王来降"（《后汉书》卷八八《西域传》，第 2911 页）。

铢，按东汉重量标准，分别相当于 3.48 克和 13.92 克[1]。这三组重量大致可以对应，且大小比值均可视为 1:4。然而据汪海岚的钱币目录（该目录给出了斯坦因收集品中二百余枚汉佉二体钱的重量和尺寸），可以发现，汉佉二体钱的个体在重量、尺寸等方面的差别实际上非常大，重量从 0.30—17.15 克都有[2]。其原因绝对不能仅仅归结为损耗。它表明汉佉二体钱无法像五铢钱、贵霜钱等货币一样，在重量、尺寸、铜含量等方面保持稳定，相当一部分个体的实际重量远低于标称，因此并非一种质量好、信誉佳的钱币。那么，它的发行和流通注定不能持久。克力勃特别指出，放前的钱币存在显著的减重现象[3]。而且，放前在晚期还发行了两种铅币。据此可知，放前晚期造币用的铜金属相当匮乏，铜币减重和增发铅币是他采取的两种应对措施。由于钱币自身存在缺陷，所以公元 2 世纪中期于阗重新摆脱东汉的约束之后，并没有能力恢复发行汉佉二体钱或其他自造币。

四、汉代于阗与丝绸之路大国关系

1. 汉、贵霜、于阗关系

在建立贵霜王朝之前，月氏人就已经与塔里木盆地及中国内地之间保持着比较密切的政治与经济联系。敦煌悬泉汉简中有 17 枚提到了大月氏，这些简牍的年代为公元前 1 世纪，内容关涉汉朝与大月氏之间的使节和商业往来，其中提到了大月氏翕侯、贵人、使者以及普通的大月

---

① 夏鼐《"和阗马钱"考》，第 62—63 页；赫恩雷《英国中亚古物收集品中的印—汉二体钱》，第 98—100 页。

② Helen Wang, *Money on the Silk Road*, pp. 127—277. 赫恩雷也提供了他研究的各枚汉佉二体钱的重量和尺寸（赫恩雷《英国中亚古物收集品中的印—汉二体钱》，第 98—100 页），从中同样可以看出个体之间的重量其实千差万别。

③ J. Cribb, "The Sino-Kharosthi Coins of Khotan", Part 1, p. 141.

氏客①。由此可知，在西汉中晚期，月氏与汉朝之间的外交往来比较频繁，二者之间维持着一定规模的朝贡贸易。然而，由于缺乏明确材料，这一时期月氏与塔里木盆地之间的官方和民间贸易情况尚不清楚。但可以肯定的是，在公元 1 世纪晚期之前，贵霜与葱岭以东的贸易规模一直比较小②。这由三个因素所决定：其一，贵霜在公元 1 世纪上半叶发动了系列战争，致力于向印度的领土扩张，无暇发展贸易。其二，西汉末年和新莽的社会动荡使经济凋敝，东汉初年需要休养生息，无力维持大规模朝贡贸易。其三，王莽以后，西域被匈奴盘踞，匈奴人对绿洲国家的控制主要是采取经济剥削的形式；到公元 1 世纪中期，莎车、于阗之间又连年攻战，西域社会和经济都不稳定。

公元 1 世纪晚期，上述三个因素纷纷化解，汉、贵霜和于阗之间的贸易出现了快速发展的契机。贵霜在印度的扩张取得了阶段性胜利——逐步吞并了印度—帕提亚王国，占有了西北印度，同时取得对西印度的西部州政权的宗主地位，控制了印度西北海岸的重要贸易港口婆卢羯车（Barygaza）。而西域和中原，公元 60 年后，于阗战胜莎车，遂称雄南道；公元 70 年后，班超投笔从戎，经略西域，驱逐匈奴；到公元 80 年后，班超对西域的经营初见成效，汉王朝重新成为西域的支配力量。贵霜对班超在西域的经营起初显然是支持和配合的，《后汉书》记载，章

---

① 郝树声、张德芳《悬泉汉简研究》，兰州：甘肃教育出版社，2009 年，第 201—207 页。

② 罗帅《贵霜帝国的贸易扩张及其三系国际贸易网络》，《北京大学学报》2016 年第 1 期，第 120—122 页。

帝建初元年（76），月氏助汉朝击车师①；九年，月氏又帮助班超说服康居从疏勒退兵；章和元年（87），月氏更是向汉朝进献珍宝和瑞兽，求娶汉公主②。贵霜人在政治和军事上的这种合作姿态很大程度上是出于经济考虑，相对于匈奴，汉王朝控制塔里木盆地对于贵霜的贸易更为有利。贵霜与汉朝之间不断升温的关系因班超拒绝贵霜的联姻请求而出现一段波折。永元二年（90）夏，大月氏副王谢率兵七万越葱岭攻打班超，反被班超挫败，贵霜转而又与汉朝和好如初。对于这次战争的结果，班固站在汉朝威服外邦的角度，说"月氏由是大震，岁奉贡献"③。但是站在贵霜的角度，他们愿意继续"岁奉贡献"当然不是出于畏惧，恐怕是因其难以割舍商业利益罢了。不管怎样，在班超经营西域的时期，贵霜与塔里木盆地的商业关系得到了很大的发展。

在班超时代，汉、贵霜及塔里木盆地之间的经济联系在班固的《与弟超书》中得到很好的体现。这封（或多封）书信已佚，但若干片段保留在《艺文类聚》《太平御览》等唐宋类书中，其中有四条反映了当

---

① 《后汉书·班超传》在记载公元87年事时只提到"初，月氏尝助汉击车师有功"，未明言具体时间。梳理相关历史可知，东汉在公元87年之前曾三次对车师用兵：明帝永平十七年（74）夏，窦固、耿秉击降车师；同年冬，刘张、耿恭、窦固、耿秉再击车师，破之。然而，公元75年，车师趁明帝驾崩叛汉。章帝建初元年（76）春，段彭复大破车师于交河城。由于公元73年班超降鄯善，翌年春又定于阗和疏勒，南道遂通，则月氏助汉可能发生在这三次用兵中的任何一次，不过，我倾向于第三次。因为，关于段彭伐车师的兵力来源，《后汉书》作了如是交代："（章帝）遣秦彭与谒者王蒙、皇甫援发张掖、酒泉、敦煌三郡及鄯善兵，合七千余人。"可见，虽然在公元75年北道焉耆、龟兹、姑墨等国皆叛，致使班超孤悬疏勒岁余，但南道的鄯善和于阗依然忠实于汉朝。月氏应该是响应秦彭等人的征兵号召，发援兵同鄯善一起助汉伐车师（相关史料见《后汉书》卷一九《耿秉耿恭传》，第717—722页；卷四七《班超传》，第1572—1580页；卷八八《西域传》，第2909页）。

② 《后汉书》卷三《章帝纪》，第158页；卷四七《班超传》，第1579—1580页。

③ 《后汉书》卷四七《班超传》，第1580页。

时塔里木盆地的贸易状况①：

《太平御览》卷七〇九："月支氍毹大小相杂，但细好而已。"按：同卷"氍毹""毲毲"两条援引了多种古籍来说明二者关系及性状、产地。东汉服虔《通俗文》曰："织毛褥谓之氍毹。"又曰："氍毹细者谓之毲毲。"曹魏鱼豢《魏略》曰："大秦国以野茧作织成氍毹，文出黄、白、黑、绿氍毹。"又曰："大秦国以羊毳、木皮、野丝作毲毲之属，有五色、九色毲毲，其毛鲜于海东诸国所作也。"孙吴康泰《吴时外国传》："天竺国出细靡氍毹。"《周书》波斯国条："其地出氍毹。"从这些记载中可以得知，氍毹是一种毛织褥子，西域多个国家都能生产，其细者叫作毲毲。大秦国（即罗马）所产之毲毲为各国最优者，最符合班固所要求"细好"之毲毲。马雍对氍毹进行过专门研究，认为它是佉卢文 kośava 之音译，是西域人对织花粗毛毯的称呼。但后来不唯指毛织物，也用来指棉毯和野蚕丝毯。kośava 之名在佉卢文书中多有所见，反映了在3—4世纪这种织物在塔里木盆地很普遍。马先生还论证，先秦游牧部落"渠叟"因擅长织氍毹而得名，曾在大宛（费尔干纳盆地）活动过，在那里建立了古渠叟国，但到汉武帝时国已不存②。这说明中亚游牧部落是氍毹的生产能手，月氏人即属于这样的部落民族。

《太平御览》卷九八二："窦侍中令载杂彩七百匹，市月氏苏合香。"按：同卷"苏合"条引司马彪《续汉书》曰："大秦国合诸香煎其汁，谓之苏合。"难以断定"月氏"后面是否脱"马"字；如果没有，则表明这种罗马香料由月氏人转贸到塔里木盆地。

---

① 欧阳询撰《艺文类聚》卷八五，汪绍楹校，上海：上海古籍出版社，1982年，第1456页；李昉撰《太平御览》卷七〇九、八一四、八一六、九八二，北京：中华书局，1960年，第3157、3618、3631、4347页。
② 马雍《新疆佉卢文书中之 kośava 即氍毹考——兼论"渠搜"古地名》，《西域史地文物丛考》，北京：文物出版社，1990年，第112—115页。

《艺文类聚》卷八五："今赍白素三〔百〕匹，欲以市月支马、苏合香、罽登。"按：罽登即氍毹。《太平御览》卷八一四也收录了这条，但作"今赍白素三百匹，欲以市月支马"，增"百"字，脱"苏合香、罽登"。

《太平御览》卷八一六："窦侍中前寄人钱八十万，市得杂罽十余张。"按：同卷"罽"条引东汉许慎《说文解字》曰："罽，西胡毳布也。"

窦侍中即东汉权臣窦宪，与班固交好。窦宪任侍中是在公元 78 年之后不久①，窦宪与班固皆于 92 年去世，因此，该书信的写作时间在 78—92 年之间。这几条材料讲述的是窦宪委托班超购买西域奢侈品的事情。窦宪用以支付的是五铢钱和丝织品（杂彩和白素），并且数目都非常大，表明从中原流入西域的丝绸和五铢钱数量很多。从西域购买的物品为月氏马、香料（苏合香）和毛织品（氍毹、罽）。其中苏合香是罗马物产，细好的氍毹也可能来自罗马，但是信中将它们称作"月氏氍毹"和"月氏苏合香"，可见在塔里木盆地的市场上它们显然均由月氏商人经营。由此看来，公元 1 世纪晚期，贵霜与塔里木盆地之间的贸易很频繁，而且贵霜商人还将罗马物品转卖到塔里木盆地。这几条材料还暗示了当时塔里木盆地至少存在两种贸易形式——五铢钱支付和物物交换②。窦宪在一次采购中就使用了八十万钱，但只购得杂罽十余张，显然在西域的奢侈品贸易中，物物交换应当是主要形式。而且像这种单批巨量的五铢钱也不会被贵霜商人直接带走，而会被用来采购丝绸等，大部分最后仍辗转流回内地。总体而言，由于这一时期塔里木盆地的商

---

① 《后汉书》记载，建初三年（78）春，窦宪的妹妹被立为皇后，窦宪因此被拜为郎，"稍拜侍中，虎贲中郎将"，之后一直保留此衔（卷二三《窦宪传》，第 812—813 页。该传将时间误作"建初二年"，今据卷三《章帝纪》第 136 页更正）。

② 有的学者将物物交换的方式直接描述成以丝绸作为货币的形式，但这两种表述还是有所区别的，后者尚需更明确的材料来加以证实。

品经济相当发达，物物交换的规模很大，货币只是一种辅助的支付手段，流通总量不会太大，其中又以五铢钱为主①。另一方面，由于在某些批次的交易中，五铢钱被大量使用，贵霜钱也可能参与，这就需要一种当地货币作为中介兑换，汉佉二体钱因此应运而生。

永元十四年（102），班超年老去职，返回中原。继任的西域都护任尚性情严急，导致西域叛乱不止。安帝永初元年（107），朝廷诏罢西域都护，汉朝势力旋即退出西域。延光二年（123），汉廷复命班勇为西域长史，率军进屯柳中。翌年，班勇抵楼兰，鄯善归附。但直到顺帝永建二年（127），班勇击降焉耆后，塔里木盆地西部的龟兹、疏勒、于阗、莎车等国才皆来服从，"而乌孙、葱岭已西遂绝"②。在这里，我们完全可以复原公元107—127年之间塔里木盆地的政治格局，大致上分为三个区域：东北的焉耆，东南的鄯善，以及西部的于阗、莎车、疏勒、龟兹等国。其中，焉耆投靠北匈奴，鄯善小心翼翼地保持着独立③，西部诸国则依附于乌孙和"葱岭已西"——显然是指贵霜。当公元124年班勇进抵楼兰时，西部诸国并不归附，这应该是受到了贵霜的胁迫和支持；到127年，西部诸国归汉之后，乌孙和贵霜"遂绝"，汉朝与贵霜由于在塔里木盆地的利益争夺而在政治上闹僵。

公元107—127年，汉朝与贵霜的势力在塔里木盆地此消彼长，双

---

① 贵霜发行金币和铜币，但是目前新疆和内地有明确出土来源的贵霜钱币均为铜币；另外，汉佉二体钱也主要是铜币。其缘由皆因汉钱为铜本位，为了更好地同五铢钱兑换，贵霜和于阗均选择使用铜币。

② 《后汉书》卷八八《西域传》，第2912页。

③ 《后汉书·西域传》记载，公元107年东汉势力撤出西域之后，"北匈奴即复收属诸国，共为边寇十余岁。敦煌太守曹宗患其暴害，元初六年（119），乃上遣行长史索班，将千余人屯伊吾以招抚之，于是车师前王及鄯善王来降。数月，北匈奴复率车师后部共攻没班等，遂击走其前王。鄯善逼急，求救于曹宗，宗因此请出兵击匈奴，报索班之耻，复欲进取西域"（《后汉书》卷八八《西域传》，第2911页）。可见，早在公元119年，鄯善在北匈奴的威胁之下即欲归服汉朝，这暗示了在汉朝撤出西域期间它一直试图独立于匈奴和贵霜势力之外。

方的关系在此前后悄然改变。在班超时代，尽管双方发生过公元 90 年的战争，但是战后双方马上又能和好如初。到了 127 年，汉朝重新控制塔里木盆地之后，贵霜已是迦腻色迦掌权，同汉朝明争暗斗显著增强。即使在塔里木盆地西部亲贵霜的诸国之中，政治形势也发生了变化。班超经营西域时期，虽然其驻地在疏勒，但于阗是其最可靠的盟友。班勇进驻西域之后，疏勒王臣磐与汉朝积极配合，此时的于阗反而骄纵于汉，侵凌他国。永建四年（129），于阗王放前杀拘弥王兴，自立其子为拘弥王。敦煌太守徐由上书请求讨伐，顺帝不许。六年，放前遣侍子入汉廷贡献，顺帝令归复拘弥国，放前不从。阳嘉元年（132），徐由派遣疏勒王臣磐率兵二万击破于阗，立兴同族人成国为拘弥王而返。放前的扩张野心暂时被遏止，不久以后，汉朝的西域长史就驻扎到了于阗。我们知道，疏勒王臣磐乃贵霜亲自扶植所立，他之所以迅速背叛贵霜，与鄯善一起积极响应汉朝，笔者认为是由于放前得到了贵霜的支持，在塔里木盆地积极扩张，引起了疏勒和鄯善的不安。这样，我们就不难理解为何放前发行的钱币不再采用"六铢钱"等尊汉铭文，而径自使用"于阗大王"等名号。也正因为如此，132 年放前被击败之后，汉朝为了打击他和贵霜的勾结，最终剥夺了于阗继续发行汉佉二体钱的权力。桓帝元嘉二年（152），于阗将军输僰攻杀西域长史王敬，汉朝终不能惩治；灵帝熹平四年（175），于阗王安国攻破拘弥，汉朝仍无力阻止[1]。可见，到了公元 2 世纪下半叶，汉朝已经无法有效地控制于阗。但此时汉朝、罗马和贵霜相继显露衰落之态，贵霜和于阗的贸易规模逐渐下降，汉佉二体钱也就没有了恢复发行的必要。

2. 汉、贵霜、罗马关系

从更广阔的历史背景来看，汉佉二体钱的发行与罗马、贵霜、汉朝之间的丝绸之路贸易有关。在公元 1 世纪，罗马商人是印度洋贸易最积

---

[1] 《后汉书》卷八八《西域传》于阗国条，第 2915—2916 页。

极的参与者，他们在印度海岸拥有完善的贸易网络，并以南印度东西海
岸为中心建立了一套货物转运体系；到公元 1 世纪末 2 世纪初，印度海
岸贸易出现了北移的趋向，西北海岸和东海岸中部在远洋贸易中的地位
增强，来自印度西部州、贵霜王朝和粟特地区的东方商人纷纷参与到远
洋贸易中①。

　　印度洋贸易的发展变化得到了印度半岛出土的罗马钱币的充分证
实：公元 1 世纪的罗马钱币集中出土于南印度东西海岸地区；公元 1 世
纪之后，罗马钱币在南印度减少，而在西北海岸的古吉拉特（Gujarat）
地区增加②。这是因为，贵霜王朝的崛起和对印度北部的占领改变了整
个印度半岛的贸易结构。公元 1 世纪末 2 世纪初，贵霜王朝向印度半岛
纵深扩张，逐渐囊括了从印度河流域至恒河流域的广阔疆域，印度东西
海岸的北部均受其控制。这些地区统一在贵霜王朝境内，商品的流通变
得十分通畅。最重要的是，贵霜人和印度西海岸地区的西部州政权结
盟。在此之前，由于敌对的百乘王朝（Sātavāhana dynasty）的阻挠，贵
霜境内的丝绸等商品不能大规模地经印度西北海岸出海，只能经印度北
部的商道运至东海岸，再经东海岸的港口转运至西南海岸。相应地，罗
马人在印度东南海岸建立商站，负责将恒河到东南海岸的商品转口到西
南海岸的商业中心穆吉里斯（Muziris），然后从穆吉里斯输入红海③。

　　① 罗帅《贵霜帝国的贸易扩张及其三系国际贸易网络》，第 114—122 页。

　　② R. E. M. Wheeler, "Roman Contact with India, Pakistan and Afghanistan," in: *Aspects of Archaeology in Britain and Beyond: Essays Presented to O. G. S. Crawford*, ed. by W. F. Grimes, London: H. W. Edwards, 1951, pp. 374—381; P. J. Turner, *Roman Coins from India*, London: Royal Numismatic Society, 1989, pp. 45—91; F. de Romanis, "Julio-Claudian *Denarii* and *Aurei* in Campania and India," *Annali dell' Istituto Italiano di Numismatica* 58, 2012, pp. 180—185; 罗帅《印度半岛出土罗马钱币所见印度洋贸易之变迁》，吐鲁番学研究院编《古代钱币与丝绸高峰论坛暨第四届吐鲁番学国际学术研讨会论文集》，上海：上海古籍出版社，2015 年，第 108—118 页。

　　③ 罗帅《汉代海上丝绸之路的西段（一）：印度西南海岸古港穆吉里斯》，《新疆师范大学学报》2016 年第 5 期，第 60—68 页。

贵霜控制古吉拉特之后，从中亚而来的货物经西北印度能顺利便捷地运至婆卢羯车，而不必借助北方商道（Uttarāpatha）绕至东海岸。造成的结果是，一方面，在印度海岸，罗马商人在南印度海岸的货物转运体系崩溃，印度洋贸易的重心向北迁移；另一方面，印度洋贸易参与者的结构发生了变化，罗马商人在罗马—印度贸易中的优势地位日益下降。西北海岸主导的长途贸易的便捷性使得贸易成本大大降低，从而制造了巨大的利润空间。在利益的驱使之下，越来越多的东方商人参与远洋航行之中。同时，印度洋贸易对中亚货物特别是丝织品的需求也大幅增加。

为了拓展丝绸来源，贵霜王朝同塔里木盆地的贸易必然扩大。在这种情况下，为了应对迅速发展的于阗—贵霜贸易，于阗政权发行了汉佉二体钱。这种钱币的出现，从侧面反映了贵霜商人在当时国际贸易中地位的加强。换言之，汉佉二体钱的发行正是公元 1 世纪末 2 世纪初，印度洋贸易的北移与参与者结构变化在葱岭以东的回音。

第三节　喀喇汗朝于阗与葱岭以西的交流

10 世纪下半叶，喀喇汗王朝同于阗之间展开了旷日持久的战争。最终，喀喇汗军队在 11 世纪初攻灭于阗，塔里木盆地南道的宗教文化面貌自此大为改观。伴随着伊斯兰教教义的传播，穆斯林的生活习俗、日常用具、工艺美术等也一同东传。由于文献和实物材料的缺乏，过去我们对丝绸之路南道早期伊斯兰化各方面的状况知之甚少。幸运的是，近些年和田博物馆陆续入藏了一批该地区所出的喀喇汗王朝时期铜器，为我们打开了一扇审视当地早期伊斯兰物质文化的窗口。2017 年，北京大学考古文博学院林梅村教授与和田博物馆合作整理馆藏文物，他向笔者惠示了这批铜器的清晰照片，并鼓励我进行研究。照片中的铜器除少数几件未曾发表外，大部分已由和田文管所李吟屏撰文刊布[①]。李先生注意到了某些铜器具有中亚风格，但仍推测它们可能为和田本地所产。不过，笔者发现，其中有一组器物具有浓郁的地域和时代特征。它们用黄铜（鍮石）制作，器表錾刻花纹，并错（按，一种镶嵌装饰技术）以银或红铜片，装饰题材以艺术化的铭文和世俗化的人物、动物形象为主，可称之为错银/红铜鍮石器（为行文方便，下文一律省称为错银鍮石器）。这是古代波斯呼罗珊（Khorāsān）地区的典型产品，制作中心为也里城（今阿富汗赫拉特/Herāt），而且，这些器类只生产于 12 世纪中期至 13 世纪初期。这一时期，和田为附庸于西辽的东喀喇汗王朝所统治。以下，笔者拟在李吟屏先生的基础上，对这组铜器反映的伊斯兰物质文化，以及此时期于阗与葱岭以西的文化交流等问题略做探讨。

一、和田地区出土的错银鍮石器

1991 年，李吟屏在《考古与文物》上发文公布了一批窖藏铜器，它们是 1989 年和田市拉斯奎镇阿特曲村火电厂施工时意外发现的。这批铜器共计 16 件，出土时以大套小，层层叠压，显然是有意如此埋藏的。1995 年，李先生在同刊再次发文，介绍了和田文管所征集到的 2 件铜器，据称，其一出自玉龙喀什河下游洛浦县吉牙乡某地，另一出自策勒县北沙漠中。根据李吟屏的描述，这 18 件铜器从材质上可分为红铜器和鍮石器。其中，红铜器有 4 件（林梅村先生所示照片也有 1 件），均为素面或装饰简单弦纹，为执壶、杵、盒、鼎等实用器。普通鍮石器有 6 件，为铛、釜、豆等炊具，装饰风格与红铜器类似。剩下的 8 件为错银鍮石器，计有：矩形盘 2 件，圆盘 1 件，圆筒形墨水壶 2 件，器盖 3 件。此外，林梅村先生提供的照片中，有 1 件未曾刊布过的凸棱大壶

---

① 李吟屏《新疆和田市发现的喀喇汗朝窖藏铜器》，《考古与文物》1991 年第 5 期，第 47—53 页；又《黑汗王朝时期的两件铜器》，《考古与文物》1995 年第 5 期，第 95—96 页。

亦属此类。因此，目前所知和田地区出土的错银鍮石器共有 9 件，下面
对它们作简要介绍。

1. 凸棱大壶（1 件）

器身上宽下窄，横截面呈倒梯形，喇叭状圈底，折肩细颈，原装壶
嘴可能因长期使用而脱落，后接装红铜质戈形扁嘴。器身锻打出多道竖
凸棱，凸棱上装饰枝蔓纹和库法体（Kufic）阿拉伯文铭文，各凸棱靠
近器肩处装饰圆章纹或水滴纹。器肩装饰一圈圆章纹和库法体铭文（图
4-10：1）。

2. 墨水壶（2 件）

器身呈圆筒形，有三个环状系，宽平口沿，圆洞状开口。阿特曲窖
藏品（李吟屏称之为铜盆）镶嵌红铜，带平顶盖，器盖外沿有三系，
与器身三系形成子母扣，但这些系扣均已脱落，装饰图案有花鸟、翼
兽、忍冬纹和库法体铭文，壶体局部锈蚀严重，略有残破，通高 8.8 厘
米、直径 10.5 厘米、壁厚 0.2 厘米。吉牙乡征集品镶嵌红铜和白银，
缺盖，装饰题材有人像、花蕾、石榴枝、忍冬纹和纳斯赫体（Naskh）
阿拉伯文铭文，通高 6 厘米、外口径 7 厘米、底径 8 厘米、壁厚 0.2 厘
米（图 4-10：2）。

3. 器盖（3 件）

其中两件为墨水壶盖，为平顶盖上铆接蒜头钮，盖身錾刻花瓣、花
鸟、花蕾、忍冬纹、水滴纹、圆章纹及阿拉伯文铭文，但镶嵌的银和红
铜片已脱落。其一完整，通高 5 厘米、最大径 8 厘米、壁厚 2 厘米；另
一仅剩蒜头钮，通高 4.5 厘米、最大直径 5.2 厘米、壁厚 2 厘米。还有
一件为宝珠钮拱形盖，盖身通体錾刻并嵌饰花瓣、藤蔓、忍冬纹、枝叶
纹、曲波纹，通高 8.3 厘米、底径 16 厘米、最大径 16.6 厘米、壁厚
0.2 厘米（图 4-10：3）。

4. 矩形盘（2 件）

平面总体呈矩形，宽平沿，横截面呈"凹"字形。平面内框下陷

约 1 厘米后截去四角，呈长方形套接八边形，内壁斜直，平底。平面外框在口沿处垂直下折成底座。器身用黄铜片模压成型后錾刻花纹，花纹嵌以银片。装饰题材有枝蔓、莲花、忍冬以及库法体铭文。局部锈蚀破损，个别银片剥落。一件高 3.4 厘米、长 32.7 厘米、宽 22.2 厘米（图 4-10：4）。另一件高 4.5 厘米、长 31 厘米、宽 20 厘米。

　　5. 圆形盘（1 件）

　　自民间收购，据说出自策勒县北沙漠中。圆形，宽平沿，直腹略外斜，形成束颈部，平底。盘底中心有圆章形纹饰，为带翼狮身人面像（斯芬克斯/Sphinx），其他纹样还包括忍冬、花蕾和纳斯赫体铭文。通高 3.5 厘米、外口径 18 厘米、底径 16.3 厘米、壁厚 0.1 厘米（图 4-10：5）。

图 4-10　和田博物馆藏错银鍮石器

二、呼罗珊的也里式错银鍮石器

黄铜即铜锌合金，我国古代文献称之为鍮石。黄铜冶炼技术最早起源于公元前 10 世纪的小亚细亚，在前伊斯兰时代已经流传到欧亚大陆各地。不过，自萨珊时代以来，伊朗高原一直是鍮石最著名的产地。早期汉文文献视鍮石为舶来品，《魏书》和《隋书》将其列为波斯国物产[①]。吐鲁番哈拉合卓 90 号墓所出残纸文书《高昌□归等买鍮石等物残帐》（75TKM90：29/1），记载了商人所购买的鍮石、毯、钵（波）斯锦等物品[②]。同墓伴出有柔然永康十七年（482）纪年文书，这件残帐的年代大约相仿。其中提到的波斯锦等三种物品，均见于《魏书》等所列波斯国物产名单。因此，有学者认为它们是由粟特商人转贸到高昌的波斯产品[③]。宋代崔昉《外丹本草》云："真鍮石生波斯。"[④] 所谓真鍮，三国张揖《埤苍》解释道："鍮石似金而非金。西戎蕃国药炼铜所成。有二种鍮石，善恶不等。恶者校白，名为灰折；善者校黄，名为金折，亦名真鍮。"[⑤] 从崔昉的记载可见，直到与喀喇汗王朝同时期的宋代，波斯在汉人心目中仍然是上等鍮石的产地。

也里即今阿富汗西北部的赫拉特，古代属于波斯的呼罗珊，在阿拉

[①] 《魏书》卷一〇二《西域传》波斯国条，第 2462 页；《隋书》卷八三《西域传》波斯国条，第 2087 页。按，《魏书·西域传》早佚，今本乃后人据《北史·西域传》辑佚所得。《北史》《隋书》《魏书》所载波斯物产略同，但并不能因此断定这些内容为《隋书》独有。北魏与波斯交往频繁，有关波斯物产的记载，多数应首见于《魏书》，后为《隋书》承袭。

[②] 唐长孺主编《吐鲁番出土文书》（壹），第 125 页。

[③] 林梅村《鍮石入华考》，《古道西风——考古新发现所见中西文化交流》，北京：三联书店，2000 年，第 219 页。

[④] 李时珍原著《本草纲目（金陵本）新校注》卷九《石部》炉甘石条注引，王庆国主校，北京：中国中医药出版社，2013 年，第 322 页。

[⑤] 慧琳原著《一切经音义三种校本合刊》卷六〇注引，徐时仪校注，上海：上海古籍出版社，2008 年，第 1981 页，本文引用时对原文个别字词和标点作了校订。

伯帝国时期为呼罗珊四镇之一。其地位于帕罗帕米苏斯（Paropamisus）山脉南麓哈里（Harī）河河谷中部，在东部高地和西部低地的分界处。它是丝绸之路上的枢纽之一，交通地位十分重要：向北可抵木鹿（Merv），向东可抵巴尔赫（Balkh），经此二地进而可达中亚阿姆河南北；向东可抵喀布尔，东南可抵坎大哈（Kandahār），经此二地进而可达印度；向西北可抵内沙布尔（Nīshābūr），西南可抵扎兰季（Zaranj），经此二地进而可达伊朗高原。我国古代文献记载此地较晚，其名最早见于蒙元时期，《圣武亲征录》和《元史》作也里[1]，《元朝秘史》作亦鲁、阿鲁[2]。帖木儿王朝（Timurid dynasty）第二代算端沙哈鲁（Shah Rukh）定都于此，并与明朝频繁通使。因此，明代文献对此城多有描述，往往将其写作哈烈、黑鲁、黑楼，等等[3]。

　　11—13世纪，中亚政局波谲云诡，也里城的归属数易其手[4]。998年，哥疾宁王朝（Ghaznavids）占领此地。1040年，其统治权为塞尔柱

---

[1]　王国维校注《圣武亲征录校注》，《王国维全集》第11卷，杭州：浙江教育出版社，2009年，第515页；《元史》卷一《太祖纪》，中华书局点校本，1976年，第22页。

[2]　乌兰校勘《元朝秘史（校勘本）》续集卷一，第258、261节，第359、363页。

[3]　有关汉文文献中该地名字的各种写法，参见冯承钧原编《西域地名》（增订本），北京：中华书局，1982年，第32页；陈诚《西域番国志》，周连宽校注，北京：中华书局，2000年，第74—77页；林梅村《蒙古山水地图》，北京：文物出版社，2011年，第168—170页。

[4]　参见 Mouyin ed-Din el-Esfizāri, "Extraits de la chronique persane d'Herat," tr. et annotés par M. B. de Meynard, *Journal Asiatique* 16, 5 série, 1860, p.520; V. V. Barthold, *An Historical Geography of Iran*, tr. by S. Soucek, ed. with an introduction by C. E. Bosworth, Princeton: Princeton University Press, 1984, p.53; R. N. Frye, "Harāt," in: The *Encyclopædia of Islam*, Vol. 3, new edditon, ed. by B. Lewis et al, Leiden: Brill, 1986, p.177; M. Szuppe, "Herat, iii: History, Medieval Period," *Encyclopædia Iranica* 12/2, ed. by E. Yarshater, New York: Bibliotheca Persica Press, 2003, pp.206—211; 斯特兰奇《大食东部历史地理研究——从阿拉伯帝国兴起到帖木儿朝时期的美索不达米亚、波斯和中亚诸地》，韩中义译注，北京：社会科学文献出版社，2018年，第583—598页。

王朝（Seljūqs）夺走，塞尔柱人的控制持续了一个世纪。1148 年，塞尔柱的附庸、古尔山区的古尔人崛起，建立了古尔王朝（Ghūrids），他们夺取的首座呼罗珊城市便是也里①。随后十余年，古尔人与塞尔柱人交替占据此城。直到 1175 年，古尔人获得彻底胜利，此后一段时间对该城拥有较稳固的统治。1190 年代至 13 世纪初，古尔在也里的对手变为花剌子模（Khwārezm-Shāh dynasty），双方对该城展开反复争夺，但多数时候其控制权仍为古尔人所有。1206 年，古尔算端施哈卜丁（Shahāb-ud-din）死后，王朝开始瓦解，花剌子模终于占领此城。1221 年，拖雷率领蒙古军队进攻也里，该城百姓慑于军威而投降。拖雷处死一万二千花剌子模守军，同时赦免了城中平民。同年，也里城民风闻花剌子模算端札兰丁（Jalāl al-Dīn）在八鲁湾（Parwan）大败蒙古军队，因此反叛并杀死拖雷留下的镇将。拖雷迅速命宴只吉带回军围攻也里城。该城在坚守 6 个月后于 1222 年沦陷，随即遭到蒙古人屠城报复，除少数工匠被俘往蒙古外，幸存者仅百人（一说十余人）②。此后，该城处于荒芜状态。1236 年，因窝阔台汗喜好也里工匠制作的服装，特批准该城工匠返回故土，重建作坊，也里城才得以逐渐恢复③。实际上，经成吉思汗西征，中亚、波斯很多地方遭到蒙古人的严重摧残，其

---

① V. V. Barthold, *An Historical Geography of Iran*, p. 51.

② Minhāj Sirāj Jawzjānī, *Tabaḳāt-i-Nāṣiri: A General History of the Muḥammadan Dynasties of Asia, including Hindūstān, From A. H. 194 (810 A. D.) to A. H. 658 (1260 A. D.) and the Irruption of the Infidel Mughals into Islām*, Vol. 2, tr. & annot. by H. G. Raverty, London: Gilbert & Rivington, 1881, p. 1051 note；巴托尔德《蒙古入侵时期的突厥斯坦》，张锡彤、张广达译，上海：上海古籍出版社，2011 年，第 68 页；M. Szuppe, "Herat, iii: History, Medieval Period," p. 211.

③ Minhāj Sirāj Jawzjānī, *Tabaḳāt-i-Nāṣiri*, Vol. 2, tr. & annot. by H. G. Raverty, pp. 1127—1128 note；V. V. Barthold, *An Historical Geography of Iran*, p. 53.

中尤以呼罗珊诸城受到的破坏最大①，许多其他呼罗珊城市同也里城的遭遇一样，被屠城，迁走工匠。对此，拉施特（Rashīd al-Dīn，1247—1318）在《史集》中不无义愤地诉说道：

　　从人类出现时起，没有一个君王能够征服过象成吉思汗及其宗族所征服的那么多的地区，没有一个人杀死过象他们所杀死的那么多人。……在各地区被征服时候，人口众多的大城市和辽阔地区〔的居民〕遭到了大屠杀，活下来的人很少，巴里黑、沙不儿罕、塔里寒、马鲁、撒剌哈夕、也里、突厥斯坦、列夷、哈马丹、忽木、亦思法杭、蔑剌合、阿儿迭必勒、别儿答、吉阳札、报达、毛夕里、亦儿必勒以及这些城市所辖大部分地区所发生的情况就是如此。某些地区，由于是边区或经常有军队经过，居民完全被杀死或四散逃走了，土地被废弃了。②

呼罗珊也里一带的错银鍮石器正是在上述历史背景下产生的。10世纪至12世纪上半叶，中亚的金属加工行业进入了一个新的发展阶段。金属艺术品主要是各种鎏金银器，艺术风格体现出一种趋同性，按不同派别区分的地方艺术特征逐渐消失，单一的伊斯兰风格图案成为器物表面的主要装饰题材③。日用器具方面，用青铜或黄铜制作的器类丰富多

---

①　亲历过成吉思汗入侵的古尔历史学家术兹贾尼（生于1193年），在其著作《纳昔儿史话》（成书于1260年）中详细描述了蒙古人对呼罗珊诸城的蹂躏，参见 Minhāj Sirāj Jawzjānī, *Tabaḵāt-i-Nāṣiri*, Vol. 2, pp. 1026—1055.

②　拉施特主编《史集》第三卷，余大均、周建奇译，北京：商务印书馆，1986年，第532—533页。

③　A. A. Hakimov, "Arts and Crafts, Part One: Arts and Crafts in Transoxania an Khurasan," in: *History of Civilizations of Central Asia*, Vol. IV: *The Age of Achievement. A. D. 750 to the End of the Fifteenth Century*, Part Two: *The Achievements*, ed. by C. E. Bosworth & M. S. Asimov, Paris: UNESCO Publishing, 2000, p. 425. 汉译见博斯沃思、阿西莫夫主编《中亚文明史》第4卷（下），刘迎胜译，北京：中国对外翻译出版公司，2009年，第367页。

样，包括各种香炉、灯架、杵臼、大锅、浴桶、瓶、壶等等①，器表素面或饰以简单的弦纹或雕镂图案。这一时期，呼罗珊也里等地也存在金属加工业，但并不具备明显的地方特色，生产的物品与中亚其他地区并无二致②。

到 12 世纪中期，也里一带突然出现了一种特色鲜明的错银鍮石器流派，笔者称之为也里式错银鍮石器流派，其生产一直持续到 1220 年代蒙古人屠城为止。在其停产半个世纪之后，波斯地理学家可疾维尼（Zakariyā' al-Qazvīnī，1208—1283）依然称赞道，也里曾以生产错银鍮石器而闻名③。这种错银鍮石器虽然都是日常生活用具，但艺术水准大为提升，兼具实用器和艺术品的双重身份。在器形、器类方面，其器形比较固定，主要生产凸棱大壶、提壶、圆盘、矩形托盘、圆角矩形笔盒、圆筒形墨水壶等几种特定器类。而这几种器类，大多在和田博物馆藏品中可以见到。装饰技术方面，首先将黄铜片锤揲或铸制成形，再用模锻压花技术（repoussé）或錾刻技术（engrave）造出花纹，然后将银或红铜丝捶打后镶嵌（inlay）在花纹上。装饰图案方面，使用了大量人物和动物形象来体现狩猎、马球、乐舞、登基典礼等场景；抽象的神话动物亦经常出现，包括有翼的斯芬克斯和山羊、狮身鹫首兽（Griffin）、人首鸟身兽（Siren）等；天文和星占内容如黄道十二宫图也是一大题材。这些图像以单独的漩涡花饰出现，或表现为环绕器身一

---

① J. W. Allan, "Berenj 'brass', ii. In the Islamic Period," *Encyclopaedia Iranica* 4/2, ed. by E. Yarshater, Costa Mesa: Mazda Publishers, 1989, pp. 145—147.

② 不过，这一时期，也里的铜器已是著名的外销商品。11 世纪初，萨阿利比（961—1039）写道，也里远销到各地的产品有各种纺织品和"精致的铜器"，见 Abū Manṣūr al-Thaʿālibī, *The Laṭāʾif al-Maʿārif of Thaʿālibī. The Book of Curious and Entertaining Information*, tr. with introduction and notes by C. E. Bosworth, Edinburgh: Edinburgh University Press, 1968, pp. 134—135.

③ Zakarīyā Ibn Muḥammad Qazwīnī, *Kitāb Āthār al-bilād*, ed. by F. Wüstenfeld, Göttingen: Dieterich, 1848, pp. 232—233.

周、不连续的圆章形装饰图案。这些题材充满活力，与 10 至 12 世纪上半叶的呆板单调风格迥然有别，像是早期的萨珊或粟特风格的复兴。此外，器身也常常饰以风格化的铭文，它们难以辨认，可视为一种"书法装饰"（graphic ornament），其内容大多为工匠姓名，对物主的祝愿语，以及有关爱情、离别、快乐、幸福主题的短诗。

需要指出的是，也里式错银鍮石器并非凭空出现。以圆筒形墨水壶为例，内沙布尔曾出土过两件早期的个例，年代为 11 世纪中前期，器表装饰高浮雕图案，未镶嵌银或红铜①，可见，这种器形的墨水壶早在哥疾宁王朝鼎盛时期即已出现。意大利考古队在哥疾宁王朝宫殿遗址中亦曾发现两件类似器形的墨水壶，年代为 11 世纪晚期至 12 世纪早期，它们本身素面，但在器表镶嵌有几块雕镂图案的银牌②。这种镶嵌整块银片的做法与也里式嵌银丝的技术迥然有别，但很难说二者之间毫无瓜葛。虽然也里式错银鍮石器的某些因素可追溯更早的渊源，但它在技术、器形、装饰风格等方面形成了自己的综合特色。

呼罗珊生产的这种也里式错银鍮石器数量很大。不单阿富汗和伊朗当地的博物馆，几乎每家欧美大型历史艺术博物馆都收藏有几件，而且这类器物也经常现身于各大拍卖行。然而，它们大多是征集和收购的，以至于我们很难对它们的年代和出土地点作出精确判断。所幸少量器物带有纪年和工匠姓名题款，为我们从总体上了解这类器物的产地和生产年代提供了依据。在众多收藏品中，带有工匠姓名题款的寥寥无几，而它们大多与也里有关：

1. 埃尔米塔什博物馆收藏的一件提壶，即著名的"波布林斯基水壶"（Bobrinsky Kettle，馆藏编号：IR-2268），带有 1163 年纪年

① J. W. Allan, *Nishapur: Metalwork of the Early Islamic Period*, New York: Metropolitan Museum of Art, 1982, pp. 44—45, 87, nos. 104—105.

② V. Laviola, "Three Islamic Inkwells from Ghazni Excavation," *Vicino Oriente* 21, 2017, pp. 111—126.

（按，原铭文为希吉拉历纪年，本节均已换算为公历纪年），工匠题款为"锻工 Muḥammed ibn 'Abd al-Wāhid"与"饰匠 Mas'ūd ibn Aḥmad al-Haravī"[①]。后者也见于英国伦敦苏富比（Sotheby's）2016 年春季拍卖会上的一件嵌银鍮石墨水壶（lot. 106, Arts of the Islamic World, 20 April 2016）[②]。

2. 格鲁吉亚国家博物馆（State Museum of Georgia, Tiflis）收藏的一件凸棱大壶（馆藏编号：MC 135），带有 1182 年纪年，工匠题款为 Maḥmūd b. Muḥammad al-Haravī[③]。

3. 埃尔米塔什博物馆收藏的一件 12 世纪晚期（约 1180—1185）提壶，工匠题款为 Muḥammad b. Nasir b. Muḥammad al-Haravī[④]。

4. 耶路撒冷梅耶伊斯兰艺术博物馆（L. A. Mayer Memorial Museum of Islamic Art, Jerusalem）收藏的一件 12 世纪晚期提壶（馆藏编号：M20-68），工匠题款为 Shā'id al-Haravī[⑤]。

5. 巴尔的摩沃尔特斯艺术博物馆（Walters Art Museum, Baltimore）收藏的一件 13 世纪早期圆筒形墨水壶（馆藏编号：54.514），其饰匠为

---

① L. A. Mayer, *Islamic Metalworkers and Their Works*, Geneva: Albert Kundig, 1959, pp. 61—62; R. Kana'an, "The *de Jure* 'Artist'of the Bobrinski Bucket: Production and Patronage of Metalwork in pre-Mongol Khurasan and Transoxiana," *Islamic Law and Society* 16/2, 2009, pp. 175—201.

② Arts of the Islamic World, lot. 106, 20 April 2016, Sotheby's, London, 2018/7/12 *http://www. sothebys. com/en/auctions/ecatalogue/2016/arts-islamic-world-l16220/ lot. 106. html*.

③ E. Atil, W. T. Chase & P. Jett, *Islamic Metalwork in the Freer Gallery of Art*, Washington, D. C.: Freer Gallery of Art, 1985, p. 17.

④ A. A. Ivanov, "A Second 'Herat Bucket' and Its Congeners," *Muqarnas* 21, 2004, pp. 171—172.

⑤ E. Baer, *Metalwork in Medieval Islamic Art*, Albany: State University of New York Press, 1983, p. 131.

Muḥammad b. Abū Sahl al-Haravī[①]。

6. 饰匠 Shāzī 的三件作品，其中两件发现于赫拉特，分别为笔架和鸟形瓶[②]；另一件为华盛顿弗利尔美术馆（Freer Gallery of Art, Washington D. C. ）收藏的笔盒（馆藏编号：36.7），购自布哈拉（Bukhara）[③]。鸟形瓶的工匠题款为 Shāzī al- Haravī，另两件仅记作 Shāzī。笔盒铭文还含有 1210 年纪年以及拥有者姓名穆扎法尔（Majd al-Mulk al-Muzaffar）。这位穆扎法尔是花剌子模的末任呼罗珊总督，驻守马鲁（Merv），死于 1221 年蒙古人对该城的屠戮。

以上 6 组共 9 件错银鍮石器的工匠姓名，均带有族名（nisba）"al-Haravī"，意即"来自也里"，表明这些工匠的籍贯为也里。他们最有可能在也里城制作这些器物，亦有可能迁居别的城市，在当地作坊中运用也里的技术从事生产。不论如何，这类题款都暗示了错银鍮石器的生产中心是也里城。

关于也里式错银鍮石器的年代，各博物馆、拍卖行的图录与介绍文字大多将相关器物断为 12 世纪晚期至 13 世纪初（或者更具体，1180—1205 年之间）。这个年代范围是古尔王朝稳定统治呼罗珊的时间。据穆思陶菲（Hamdollāh Mostowfī Qazvīnī, 1281—1349）记载，古尔王朝统治期间是也里最辉煌的时期，那时此地有 12000 家商铺，6000 座澡堂，359 所学校，以及 444000 户居民[④]。几件精致的也里式错银鍮石器带有

---

① A. S. Melikian-Chirvani, "State Inkwells in Islamic Iran," *The Journal of the Walters Art Gallery* 44, 1986, pp. 74—76.

② A. S. Melikian-Chirvani, "Les Bronzes du Khorassan, VII：Šāzī de Herat, ornemaniste," *Studia Iranica* 8/2, 1979, pp. 223—243.

③ E. Atil, W. T. Chase & P. Jett, *Islamic Metalwork in the Freer Gallery of Art*, pp. 102—110.

④ Ḥamd-Allāh Mustawfī of Qazwīn, *The Geographical Part of the Nuzhat-al-Qulūb*, tr. by G. Le Strange, Leiden：Brill, 1919, p. 151.

1182、1206 年等纪年题款①，正属于这一时期。因此，可以说最出色、最成熟的一批个体应当是在此时期生产的。然而，也有很多产品应当属于更早时期。实际上，每种器类都表现形式上的变化，由于缺乏足够多的考古发掘样本，我们难以作出可靠划分。不过，几件带有较早纪年题款的个体可为也里式错银鍮石器的出现年代提供参考。其中，最早的一件当属埃尔米塔什博物馆所藏的 1148 年笔盒②。该馆还收藏有另一件早期作品，即上文提及的 1163 年的"波布林斯基水壶"。值得注意的是，这件水壶的工匠题款分列锻匠与饰匠，说明当时这个行业存在劳动分工，已经相当成熟。因此，笔者认为最早的一批也里式错银鍮石器属于 12 世纪中期。

关于错银鍮石器在也里突然出现的原因，最早的纪年题款给了我们启示。1148 年正是古尔王朝兴起的时间，在此前后，塞尔柱王朝迅速衰落，对也里的控制减弱。古尔人深居山区，曾长期被穆斯林视为异教徒，直到 11 世纪前后方才逐渐皈依③，到其崛起和占领也里时，他们信奉伊斯兰教的时间并不长；而且，他们对伊斯兰教的信仰不算虔诚，许多人只是使用穆斯林姓名，实际却过着异教徒生活④。也许正是这样的原因，错银鍮石器的装饰题材才一反之前的正统伊斯兰艺术风格，变得比较活泼多样，甚至出现了很多萨珊和粟特传统的复古元素。在这种历

① R. Kana'an, "The de Jure 'Artist' of the Bobrinski Bucket: Production and Patronage of Metalwork in pre-Mongol Khurasan and Transoxiana," pp. 185—186.

② L. T. Giuzalian, "The Bronze Qalamdan (Pen-Case) 542/1148 from the Hermitage Collection (1936—1965)," Ars Orientalis 7, 1968, pp. 95—119.

③ Hudūd al-'Ālam. 'The Regions of the World'. A Persian Geography, 372 A. H. -982 A. D., pp. 343—344.

④ K. A. Nizami, "The Ghurids," in: History of Civilizations of Central Asia, Vol. IV: The Age of Achievement. A. D. 750 to the End of the Fifteenth Century, Part One: The Historical, Social and Economic Setting, ed. by M. S. Asimov & C. E. Bosworth, Paris: UNESCO Publishing, 1998, p. 178. 汉译见博斯沃思、阿西莫夫主编《中亚文明史》第 4 卷（上），华涛译，北京：中国对外翻译出版公司，2008 年，第 133 页。

史转变时期，苏非主义（Sufism）也趁机渗入也里的市民生活中，从而导致装饰铭文中出现了一些秘传的诗歌①。相较于伊斯兰世界之前的鍮石器，这类嵌饰艺术品的工艺水平有大幅提高，其压花、錾刻、镶嵌等装饰技术常见于金银器工艺，而黄铜是一种相对廉价的材质，基于这种反差，有学者认为早期的错银鍮石器工匠可能原来是银匠，他们迫于经济压力不得不转而从事低廉的错银鍮石器制作②。这种看法颇有见地。1140年代之前，也里安享了一个世纪的太平，到这时，塞尔柱王朝迅速衰落，加之古尔人与塞尔柱人的交相争夺，也里城大贵族阶层的经济实力减弱，金银器的需求量变少。另一方面，联想到穆思陶菲提到的夸张的商铺数目，可知商人等中层资本者此时悄然勃兴。他们是错银鍮石器的主要消费人群，其兴起带动了错银鍮石器市场的繁荣③。因此，原来的一些金银匠改行生产这种紧俏商品，将新的技术和装饰题材注入其中，并推陈出新。

三、也里式错银鍮石器的出土与收藏情况

和田博物馆所藏的也里式错银鍮石器，每种都能在欧美各大博物馆和拍卖行的藏品中找到大量类似例子。笔者所知的就有上百件，以下是各单位的具体收藏情况：

1. 凸棱大壶（faceted or fluted ewer），共16件

英国国家博物馆，2件：收藏编号1848，0805.1、1848，0805.2。大都会艺术博物馆（Metropolitan Museum of Art），1件：44.15。卢浮宫

---

① O. Grabar, "The Visual Arts, 1050—1350," in: *The Cambridge History of Iran*, Vol. 5: *The Saljuq and Mongol Periods*, ed. by J. A. Boyle, Cambridge: Cambridge University Press, 1968, pp. 647—648.

② J. W. Allan, "Silver: The Key to Bronze in Early Islamic Iran," *Kunst des Orients* 11/1—2, 1976—1977, pp. 5—21.

③ 根据穆斯林文献记载，黄铜次于金银，但高于铜铁。因此，黄铜器不是王室的奢侈品，但亦非普通大众广泛使用的生活器具，它们对应的是中产者。

（Louvre），1 件：OA5548。埃尔米塔什博物馆，1 件：ИР-1468。英国维多利亚与阿尔伯特博物馆（Victoria and Albert Museum），1 件：592—1898。美国克利夫兰艺术博物馆（Cleveland Museum of Art），1 件：1945. 27。格鲁吉亚国家博物馆，1 件：MC 135。埃及伊斯兰艺术博物馆（Museum of Islamic Art），1 件[1]。哈里里收藏品（Khalili Collection），1 件：MTW 1549[2]。苏富比拍卖行，1 件：lot. 17, Arts of the Islamic World, 9 Oct. 2013。巴拉卡特美术馆（Barakat Gallery），5 件：AMD. 56、AD. 201、FF. 125、FF. 126、LO. 642。

2. 墨水壶（circular inkwell），共 38 件

大都会博物馆，2 件：44. 131、48. 138。卢浮宫，3 件：OA 3372、OA3354、AA65。埃尔米塔什博物馆，1 件：ИР-1533。维多利亚与阿尔伯特博物馆，2 件：1435—1902、86—1969。美国费城艺术博物馆（Philadelphia Museum of Art），1 件：1930—1—45。哈佛大学赛克勒博物馆，1 件：1958. 134。洛杉矶县立艺术博物馆（Los Angeles County Museum of Art），1 件：M. 2006. 138. 2。巴尔的摩沃特斯艺术博物馆，1 件：54. 514。加拿大多伦多阿迦汗博物馆（Aga Khan Museum），1 件：AKM604。皇家安大略博物馆（Royal Ontario Museum），1 件：K 722A。依瑞兹以色列博物馆（Eretz Israel Museum），1 件：MHM1. 93。卡塔尔伊斯兰艺术博物馆（Museum of Islamic Art, Qatar），1 件：MW. 469. 2007。哈里里收藏品，2 件：MTW 1466、MTW 1474[3]。苏富比拍卖行，4 件：lot. 89, Arts of the Islamic World, 5 April 2006；lot. 90, Arts of the Islamic World 89, 18 April 2007；lot. 186, Arts of the Islamic

---

[1] 2018/7/21, http://egyptianmuseums. net/assets/images/db_images/db_Museum_of_Islamic_Art_101. jpg.

[2] J. M. Rogers, *The Arts of Islam. Masterpieces from the Khalili Collection*, London：Thames & Hudson, 2010, p. 98, cat. 106.

[3] J. M. Rogers, *The Arts of Islam. Masterpieces from the Khalili Collection*, p. 103, cat. 114, 115.

World, 22 April 2015；lot. 106, Arts of the Islamic World, 20 April 2016。德国纳高拍卖行（Nagel Auctions），1 件：Auction 54T, lot. 514。丹麦哥本哈根大卫收藏品（David Collection, Copenhagen），1 件：32/1970。赛义德收集品（Nuhad Es-Said Collection），1 件①。巴拉卡特美术馆，14 件：AD. 216、AMD. 219、JB. 335、JB. 1329、LO. 689、LO. 691、LO. 850、LO. 877、LO. 1085、RP. 123、RP. 124、RP. 171、RP. 172、RP. 173。

3. 圆盘（round tray），共 26 件

英国国家博物馆，1 件：1956, 0726. 12。卢浮宫，4 件：AD41893、AA63、AA62、OA 3369。洛杉矶县立艺术博物馆（Los Angeles County Museum of Art），1 件：AC1997. 253. 38。大卫收藏品，1 件：43/1998。巴拉卡特美术馆，19 件：AD. 294、AD. 297、AMD. 180、FZ. 407、JB. 1243、JB. 1276、JB. 1290、JB. 1339、JB. 1340、JB. 1341、JB. 1350、JB. 1351、JB. 1353、JB. 1354、JB. 1355、JB. 1357、LO. 862、LR. 002、SP. 586。

4. 矩形盘（rectangular tray），共 20 件

卢浮宫，3 件：MAO499、MAO498、AA61。德国纳高拍卖行，2 件：Auction 40T, lot. 326；Auction 680, lot. 430。佳士得拍卖行（Christie's），1 件：lot. 191, Indian & Islamic Works of Art and Textiles, London, South Kensington, 8 Oct. 2010。哈里里收藏品，1 件：MTW 1363（图 4 - 11：2）②。巴拉卡特美术馆，13 件：AD. 298、AM. 0375、AMD. 278、AMD. 279、JB. 1007、JB. 1008、JB. 1009、JB. 1168、JB. 1169、JB. 1320、JB. 1321、JB. 1324、JB. 1325。

这些收藏品基本都没有明确的出土地点。除少数带有纪年与工匠铭文外，其余的制作时间与地点均只能依据技术和艺术风格作大致推测。

---

① J. W. Allan, *Islamic Metalwork；The Nuhad Es-Said Collection*, London：Sotheby Publications, 1982, pp. 36—39；A. S. Melikian-Chirvani, "State Inkwells in Islamic I-ran," pp. 76—77.

② J. M. Rogers, *The Arts of Islam. Masterpieces from the Khalili Collection*, p. 99, cat. 108.

不过，它们的庞大数目表明，这类器物在半个多世纪的时间里产量不小，应当是当时的畅销品。另一方面，一些有关中亚伊斯兰金工艺术的研究著作和图录，揭示了一批出土地点相对明确的同类器物，它们来自中亚、伊朗高原等地的窖藏、遗址或某些地方性博物馆：

1. 赫拉特国立博物馆（National Museum Herat）收藏有 4 件圆盘、1 件矩形盘[①]。

2. 喀布尔物馆收藏有 1 件凸棱大壶（馆藏编号 58. 2. 16）（图 4-11：1)[②]、1 件矩形盘[③]。

3. 塔吉克斯坦西南部、阿姆河北岸沙赫里图兹（Shakhritus）遗址出土 1 件墨水壶[④]。

4. 塔吉克斯坦西南部、瓦赫什河畔佐利萨德（Zoli Zard）窖藏出土 1 件墨水壶[⑤]。

5. 塔吉克斯坦西北部、邻近费尔干纳盆地的卡莱巴兰（Kalaiband）窖藏出土 3 件矩形盘[⑥]，现藏于当地的乌拉特佩历史博物馆（Historic Regional Study Museum of Uratepa）。

[①] U. Franke (ed.) *National Museum Herat*: *Areia Antiqua Through Time*, Berlin: Deutsches Archäologisches Institut Berlin, Eurasien-Abteilung, 2008, pp. 43—45, nos. 80, 81, 83, 84, 85.

[②] B. Rowland, *Afghanistan*: *Objects from the Kabul Museum*, with photographs by F. M. Rice, London: Allen Lane the Penguin Press, 1971, p. 90, pls. 177, 178.

[③] N. Byashimova & A. Ataeva, "Turkmenistan," in: *The Artistic Culture of Central Asia and Azerbaijan in the 9th-15th Centuries*, *Volume III*: *Toreutics*, ed. by Sh. Pidayev, Samarkand & Tashkent: IICAS, 2012, p. 194.

[④] Yu. Yakubov, "Tajikistan," in: *The Artistic Culture of Central Asia and Azerbaijan in the 9th-15th Centuries*, *Volume III*: *Toreutics*, pp. 95, 160—161.

[⑤] Yu. Yakubov, "Tajikistan," in: *The Artistic Culture of Central Asia and Azerbaijan in the 9th-15th Centuries*, *Volume III*: *Toreutics*, pp. 159—160, 162.

[⑥] Yu. Yakubov, "Tajikistan," in: *The Artistic Culture of Central Asia and Azerbaijan in the 9th-15th Centuries*, *Volume III*: *Toreutics*, pp. 94, 123—126, 162; A. A. Gritsina, S. D. Mamadjanova & R. S. Mukimov, *Archeology*, *History and Architecture of Medieval Ustrushana*, Samarkand: IICAS, 2014, pp. 196, 200, figs. 65, 71.

图 4-11 中亚出土的错银鍮石器

（1 为喀布尔博物馆藏品；2 为哈里里收藏品；3 出自讹答剌遗址；4 为撒马尔罕博物馆藏品）

6. 塔吉克斯坦西部、靠近撒马尔罕的片吉肯特（Penjikent）出土 1 件矩形盘，现藏于埃尔米塔什博物馆[①]。

7. 1962 年，乌兹别克斯坦东南部、阿姆河北岸铁尔梅兹出土 1 件

① Yu. Yakubov, "Tajikistan," in: *The Artistic Culture of Central Asia and Azerbaijan in the 9th-15th Centuries*, *Volume III*: *Toreutics*, pp. 123, 126; A. A. Gritsina, S. D. Mamadjanova & R. S. Mukimov, *Archeology*, *History and Architecture of Medieval Ustrushana*, p. 197, fig. 68; A. A. Hakimov, "Arts and Crafts, Part One: Arts and Crafts in Transoxania an Khurasan," in: *History of Civilizations of Central Asia*, *Vol. IV*: *The Age of Achievement. A. D. 750 to the End of the Fifteenth Century*, *Part Two*: *The Achievements*, p. 427, fig. 16.

墨水壶，现藏于铁尔梅兹考古博物馆（Termez Archaeological Muse-um）①。

8. 1959 年，乌兹别克斯坦东北部、费尔干纳盆地纳曼干（Naman-gan）出土 1 件墨水壶②。

9. 乌兹别克斯坦国家历史博物馆（State Museum of the History of Uzbekistan, Tashkent）收藏有 1 件墨水壶③。

10. 乌兹别克斯坦撒马尔罕博物馆（Samakand Museum）收藏有 1 件圆盘（图 2—4）④。

11. 哈萨克斯坦南部讹答剌遗址（Otrartobe，著名的成吉思汗西征花剌子模导火索事件即发生于此地）出土 1 件墨水壶（图 4-11：3）⑤。

12. 土库曼斯坦东部达失里牙朗（Dashlyalang）窖藏出土 1 件墨水壶、1 件矩形盘，现藏于当地一所学校的博物馆⑥。

13. 伊朗中部伊斯法罕（Isfahan）境内出土 1 件凸棱大壶⑦。

14. 阿塞拜疆纳希切万自治共和国（Nakhchyvan）境内出土 1 件凸

① Dj. Ilyasov & A. Khakimov, "Uzbekistan," in: *The Artistic Culture of Central Asia and Azerbaijan in the 9th-15th Centuries*, *Volume III: Toreutics*, pp. 228, 249—250, 264.

② A. Khakimov, "Toreutics as a Phenomenon of Artistic Culture," in: *The Artistic Culture of Central Asia and Azerbaijan in the 9th-15th Centuries*, *Volume III: Toreutics*, p. 23.

③ Dj. Ilyasov & A. Khakimov, "Uzbekistan," in: *The Artistic Culture of Central Asia and Azerbaijan in the 9th-15th Centuries*, *Volume III: Toreutics*, pp. 229, 249, 265.

④ Dj. Ilyasov & A. Khakimov, "Uzbekistan," in: *The Artistic Culture of Central Asia and Azerbaijan in the 9th-15th Centuries*, *Volume III: Toreutics*, pp. 225, 262. 作者称之为香炉。

⑤ K. Baypakov, "Kazakhstan," in: *The Artistic Culture of Central Asia and Azerbaijan in the 9th-15th Centuries*, *Volume III: Toreutics*, pp. 47, 52, 76.

⑥ N. Byashimova & A. Ataeva, "Turkmenistan," in: *The Artistic Culture of Central Asia and Azerbaijan in the 9th-15th Centuries*, *Volume III: Toreutics*, pp. 170, 194.

⑦ T. Dostiyev, "Azerbaijan," in: *The Artistic Culture of Central Asia and Azerbaijan in the 9th-15th Centuries*, *Volume III: Toreutics*, p. 269.

棱大壶①。

15. 里海西北、伏尔加河流域出土 1 件墨水壶，现藏于埃尔米塔什博物馆②。

以上 15 个地点共计 23 件相关器物，它们的分布地点非常广泛，西至里海以西的纳希切万和伏尔加河流域，东及费尔干纳盆地和阿姆河中游地区。这表明，上述几种器类除了满足也里本地市场需求外，还作为外销商品大量供应国际长途贸易。特别需要指出的是，以上诸地中，苏联中亚五国境内的铁尔梅兹、沙赫里图兹、佐利萨德、片吉肯特、卡莱巴兰、纳曼干、讹答剌等，距离和田并不遥远，它们均位于古代和田越过葱岭同西方进行交往的要道上。这些地点出土的同类器物，指示了也里式错银鍮石器从原产地呼罗珊流入于阗的可能途径。

四、也里式错银鍮石器如何输入于阗

一些线索表明，和田博物馆所藏的也里式错银鍮石器可能属于呼罗珊地区的早期作品。和田的墨水壶在器形与装饰题材方面，与上文论及的也里饰匠伊本·阿合马（Mas'ūd ibn Ahmad al-Haravī）制作的苏富比墨水壶相当接近，而他的另一件作品"波布林斯基水壶"带有 1163 年的纪年题款，这可作为和田墨水壶的参考制作年代。和田的凸棱大壶与喀布尔博物馆的例子最为接近，但后者无明确的出土地点和纪年。图录将其归为 12 世纪晚期③，即古尔王朝稳定统治也里等呼罗珊城市的时期。然而，相较于大都会艺术博物馆（图 4-12：1）、格鲁吉亚国家博物馆（带有 1182 年题款，图 4-12：2）等收藏的华丽的同类个体，这

---

① T. Dostiyev, "Azerbaijan," in: *The Artistic Culture of Central Asia and Azerbaijan in the 9th-15th Centuries*, *Volume III*: *Toreutics*, pp. 269, 273.

② K. Baypakov, "Kazakhstan," in: *The Artistic Culture of Central Asia and Azerbaijan in the 9th-15th Centuries*, *Volume III*: *Toreutics*, p. 52.

③ B. Rowland, *Afghanistan*: *Objects from the Kabul Museum*, p. 90.

两件在用料和装饰方面要逊色得多，它们不大可能是古尔治下的繁荣期产品，而可能属于初期阶段或最后阶段的作品。也里式错银鍮石器的时代下限比较特殊。在塞尔柱、古尔、花剌子模之间的拉锯战中，呼罗珊错银鍮石器受到政治变动的影响比较小，因为这些政权出于征税等方面的考虑，不会肆意破坏当地的经济生产。蒙古人则不然，他们残暴的屠城政策，使当地的手工业突遇灭顶之灾。因此，也里式错银鍮石器事实上没有自然发展的最后阶段①。那么，和田的凸棱大壶应该属于该器类的早期生产阶段，即 12 世纪中期（1150 年前后）。埃尔米塔什博物馆收藏的一件嵌乌银（niello）矩形银盘为此提供了旁证（图 4-12：3）。这件银盘的铭文表明其拥有者为花剌子模沙亦思马因（Kwārezm Shāh [Ismaʻil] Abū Ibrahim，1034—1041 年在位）②。也里式鍮石矩形盘的形制无疑源自这种早期银器。而更让笔者感兴趣的是，这件银盘口沿的四角分别刻有一个水滴形徽章图案，水滴内部为一只飞鸟。这种特色鲜明的水滴形图案亦见于和田凸棱大壶的肩部（图 4-12：4），但不见于其他偏晚的错银鍮石器。这暗示了和田的凸棱大壶处于也里式错银鍮石器工艺的较早阶段，在此阶段，错银鍮石器上的某些装饰母题借鉴于早期银器。

有关 12 世纪中期于阗与葱岭以西交往的史料异常匮乏。但文献显示，在更早时期，这种交往在多个层面上持续存在。11 世纪初，喀喇汗王朝与哥疾宁王朝在中亚屡次交战。1006 年，喀喇汗军队越过阿姆河入侵呼罗珊的巴里黑（Balkh）、你沙不儿（Nīshābūr）、徒思（Tūs）等地。正在远征印度的哥疾宁算端马哈茂德（Maḥmūd）回师北上，在

---

① 错银或红铜鍮石器在后世（如 14 世纪）亦产于其他地区，但出产的器类、器形和装饰风格与也里式迥然不同。

② B. I. Marshak, *Silberschätze des Orients：Metallkunst des 3.-13. Jahrhunderts und ihre Kontinuität*, Leipzig: E. A. Seemann, 1986, ss. 109—110, ill. 140; Dj. Ilyasov & A. Khakimov, "Uzbekistan," in: *The Artistic Culture of Central Asia and Azerbaijan in the 9th-15th Centuries*, *Volume III：Toreutics*, pp. 220—222.

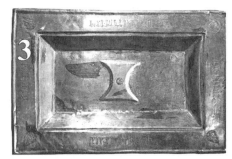

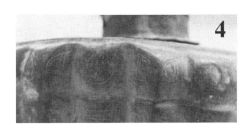

图 4-12　和田错银鍮石器与中亚西部的类似器物

（1 为大都会艺术博物馆收藏品；2 为格鲁吉亚国家博物馆藏品；3 为埃尔米塔什博物馆
所藏嵌乌银矩形银盘；4 为和田凸棱大壶局部的水滴形图案）

阿姆河畔击败了喀喇汗将领贾法尔·的斤（Ja'far-tegīn）所率的六千人军队。11 世纪中期，加尔迪齐记载了其中一次战斗的细节，马哈茂德的士卒"用于阗腔调唱出突厥歌曲"，突厥人闻声大惊，纷纷跃身入河，溺毙甚多[①]。这一幕犹如汉军四面楚歌围困项羽之重现，它暗示了这支喀喇汗军队来自于阗。翌年，喀喇汗王朝再次以重兵进犯巴里黑，于阗统治者卡迪尔汗·优素福（Qadir-Khān Yūsuf）亦派兵参与了这次军事行动。1008 年，马哈茂德在巴里黑附近的沙尔希延（Sharkhiyān）桥附近击溃喀喇汗军队，从而结束了喀喇汗对呼罗珊的侵扰。此后，喀喇汗王朝与哥疾宁王朝关系缓和，双方频繁遣使交聘，赠礼联姻。1040

---

① 巴托尔德《蒙古入侵时期的突厥斯坦》，第 315 页。

年，塞尔柱王朝在登丹坎（Dandānqān）之战中击败哥疾宁王朝，取代后者对呼罗珊的统治。翌年，喀喇汗王朝分裂为东西两部，于阗为东喀喇汗王朝所有。东喀喇汗与塞尔柱之关系难以明了，但可以肯定的是，前者进入 12 世纪后逐渐走向衰落。1134 年，耶律大石进占八剌沙衮（Balāsāghūn），将东喀喇汗王朝降为西辽的附庸。1141 年，西辽在卡特万（Qatwān）之战中击败了塞尔柱王朝，此后又降服了西喀喇汗王朝、花剌子模等势力，遂成为中亚霸主。12 世纪下半叶，花剌子模等藩臣每年须向西辽输纳岁币；同一时期，西辽多次对中亚用兵，其兵锋曾深入呼罗珊的巴里黑、俺都淮（Andkhūy）、撒剌哈昔（Sarakhs）、徒思等地①。在这种政治局面下，于阗可以通过多种方式与葱岭以西进行交往，要么出兵力参与西辽在中亚的军事行动，要么在同一威权下与中亚展开商贸往来。也里式错银鍮石器就是在这样的背景下进入于阗的。它们可能是在 12 世纪中后期某个时间流入于阗的同一批物品，也可能是在一段时间内，因双方的持续交往而陆续输入。

和田博物馆的也里式错银鍮石器，特别是凸棱大壶和阿特曲窖藏所出的矩形盘，都有明显的损坏和修补痕迹，表明它们曾被长期使用。关于它们被埋藏的时间和原因，笔者推测可能与 1210 年代西辽僭主屈出律（1211—1218 年在位）在喀什噶尔、于阗等地采取的宗教高压政策有关。屈出律在篡夺西辽政权之后，强迫于阗等地的穆斯林改宗佛教或基督教②。阿特曲窖藏铜器具有浓郁的伊斯兰教色彩，它们的拥有者可

---

① 巴托尔德《蒙古入侵时期的突厥斯坦》，第 312—420 页；C. E. Bosworth, "The Political and Dynastic History of the Iranian World（A. D. 1000—1217），" in: *The Cambridge History of Iran*, *Vol. 5*: *The Saljuq and Mongol Periods*, pp. 1—202; M. Biran, *The Empire of the Qara Khitai in Eurasian History*: *Between China and the Islamic World*, Cambridge: Cambridge University Press, 2005, pp. 41—74.

② 志费尼《世界征服者史》，何高济译，呼和浩特：内蒙古人民出版社，1980 年，第 71—85 页；拉施特主编《史集》第一卷第二分册，1983 年，第 247—254 页；M. Biran, *The Empire of the Qara Khitai in Eurasian History*: *Between China and the Islamic World*, pp. 80—83, 194—196.

能为了躲避迫害而将其匆匆掩埋。屈出律的倒行逆施在于阗地区造成的这类窖藏不在少数，很多在古代就已被掘出。1266 年，察合台后王八刺洗劫于阗，其军队在城中找到了多处宝藏[①]。15 世纪晚期，蒙古朵豁剌惕部（Dughlāt）异密米儿咱·阿巴·乩乞儿（Mīrzā Abū Bakr，卒于1514 年）建立割据政权，在鸭儿看、于阗、哈实哈儿等地疯狂挖掘古物财宝，稍晚的米儿咱·海答儿在《拉失德史》专辟一章，记载了他的这一行径。其中写道，阿巴·乩乞儿曾在于阗城堡内发现了一处宝藏，里面有 27 口大瓮，每口瓮中都放着一个铜长颈执壶，壶中装满金砂，壶与瓮之间的空隙则装满银锭。找到这处宝藏后，阿巴·乩乞儿派人在于阗等地更加仔细地挖掘，又发现了若干其他宝藏。米儿咱·海答儿得到了其中的一个执壶，并声称每一个执壶里面都有一张突厥语字条，上面写着："这项财宝准备用来为哈马儿可敦（the Khātun called Khamār）之子举行割礼。"[②]我们无法判断这些执壶是否为也里式错银鍮石器，但哈马儿可敦之名称暗示了宝藏的主人应当是一位喀喇汗贵族。

Khamār（或 Khumār）不是一个常见名字，笔者检索到三位名叫Khamār 的突厥贵族。第一位生活于 9 世纪，即雅忽比（Ya'qūb）所载识匿国王胡马尔别乞（Khumār-beg）。第二位是"来自草原方面的花剌子模人"将领胡马尔—塔什·谢拉比（Khumār-Tāsh Sharābī），曾于1017 年率军与哥疾宁算端马哈茂德交战。还有一位名叫胡马尔的斤（Khumār-tegin），是花剌子模沙摩诃末（'Alā' ad-Dīn Muḥammad）之母忒里蹇可敦（Terken Khātun）的族人， 当 1220 年蒙古人围攻玉龙杰赤

---

① 刘迎胜《察合台汗国史研究》，上海：上海古籍出版社，2011 年，第 173—175 页。

② Mīrzā Muḥammad Ḥaidar, *The Tarikh-i-Rashidi. A History of the Moghuls of Central Asia*, Part II, pp. 255—257；米儿咱·马黑麻·海答儿《拉失德史》第二编，第147—150 页。

（Gurgānj）时，他负责该城的防务。忒里塞可敦出身于花剌子模以北的中亚草原突厥部落，有说她来自咽蔑部伯岳吾氏，亦有说她是康里人或钦察人，其父或先人可能受西辽封号，族人曾是契丹治下之部族。可见，胡马尔的斤当与西辽有着密切关系[1]。哈马儿可敦与胡马尔的斤之间是否有关联？她是否出身于咽蔑贵族，后来嫁给于阗的喀喇汗统治者而被封为可敦？囿于材料，目前无法作出判断。

最后需要指出，阿特曲窖藏中的红铜器，可能反映了中亚铜器技术向于阗的传播。于阗古代产铜，很早就能制造铜器。《梁书·于阗传》记载其"国人善铸铜器"[2]。李吟屏亦称，有几件窖藏红铜器与现今和田民间使用的器类比较接近，二者可能存在承袭关系[3]。这些都暗示了阿特曲红铜器为本地制造的可能性。然而，这批红铜器（以及普通鍮石器）中的器类，即杵、鼎、执壶、八瓣盒等，在中亚和伊朗各地也很常见，它们的器形跟和田的也相当接近（图4-13），年代与也里式错银鍮石器相仿或稍早。例如八瓣盒（李吟屏文未提供图片），这种颇具特色的八瓣形器皿亦见于赫拉特国立博物馆所藏铜器，其中一件为八瓣形器座（馆藏编号：HNM 02.11.86c），年代为11—12世纪；另一件为八瓣形壶（HNM 03.01.86，图4-13：9），年代为10—11世纪[4]。再如带流

---

① Aḥmad Ya'qūbī, *Kitāb al-Boldān*, ed. by M. J. de Goeje, Leiden：Brill, 1892, p. 292；Maḥmūd Kāšɣarī, *Compendium of the Turkic Dialects* (*Dīwān Luɣāt al-Turk*), Vol. I, pp. 289, 332；志费尼《世界征服者史》，第556、559页；《蒙古入侵时期的突厥斯坦》，第278—279、433—434页；刘迎胜《西北民族史与察合台汗国史研究》，北京：中国国际广播出版社，2012年，第42—48页；M. Biran, *The Empire of the Qara Khitai in Eurasian History：Between China and the Islamic World*, pp. 80—83, 194—196.

② 《梁书》卷五四《西北诸戎传》于阗国条，第898页。

③ 李吟屏《新疆和田市发现的喀喇汗朝窖藏铜器》，第53页。

④ U. Franke & M. Müller-Wiener (ed.), *Herat Through Time：The Collections of the Herat Museum and Archive*, Berlin：Museum für Islamische Kunst, 2016, p. 123, Cat. Nos. M51, M52.

执壶，阿特曲窖藏出土的带流执壶为梨形腹，细颈，球形口，鸭舌形斜流，大曲柄，喇叭状圈底（图 4-13：7），这种器形显然从早期的粟特银壶发展而来①。同样器形的铜执壶亦见于中亚多地，如塔吉克斯坦片吉肯特的卡赫卡赫 3 号（Kahkah III）遗址②、乌兹别克斯坦费尔干纳盆地的阿赫西克特（Akhsiket）遗址（图 4-13：8）③、吉尔吉斯斯坦楚河州的坎不隆（Ken-Bulun）遗址④。这些遗址所出执壶均带有工匠题款"阿合马之作品"（Amali Aḥmad），应当来自同一金工作坊。这三处遗址毗邻塔里木盆地，均位于东喀喇汗王朝和西辽境内，它们同于阗之间有着密切而便捷的交往。因此，笔者认为，阿特曲红铜器中至少有一部分应当是从中亚输入的。李吟屏所提到的当今和田民间的类似器物，暗示了于阗本地工匠通过传入的伊斯兰铜器逐渐习得了这类铜器的器形与技术，并不断仿制和传承，使其融入当地的日常生活中。

---

① 类似器形的粟特银壶可参 E. Atil, W. T. Chase & P. Jett, *Islamic Metalwork in the Freer Gallery of Art*, pp. 62—63；A. A. Hakimov, "Arts and Crafts, Part One：Arts and Crafts in Transoxania an Khurasan," in：*History of Civilizations of Central Asia, Vol. IV：The Age of Achievement. A. D. 750 to the End of the Fifteenth Century, Part Two：The Achievements*, pp. 422, 424.

② Yu. Yakubov, "Tajikistan," in：*The Artistic Culture of Central Asia and Azerbaijan in the 9th-15th Centuries, Volume III：Toreutics*, pp. 128, 147.

③ Dj. Ilyasov & A. Khakimov, "Uzbekistan," in：*The Artistic Culture of Central Asia and Azerbaijan in the 9th-15th Centuries, Volume III：Toreutics*, pp. 182, 223, 243, 257.

④ A. Kamishev, "Kyrgyzstan," in：*The Artistic Culture of Central Asia and Azerbaijan in the 9th-15th Centuries, Volume III：Toreutics*, pp. 109, 122.

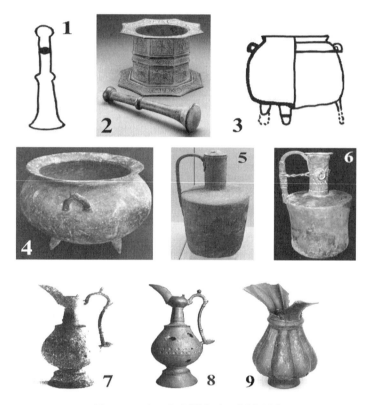

图4-13 和田红铜器与中亚同类器物

(1—2：杵和臼；3—4：鼎；5—6：执壶；7—8：带流执壶；9：八瓣形壶。1、3、
5、7为和田博物馆藏品；2为洛杉矶县立博物馆藏品①；4、9为赫拉特国立博物馆
藏品②；6出自木鹿③；8出自阿赫西克特遗址)

---

① 馆藏编号：M. 73. 5. 264a-b, 2018/7/21, *https：//collections. lacma. org/node/*
239619。

② U. Franke & M. Müller-Wiener（ed. ）, *Herat Through Time：The Collections of*
the Herat Museum and Archive, p. 120, Cat. No. M30(Inv. no. HNM 03. 11. 86)；另一件
同时期的鼎见同书：p. 119, Cat. No. M26(HNM 01. 25. 86)。

③ N. Byashimova & A. Ataeva, "Turkmenistan," in：*The Artistic Culture of Central*
Asia and Azerbaijan in the 9th-15th Centuries, *Volume III：Toreutics*, pp. 133, 206,
Ill. VIII. 类似的铜执壶见：U. Franke（ed. ）*National Museum Herat：Areia Antiqua*
Through Time, p. 45, no. 86; B. Rowland, *Afghanistan：Objects from the Kabul Museum*,
p. 90, pl. 183(Inv. no. 58. 2. 18)。

　　综上，笔者认为和田博物馆所藏的错银鍮石器产自 12 世纪中后期以也里城为中心的呼罗珊，它们是目前所知此类器物地理分布最东的一批，也是中国境内发现的唯一一批。它们大约在 12 世纪下半叶流入于阗，大部分在 13 世纪初屈出律施行宗教迫害政策时被埋藏遗弃。这批文物具有重要的历史价值。其一，它们指示了在唐王朝衰落之后直至蒙古大一统前夕，丝绸之路物质文化交流并未中断，商品仍能有效地沿欧亚交通网络进行长途传播。其二，以往我们知道西辽强盛时期，在政治上对中亚东部的东喀喇汗王朝和西部的西喀喇汗王朝、花剌子模等势力有着深远的影响，这组和田铜器则提示了这一时期葱岭两侧民间的经济上的往来。再者，这组错银鍮石器，以及普通鍮石器、红铜器，都是从葱岭以西传来的穆斯林日用器具，它们表明古代伊斯兰文化的东渐不仅意味着教义的流布，也表现为物质文化各个层面的传输与接受。

第五章　莎车绿洲

丝绸之路南道西部的大河，首推叶尔羌河。叶尔羌河发源于喀喇昆仑山北麓，全长 1097 公里，是塔里木河的源头之一[①]。叶尔羌河上游山高谷深、冰川丰富，上下游之间地势落差很大，因此，河流出昆仑山后，水势湍急，在山前塑造出宽广肥沃的莎车绿洲。在两汉之际，莎车是塔里木盆地最大的绿洲王国之一，甚至在东汉初年一度称雄于盆地西南。然而，莎车王贤被于阗击败以后，身死国灭，莎车绿洲先后被于阗、疏勒、渠莎、朅盘陀等势力控制，绿洲农业难以得到大规模开发，人口增长也比较缓慢。11 世纪初，喀喇汗王朝统一了塔里木盆地西南缘，原有的区域政治格局被打破，莎车绿洲摆脱了周边地区的压制，农业经济得以迅速发展。喀喇汗朝往后莎车绿洲经济的充分开发，促进了绿洲人口的快速增长，也使鸦儿看城的政治地位逐步提升：在喀喇汗时期，鸦儿看城逐渐发展起来，到蒙古帝国时期与可失合儿、忽炭号为“三城”；都哇汗之后，鸦儿看城在察合台汗国后期的地位进一步提高；在米儿咱·阿巴·乩乞儿（Mirzā Abū Bakr）政权和叶尔羌汗国时期，鸦儿看城更是被定作都城，成为塔里木盆地西南部的政治经济中心。

---

① 周聿超主编《新疆河流水文水资源》，乌鲁木齐：新疆科技卫生出版社，1999 年，第 412—420 页。

第一节　从莎车到鸦儿看

一、历史地名之演变

伯希和（P. Pelliot）在《马可波罗注》一书中，论述了鸦儿看之名在中外史籍里的各种写法[1]。兹将汉籍所载诸名和历史沿革概括如下：此地在汉代为莎车国[2]，三国时期属于疏勒国[3]，南北朝时期属渠莎国[4]，玄奘称之为乌铩国[5]；元代文献写作鸦儿看[6]、押儿牵[7]、兀里羊[8]；明代记作牙儿干[9]、牙力干[10]、牙里干[11]，为同时期叶尔羌汗国的都城；清代称叶尔羌、莎车等。这里，尚可补充的是，在元代《故忠翊

---

① P. Pelliot, *Notes on Marco Polo*, Vol. II, Paris：Imprimerie nationale，1963，pp. 876—885.

② 《汉书》卷九六上《西域传》莎车国条，中华书局点校本，1962 年，第3897—3898 页。

③ 鱼豢《魏略·西戎传》，见《三国志》卷三〇《乌丸鲜卑东夷传》裴松之注引文，中华书局点校本，第 2 版，1982 年，第 860 页。

④ 《魏书》卷一〇二《西域传》渠莎国条，中华书局点校本修订本，2017年，第 2455 页；《北史》卷九七《西域传》渠莎国条，中华书局点校本，1974 年，第 3211 页。

⑤ 玄奘、辩机原著《大唐西域记校注》，季羡林等校注，北京：中华书局，2000 年，第 990—995 页；慧立、彦悰撰《大慈恩寺三藏法师传》，孙毓棠、谢方点校，北京：中华书局，2000 年，第 118—120 页。

⑥ 《元史》卷八《世祖纪》，中华书局点校本，1976 年，第 154 页。

⑦ 《元史》卷一二〇《曷思麦里传》，第 2969 页。

⑧ 乌兰校勘《元朝秘史（校勘本）》续集卷一，第 263 节，北京：中华书局，2012 年，第 364a 页。

⑨ 《明史》卷三三二《西域传》，中华书局点校本，1974 年，第 8627 页。

⑩ 李之勤校注《〈西域土地人物略〉校注》，收入李之勤编《西域史地三种资料校注》，乌鲁木齐：新疆人民出版社，2012 年，第 31 页；张雨《边政考》卷八《西域诸国》，台北：台湾华文书局，影印明嘉靖刻本，1968 年，第 602 页。

⑪ 李之勤校注《〈西域土地人物图〉校注》，收入李之勤编《西域史地三种资料校注》，第 56 页。

校尉广海盐课司提举赠奉训大夫飞骑尉渔阳县男于阗公碑铭》里，此地写作牙里干、耶（邪）儿干。碑文相关片段移录如下：

> 公讳剌马丹，以字堪马剌丁行，于阗人也。于阗自汉通中国，至公始为氏焉。祖讳斡尔别亦思八撒剌，见为邵儿千牧民官。父讳迷儿阿里，大名宣课提领。……大德元年三月廿日卒桂州，年五十有九。治命葬祁阳北原。娶牙里干氏，先卒。①

剌马丹、堪马剌丁（1239—1297）皆伊斯兰教徒名②，碑铭称其为于阗公，并说他以于阗为氏。其次子哈八石，取父名末字丁为姓，汉名文苑，登延祐乙卯（1315）进士③。关于堪马剌丁之籍贯及其妻之姓氏，陈得芝先生指出，"牙里干应即鸦儿看，今新疆叶城（叶尔羌），则其祖担任牧民官的邵儿千，亦应为耶儿干（罗按，或邪儿干）之误。鸦儿看属于阗地区。如此看来，哈八石家确是于阗人"④。此说大致不误，惟鸦儿看应在今莎车而非叶城，另外，亦无史料表明元代鸦儿看属于阗管辖。笔者认为，堪马剌丁的祖父应该出生在于阗，后来在鸦儿看为官。盖因堪马剌丁夫妇均以籍贯为氏，分别称于阗氏和牙里干氏；若其祖父生于鸦儿看，亦应称牙里干氏。

---

① 许有壬《故忠翊校尉广海盐课司提举赠奉训大夫飞骑尉渔阳县男于阗公碑铭》，《至正集》卷五一，收入李修生主编《全元文》第38册，南京：凤凰出版社，2004年，第372—373页。

② 杨志玖《元代回汉通婚举例》，《元史三论》，北京：人民出版社，1985年，第158页。

③ 许有壬《哈八石哀辞并序》，《至正集》卷六八，收入李修生主编《全元文》第38册，第498—501页。

④ 陈得芝《元代回回人史事杂识》，《蒙元史研究丛稿》，北京：人民出版社，2005年，第454页。

至若《元史·耶律希亮传》提到的也里虔城①，论者或以为即鸦儿看②。然而，《耶律希亮神道碑》明确记载，"九十里至亦烈河，河之南曰也里虔"③。其中的亦列河即伊犁河，故知也里虔城非鸦儿看，实为 *Ila kand（伊犁城）之音译，即《经世大典图》之亦剌八里④。

二、鸦儿看名称之渊源

蒙元以后汉文文献中的鸦儿看、牙儿干、叶尔羌等名，实为一音之转。《马可波罗行纪》F 本中，此地写作 Yarcan⑤，伯希和将其还原成 Yārkänd，并认为它来源于突厥语。关于这个名字的含义，考迭（H. Cordier）与伯希和一致认为它是一个合成词，由 yār + känd 两部分构成。二人均同意后半部分 känd 的意思为"城"。这是一个源于波斯语的地名词缀，后来为突厥语所借用。喀什噶里（Maḥmūd Kāšγarī）《突厥语大词典》（约成书于 1076 年）收录了 känd 及其缩写形式 kän，并指出，在乌古斯人及与他们相邻的人的语言中，该词缀意指"乡村"，而在绝大多数突厥人的语言里则指"城镇"⑥。唯关于 yār 之义，考迭释

---

① 《元史》卷一八〇《耶律希亮传》，第 4161 页。

② 屠寄《蒙兀儿史记》第 37 卷，北京：中国书店影印，1984 年，第 320 页；冯承钧《西域地名》（增订本），陆峻岭增订，北京：中华书局，1980 年，第 105 页；张星烺编注《中西交通史料汇编》第 3 册，朱杰勤校订，北京：中华书局，2003 年，第 1771 页。

③ 岑仲勉《〈耶律希亮神道碑〉之地理人事》，《中外史地考证》下册，北京：中华书局，2004 年，第 566—568 页。

④ 刘迎胜《察合台汗国史研究》，上海：上海古籍出版社，2011 年，第 601 页。按，该书第 611 页又云《元朝秘史》将鸦儿看称为也里虔，应系笔误。

⑤ A. C. Moule & P. Pelliot（ed. and tr.），*Marco Polo. The Description of the World*，Vol. I，chap. 53，London：Routledge，1938，p. 146.

⑥ Maḥmūd Kāšγarī, *Compendium of the Turkic Dialects（Dīwān Luγāt al-Turk）*, I, tr. by R. Dankoff & J. Kelly, Cambridge：Harvard University Press，1982，pp. 268，270.

作"新"①，伯希和则释作"悬崖"②。从鸦儿看名称之渊源来看，考迭之观点恐怕缺乏说服力。

斯坦因（M. A. Stein）认为，鸦儿看之名难以追溯到 13 世纪蒙古征服之前③。然而，如伯希和所言，《突厥语大词典》中已出现了这个地名，写作 Yārkänd④，因此它至少在 1076 年即已存在。在莎车出土的喀喇汗时期经济文书中，有三件阿拉伯语文书提到了鸦儿看，均写作 Yārkanda。这三件文书的年代分别为 474/1082、515/1121、529/1135年。其中的鸦儿看，有时用作城镇（balda）名，有时用作行政区（kūra/州）名⑤。

有迹象表明，鸦儿看之名还可以追溯至更早时期。12 世纪初，麻里兀城（今土库曼斯坦木鹿/Merv）穆斯林学者马卫集（al-Marwazī，约 1046—1120）编写了一部阿拉伯语著作《动物之自然属性》（Ṭabāyi' al-Haivān）。英国伊朗学家米诺尔斯基（V. Minorsky）将此书中有关中国、突厥和印度的部分整理出来，并详加注释，于 1942 年刊布了英语—阿拉伯语合璧本。在描述中国的部分里，马卫集记载了从喀什噶尔沿丝绸之路南道至沙州的路程。其中，在喀什噶尔和于阗之间，他唯一提到的地名便是鸦儿看：

① H. Yule（ed. and tr.），*The Book of Ser Marco Polo*, *the Venetian*：*Concerning the Kingdoms and Marvels of the East*, Vol. I, revised by H. Cordier, London：J. Murray, 1903, p. 188.

② P. Pelliot, *Notes on Marco Polo*, Vol. II, pp. 876—885.

③ M. A. Stein, *Ancient Khotan*：*Detailed Report of Archaeological Explorations in Chinese Turkestan*, Vol. I, Oxford：Clarendon Press, 1907, p. 87.

④ Maḥmūd Kāšɣarī, *Compendium of the Turkic Dialects（Dīwān Luɣāt al-Turk）*, I, p. 360；P. Pelliot, *Notes on Marco Polo*, Vol. II, p. 877.

⑤ Ṣ. Tekin, "A Qaraḫānid Document of A. D. 1121（A. H. 515）from Yarkand," *Harvard Ukrainian Studies* 3—4/2, 1979—1980, pp. 868—883；M. Gronke, "The Arabic Yārkand Documents," *Bulletin of the School of Oriental and African Studies* 49/3, 1986, pp. 454—507.

前往这些国家从事商业或其他事务的行程是：

从喀什噶尔至鸦儿看，历时 4 日；

次至于阗，10 日；

次至克里雅，5 日；

次至沙州，50 日。

从那里（沙州）各有道路通往中国、契丹和回鹘。①

在米诺尔斯基整理本的阿拉伯语部分，鸦儿看写作 Yārkand，这与《突厥语大词典》中的拼法基本一致。米诺尔斯基指出，从喀什噶尔至于阗的这段路程，在佚名的《世界境域志》（成书于 982 年）和加尔迪齐（Gardīzī）的《记述的装饰》（*Zayn al-akhbār*，成书于 1050—1052 年间）中均有记载，加尔迪齐记其距离亦为 14 日程，它们共同的史料来源无疑是杰伊哈尼（Jayhāni，860—920）的《道里邦国志》（*Kitab al-Masālik Wā'l-Mamālik*，成书于 10 世纪初）②。然而，《世界境域志》和加尔迪齐书均未提到鸦儿看。不过，它们均提到在喀什噶尔和于阗之间有一条河，前者将其记作 B.rniya③，后者将其记作 Yărǎ 河④。伯希和

① al-Marwazī, *Sharaf al-Zamān Ṭāhir Marvazī on China, the Turks, and India*, Arabic text（ca. 1120）with an English translation and commentary by V. Minorsky, London：Royal Asiatic Society, 1942, p. 18. 最近，伊朗学者乌苏吉（M. B. Vosoughi）结合两种新发现的马卫集书抄本，对马卫集书有关中国的部分重新进行了整理。其文本与米诺尔斯基所据抄本颇有相异之处。具体到上引文，在乌苏吉整理本中，鸦儿看至于阗的路程为 11 日，克里雅至沙州为 5 日——后者显然是错误的，参见乌苏吉《〈动物之自然属性〉对"中国"的记载——据新发现的抄本》，王诚译，《西域研究》2016 年第 1 期，第 105 页。

② al-Marwazī, *Sharaf al-Zamān Ṭāhir Marvazī on China, the Turks, and India*, Arabic text（ca. 1120）with an English translation and commentary by V. Minorsky, p. 70.

③ Hudūd al-'Ālam. '*The Regions of the World*'. *A Persian Geography*, 372 A. H. -982 A. D., tr. & explained by V. Minorsky, ed. by C. E. Bosworth, Cambridge：Cambridge University Press, 1970, 2nd edition, p. 93.

④ A. P. Martinez, "Gardīzī's Two Chapters on the Turks," *Archivum Eurasiae Medii Aevi* 2, 1982, p. 140.

指出这条河一定是叶尔羌河，并认为鸦儿看可能得名于河名 Yărǎ[1]。杰伊哈尼书已佚，笔者认为它很可能提到了 Yărǎ 河，但没有提到鸦儿看城。马卫集关于喀什噶尔至于阗的路程可能参考了杰伊哈尼书，然而，从喀什噶尔至沙州的整个行程依据的应该主要是一个契丹、回鹘使团提供的信息。这个使团于 1027 年到访哥疾宁王朝（Ghaznavids）的都城，并可能在那里留下了一份官方的访谈记录，而马卫集曾经目睹过这份记录的抄本[2]。马卫集所记鸦儿看之信息正是来自这个使团的报道。由此可知，在 1027 年之前，鸦儿看已成为塔里木盆地南道上的一个较为重要的城镇。这也得到了钱币学方面的印证。喀喇汗王朝的优素福·卡迪尔汗（Yūsuf Qādir Khān）于希吉拉历 404 年（1013/1014）在鸦儿看铸造和发行了自己的钱币，翌年，其铸币地迁至可失合儿[3]。这暗示了卡迪尔汗在进据可失合儿之前，曾以鸦儿看为大本营。可见，在喀喇汗王朝征服于阗后不久，鸦儿看的政治、军事、经济地位便得以迅速提升。

考虑到 10 世纪初杰伊哈尼尚未提及鸦儿看这座城镇，我认为它应该是在 10 世纪初至 11 世纪初的百年间才出现或者快速发展起来的。在这段时间，喀什噶尔的喀喇汗王朝和于阗王国之间展开了数十年之久的宗教战争。鸦儿看最初可能是作为某一方的军事据点而崛起。喀喇汗王朝兼并于阗王国之后，丝绸之路南道变得畅通无阻，鸦儿看作为于阗和喀什噶尔之间的中间站，其交通、商业、政治等方面的重要性日益突显。鸦儿看因 Yărǎ 河而得名，当鸦儿看成为区域重镇之后，它的名字又赋予了原来的这条河，即叶尔羌河。

还需说明的是，陶慕士（F. W. Thomas）曾将麻札塔格（Mazār-

---

① P. Pelliot, *Notes on Marco Polo*, Vol. II, p. 877.

② al-Marwazī, *Sharaf al-Zamān Ṭāhir Marvazī on China, the Turks, and India*, Arabic text（ca. 1120）with an English translation and commentary by V. Minorsky, p. 68.

③ E. von Zambaur, *Die Münzprägung des Islams, zeitlich und örtlich geordnet*, Wiesbaden: F. Steiner, 1968, ss. 202, 272.

tāgh）出土的 9 世纪古藏语文书中的千户名 G-yar-skyaṅ、Yaṅ-skyaṅ、Yar-skyaṅ 皆比定为 Yarkand①。然而，这只是他先入为主的猜测，并不正确。例如，G-yar-skyaṅ出现在一份《烽子名籍》（M. Tagh. a. ii. 0096）纸残片中，这份名籍登记了神山堡每位烽子的姓名及其所属的千户或乡名。残存的各烽子姓名之前无一例外冠以 li（于阗人），表明他们是于阗土著。由当地人充任于阗周边堡铺的警候士卒，这无疑是符合常理的。那么，这件文书中的 G-yar-skyaṅ自当是于阗本地的千户名。实际上，麻札塔格出土文书可能确实提到过莎车绿洲之名。于阗语文书 M. Tagh. c. 0017. 2 中有一个人名 saką̄ñä ṣanīrä，即"Sakā 的 Ṣanīra"，贝利（H. W. Bailey）怀疑其中的 Sakā 即汉文之莎车②。若此，可证当时莎车绿洲仍用旧称，尚未出现 Yarkand 之名。

此外，伊朗学者乌苏吉（M. B. Vosoughi）在介绍有关喀什噶尔的波斯语文献时，摘录了《布哈拉史》（Tārīkh-i Bukhārā）中的一大段内容，其中也提到了鸦儿看之名。在摘引段落之前，乌苏吉仅指出《布哈拉史》是成书于 10 世纪的一部波斯语著作。如此看来，此书似乎是最早提及鸦儿看的文献。然而，仔细考辨，乌苏吉所引片段实际上是 16世纪或更晚时期添入的。为便于讨论，兹将其转录如下：

> 这是个非常好的地方，气候宜人，该处北方的边界是"蒙古斯坦诸山脉"，喀什噶尔的河流从这座山一直流向南方。那个地方与莎车（Shāsh）相连，它的边界也穿过吐鲁番（Tūrfān），到伽里木格（Qālimāq）领土；向着那个方向一直延伸至出了伽里木格，直到目不能及的地方。从莎车到吐鲁番需要三个月的路程；它的西部边界是一座绵延的山脉，蒙古斯坦诸山脉正是从这条山脉分支出去

---

① 　F. W. Thomas, *Tibetan Literary Texts and Documents Concerning Chinese Turkestan*, Part II, London: Royal Asiatic Society, 1951, pp. 171—172, 458, 469.

②　H. W. Bailey, "Hvatanica IV," *Bulletin of the School of Oriental and African Studies* 10/4, 1942, p. 923.

的。这座山也是一些从西往东的河流的发源处，和田正位于这座山的山麓；该省东边和南边的边界一大片完全是由森林和荒漠组成的原野……古时候在这片荒漠上有过一些城市，如今只有其中两座城市的名字流传下来，一个名叫"涂布"（Tūb），另一个名叫"库纳克"（Kunak），已尘封在沙石之下；在这片沙漠中生活着的一些骆驼，也成为被狩猎的对象。首府喀什噶尔位于西边的山麓处，从那座山流下来的溪流全部被用于农业和建筑；其中一条小溪名叫塔曼（Taman），以前曾从喀什噶尔城中穿过。当时王国的君主米尔扎·阿布贝克尔（Mīrzā Abūbikr）毁掉了那座城市，并在原地的一侧建起了另一座城市。那条小溪现在从该城市的旁边流过。那个王国的另一个城市名为叶尔羌（Yārkand），在古代也是一个很大的城市，城中曾有许多财富，但后来日渐衰落，几乎要成为野生动物的栖息地，猫头鹰也在那里筑巢。但米尔扎·阿布贝克尔喜欢上了那里的气候，并把首府定在那里，建起了华美的楼房，还将一些溪流引到城内；在米尔扎·阿布贝克尔在位期间，在城市的中心地带和周边村落建造了一万两千个花园；城中建起了很大的城堡，叶尔羌城中天堂般的溪流、树木和花园无与伦比，这座城市由此享有盛名。喀什噶尔的墙有三十泽洛尔（zirā'，穆斯林古代长度单位，相当于114厘米）长，小溪在全境范围内流水淙淙，其中一个令人惊奇之处是，初春本是河流补充水量的时节，这里的水却极少，而当夏天到来时，河流的水量却剧增。但是尽管有这些特点，叶尔羌的空气却总是污浊不堪。①

《布哈拉史》的作者是中亚人纳尔沙希（Muhammad ibn Ja'far Narshakhī，899—959），此书最初用阿拉伯语写成于943年。1128年，

---

① Muḥammad ibn Ja'far Narshakhī, *Tārīkh-i Bukhārā*, ed. by Ch. Shafar, Paris: Ernest Leroux, 1892, pp. 267—268；乌苏吉《波斯文献中关于喀什噶尔在丝绸之路上的地位的记载》，林喆译，《新疆师范大学学报》2012年第6期，第10—11页。

古巴维（Abū Naṣr Aḥmad al-Qubāvī）将其译成波斯语，删减了其中的繁复次要内容，并将史事续写至 975 年。1178 年，伊本·祖法儿（Muḥammad ibn Zufar ibn 'Umar）再次对此书进行增删。在更晚时期，又有佚名作者补入了蒙古入侵以后的事情[1]。可见，《布哈拉史》历经多次增删，引用此书时需对相关内容的书写年代进行具体分析，而不能一概而论。

乌苏吉是这样引出上述摘录段落的："关于喀什噶尔城，他（纳尔沙希）这样写道"，显然将引文看成是纳尔沙希的手笔。实际上，通过比较，笔者发现这段文字是从《拉失德史》第二编第 42 章中摘抄的[2]。《拉失德史》的作者是叶尔羌汗国的贵族米儿咱·海答儿（Mirza Muhammad Haidar Dughlat，1499—1551），用波斯语写成于 1546 年。引文里的米尔扎·阿布贝克尔，即《拉失德史》中的米尔咱·阿巴·乩乞儿，乃东察合台汗国朵豁剌惕部（Dughlat）异密。此人于 1480 年自称速檀，以鸦儿看和可失合儿为中心建立政权，直至 1514 年被叶尔羌汗国的创立者速檀·赛德汗（Sultan Said Khan）击败身亡。

《布哈拉史》中的这段晚期添改包含了多处错讹，例如，荒漠中的两座城市涂布（Tūb）和库纳克（Kunak），《拉失德史》分别作罗卜（Lob）和怯台（Katak）[3]；段末的"喀什噶尔的墙有三十泽洛尔长"一句混杂在有关鸦儿看的描述中，显得很奇怪，其实在《拉失德史》中，说的是米尔咱·阿巴·乩乞儿在鸦儿看修建了一座城堡，"大部分高达

① R. N. Frye（ed. and tr.），*The History of Bukhara. Translated from a Persian Abridgement of the Arabic Original by Narshakhī*，Cambridge，Mass.：Mediaeval Academy of America，1954，p. xii.

② Mirza Muhammad Haidar，*The Tarikh-i-Rashidi. A History of the Moghuls of Central Asia*，Part II，ed. with notes by N. Elias，tr. by E. D. Ross，London：Sampson Low，1895，pp. 294—303；米儿咱·马黑麻·海答儿《中亚蒙兀儿史——拉失德史》第二编，新疆社会科学院民族研究所译，王治来校注，乌鲁木齐：新疆人民出版社，1983 年，第 204—218 页。

③ 米儿咱·马黑麻·海答儿《拉失德史》第二编，第 206—207 页。

三十标准加兹"①。实际上，我们在费耐生（R. N. Frye）的《布哈拉史》英译本中看不到这段文字②。可见，它应该是在相当晚的时期才添入某些抄本中。另外需要指出的是，这段文字的汉译也存在一些不够准确的地方：蒙古斯坦，一般译作蒙兀儿斯坦；莎车（Shāsh）是误译，Shāsh 在《拉失德史》汉译本中被正确译作察赤③，乃是塔什干在元代的名称。

三、鸦儿看城之地望

关于鸦儿看城的位置，有些学者认为在今叶城④，这不正确。它应该在今莎车县城附近。莎车—鸦儿看古城大致有三座：（1）喀喇汗朝以前的莎车古城；（2）喀喇汗王朝至察合台汗国时期（10—15 世纪）的鸦儿看古城；（3）作为叶尔羌汗国都城的叶尔羌古城，可能始建于15 世纪下半叶米尔咱·阿巴·乱乞儿政权时期。斯坦因第二次中亚探险时，莎车的按办彭大人送给他 10 枚铜钱，它们来自一个在莎车"新城"官衙附近发现的钱币窖藏，其中包括唐代开元通宝钱以及 990—1111 年间发行的北宋钱币。据此，斯坦因认为现在的莎车县城可能建在喀喇汗朝以前的莎车古都城附近⑤。不过，由于最晚的钱币属于 12 世纪初期，即喀喇汗王朝中期，此钱币窖藏也许属于喀喇汗时期的鸦儿看古城。这三座古城之间即便不是延续关系，彼此的位置也相去不远，都位于今莎车县城附近。

---

① 米儿咱·马黑麻·海答儿《拉失德史》第二编，第 209 页。

② R. N. Frye（ed. and tr.），*The History of Bukhara. Translated from a Persian A-bridgement of the Arabic Original by Narshakhī*, 1954.

③ 米儿咱·马黑麻·海答儿《拉失德史》第二编，第 206 页。

④ 陈得芝《元代回回人史事杂识》，第 454 页；刘迎胜《察合台汗国史研究》，第 53 页。

⑤ M. A. Stein, *Serindia：Detailed Report of Archaeological Explorations in Central A-sia and Western-most China*, Vol. I, Oxford：Clarendon Press, 1921, p. 84.

给相关问题造成困惑的是《拉失德史》中的两处记载："总之，他（按，米尔咱·阿巴·乩乞儿）想尽办法要想征服可失合儿地区最著名的城市鸭儿看，这座城市距离现在同名的城市有四天的路程。鸭儿看目前是可失合儿的首府"，"我们不清楚旧城原先是叫鸭儿看，抑或有其他名称。在我祖先的时代，鸭儿看是英吉沙的姊妹城"[1]。其中的四日程、姊妹城等信息，似乎暗示了有一座作为英吉沙姊妹城的"鸦儿看城"。然而，这应该是米尔咱·海答儿认识的混乱所造成的误解。英吉沙意为"新城"，那么必有一座相对的旧城。过去人们往往认为这座旧城是喀什噶尔，这是不对的，它应该就是米尔咱·海答儿所谓的英吉沙姊妹城。不过，它的名字不叫"鸦儿看"，实际上，米尔咱·海答儿本人并不清楚它"原先是叫鸭儿看，抑或有其他名称"，也许称之为英吉沙旧城更恰当。

第二节　成吉思汗屠可汗城与降鸦尔堪城之真伪

斯坦因曾感叹，尽管叶尔羌之地甚古，但欲寻求 13 世纪蒙古统治之前其名称或其历史重要性之证据，殊为不易。[2]确实，在蒙古统治之前——甚至在叶尔羌汗国之前，有关莎车（叶尔羌）的文字和考古材料都非常稀少。正因为如此，黄文弼关于锡衣提牙城址的推论及其征引的所谓《文正西游录》中的一则史料引起了笔者的极大兴趣。

1929 年 7 月 16—17 日，黄文弼踏察了叶城县东北的一处喀喇汗王朝前后时期的遗址群，由拉一普遗址、木加拉遗址和锡衣提牙城址等三处彼此相距数里的遗迹组成。锡衣提牙城址，今称锡提牙古城、锡依提亚古城等，位于叶城县城东 11 公里的洛克乡锡提牙沟，因近代农垦而已经荡然无存。黄文弼在《塔里木盆地考古记》中，记载了他对这处

---

①　米儿咱·马黑麻·海答儿《拉失德史》第二编，第 143、209 页。

②　M. A. Stein, *Ancient Khotan*, Vol. I, p. 87.

遗址群的调查情况：

> 拉一普在叶城县东北约二十里之叶衣克庄南沙砾地带，略隆起
> 一高地，周约五、六里，四周散布陶片及死人枯骨，旁有一塔为现
> 鄂人李君修建以埋藏枯骨者。余疑此地当有铜钱，乃命人寻觅，一
> 维民拾一"天禧通宝"钱至，乃宋钱也。而本村大人小孩，群争寻
> 觅，不及十分钟，铜钱已盈百余枚矣。除有少数宋钱外，均为无孔
> 圆钱，两面均镌用阿拉伯文字母所拼写之文字，时代约当十二世纪
> 初期。往东约四、五里之木加拉，有陶片。再东转南二、三里至锡
> 衣提牙，陶片散布区域较拉一普更为广阔，周约十里，街市遗迹，
> 尚可辨识。死人骨骸满地横陈。余等拾"咸平通宝"一枚。咸平为
> 宋真宗年号，似此地活动期间与拉一普同时。及余返叶城，拉一普
> 乡民携铜钱至者，络绎而来，又搜集得百余枚。计有孔中国钱十余
> 枚，有咸平通宝、天禧通宝、皇宋通宝、崇宁通宝（大钱）、元符通
> 宝、元丰通宝等，皆北宋钱也。知此地在北宋时，颇为兴盛。[1]

黄文弼指出，锡衣提牙城即《文正西游录》提及的可汗城。并推
测此城建于10世纪末喀喇汗王朝时期，12世纪为西辽沿用，1211年屈
曲律篡夺西辽后亦据有此城；1218年，成吉思汗西征屈出律，自于阗
向西进兵，屠此城，致其废弃；城中之宋钱乃西辽人所遗，与阿拉伯文
喀喇汗铜钱并用[2]。黄文弼先生作出如是推论的依据，除了出土钱币和
人骨等遗物之外，最重要的是《文正西游录》中的一则材料。黄氏书
中行文如下：

> 《文正西游录》云："大军发于阗，至可汗城，屠其城，使人
> 诏谕各城，鸦尔堪城王来降，至是始隶版图，以封诸王阿鲁忽。"[3]

[1] 黄文弼《塔里木盆地考古记》，北京：科学出版社，1958年，第56—57页。
[2] 黄文弼《塔里木盆地考古记》，第57页。
[3] 黄文弼《塔里木盆地考古记》，第57页；又《黄文弼蒙新考察日记（1927—1930）》，黄烈整理，北京：文物出版社，1990年，第464页。

这段引文反映了从于阗出发的蒙古西征军队屠可汗城和降鸦尔堪城等重要信息，然而，其可信度有待商榷。按，《文正西游录》即蒙元重臣耶律楚材之《西游录》，成书于1228年，并于翌年家刻刊行。由于耶律楚材信佛教，其子耶律铸好道教，二人信仰异趣，而此书后半部分专门抨击长春真人丘处机，故楚材卒后，《西游录》就不再印行，成为人所罕见之书，逐致亡佚[1]。今所见《西游录》有两种版本。一种是元人盛如梓《庶斋老学丛谈》摘录的地理游记部分，凡八百余字，有删节。盛氏《丛谈》于嘉庆十年（1805）由鲍廷博刊入《知不足斋丛书》第23集中，清末民初西北舆地学者的相关研究，皆赖此节录本。另一种是日本宫内省图书寮和内阁文库所藏的两部足抄本，由神田喜一郎于1926年前后发现[2]。两部抄本内容一致，凡五千余字，从书末题记可知是据楚材原刊本过录的。1960年代，向达对此足本进行校注，今收为"中外交通史籍丛刊"第4种，是目前通行的最佳注本[3]。笔者核查盛如梓节录本和向达校注足本，均未见有黄文弼以上引文。

黄文弼先生的著作没有出注，我们无从确知其引文源出何处。然而，检诸古籍文献，笔者从清人李光廷《汉西域图考》中找到了类似记载，当是黄氏所本。李光廷在注解叶尔羌时，谓此名在元代始见，称作押儿牵、鸦儿看、斡儿寒（按，斡儿寒应指鄂尔浑）、雅尔堪等。其书于同治九年（1870）刊行，现摘录相关片段如下：

> 叶尔羌……亦曰雅尔堪，《文正西游录》："大军发于阗至可汗城，屠其城，使人招谕各城，雅尔堪城主来降者。"皆一音之转，即其地也。至是始隶版图，以封诸王阿鲁忽，与斡端、可失哈儿号

① 陈垣《耶律楚材父子信仰之异趣》，《陈垣全集》第2册，合肥：安徽大学出版社，2009年，第684—691页。

② 许全胜《〈西游录〉与〈黑鞑事略〉的版本及研究——兼论中日典籍交流及新见沈曾植笺注本》，《复旦学报》2009年第2期，第10—20页。

③ 耶律楚材撰《西游录》，向达校注，北京：中华书局，2000年。

为三城。①

以上黄文弼与李光廷引文均可分为两部分：前半部分转引《文正西游录》，讲述蒙古军队从于阗出发西征，屠可汗城，降鸦尔堪城；后半部分记载以鸦尔堪城封诸王阿鲁忽之事。实际上，二人所谓出自《西游录》中的这条材料，最早见于清代俞浩的《西域考古录》。此书始刊于道光二十七年（1847），俞氏在论述喀什噶尔和英吉沙尔时引用了如下文字：

> 耶律楚材《西游录》："大军发于阗而西，遂北渡黄河至可汗城。城极雄壮，攻围五日，西人坚守不下。我军以礮攻之，火箭焚其东城，敌楼既破，遂屠其城人。时天暑甚，上命筑垒，暂休军卒，使人招谕诸城。七月，雅尔堪城主来降，且迎军。大军遂陆续西进至木兰河，河甚宽广。无船，军中缝牛革为囊，乱流而渡，河水迅急，半济风起，浪汹涌激，革囊回南岸，溺毙数十人。乃命元帅张荣伐林木装筏以济师。八月下旬，军渡河而西。"②

俞浩推测了引文中的几个地名，指出"可汗城，当即唐之碛南州；鸦儿看城，亦见《元史》，疑即叶尔羌城；木兰河，即乌兰乌苏河也"。在书的前两页，作者征引《新唐书·地理志》时已经提到"疑碛南州即今叶尔羌城③，即今叶城县城。黄文弼谓可汗城即叶城县城附近之锡衣提牙城，与俞浩之观点正合。清人李文田和范寿金已经注意到了俞浩书中的上述文字，将其摘入《西游录略注补》中④。俞浩的引文与

① 李恢恒（李光廷）撰《汉西域图考》卷二，台北：乐天出版社，影印同治九年刻本，1974 年，第 211 页。

② 俞浩撰《西域考古录》卷十五，收入《中国边疆丛书》第二辑第 22 册，台北：文海出版社，影印道光二十八年刻本，1966 年，第 758—759 页。

③ 俞浩撰《西域考古录》卷十五，第 757 页。

④ 李文田注《元耶律文正公西游录略注补》，范寿金补，收入《丛书集成续编》第 244 册，台北：新文丰出版公司，影印光绪二十三年刻本，1988 年，第 249 页。

李、黄二人的引文所涉事件大体一致，但内容较之详细得多，描述绘声绘色，且增加了张荣伐林造筏济师渡木兰河的细节。此外，其中提到"上命筑垒"，表明这支蒙古军队由成吉思汗所率亲征，这与黄文弼的看法也是一致的。

俞浩引文中提及的元帅张荣，于正史中有载。按，《元史》立传的有两位汉军世侯张荣，均生活于成吉思汗时期，且均可称元帅：一为历城人济南公、山东兵马都元帅（《元史》卷一五〇），一为清州人怀远大将军、砲水手元帅（《元史》卷一五一）。此处的张荣当指后者，《元史》载其济师渡河细节如下：

> 戊寅，领军匠，从太祖征西域诸国。庚辰（1220）八月，至西域莫兰河，不能涉。太祖召问济河之策，荣请造舟。太祖复问："舟卒难成，济师当在何时？"荣请以一月为期，乃督工匠，造船百艘，遂济河。太祖嘉其能，而赏其功，赐名兀速赤。癸未七月，升镇国上将军、砲水手元帅。[①]

又，元人胡祗遹《紫山大全集》卷一六收录了张荣的神道碑铭，其中记载了张荣跟从成吉思汗征西域的一些事迹，包括济师渡河、降回鹘之城等等：

> 太祖皇帝征回鹘，六师至莫兰河，流渐湍急，众莫能前。侯立缚战舰百艘，全师毕渡，直抵城下。未合围，侯列树危竿飞石，石下如雨，城不能坚，回鹘请降。由是忻都、钦察诸国接踵纳款，西戎遂平。论功，最诸军。未几，扈从取河西。河西负固坚守，侯如前攻，城破众溃，以功升镇国上将军、总管砲水手军匠元帅。[②]

张荣所领砲水手元帅，乃早期蒙古军中所设统领诸色工匠之职，管

① 《元史》卷一五一《张荣传》，第 3581 页。

② 胡祗遹撰《故镇国上将军总管砲水手军匠元帅府清州张侯神道碑铭》，收入魏崇武、周思成校点《胡祗遹集》，元朝别集珍本丛刊，长春：吉林文史出版社，2008 年，第 359—360 页。

理随军出征的砲手、水手等匠军①。王国维认为，这位军匠总管张荣即《长春真人西游记》所载二太子（窝阔台）之"大匠张公"，他曾力邀长春真人丘处机前往阿力麻里布道：

> （1223 年）四月五日，（长春真人）至阿里马城之东园，二太子之大匠张公固请曰："弟子所居营三坛四百余人，晨参暮礼，未尝懈怠。且预接数日，伏愿仙慈渡河，俾坛众得以请教，幸甚。"师辞曰："南方因缘已近，不能迂路以行。"复坚请，师曰："若无他事，即当往焉。"翌日，师所乘马突东北去，从者不能挽。于是张公等悲泣而言曰："我辈无缘，天不许其行矣。"

王国维于"张公"下注曰：疑即张荣也。王先生还指出，《元史·张荣传》中的莫兰河即"阿梅沐涟"之略，即阿姆河；张荣曾随窝阔台修复阿姆河航桥，常在窝阔台军中，故此云"二太子之大匠张公"也②。按，"莫兰"非该河本名，实为没辇、木辇（蒙文 mūren）之音译③，亦即王国维之所谓"沐涟"，意为大河。王国维推测莫兰河为阿姆河，俞浩谓木兰河为乌兰乌苏河，均非定论。

据《元史》等记载，成吉思汗于 1218 年率领大军从和林出发西征，命哲别为先锋，过金山南征西辽僭主屈出律。双方兵锋交接后，屈出律很快败逃至巴达哈伤，不久即被抓捕而处死：

> 太祖西征，曷思麦里率可散等城酋长迎降，大将哲伯以闻。帝命曷思麦里从哲伯为先锋，攻乃蛮，克之，斩其主曲出律。哲伯令曷思麦里持曲出律首往徇其地，若可失哈儿、押儿牵、斡端诸城，

---

① 史卫民《元代军事史》（《中国军事通史》第十四卷），北京：军事科学出版社，1998 年，第 94—97 页。

② 李志常原著《长春真人西游记校注》，王国维校注，收入《王国维全集》第 11 卷，杭州：浙江教育出版社，2009 年，第 609—610 页。

③ 萧启庆《蒙元水军之兴起与蒙宋战争》，《内北国而外中国：蒙元史研究》（上册），北京：中华书局，2007 年，第 351 页注释 9。

皆望风降附。①

由于屈出律的统治不得人心，当哲别大军到来时，塔里木盆地诸城要么迎降，要么消极抵抗。屈出律被斩杀后，南道的可失哈儿、鸦儿看、斡端皆望风而降。可见，成吉思汗西征时，并未亲率大军至塔里木盆地。南道诸城亦未经历激烈战斗，它们归蒙是降附，而非最终城破被屠。

关于黄文弼与李光廷引文的后半部分，即以鸦尔堪城封诸王阿鲁忽之事，在清末民初的几种著作中可找到类似记载：

（一）鸦儿堪，耶律文正《西游录》。太宗以封诸王阿鲁忽。（刘锦藻《清朝续文献通考》，1912 年成书）②

（二）元至元（1264—1294）中，立鸦儿看水驿，又设安慰鸦儿看等城，其后降其城，以封诸王阿鲁忽，与斡端、可失哈儿，号为三城。（谢彬《新疆游记》，1917 年写成）③

（三）（太祖）十六年，术赤取玉龙杰赤等城，后（于阗）并可失哈儿、雅儿看，即莎车为三城，以封阿鲁忽。至元初，阿鲁忽叛。（《清史稿·地理志》和阗直隶州条，1927 年出版）④

这几种著作声称大汗以鸦尔堪等三城封阿鲁忽，大概跟《元史》将阿鲁忽称作"于阗宗王"有关。《元史·暗伯传》记载，"暗伯弱冠入宿卫，性严重刚果，有大志。尝亲迎于燉煌，阻兵不得归，乃客居于于阗宗王阿鲁忽之所"⑤。不过，上述三种著作关于以鸦尔堪等城封阿鲁忽之年代说法各有不同：《清史稿》言是太祖成吉思汗十六年

---

① 《元史》卷一二〇《曷思麦里传》，第 2969 页。

② 刘锦藻撰《清朝续文献通考》卷三二一《舆地考十七》，杭州：浙江古籍出版社影印，1988 年，第 10622a 页。

③ 谢彬《新疆游记》，乌鲁木齐：新疆人民出版社，2013 年，第 214 页。

④ 《清史稿》卷七六《地理志二十三》和阗直隶州条，中华书局点校本，1977 年，第 2393 页。

⑤ 《元史》卷一三三《暗伯传》，第 3237 页。

（1221），刘锦藻《清朝续文献通考》谓在太宗窝阔台时期（1229—1241），谢彬《新疆游记》称在世祖忽必烈至元中（1264—1294）。

阿鲁忽为察合台后王，主要活跃在忽必烈与阿里不哥争夺汗位前后时期，刘迎胜先生曾专门论述过其相关事迹[①]。1260 年，阿鲁忽在阿里不哥的支持下继承察合台汗位，但他不满阿里不哥的颐指气使，1262年春转而归附忽必烈。阿里不哥大怒，率军洗劫了其统治中心伊犁河流域。阿鲁忽被迫退居于阗，因此《元史》称之为"于阗宗王"。1264年，阿里不哥降于忽必烈。1265 年，阿鲁忽卒。1262 年阿鲁忽在与阿里不哥的交战中不利，退居于阗一带，忽必烈正是在此时将鸦儿看等三城封给阿鲁忽。这是对既定局面的认定，也是对阿鲁忽的安抚和羁绊。因此，谢彬《新疆游记》的说法是对的，以鸦尔堪等城封阿鲁忽之事应发生在至元初。

要之，《西域考古录》等清代文献所载从于阗出发的蒙古西征军队，不应该是成吉思汗西征军，而可能是忽必烈统治初年的一支西征军。忽必烈于 1262 年或稍后将鸦儿看等三城封给察合台后王阿鲁忽。这些清代文献的记载糅合了一些史料，可能本据某种已散佚的西征记。

第三节 宗教与思想文化

一、伊斯兰化进程

1273 年，马可波罗行经鸦儿看，他这样描述此地的宗教信仰情况："此州的（FB）居民全都（LT）信奉摩诃末教，也有一些景教徒和雅

---

① 刘迎胜《察合台汗国史研究》，第 143—193 页。

各比（Jacobin）派教徒（FB），<u>但人数不多（VB）</u>。"①即是说当时的鸦儿看居民除少量基督徒外，基本都是穆斯林。伊斯兰教很可能是在喀喇汗王朝对于阗王国的宗教征服过程中传入鸦儿看的。在马可波罗行经塔里木盆地前夕，1260年代，察合台后王木八剌沙（Mubarak Shah）和八剌（Baraq）的先后皈依，进一步推动了伊斯兰教在南疆各地的发展。今天，莎车绿洲上还保留有不少伊斯兰历史古迹。根据文物普查资料，一些麻扎被认为属于喀喇汗时期，包括莎车县恰热克镇的玉素甫哈迪尔汗麻扎、阿尔斯兰巴格乡的阿尔斯兰汗麻扎、阔什艾日克乡的奥斯曼布格拉汗麻扎等。更多的遗迹属于叶尔羌汗国前后时期，例如，莎车县莎车镇境内的阿勒同米契提清真寺、阿孜尼米契提清真寺、加曼清真寺以及叶尔羌汗国王陵②。

米儿咱·海答儿（1499—1551）记载，在他那个时期，鸦儿看的一些古墓有护墓人看守，当地人相信里面埋葬着穆斯林先贤。令人感兴趣的是，他还详细描述了据称是察合台后王都哇汗的伊斯兰式陵墓：

坟墓修筑得很高大，外表用灰泥涂抹，上面有壁画和铭刻。经仔细阅读后，这些铭刻的内容始终无法理解，因为大部分是用苦法（Kufa）体文字写的，而且不是用目前通用的苦法体文字。少数铭刻是用索耳斯体（Suls）写的，可是字迹很难辨认。附近有一个拱形建筑物，拱顶上写着一些突厥文，可是大部分已经剥蚀，上面写道："岁在656年……"，其余部分都已模糊不清，无法认出了。这一年代和都哇汗的年代非常接近，一般人通常称他为都哇萨罕

---

① A. C. Moule & P. Pelliot（ed. and tr.），*Marco Polo. The Description of the World*, Vol. I, chap. 53, p. 146. 译文在北京大学马可波罗项目读书班译定稿的基础上，略有修订。其中，不带下画线的文字为《马可波罗行纪》F本的内容；带下画线的文字为其他诸本的内容，其后括注版本信息。版本缩略语见原书第509—516页表格。

② 新疆维吾尔自治区文物局编《不可移动的文物：喀什地区卷（2）》，乌鲁木齐：新疆美术摄影出版社，2015年，第443—527页。

（Dava Sahan）。①

据《拉失德史》汉译校记，此墓至今犹存，在莎车县城南旧城墙边被称为"都哇汗·帕的沙之墓"的陵园内②。米儿咱·海答儿亲自拜访过此墓，称"坟墓如此雄伟"，并向当地人打听相关传说。关于墓之真伪，他表现出颇耐人寻味的矛盾态度：一方面，他罗列了数条理由认为此墓无可置疑属于都哇汗；另一方面又说，"他（按，都哇）死后，凡认为这座坟是他的陵墓的人，都来敬奉，年深月久，大家也就信以为〔真〕了，可是只有真主才知道究竟是不是"③。《拉失德史》英译编者伊莱亚斯（N. Elias）指出，都哇汗死于 706/1306 年（按，都哇实际死于 1307 年④），拱形建筑物上的年代（按，656/1258 年）要比这早五十年，因此很难认为它是同名的察合台汗之墓⑤。然而，"岁在 656 年……"仅仅是铭文残存的部分，说的可能是生年而非卒年，尽管史无记载，但都哇汗享年 50 岁看起来也是比较合理的。

厘清此都哇汗墓之真伪，有助于我们了解 14 世纪前后鸦儿看的地位以及伊斯兰教在该地区的发展情况。关于都哇的葬地，帖木儿王朝史书《木阴历史选》有明确记载："他（按，都哇）独立统治了连续 16 年，在（希吉拉历）705 年因病去世。他的墓位于斡思坚平原上。"⑥斡思坚（Uzkand），或称讹迹邗，即今吉尔吉斯斯坦的乌兹根（Özgön），位于费尔干纳盆地东部。 这部波斯文编年史与《拉失德史》大致同时，

① 米儿咱·马黑麻·海答儿《拉失德史》第二编，第 212—213 页。

② 米儿咱·马黑麻·海答儿《拉失德史》第二编，第 212 页。近年文物普查资料在莎车镇南录有都罕帕夏遗址，地表已不见建筑遗迹，参新疆维吾尔自治区文物局编《不可移动的文物：喀什地区卷（2）》，第 419—420 页。

③ 米儿咱·马黑麻·海答儿《拉失德史》第二编，第 213 页。

④ 刘迎胜《察合台汗国史研究》，第 340—341 页。

⑤ Mirza Muhammad Haidar, *The Tarikh-i-Rashidi*, Part II, p. 299, n. 4.

⑥ Muʻīn al-Dīn Naṭanzī, *Muntakhab al-Tawārīkh-i Muʻīnī*, *Extraits du Muntakhab al-Tavarikh-i Muʻini（Anonyme d'Iskandar）*, ed. by J. Aubin, Tehran：Khayyam, 1957, p. 106.

成书于 16 世纪。不过，木阴（Muʿīn al-Dīn Naṭanzī）此处所记都哇之资料讹误甚多，关于都哇统治了 16 年，并死于 705 年的说法，都不准确。联想到《元朝秘史》称鸦儿看为兀里羊（Üriyäng），这一写法与斡思坚颇为接近，那么，木阴将鸦儿看混淆成斡思坚也不无可能。

从陵墓本身之特征和鸦儿看的时代地位来看，都哇葬于鸦儿看也存在很大的可能性。米儿咱·海答儿参观此墓是在 1514—1529 年[①]，距都哇之死约两百年。此时拱形建筑物上的文字已经剥蚀漫灭，可见其建造年代相去已久，"656/1258 年"之铭记则标示了其时间上限，由此可断定它确实是 13 世纪末 14 世纪初的古墓。这座墓葬规模宏大，应当是一座真实的陵墓，而不像是当地人出于缅怀而树立的纪念性建筑。

有证据表明，鸦儿看的地位在都哇汗时期得到很大提升。自阿鲁忽死后，窝阔台后王海都不断侵吞察合台汗国领地。《瓦撒夫史》称海都盛时，占据了"从塔剌思、肯切克、讹答剌、可失合儿及阿母河彼岸的整个地区"[②]。至元前期，海都还与元朝在可失合儿至鸦儿看一线展开长期拉锯战。至元二十六年（1289），忽必烈罢斡端宣慰使元帅府[③]，元军从塔里木盆地退出，整个突厥斯坦自此成为窝阔台汗国的势力范围。都哇为海都所扶立，二人长期结盟，但都哇的地盘被挤压在相当有限的地带。1303 年，海都去世，都哇与元廷和解，旋即将窝阔台汗国分解，大肆吞并其疆土。元成宗也向都哇颁布敕令，承认他对突厥斯坦诸地的控制权[④]。塔里木盆地西南缘的可失合儿、鸦儿看由此成为察合

---

① 1514 年，速檀·赛德汗的军队先后攻占了可失哈儿、英吉沙、鸦儿看等地；1529 年，速檀·赛德汗亲率大军攻打巴达哈伤，米尔咱·海答儿作为先锋随军出征，此后再未返回南疆，一直在阿富汗和印度活动，直至在克什米尔去世。

② ʿAbd Allāh ibn Faẓl Allāh Vaṣṣāf al-Ḥaẓrat, *Geschuchte wassaf's*, Band 1, persisch herausgegeben und deutsch übersetzt von Hammer-Purgstall, neu herausgegeben von Sibylle Wentker nach Vorarbeiten von Klaus Wundsam, Wien: Verlag der Österreichischen Akademie der Wissenschaften, 2010, s. 127.

③ 《元史》卷一五《世祖纪》，第 325 页。

④ 刘迎胜《察合台汗国史研究》，第 321—322 页。

台汗国的重镇。在把阿秃儿汗《突厥世系》（成书于 1664 年）里，通常以"可失合儿、鸦儿看诸地"称察合台汗国的领土。这在都哇去世后两年，有关其子也先不花即位之描述中就体现出来了：

> 由于在喀什噶尔、鸦儿看、阿剌塔（Alah-Tagh，即天山余脉阿拉套山）及畏兀儿斯坦再不存在一个权力为众所公认的察合台系君主，诸蒙古异密于是集会决议从布哈剌迎回也先不花，拥立他成为喀什噶尔、鸦儿看、阿剌塔及畏兀儿斯坦的汗。①

也先不花，1309—1320 年为察合台汗。可失合儿和鸦儿看被列为察合台汗国领土诸地的前两个，体现了此时它们在汗国内已经占有十分重要的地位。因此，都哇在生命的最后时刻居于鸦儿看是合乎情理的。

马可波罗称，鸦儿看州的居民"全都信奉摩诃末教"。他对诸如可失合儿、忽炭等地的描述也大率如此。总之，在马可波罗看来，丝绸之路南道六地居民基本上都信奉伊斯兰教。这是他作为一名基督教徒的观察结果和感受。然而，这一地区的伊斯兰化进程并非一帆风顺。早在喀喇汗王朝时期，穆萨·阿尔斯兰汗（Musa Arslan Khan）就于 960 年宣布伊斯兰教为国教，并强迫 20 万帐突厥人皈依了伊斯兰教②。蒙古统治之后，根据文献记载，在马可波罗行经此地区之前，察合台汗国的木八剌沙和八剌汗都信奉了伊斯兰教；在他行经当地之后，都哇、答儿麻失里（Tarmashirin，都哇之子）和脱忽鲁帖木儿（Tughluq Temür）等察合台后王亦先后成为穆斯林。察合台汗国的民众，特别是作为统治集团的蒙古人之伊斯兰化，并不是一蹴而就的，而是经历了反复的、程度不断加深的过程。究其原因，可从蒙古统治集团自身和穆斯林教派纷争两方面来考量。一方面，在 13 世纪和 14 世纪初，察合台汗国统治者奉行成

---

① 阿布尔·哈齐·把阿秃儿汗《突厥世系》，罗贤佑译，北京：中华书局，2005 年，第 144—156 页。

② Ibn Miskawayh, *The Concluding Portion of the Experiences of the Nation*, vol. V, tr. from the Arabic by D. S. Margoliouth, Oxford: B. Blackwell, 1921, p. 196.

吉思汗以来的宗教宽容政策，汗国东部的蒙古贵族坚持游牧传统，保持原有的佛教、萨满等信仰。较早时期的木八刺沙、八刺、都哇诸汗虽然已经开始信奉伊斯兰教，但他们并未在汗国内强行推广。直到1331年答儿麻失里汗即位后，强制性的改宗命令才被下达。《突厥世系》描述了八刺和答儿麻失里时期伊斯兰信仰之区别：

> 答儿麻失里这位君主成了一个穆斯林，河中地区所有的兀鲁思都效仿他的榜样信奉了伊斯兰教。我们在上文中曾说过八刺汗信奉了伊斯兰教，但在他死后，所有那些在其统治期间成为穆斯林的人终于又恢复了原来的信仰，而所有那些随同答儿麻失里信奉伊斯兰教的人对他们新的信仰却始终不渝。[1]

我们难以判断八刺时期改宗伊斯兰教的民众是否受到他的强迫，但是，在他死后，这些新穆斯林确实可以自由恢复原有的信仰。答儿麻失里时期，河中地区的贵族在他的推动下纷纷皈依了伊斯兰教。但他的宗教政策遭到汗国东部保守集团的强烈反对，他本人因此被笃来帖木儿之子不赞（Buzan）起兵擒杀[2]。1353年，在舍赫（shaikh，苏非主义教团领袖之尊称）札马刺丁（Jamal al-Din）及其子额什丁（Arshad al-Din）两代人的不懈劝导下，察合台东部汗脱忽鲁帖木儿皈依了伊斯兰教。据称，脱忽鲁帖木儿汗成为穆斯林的当天，共有16万人皈依了伊斯兰教，伊斯兰教因此在察合台汗国中普及开来[3]。这一情形显然与喀喇汗王朝的阿尔斯兰汗一样，是统治者自上而下强制推行的结果。脱忽鲁帖木儿推行伊斯兰教的重要性在于，一向保守的东部贵族也开始伊斯兰教化了，这是西域伊斯兰化进程中具有决定性意义的大事[4]。

---

[1] 阿布尔·哈齐·把阿秃儿汗《突厥世系》，第146页。

[2] M. Biran, "The Chaghadaids and Islam: The Conversion of Tarmashirin Khan (1331—34)," *Journal of the American Oriental Society* 122/4, 2002, pp. 742—752.

[3] 米儿咱·马黑麻·海答儿《拉失德史》第一编，第162—165页；阿布尔·哈齐·把阿秃儿汗《突厥世系》，第152—153页。

[4] 刘迎胜《察合台汗国史研究》，第460页。

除了蒙古统治集团自身的选择之外，另一方面，伊斯兰教派之间的不合也是造成西域伊斯兰化进程复杂化的重要原因。米尔咱·海答儿讲述了八剌汗与脱忽鲁帖木儿汗所信奉伊斯兰教教义之区别：

> 尽管在秃黑帖木儿汗（按，即脱忽鲁帖木儿）之前，八剌汗以及其后的怯别汗都曾皈依伊斯兰教，但是，不论是这两位汗还是蒙兀儿民族，当时都不懂得"鲁施德"，即"得救的正道"；他们的天性依然卑下，继续走着进火狱的道路。但受启迪而明真理的秃黑帖木儿汗及其幸运的兀鲁思却充分认识了"鲁施德"。[①]

所谓"鲁施德（得救的正道）"和"进火狱的道路"，均是苏非主义的学说。苏非派布道者不主张圣战和天堂快乐，而是宣扬罪恶和地狱痛苦。米尔咱·海答儿认为脱忽鲁帖木儿信奉的苏非主义是正道，八剌和怯别信仰的教义则是火狱之路。

实际上，苏非主义本身也是伊斯兰教的旁支。巴托尔德（V. V. Barthold）指出，由于游牧人，甚至包括阿拉伯人在内，总是认为伊斯兰教正宗不合他们的需要，苏非神秘主义因此在草原游牧人中取得比正统派神学更大的成功[②]。札马剌丁与额什丁父子领导的教团乃苏非主义中的火者派，传播的教义被称为"和卓（教师）们的道乘"（tariqat al-Khawajagan）[③]。因此，笔者认为，脱忽鲁帖木儿之皈依，除了对保守的东部蒙古贵族伊斯兰化的推动作用，另一个重要意义是，它促成了苏非主义火者派在察合台汗国取得绝对的优势地位。

总体上看，10 世纪上半叶，喀喇汗王朝的萨图克·布格拉汗（Sat-

---

① 米儿咱·马黑麻·海答儿《拉失德史》第一编，第 148 页。

② 巴托尔德《蒙古入侵时期的突厥斯坦》上册，张锡彤、张广达译，上海：上海古籍出版社，2011 年，第 294—295 页。

③ 周燮藩《伊斯兰教苏非教团与中国门宦》，《甘肃民族研究》1991 年第 4 期，第 20—36 页。

uq Bughra Khan）皈依了伊斯兰教[1]，丝绸之路南道开启了伊斯兰化的历程，但其他宗教并未从此销声匿迹。12 世纪上半叶，西辽取代喀喇汗王朝在塔里木盆地的统治地位，契丹人信奉佛教，但他们在王国内推行兼容并包的宗教政策。1211 年，乃蛮王子屈出律篡夺了西辽统治权，他原本是一名基督徒，后来改宗了佛教，因此强迫境内的穆斯林皈依佛教。他的高压政策遭到民众的强烈反抗。1218 年，当哲别率军攻打屈出律时，塔里木盆地的穆斯林将他视作救星，引导蒙古军队追击和擒杀屈出律[2]。蒙古人奉行自由的宗教政策，在塔里木盆地，这种状况一直延续到了察合台汗国前期。

二、佛教与基督教

伊斯兰化进程开启之后，鸦儿看地区仍然长期存在佛教徒。在莎车出土的喀喇汗时期经济文书中，出现的人名大部分为伊斯兰教名字，但也有少数保留着突厥式名字，其中有些名字带有佛教色彩[3]。西辽时期，鸦儿看仍存在信仰佛教的居民。徐松在《西域水道记》中提供了可靠的线索，其中描述叶尔羌城的古迹时写道：

> 城内东南隅有古浮图一，高三十余丈，回人名曰"图特"，谓是喀喇和台（按，即喀喇契丹/西辽）国人所造，唯以砖甃，不施棁槛。城之南有古冢，松柏数十株，石羊驼马，又石人二，执笏佩剑，言是喀喇和台国人之墓，欲划之，则风雨作。彼土谓汉人为和台也。[4]

---

① 札马剌·哈儿昔《苏拉赫词典补编》（Jamāl Qaršī, *Mulahaqat al-Surah*），汉译本见华涛译《贾玛尔·喀尔施和他的〈苏拉赫词典补编〉》（上），《元史及北方民族史研究集刊》第 10 期，1986 年，第 64—66 页。

② 志费尼《世界征服者史》，何高济译，呼和浩特：内蒙古人民出版社，1980 年，第 71—80 页；拉施特主编《史集》第一卷第二分册，余大均、周建奇译，北京：商务印书馆，1983 年，第 247—254 页。

③ M. Erdal, "The Turkish Yarkand Documents," *Bulletin of the School of Oriental and African Studies* 47/2, 1984, pp. 276—277.

④ 徐松《西域水道记》，朱玉麒整理，北京：中华书局，2005 年，第 62 页。

古浮图高三十余丈，太过夸张，伯希和因此怀疑徐松可能并未亲历此地。伯希和还指出这是一座佛塔，年代应早于 12 世纪西辽统治时期；有石人和石像的墓是典型的汉式传统，它们可能是被西辽人所挪用[①]。笔者认为，引文中的"丈"字可能为"尺"字之误，三十余尺合 10 余米。据新疆文物普查资料，在莎车县莎车镇卡斯村东的民居之间、莎车旧城东城墙边上，有一处奴如孜墩遗址，为一座南北长 20.6 米、东西宽 14.5 米、高约 10 米的土墩。土墩距地表 9 米以上为土坯砌筑。1982 年考古人员在此调查时，曾发现宋代钱币和陶器残片。遗址的年代可初步推断为唐宋时期[②]。奴如孜墩遗址的年代与西辽相仿，很可能正是徐松笔下的古浮图。另外，契丹人汉化既深，墓前立石像完全合理。徐松记载的上述佛塔和墓葬，正是西辽时期鸦儿看居住有信仰佛教的契丹人的真实反映。

在莎车绿洲上，更早时期的佛教遗迹尚存多处，比较重要的有：（1）喀群墓地彩绘棺板佛教图案。此墓地位于莎车县西南、叶尔羌河西岸的台地上。1983 年发掘了 3 座晋唐时期的墓葬。其中，2 号木棺的盖板绘伏虎，两侧板绘连枝卷叶纹，头挡绘坐佛讲经图，足挡绘比丘和龙首，彩绘华丽、线条流畅。（2）叶城县布朗村南佛教遗址。位于叶城县乌夏巴什镇南，包括摩崖造像和绘画，年代初步推测为南北朝时期。（3）棋盘千佛洞。位于叶城县棋盘乡巴什吾让村西南的棋盘西岸，洞窟开凿于东西向的崖壁上，共有 8 个洞窟。洞窟内均未发现壁画及造像的痕迹，部分洞窟壁涂抹有黄泥。洞窟时代尚不确定[③]。

---

① P. Pelliot, *Notes on Marco Polo*, II, p. 858.

② 新疆维吾尔自治区文物局编《新疆维吾尔自治区第三次全国文物普查成果集成：喀什地区卷》，北京：科学出版社，2011 年，第 101 页；又《不可移动的文物：喀什地区卷（2）》，第 399—400 页。

③ 新疆维吾尔自治区文物局编《新疆维吾尔自治区第三次全国文物普查成果集成：喀什地区卷》，第 86、138、193 页；又《不可移动的文物：喀什地区卷（2）》，第 8—10、83—85 页。

实际上，莎车绿洲的佛教在 7 世纪上半叶玄奘行经时，已成衰败之势。《大唐西域记》记载乌铩国："（居民）容貌丑弊，衣服皮褐，然能崇信敬奉佛法。伽蓝十余所，僧徒减千人，习学小乘教说一切有部。"[①]

关于鸦儿看之基督教，在此可以补充一个有趣的细节。张星烺在注解《鄂本笃行纪》时，介绍了 1604 年鄂本笃（Benedict Goës）自鸦儿看致某位沙勿略（Xavier，按，并非圣方济各·沙勿略）的一封信，其中讲述了鄂本笃在鸦儿看的宗教见闻。我们注意到，鄂本笃在鸦儿看曾为和阗国王摩哈美德汗（Mahomed Khan）及当地回教大师讲解《圣经》，国王称其所讲"前所未闻"。对比马可波罗言鸦儿看有基督教徒，可推测国王的话反映了在马可波罗行经三百年之后，当地的基督教已经绝迹了。信中又云"某日王示鄂圆虫形文字纸一张"，而鄂本笃可识读，言其乃三位一体之说[②]。国王出示的纸片可能是当地蒙元基督教之遗物。《拉失德史》记载，15 世纪末 16 世纪初，割据者米尔咱·阿巴·乩乞儿在鸦儿看旧城等地大肆挖掘，得古物甚多[③]。此基督教纸张可能是当时流散出来的古物，其上的圆虫形文字当为叙利亚文。

第四节　物产与社会经济

莎车绿洲水源充足、土壤肥沃，适宜农业生产。米尔咱·海答儿指出，鸦儿看的大部分地区由叶尔羌河灌溉，其余地方由帖孜·阿不河（Tiz-Ab，即提孜那甫河/Tiznaf）灌溉[④]。汉唐史籍多有涉及莎车农业兴盛之记载。根据《汉书·西域传》可知，莎车是汉朝屯田之地以及邻近山地国家寄田之所：汉宣帝时，"于是徙屯田，田于北胥鞬，披莎车

---

① 季羡林等校注《大唐西域记校注》，第 990—994 页。
② 张星烺编注《中西交通史料汇编》第一册，第 526—527 页。
③ 米儿咱·马黑麻·海答儿《拉失德史》第二编，第 147—150、209 页。
④ 米儿咱·马黑麻·海答儿《拉失德史》第二编，第 210 页。

之地，屯田校尉始属都护"，蒲犁国"寄田莎车"，依耐国"寄田疏勒、莎车"①。东汉班超上书朝廷亦称，"臣见莎车、疏勒田地肥广，草牧饶衍，不比敦煌、鄯善间也。兵可不费中国而粮食自足"②。《大唐西域记》描写乌铩国"地土沃壤，稼穑殷盛，林树郁茂，花果具繁。……气序和，风雨顺"③。

10 世纪的《世界境域志》第 11 章记载了塔里木盆地南缘"过去都属中国，但现在为吐蕃人所据"的 11 个地方：Bals、K.Ryn（?）、V.J.Khyan（?）、B.Rikha、J.Nkhkath、Kunkra、Raykutiya、B.Rniya、N. Druf、D.Stuya、M.Th，"这些地方有物产、风景胜地和耕作"④。这些地名已不可考，有一些也见于加尔迪齐书罗列的从喀什噶尔去于阗途中地名录⑤，其中应当包含有莎车绿洲上的村镇。

13 世纪，马可波罗行纪鸦儿看，据他的观察，"<u>该州</u>（VB）物产丰富，基本<u>满足人们日常生活必需</u>（LT），<u>而且出产棉花。此地居民是非常好的工匠</u>（R）。"⑥ 马可波罗的这两句话，大体上谈到了鸦儿看经济的三个方面：（1）鸦儿看的物产丰富，农业和手工业出产能基本满足人们日常生活的需要；（2）强调此地出产棉花；（3）此地有出色的手工业，居民中有优良工匠。

米尔咱·海答儿描述了 16 世纪初鸦儿看及邻近地区的经济状况：

---

① 《汉书》卷八八《西域传》，第 3874、3833 页。

② 《后汉书》卷四七《班超传》，中华书局点校本，1965 年，第 1576 页。

③ 季羡林等校注《大唐西域记校注》，第 990—994 页。

④ *Hudūd al-'Ālam. 'The Regions of the World'. A Persian Geography*，372 *A. H.* - 982 *A. D.*，p. 93；王治来译《世界境域志》，上海：上海古籍出版社，2010 年，第 67 页。

⑤ A. P. Martinez, "Gardīzī's Two Chapters on the Turks," *Archivum Eurasiae Medii Aevi* 2, 1982, p. 140.

⑥ A. C. Moule & P. Pelliot（ed. and tr.），*Marco Polo. The Description of the World*, Vol. I, chap. 53, p. 146. 译文在北京大学马可波罗项目读书班译定稿的基础上，略有修订。其中，不带下划线的文字为《马可波罗行纪》F 本的内容；带下划线的文字为其他诸本的内容，其后括注版本信息。版本缩略语参见原书第 509—516 页表格。

"从鸭儿看出发，以中等速率徒步〔朝于阗方向〕行走三天左右，都是人烟稠密的城镇和乡村；最远的一个村名叫拉胡克（Lahuk）。从这里到于阗缓行要十天左右，其间除了歇脚的地方以外，看不到任何居民点。"① 可见，鸦儿看地区在当时是村镇密布、经济繁荣的地方。米尔咱·海答儿还记载，当速檀·赛德汗商议向鸦儿看进军时，众谋士认为，"如果米儿咱·阿巴·乩乞儿出来迎战，那是再好不过的了；如果不出来，鸭儿看附近至少也有大量谷物和其他生活必需品可以取用"②。1514 年，当赛德汗的军队攻陷鸦儿看城之后，他视察了城堡中的仓库：

> 接着他到城堡（ark）中去，城中有许多高大的建筑物，每一建筑物有许多房间、厅堂和雉堞，其数目之多简直令人惊讶。建筑物中装满了衣料、印花棉布、地毯、瓷器、铁甲、马具、驮鞍、弓箭和其他有用的东西。这些东西都是米儿咱·阿巴·乩乞儿劫夺来的，或用其他种种手段聚领来的，并且都已隐藏起来，没有人知道有这些东西存在。当时剩下的物资，已被米儿咱·只罕杰儿尽量破坏糟蹋；他临走的时候曾准许全城居民前来劫掠，直到火者·阿里·把阿秃儿前来的时候，居民们还在尽量搬东西。他一进城，也大施劫掠，七天以后，汗到了，又允许部下到处纵掠。所有的财宝、贵重衣料织物都被劫夺一空，可是房屋中仍然到处满是（东西）。③

城堡中储藏有米儿咱·阿巴·乩乞儿从各地搜刮来的大量物资，包括衣料、印花棉布、地毯、瓷器等日常生活用品以及各种军用器械。这些反映了当时鸦儿看地区农业和手工业生产的一般情况。

在叶尔羌汗国时期，鸦儿看发展成一个商业辐辏的都会，是中亚与中国之间国际贸易的中转站。17 世纪初，葡萄牙人鄂本笃亲历观察下的鸦儿看城商业情况如下：

---

① 米儿咱·马黑麻·海答儿《拉失德史》第二编，第 210—211 页。
② 米儿咱·马黑麻·海答儿《拉失德史》第二编，第 231 页。
③ 米儿咱·马黑麻·海答儿《拉失德史》第二编，第 249 页。

鸦儿看为喀什噶尔国（按，叶尔羌汗国）之都城，商贾如鲫，百货交汇，屹然为是方著名商场。可不里骆驼商队，至此为止，不再前进。欲往契丹，须重组队伍。商队领袖，为王所任命。纳金若干，便可得职。王付以全权，在全途间，可以管辖商人。在此羁留十二月，新商队始得组成。盖道途遥远，艰难危险，商队不能年年有之，须待人多成群，始可组织。且须知悉何时，能得允准，进入契丹也。①

20 世纪初，芬兰探险家马达汉（C. G. E. Mannerheim）描写下的叶尔羌城仍是一个中亚、印度商人荟萃的贸易中心："叶尔羌的集市要比喀什噶尔的热闹得多，人声嘈杂，熙熙攘攘"，"正是在这里，可以看到各色人物：从突厥斯坦、喀什噶利亚的各个城镇、阿富汗和印度来的形形色色的商人，穿着各色服装。每个国家和地方的商人都有自己开设的旅店，但在做交易时，同一个院子集中了各方面的代表人物"②。光绪三十四年（1908），甘曜湘撰修的《莎车府乡土志》描述当地的手工业："其业金、木、皮革、陶冶、缝纫等工近二千人。"③

以上从传世文献的角度梳理了各个时期莎车绿洲物产与经济的概况，可以看出，反映喀喇汗王朝时期的材料较为缺乏。所幸，考古发现的文物和出土文献可以补充这一时期传世文献记载之不足。1983 年第二次全国文物普查时，考古工作者在莎车县恰热克巴扎乡的苏塔能遗址采集了一批文物，计有陶片百余块，各色玻璃残片约 100 块，瓷片 1

---

① 张星烺编注《中西交通史料汇编》第一册，523—524 页。亦参利玛窦、金尼阁著《利玛窦中国札记》，何高济等译，北京：中华书局，1983 年，第 549 页。

② 马达汉《马达汉西域考察日记（1906—1908）》，王家骥译，北京：中国民族摄影艺术出版社，2004 年，第 50—51 页；又《百年前走进中国西部的芬兰探险家自述——马达汉新疆考察纪行》，马大正、王家骥、许建英译，乌鲁木齐：新疆人民出版社，2009 年，第 36、39 页。

③ 马大正、黄国政、苏凤兰整理《新疆乡土志稿》，乌鲁木齐：新疆人民出版社，2010 年，第 619 页。

块，以及喀喇汗王朝钱币 1 枚；在莎车县阿斯兰巴格乡的明阔切特遗址
也采集到陶片、玻璃及铜钱等遗物①。这些表明喀喇汗王朝时期鸦儿看
地区存在较普遍的陶瓷、玻璃制造业或贸易。此外，莎车绿洲及邻近地
区曾出土多件喀喇汗王朝时期的棉织物和丝织品，兹列如下：（1）棉
质帽子残片，莎车县采集，长 20 厘米，宽 9~9.4 厘米（图 5-1：1）；
（2）棉手帕，莎车县采集，长 44.5 厘米、宽 42 厘米（图 5-1：2）；
（3）条纹丝绸长衣，麦盖提县采集，高 123 厘米、宽 53 厘米；（4）饰
缂丝绦绿绢棉袍，麦盖提县克力孜阿瓦提乡出土，肩袖通长 133 厘米、
宽 65 厘米②。这批纺织品文物是当时鸦儿看拥有较发达的植棉、种桑养
蚕农业和相应纺织工业的见证。

图 5-1　莎车绿洲出土喀喇汗王朝时期织物

　　19 世纪末，莎车克孜勒吉村附近沙漠中流散出一批喀喇汗时期的
古文书，后来分别为马继业（G. H. Macartney）与伯希和所获。这批文
书总数达 19 件，语言具有多样性：10 件为阿拉伯语文书，4 件为阿拉
伯文突厥语文书，5 件为回鹘文突厥语文书。其中 8 件阿拉伯语文书由
华尔（C. Huart）与格隆克（M. Gronke）刊布③，1 件阿拉伯文突厥语

---

　　①　新疆维吾尔自治区文物普查办公室等《喀什地区文物普查资料汇编》，《新
疆文物》1993 年第 3 期，第 57—58、109 页。

　　②　新疆维吾尔自治区文物局编《新疆维吾尔自治区第三次全国文物普查成果
集成：喀什地区卷》，第 244、249 页。

　　③　C. Huart, "Trois actes notariés arabes de Yârkend," *Journal Asiatique* 4, 11e
série, 1914, pp. 607—627；M. Gronke, "The Arabic Yārkand Documents," pp. 454—507.

文书和5件回鹘文突厥语文书由埃德尔（M. Erdal）刊布[1]，其余的下落不明。巴托尔德、米诺尔斯基、特肯（Ş. Tekin）亦曾对其中部分文书进行了刊布和研究[2]。国内学者林梅村先生率先对这批文书作了介绍，并对其中涉及的语言、族群、宗教等问题进行了探讨[3]。随后，刘戈将巴托尔德刊布的一件阿拉伯文文书的俄译文作了汉译和剖析[4]。李经纬、米尔苏里唐、靳尚怡等人根据埃德尔文章提供的图版，对其刊布的6件突厥语文书重新进行了转写和汉译[5]。多件文书带有纪年，涉及的年代范围为希吉拉历473—529年（1080—1135）。文书语种的多样性反映了这一时期鸦儿看地区生活着多个不同的族群。文书中出现的人名也印证了这一点，除本地人外，其中还提到波斯/塔吉克人（Täžik）、坎切克人（Känčäk）、葛逻禄人（Qarluq）、汉人等。内容上，它们均是经济类文书，主要为土地买卖契约，也有几件为遗产分割契约、财产监督委任书等。

这批文书提供了11—12世纪鸦儿看地区社会经济面貌的诸多细节。契约涉及的交易物包括麦田、桑园、葡萄园、果树、丛林等；提到买卖双方、证人的身份与职业有军官、帐首、卫士、剑手、管家、掌印人、缮写人、弹棉工、摆渡人、管水人等；此外还提及灌溉渠。这些内容反

---

① M. Erdal, "The Turkish Yarkand Documents," pp. 260—301.

② W. Barthold, "The Bughra Khan Mentioned in the Qudatqu Bilik," *Bulletin of the School of Oriental Studies* 3/1, 1923, pp. 151—158; V. Minorsky, "Some Early Documents in Persian (I)," *Journal of the Royal Asiatic Society of Great Britain and Ireland*, No. 3, 1942, pp. 181—194; Ş. Tekin, "A Qaraḫānid Document of A. D. 1121(A. H. 515) from Yarkand," pp. 868—883.

③ 林梅村《有关莎车发现的喀喇汗王朝文献的几个问题》，《西域研究》1992年第2期，第95—106页。

④ 刘戈《一件喀拉汗朝时期的阿拉伯文文书》，《民族研究》1995年第2期，第95—99页。

⑤ 李经纬《莎车出土回鹘文土地买卖文书释译》，《西域研究》1998年第3期，第18—28页；米尔苏里唐、李经纬、靳尚怡《一件莎车出土的阿拉伯字回鹘语文书研究》，《西北民族研究》1999年第1期，第81—90页。

映了当时鸦儿看的农业和手工业生产情况。人们在灌溉的农田里种植小麦、棉花、桑树、果树、葡萄，相应的手工业则包括磨坊加工、棉纺、丝织品生产、葡萄酒酿造。

此外，这批文书也揭示了当时鸦儿看的商业与货币经济的一些情况。喀喇汗王朝深受伊斯兰文化影响，采用了第纳尔（dinar，金币）、迪尔汗（dirham，银币）和法尔斯（fals，铜币）三级货币体系。在这些文书中，交易双方使用的均是银币，在阿拉伯语文书中称为迪尔汗，在突厥语文书中称作雅尔玛克（yarmaq）。其中一件阿拉伯语文书提到货款要用现金支付，且须用"鸦儿看城的通货迪尔汗"；另一件阿拉伯语文书亦写明"须用可失合儿城与鸦儿看城流通的优质、合法的迪尔汗支付"①。

第五节　古代居民之疾病与人口、环境

在慕阿德（A. C. Moule）与伯希和 1938 年整理出版的《马可波罗行纪》英译百衲本中，有一段话描写了鸦儿看居民的疾病，援引如下：

> 该州大部分居民一只脚非常大，另一只脚小，却仍能很好地行走。他们的腿是浮肿的，喉部有一个肿块，这是他们饮用水的品质所导致的。②

这些内容均不见于 F 本（一种抄于 14 世纪的古法语本，慕阿德—伯希和整理本所据之底本），而出自另外的三个版本，各析如下：

> Z 本：该州大部分居民一只脚非常大，另一只脚小，却仍能很好地行走。

---

① M. Gronke, "The Arabic Yārkand Documents," pp. 496, 504.
② A. C. Moule & P. Pelliot (ed. and tr.), *Marco Polo. The Description of the World*, Vol. I, chap. 53, p. 146. 译文在北京大学马可波罗项目读书班译定稿的基础上，略有修订。

R 本：他们的腿是浮肿的，这是他们饮用水的品质所导致的。

L 本：他们的喉部有一个肿块。

《马可波罗行纪》自 13 世纪末诞生以后，形成了大量抄本和刊本。慕阿德—伯希和百衲本统计各种版本共计 150 种，其中包括抄本 119 种①。L 本和 Z 本均是拉丁语抄本，前者抄于 15 世纪早期，后者约抄于 1470 年；R 本是剌木学（G. B. Ramusio，1485—1557）根据几种抄本整理而成的意大利语刊本，于 1559 年出版②。这三种版本之间的关系比较密切。意大利马可波罗研究专家布尔吉奥（E. Burgio）与尤塞必（M. Eusebi）认为，L 本是剌木学所利用的抄本之一③。关于 R 本和 Z 本的关系，慕阿德与伯希和指出，"剌木学利用了一种抄本，里面包含许多特别的片段，现在只在 Z 本中能找到；而这种抄本的另一些片段，或者剌木学所用的其他抄本，包含了一些 Z 本所无的独有片段"，"Z 本中有 200 个片段不见于 F 本，而其中五分之三的内容见于 R 本。剩下的部分，超过 80 个片段，为 Z 本所独有"④。

《行纪》所载鸦儿看居民之疾病，以往的注释家均将其看作一种病，即甲状腺肿。然而，经过仔细考辨，笔者发现它实际上描写的是两种病。Z 本和 R 本描述的是一种腿疾，笔者尚未见其他古代文献记载莎车地区存在此病。仅据《行纪》所述症候，难以诊断它为何种疾病，

① A. C. Moule & P. Pelliot（ed. and tr.），*Marco Polo. The Description of the World*, Vol. I, pp. 509—516. 其中的统计表罗列了《马可波罗行纪》各种版本的名称、年代、收藏单位等详细情况。

② A. C. Moule & P. Pelliot（ed. and tr.），*Marco Polo. The Description of the World*, Vol. I, p. 515.

③ E. Burgio & M. Eusebi, "Per una nuova edizione del Millione", in: *I viaggi del Milione. Itinerari testuali, vettori di trasmissione e metamorfosi del Devisement du monde di Marco Polo e Rustichello da Pisa nella pluralità delle attestazioni*, a cura di Silvia Conte, Roma: Tiellemedia, 2008, pp. 17—48.

④ A. C. Moule & P. Pelliot（ed. and tr.），*Marco Polo. The Description of the World*, Vol. I, pp. 46, 48.

因此注释家们基本都将其忽略了，或者避而不谈。从两脚大小对比悬殊之症状来看，笔者认为此病很可能是丝虫引起的象皮病（Elephantiasis），俗称粗腿病、大脚疯等。L 本描述的喉肿显然是甲状腺肿，俗称大脖子病，是碘缺乏病（Iodine Deficiency Disoiders，IDD，包括甲状腺肿、克汀病、甲亢等）的典型病理特征。

　　查诸古代文献，有关鸦儿看及邻近地区疾病的记载极其缺乏。笔者管见，能够提供些许线索的有以下几例。把阿秃儿汗《突厥世系》称，14 世纪下半叶脱忽鲁帖木儿汗死后，异密帖木儿五次攻打叛王哈马鲁丁，"他最后一次前来进攻哈马鲁丁时，后者已患水肿病，听到敌人迫近的消息，不得不在几名亲信的伴随下仓皇逃走"[1]。米儿咱·海答儿《拉失德史》记载，16 世纪初，速檀·赛德汗向鸦儿看进军途中，密儿·艾育伯患水肿病（dropsy），在英吉沙郊外营地死去；海答儿的叔父赛亦德·马黑麻·米儿咱亦患水肿病、间歇热病、气喘和疟疾，一度生命垂危。同书还提及，速檀·赛德汗的胞妹哈的札·速檀曾患消耗热和水肿病[2]。我们知道，碘缺乏病的病理现象包括喉部肿胀、眼睑浮肿、皮肤及肢体水肿等；丝虫病也可导致淋巴水肿甚至全身性浮肿。不过，一般而言，这两类病并不致命。因此，谨慎推测，上述哈马鲁丁等人所患水肿之疾，可能与碘缺乏病或丝虫病有关。另一方面，近现代西域探险和旅行著作却提供了大量有关莎车地区疾病的信息。下面，笔者结合这些记载尝试对鸦儿看的两种疾病略作考辨，并借此对该地区古代人口、卫生、环境等方面的发展变化加以探析。

一、象皮病

　　象皮病是一种通过蚊虫叮咬而传播的寄生虫病，因线虫纲丝虫目寄生虫引起淋巴管阻塞性病变，临床表现为肢体肿胀，腿部（特别是小

---

　　① 　阿布尔·哈齐·把阿秃儿汗《突厥世系》，第 153—154 页。
　　② 　米儿咱·马黑麻·海答儿《拉失德史》第二编，第 233、347、437 页。

腿）变得十分粗大，皮皱加深，形似象腿。罹患象皮肿的很多病人两腿明显大小不一。这是一种古老的疾病，我国隋代医书已有此等病症之记载，印度古籍同样涉及颇多①。在古希腊和中世纪的阿拉伯，象皮病则被视作一种麻风病②。

最早怀疑鸦儿看居民中有象皮病患者的是英国东方学家玉尔（H. Yule）。在其《马可波罗行纪校注》1871 年初版的索引里，"象皮病"（Elephantiasis）条下列有"第一卷 173 页"③，此页正是关于鸦儿看的内容。然而，在这一页，并未见象皮病一词，也无任何有关此病的论述。在 1903 年修订版的索引和正文里，情况仍然如此④。可见，玉尔怀疑过鸦儿看居民两腿大小不一之症状是象皮病，但由于某种原因，他没有在正文里进行讨论——据我所知，在他那个时代，并无材料明确记载新疆曾有此等病例。的确，根据当今的调查研究，象皮病主要在热带和亚热带流行，在国内主要出现在南方和东部省区，新疆并不是流行区⑤。不过，今天新疆尚存数种其他线虫纲寄生虫，莎车和叶城仍流行多种寄生虫病⑥。那么，在北纬 38 度的莎车地区，历史上是否出现过象

① 陈子达《丝虫病》，北京：人民卫生出版社，1957 年，第 1—2 页；王钊主编《中国丝虫病防治》，北京：人民卫生出版社，1997 年，第 7—8 页。

② R. Liveing, *Elephantiasis graecorum: Or True Leprosy*, London: Longmans, 1873, pp. 2—4; L. Demaitre, *Leprosy in Premodern Medicine: A Malady of the Whole Body*, Baltimore: Johns Hopkins University Press, 2007, pp. 1—33.

③ H. Yule (ed. and tr.), *The Book of Ser Marco Polo, the Venetian: Concerning the Kingdoms and Marvels of the East*, Vol. II, London: J. Murray, 1871, p. 491.

④ H. Yule (ed. and tr.), *The Book of Ser Marco Polo, the Venetian: Concerning the Kingdoms and Marvels of the East*, Vol. II, revised by H. Cordier, London: J. Murray, 1903, p. 622.

⑤ 王钊主编《中国丝虫病防治》，第 31—70 页。

⑥ 童苏祥、李维、左新平等《新疆维吾尔自治区寄生虫病防治与研究》，汤林华、许隆祺、陈颖丹主编《中国寄生虫病防治与研究》下册，北京：北京科学技术出版社，2012 年，第 1420—1436 页。

皮病呢①？

翻检近现代西域探险考察资料，笔者发现，在玉尔去世后有几位旅行者提到塔里木盆地南道的莎车、和阗等地存在象皮病。最明确的记载来自 1890 年代初法国吕推（J. -L. D. de Rhins）探险队成员李默德（F. Grenard），他在新疆、西藏考察报告中提到，莎车居民"遭受水肿、象皮病和关节炎之苦"，和阗地区流行有"麻风或象皮病（当地人称之为 baras）"②。

1898 年，在西藏和新疆探险的英国军人迪西（H. H. P. Deasy）来到莎车。在记述从莎车至拉达克（Ladak）的一段行程中，他的行纪《在西藏和新疆》第 163 页配有一幅插图，题为"一例象皮病患者"③。他没有交待这位病人来自何处，但根据行文，显然来自塔里木盆地南缘某地。

我们还知道一位有名有姓的病例——摩尔多维奇（Keraken Moldovak）。他是 20 世纪初和阗城的一位名人，被多种探险考察著作提及。1935 年，弗莱明（P. Fleming）和梅拉特（E. Maillart）结伴沿塔里木盆地南道旅行至喀什噶尔。弗莱明提到，他们在和阗遇到了一位名叫莫尔多瓦克（Moldovack）的商人。他出生于美国，来到中亚经商，俄国十月革命之后被没收财产并流放到和阗，至彼时已在那里生活了 15 年，时年 85 岁，他"因患象皮病而跛脚"④。梅拉特则写道："（和阗的）死

---

① 丝虫目主要分布于低纬度地区，但班氏丝虫呈世界性分布，在东半球北纬41 度至南纬 28 度的区域均有发现，参陈子达《丝虫病》，第 3 页。因此，理论上南疆曾流行象皮病是完全有可能的。

② F. Grenard, *J. -L. Dutreuil de Rhins. Mission Scientifique dans la Haute Asie 1890—1895*, Vol. II, Paris：E. Leroux, 1898, pp. 110—111.

③ H. H. P. Deasy, *In Tibet and Chinese Turkestan. Being the Record of Three Years' Exploration*, London：T. Fisher Unwin, 1901, p. 163.

④ P. Fleming, *Travels in Tartary*：*One's Company and News from Tartary*, London：Reprint Society, 1971, pp. 514—516. 吴芳思《丝绸之路 2000 年》，赵学工译，济南：山东画报出版社，2008 年，第 201 页。

水在满是泥泞的小巷里发出恶臭，货摊的食品因爬满了苍蝇而变成了黑色。我注意到大部分居民，甚至小女孩都患上了严重的甲状腺肿。"① 可见，当时和阗的卫生条件极差，摩尔多维奇因此罹患了象皮病。

我们甚至还能推断出摩尔多维奇出现象皮病症状的时间②。1928年，德国人特林克勒（E. Trinkler）在塔里木盆地南道探险。他在和阗也遇见了摩尔多维奇："我们总是对一个美国商人凯拉肯·莫尔多沃克（Keraken Moldovak）——一家地毯和丝绸厂厂主——进行友好的交谈产生美好回忆。"③ 特林克勒在和阗医治过许多病人，但他丝毫没有提及摩尔多维奇患有什么病。1928—1933 年，中瑞西北科学考查团成员瑞典人安博特（N. P. Ambolt）长期在南疆考察。1931 年底至 1932 年初，他在和阗与摩尔多维奇共度圣诞和元旦。安博特写道："他以维吾尔语名字'克来金巴依'而闻名全城，其真名是克来金·莫德维克。他久居和阗 30 年，是一笔宝贵财富的忠实守卫者——使用植物染料的羊毛染色工艺。"安博特还称摩尔多维奇是一位印度籍商人，时年 83 岁。他用了好几段文字详细描述了摩尔多维奇在和阗的纺织产业和生活状况，但只字未提后者患有任何疾病④。由此可见，摩尔多维奇的象皮病症状

① E. Maillart, *Forbidden Journey: From Peking to Kashgar*, London: Heinemann, 1937, p. 224. 吴芳思《丝绸之路 2000 年》，第 200—201 页。

② 象皮病发展缓慢，病程较长，多数在感染丝虫后 10—15 年方能达到显著程度，参武忠弼主编《病理学》第 4 版，北京：人民卫生出版社，1979 年，第 541 页。

③ 特林克勒《未完成的探险》，赵凤朝译，乌鲁木齐：新疆人民出版社，2000 年，第 134—137 页。

④ 安博特《驼队》，杨子、宋增科译，乌鲁木齐：新疆人民出版社，2010 年，第 122—123 页。

是在 1932—1935 年间显现的[①]。

此外，早在 1873—1874 年，英国人福赛斯（T. D. Forsyth）出使叶尔羌，与阿古柏伪政权联络。使团中包括一位名叫贝柳（H. W. Bellew）的医生，出使报告详细记录了 1873 年 11 月 1 日至 1874 年 5 月 24 日，他们在叶尔羌、英吉沙、喀什噶尔等地停留期间医助的病人所患疾病的种类。这里面没有明确提及象皮病，但提到了普遍性水肿以及可能是丝虫病引起的症状——淋巴结炎、丹毒样皮炎、睾丸鞘膜积液、睾丸炎等。计有：淋巴结核（Scrofula）16 例，普遍性水肿（Anasarca）7 例，丹毒（Erysipelas）5 例，睾丸鞘膜积液（Hydrocele）2 例，睾丸炎（Orchitis）9 例[②]。

值得注意的是，比马可波罗晚半个多世纪的旅行家伊本·白图泰（Ibn Battuta）记载了两个地方流行象皮病。13 世纪上半叶，他来到阿拉伯半岛南部港口城市佐法儿（Dhofar），"象皮病在这座城市的男女中肆虐横行，症状是双腿肿大。男人多受阴囊疝之苦"[③]。佐法儿当时与印度之间存在着密切的贸易关系，阿拉伯马匹从那里运往印度。马可波罗同样详细描述了这座城市，但没有提及那里的象皮病[④]。1335 年，伊

① 综合弗莱明等三人的记载可知，这位罹患象皮病的摩尔多维奇是一位俄裔美国人，早年在中亚经商。十月革命后，于 1920 年代迁居和阗，在那里从事纺织品的生产与贸易。笔者十分感兴趣的是，摩尔多维奇对西方人在和阗地区的考古探险活动起到过推波助澜的作用。他曾送给特林克勒儿尊佛头塑像，并称它们是在阿克斯皮尔（Ak Sipil）古城发现的，特林克勒因此前往阿克斯皮尔进行了挖掘，参特林克勒《未完成的探险》，第 140—141 页。

② T. D. Forsyth, *Report of a Mission to Yarkund in* 1873: *Historical and Geographical Information*, Calcutta: The Foreign Department Press, 1875, pp. 67—69.

③ Ibn Batuta, *Voyages d'Ibn Batoutah. Texte arabe, accompagné d'une traduction*, Vol. 2, tr. par C. Defrémery et B. R. Sanguinetti, Paris: Imprimerie nationale, 1877, p. 199; 白图泰《异境奇观——伊本·白图泰游记（全译本）》，李广斌译，北京：海洋出版社，2008 年，第 250 页。

④ A. C. Moule & P. Pelliot (ed. and tr.), *Marco Polo. The Description of the World*, Vol. I, chap. 195, p. 444.

本·白图泰到访印度中部城市克久拉霍（Khajuraho），他讲述当地有一种禁欲主义教派，他们的头发长而黏结，肤色因苦行生活而极黄。他们能够借助天神的帮助治愈麻风病和象皮病①。《马可波罗行纪》记载，耶稣十二使徒之一多马（Master Saint Thomas the Apostle）在印度西海岸的马八儿（Maabar）遇难，凶手的后代被称作果维人（Govy），是一个低种姓族群②。玉尔注释果维人时提到，"晚期旅行者声称杀害多马的凶手的后代有一个特征：他们有一条腿体积庞大，乃由象皮病所致。这种病因此被葡萄牙人称作'多马之耻'（Pejo de Santo Toma）"③。按，15 世纪末达·伽马（Vasco da Gama）抵达印度，此后葡萄牙人开始在印度海岸建立据点。

根据伊本·白图泰和玉尔提供的信息，笔者认为在 14—16 世纪，象皮病在印度十分流行，并通过贸易人员传播到阿拉伯半岛的佐法儿，在当地泛滥成灾。《马可波罗行纪》关于鸦儿看象皮病之记载只出现在 Z 本和 R 本中（Z 本的描述较 R 本详细），很可能是马可波罗死后 14—16 世纪掺入的内容，这一点将在下文详述。这种病的病原体可能是由旅行者从印度携入鸦儿看的。

二、甲状腺肿

玉尔指出，R 本中有许多独有的内容，其中就包括"刺木学单独提

---

① Ibn Batuta, *Voyages d'Ibn Batoutah. Texte arabe, accompagné d'une traduction*, Vol. 4, tr. par C. Defrémery et B. R. Sanguinetti, Paris：Imprimerie nationale, 1879, p. 40.

② H. Yule (ed. and tr.), *The Book of Ser Marco Polo, the Venetian：Concerning the Kingdoms and Marvels of the East*, Vol. II, 1903, p. 350; A. C. Moule & P. Pelliot (ed. and tr.), *Marco Polo. The Description of the World*, Vol. I, chap. 176, pp. 397—401.

③ H. Yule (ed. and tr.), *The Book of Ser Marco Polo, the Venetian：Concerning the Kingdoms and Marvels of the East*, Vol. II, 1903, p. 350.

到鸦儿看流行甲状腺肿，这被近代旅行家所证实"①。按，单独提到甲状腺肿的是 L 本而非 R 本。鸦儿看居民的这种疾病，确实被大量近现代西域探险考察著作提及。以下对这些记述按时间顺序作一番梳理。

1812 年，印度人伊泽特·乌拉（Mir Izzet Ullah）从克什米尔经西藏进入新疆，他写道：

> （叶尔羌河）的水流进小的水道，灌溉所有的土地，并充入穿过叶尔羌城的渠道。关于后者，水流也通过窄渠运输，并蓄入水池中，以备冬用，因为在那个季节，水量减少，次级小渠被坚冰阻断。空葫芦被用作容器，用作杯、罐、水烟袋等。这大概是当地甲状腺肿广泛流行的原因。②

1865—1878 年，阿古柏侵入塔里木盆地，建立伪政权。英国和俄国为了在中亚角逐中占得先机，各自派遣多批使团，前往南疆与阿古柏交涉。1868 年，英国人罗伯特·肖（Robert Shaw）前往南疆喀什噶尔、叶尔羌等地，刺探阿古柏伪政权情况。他在日记中写道："叶尔羌，12 月 21 日。今天早上许多甲状腺肿患者，其中一些是妇女，前来拿药。"③

1869 年，受雇于英印政府的米尔咱（the Mirza）从印度探险来到叶尔羌，其行程报告写道：

> 喀什噶尔的气候似乎比叶尔羌冷一点，可能是因为其地理位置比叶尔羌更高、更靠北。它也更卫生一些，叶尔羌人饱受不洁用水之苦。而且，甲状腺肿在叶尔羌非常流行，但在喀什噶尔没有，可能是因为叶尔羌河是从冰川而来，在冰川众多的地方甲状腺肿往往

---

① H. Yule（ed. and tr.），*The Book of Ser Marco Polo, the Venetian: Concerning the Kingdoms and Marvels of the East*，Vol. I，1903，p. 98.

② Mir Izzet Ullah，"Travels beyond the Himalaya"，*The Journal of the Royal Asiatic Society of Great Britain and Ireland* 7/2，1843，pp. 289，303.

③ Robert Shaw，*Visits to High Tartary, Yàrkand, and Kàshgar（Formerly Chinese Tartary），and Return Journey over the Karakoram Pass*，London: J. Murray，1871，p. 210.

比较常见。

……

叶尔羌城建于平地上，在它的北边约 5 公里有一条自西向东流淌的大河。城市被一条壕沟和一道厚的土墙环绕，城墙上每隔一段距离有一座塔楼。那里有一座带屋顶的大巴扎，就像喀什噶尔的一样，足够宽广供载货马车停放；但是街道通常是不规则的，太窄而无法让马车通过。在三四条街道的交会处，总是有一个小水池，其中的水是通过水渠从叶尔羌河引来。在夏天，这些水池每周灌满一次，但是，尽管如此，水是肮脏的，充满蠕虫，时常散发出难闻的气味。米尔咱调查，这座城市有 67 条渠道——当地居民则称有 300 条，可能是指包括支道在内；不管怎样，渠道非常多。

……

叶尔羌城据说住有 8 万人，女性更多。他们的饮食简陋，通常是馕和热茶。他们比喀什噶尔人更热情，会用食物招待他们的客人。居民的特征，包括语言、服饰，跟喀什噶尔人非常接近。甲状腺肿在这座城市及邻近地区十分常见，但不见于喀什噶尔。[①]

1873—1874 年，英国人福赛斯出使叶尔羌，其出使报告提供了大量有关叶尔羌地区甲状腺肿的材料。在 1873 年 11 月 1 日至 1874 年 5 月 24 日的病例记录中，共有甲状腺肿 168 例。在插图 46 "叶尔羌甲状腺肿样本"中，5 位坐着的当地人有 4 位甲状腺肿明显，另一位表现为轻度症状。福赛斯指出，"在叶尔羌，民众外貌最显著的特征是种族的多样性，其次是几乎所有人都患有的甲状腺肿"，"喀什噶尔旧城人的体质更健康，而叶尔羌给人的印象是，人群中到处是喉部凸鼓的甲状腺

---

① T. G. Montgomerie, "Report of 'The Mirza's' Exploration from Caubul to Kashgar," *The Journal of the Royal Geographical Society of London* 41, 1871, pp. 145, 181—182.

肿现象"①。更详细的两段记载如下：

与叶尔羌的类似事物相比，我们对此地（喀什噶尔）人明显强壮和健康的外表印象深刻，他们几乎都没有甲状腺肿，而在叶尔羌几乎人人都有；其次，在此地以乌兹别克人、塔吉克人和东干人为主的人群中间，纯粹的汉人面孔也占有很大比例；同时，这里与叶尔羌一样，人们普遍衣着漂亮，善良，人群的有序与活泼也不免吸引我们的注意。

......

比上述事情更让人注意的是称作甲状腺肿的疾病，一是其格外流行，再者它局限于特定的地方。这种病在喀什噶尔至和田之间的所有地区都可见到，但是在叶尔羌极度流行、极其严重。在这里，人们难以逃脱这种丑陋致畸的疾病的肆虐。这种病出现于各个年龄阶段、各个阶层的各种人，从还未长牙的幼儿到须发苍苍、掉光牙齿的老者，但它并不明显缩短人的寿命。在为来到我们住处和诊所的各种人群进行检查时，我在不同地方统计到的患病概率为：7/10，11/13，5/7，3/12，9/15（患病人数/检查人数），而有一次，一组7个人全都患有这种病。集市人群中的患病人数令人吃惊，而一些病例的发展阶段和致畸情形让人震惊，因为看起来很恶心。我没有发现一例克汀病（按，一种呆小症，碘缺乏病的严重症状）患者，但我听说儿童中的痴呆症患者并不罕见，并且呈迅速蔓延之势。当地人称甲状腺肿为 búcác 或 búghác，并将其归咎于他们的饮用水。在这座城市里，这种病远比在乡村和山区常见，它由沟渠从泽拉夫善河（Zarafshan，按，叶尔羌河的一部分）或叶尔羌河引水供水，它们的源头和上游流经地区是云母片岩和石板页岩的群

---

① T. D. Forsyth, *Report of a Mission to Yarkund in* 1873：*Historical and Geographical Information*, pp. 5, 39, 68, fig. 46.

山。在平原上，它们流经混合着大量云母的沙土地，沟渠就是从这里引水。水被引入城中，不时灌入许多未遮盖的松土中的水池和池塘，成为居民的用水来源。这些水基本是静滞的，充满丝状绿藻和从周围道路上而来的各种不洁物。一些患有此病的人求助于救济诊所，但绝大多数人不把它当成一种病，而且没有人对疗效，除非是刚刚发病的儿童，抱任何希望。[1]

1876 年，俄国人库罗帕特金（A. N. Kuropatkin）受命前往南疆收集情报，他在调查报告中写道："喀什噶利亚地区（按，指塔里木盆地），最常见的疾病中，占首位的是与眼有关系的疾患，失明是很普遍的，还有肺病、淋巴结核、疥疮、肿瘤、甲状腺肿大等病亦屡见不鲜。诱发眼病的原因被解释为弥漫在空气里的含盐尘埃和夏天盐土反射出的耀眼的光线。当地人把甲状腺肿大病归咎于水。"[2]

1883—1885 年，俄国人普尔热瓦尔斯基（N. M. Przhevalsky）率队进行第四次中亚探险，深入青藏地区和罗布泊、克里雅河流域。在行纪中他提到，"策勒有不少居民患甲状腺肿大症"，"甲状腺肿大病在（克里雅的）山区不发生，在绿洲有时可以见到，听说在莎车有不少人长着大脖子"[3]。

1887 年，英国军人贝尔（M. S. Bell）从北京前往新疆，他描述沿途的见闻："甲状腺肿在叶尔羌非常流行，几乎所有人都患有此病。"[4]

1889—1890 年，别夫佐夫（M. W. Pievtsoff）接替病逝的普尔热瓦

① T. D. Forsyth, *Report of a Mission to Yarkund in 1873: Historical and Geographical Information*, pp. 12, 67.

② 库罗帕特金《喀什噶利亚》，凌颂纯、王嘉琳译，乌鲁木齐：新疆人民出版社，1980 年，第 17 页。

③ 普尔热瓦尔斯基《走向罗布泊》，黄健民译，乌鲁木齐：新疆人民出版社，1999 年，第 210、215 页。

④ Mark S. Bell, "The Great Central Asian Trade Route from Peking to Kashgaria," *Proceedings of the Royal Geographical Society and Monthly Record of Geography* 12/2, new monthly series, 1890, p. 89.

尔斯基，率领俄国探险队考察塔里木盆地南缘和藏北。他的考察报告详细记录了在南疆做的民族学调查，其中涉及人口和日常生活的各个方面，关于叶尔羌回城，他写道：

> 城区的生活用水都从水池和水渠里取用，非常不干净。当地人居住处又脏又臭，其卫生条件极差，尤其是一到夏季，叶尔羌城的发病率和死亡率都非常高。这种状况和城区连着的传播折磨人的疟疾的稻田有着密切关系。在叶尔羌甲状腺肿瘤也非常普遍，当地人认为其病因是饮用了劣质河水。城里"大脖子"的男女很多，都是中年人；年轻人和儿童不得这种病。[①]

别夫佐夫探险队成员罗博洛夫斯基（V. Roborovsky）在叶尔羌绿洲所写的一封信里也提到："在街上，可以见到许多患有甲状腺肿的男女，这种病是由城市沟渠中糟糕的水质引起的，当地居民在自然状态下将其饮用。男性在青春期罹患此病，女性是在结婚以后。"[②]

1890年代初，法国吕推探险队考察塔里木盆地南道，其成员李默德在考察报告中写道：

> 突厥斯坦也有一个不好的地方，即水质糟糕，这多少抵消了它的优点。那里的河流和沟渠充满了泥沙、植物残片、微生物以及一些碱性物，另外，水滞留在池塘中，供居民日常使用。这导致当地许多人罹患消化和肠胃疾病、甲状腺肿和身体浮肿。今日，和马可波罗时代一样，在莎车，病情十分严重：大部分居民患有甲状腺肿，遭受水肿、象皮病和关节炎之苦。和阗还好，这些病比较少见。喀什噶尔的情况更好，而库车则拥有最洁净的水质，居民最为漂亮健康。

---

① 别夫佐夫《别夫佐夫探险记》，佟玉泉、佟松柏译，乌鲁木齐：新疆人民出版社，2013年，第31页。

② V. Roborovsky, "Progress of the Russian Expedition to Central Asia under Colonel Pievtsoff," *Proceedings of the Royal Geographical Society and Monthly Record of Geography* 12/1, 1890, pp. 35—36.

以下是一位当地医生讲述的和阗最常见的疾病。排在首位的是梅毒，它在普通人群中极度蔓延，带来非常严重的后果。天花在 1891 年冬天爆发，导致全疆 10 万人死亡。各种皮肤疾病十分普遍，如麻疹、疥疮、koutour（症状是皮肤起浅红色斑块，瘙痒难忍）以及湿疹。沙尘引起的眼炎，造成盲人到处可见。此外，在那里不利的气候条件下，还有发热、风湿、麻痹、水肿、麻风或象皮病（当地人称之为 baras）、黄疸、痔疮、百日咳、肺痨病。[1]

1895 年，英国人利特代尔（G. R. Littledale）从新疆前往西藏，他提到："在叶尔羌与和阗，甲状腺肿十分流行。我们观察到，肿大现象往往出现在脖子的右侧，有时两侧均有，通常形成两个明显的板球大小的肿块，其中一个在另一个下面；当地人称，它并不致命。"[2]

1898 年，英国军人迪西来到莎车，他指出，"在莎车、叶城与和阗，贫困十分显著。在叶尔羌最脏乱的地区之一，有一片政府为贫民提供的棚户区"，"（在新疆），肺病、眼疾、麻风病和妇女肿瘤是常见的疾病，甲状腺肿在一些地区流行"[3]。

1890 年代后期，瑞典人斯文·赫定（Sven Hedin）长期在南疆探险考察。他声称，"莎车四分之三的居民都患有甲状腺肿，盖因当地水质糟糕，水被储存在池塘里，以供洗澡、洗物和饮用。只有饮用优质水的印度和'安集延'商人才免患此病"[4]。

---

[1] F. Grenard, *J. -L. Dutreuil de Rhins. Mission Scientifique dans la Haute Asie 1890—1895*, Vol. II, pp. 110—111.

[2] G. R. Littledale, "A Journey across Tibet, from North to South, and West to Ladak," *The Geographical Journal* 7/5, 1896, p. 456.

[3] H. H. P. Deasy, *In Tibet and Chinese Turkestan. Being the Record of Three Years' Exploration*, London: T. Fisher Unwin, 1901, pp. 337—338.

[4] 笔者在斯文赫定的著作里未找到有关莎车居民患甲状腺肿的记载，此据 1903 年考迪埃的注释，但他未提供引文来源，见 H. Yule (ed. and tr.), *The Book of Ser Marco Polo, the Venetian: Concerning the Kingdoms and Marvels of the East*, Vol. I, revised by H. Cordier, 1903, p. 188.

19 世纪末至 20 世纪上半叶，英国驻喀什噶尔总领事马继业的夫人长期生活于喀什噶尔，她在回忆录里写道：

> 我们用的水很浑浊，颜色像咖啡，浑浊得厉害。水倒在土陶缸里，放上一天，澄清后再舀到另外几个干净缸里再放上几小时，然后在饮用前得先烧开，倒进一个小罐里凉上一阵，澄清了才能喝，这样，端到餐桌上的水就清澈透明，喝起来一点问题也没有了，因为它经从一个缸里倒在另一个缸里，折腾了好几回。
>
> 甲状腺肿大在喀什噶尔非常普遍，而且在莎车城，情况就更严重了。在这两个地方，常常可以看到人们的喉部到腰部长着大肿包，一个吊在另一个的下面。而这里的汉族人从来不喝生水，他们喝茶，喝的茶用滚烫的开水泡好。所以似乎汉族人从来不得甲状腺病，由此看来，当地的水是造成人们得这种病的重要原因。我们这些在喀什噶尔的欧洲人，喝烧开的水，因此从来没有染上这种疾病。①

1900 年，斯坦因第一次中亚考察途经莎车，他指出，"甲状腺肿直到今日仍是当地居民的一个特征"②。1906 年，斯坦因在第二次中亚考察时进行了大量体质人类学调查工作，考古报告记录了和阗约特干（Yotkan）29 位村民的调查数据，其中有两位维吾尔族农民患有甲状腺肿③。在此次考察的个人行纪里，斯坦因还写道："但我怀疑，是否他们（按，莎车人）的水，可能一年中大部分时间都处于淤滞状态，并不是古代马可波罗注意到的在'鸦儿看居民'中流行甲状腺肿的主要

---

① 马嘎特尼（Lady Macartney）《一个外交官夫人对喀什噶尔的回忆》（《外交官夫人的回忆》之一），王卫平译，乌鲁木齐：新疆人民出版社，1997 年，第 77 页。

② M. A. Stein, *Ancient Khotan*, Vol. I, p. 87.

③ M. A. Stein, *Serindia*, Vol. III, pp. 1370—1373.

原因。"①

1905—1906 年，美国人亨廷顿（E. Huntington）考察塔里木盆地南道，他记载："在和阗与莎车，甲状腺肿和颈项强直病极其流行。我听说过，人们普遍相信，邪恶的'妖怪'惯于在睡梦中扼住人的喉咙，之后那个人就会得甲状腺肿。有时'妖怪'会改变做法用巴掌打人的头，那个人就会得颈项强直病。"②

1906 年，芬兰人马达汉在塔里木盆地南道探险时行经莎车，他拍摄了当地居民患甲状腺肿的照片，并写道："此地之甲状腺肿如此之流行，它几乎不能称为一种病，而是一种普遍现象。其大小和形状可以发展到令人吃惊的程度。据说这种病是饮水造成的，而人们也没有采取什么措施来消除这种'缺点'。当地人开玩笑说，真正的'叶尔羌人'脖子上必须有一个令人尊敬的瘤子。"③

1917 年，谢彬受北洋政府委派，前往新疆调查财政。他在当年 7 月 8 日的日记中写道："（莎车）回城中有涝坝五十余处，水皆潴积，类同死海，污浊可畏。（缠民颈项多浮大，即饮积水多微生物之故，亦犹石浆水之多浮颈也）"④

从以上记载来看，自 19 世纪初至 20 世纪上半叶，莎车的甲状腺肿病情一直很严重。关于此病在莎车流行的原因，亨廷顿记录了当地人的迷信看法："人们普遍相信，邪恶的'妖怪'惯于在睡梦中扼住人的喉咙，之后那个人就会得甲状腺肿。"普尔热瓦尔斯基也提到克里雅（今

① M. A. Stein, *Ruins of Desert Cathay: Personal Narrative of Explorations in Central Asia and Westernmost China*, Vol. I, London: Macmillan, 1912, p. 133.
② E. Huntington, *The Pulse of Asia. A Journey in Central Asia Illustrating the Geographic Basis of History*, London: Archibald Constable, 1907, p. 167；亨廷顿《亚洲的脉搏》，王彩琴、葛莉译，乌鲁木齐：新疆人民出版社，2001 年，第 110 页。
③ 王家骥译《马达汉西域考察日记（1906—1908）》，第 50、54 页；马大正、王家骥、许建英译《百年前走进中国西部的芬兰探险家自述——马达汉新疆考察纪行》，第 39 页。
④ 谢彬《新疆游记》，第 216 页。

于田）居民有类似观念①。而绝大部分外地观察者，则将其归咎于当地
的水污染和恶劣的卫生条件。莎车回城的供水系统和当地居民的用水习
惯很不科学。他们通过水渠将叶尔羌河的水引至城中的露天池塘，死水
滞积，蚊蝇滋生，居民在其中洗澡、洗物，而这样的水又被直接饮用。
早在 1812 年，伊泽特·乌拉就指出不洁的饮水"大概是当地甲状腺肿
广泛流行的原因"；别夫佐夫还提到，当地也有人认为病因在于饮用劣
质河水。斯文赫定与马继业夫人从另一个角度提供了侧证，前者说喝优
质水的印度和中亚商人不患此病，后者称喝开水的汉人和欧洲人也"从
来不得甲状腺病"。此外，米尔咱还谈到了冰川与甲状腺肿的关系：
"可能是因为叶尔羌河是从冰川而来，在冰川众多的地方甲状腺肿往往
比较常见。"唯有斯坦因对"水质说"表示怀疑：莎车淤积的死水可能
并不是当地居民流行甲状腺肿的主要原因。这是颇有见地的看法。

　　关于鸦儿看的水质，很早以前，米儿咱·海答儿在《拉失德史》
中作过这样的评价："鸭儿看的水是世界上最好的。医师所称道的美好
水质，这种水一概具备。"《拉失德史》突厥文抄本在此插入了两句补
充说明文字："鸭儿看和于阗的河水之所以如此被称道，是因为水中可
找到玉石和金子，这是其他河流中所找不到的。鸭儿看人极口称赞哈喇
塔斯浑（罗按，即叶尔羌河），该河的水确乎是上等饮料"。对此，《拉
失德史》英译编者伊莱亚斯感到颇为困惑："可是事实上鸭儿看城及其
邻近地区的水污浊得难以想象。现在（按，1895 年前后），甚至本地人
还经常把他们所患的几种最恶劣的疾病归因于饮水不洁——这也许是有
道理的。城镇中当然比乡下还要龌龊得多。"②伊莱亚斯道出的当然也是
实情，但他误解了米儿咱·海答儿的本意。米儿咱·海答儿的评论显然
针对的是叶尔羌河河水的口感。在上述引文之后，他紧接着写道："它

　　①　普尔热瓦尔斯基《走向罗布泊》，第 209—210 页。
　　②　Mirza Muhammad Haidar, *The Tarikh-i-Rashidi*, Part II, p. 297；米儿咱·马黑
麻·海答儿《拉失德史》第二编，第 209—210 页。

发源于退摆特（Tibet）常年冰封雪积的群山（离此一月路程）；河川水流湍急，从南向北奔腾流过沙石地，到达哈实哈儿山区尽头的撒里畏兀儿后，仍同样迅猛地奔流而前，在岩石间穿过，奔腾翻滚，向东经七天七夜然后进入平原。到达石块稀少的叶尔羌河河床以后，流速就降低了一些。"①叶尔羌河流动的河水由昆仑山冰川融雪补给，口感当然清冽甘甜。伊莱亚斯所谓鸦儿看地区水质污浊，是由前述不科学的储水方式和用水习惯造成的。米儿咱·海答儿没有提及鸦儿看城的运河—池塘供水系统，结合此处他对叶尔羌河水质的评价，笔者认为很可能在当时——15 世纪末 16 世纪初，鸦儿看还不存在近现代观察者所说的城市供水系统，当地居民直接从叶尔羌河取水使用。米儿咱·海答儿也没有明确提到鸦儿看居民患有甲状腺肿，暗示了那个时候甲状腺肿在当地并不常见——至少尚未像后世一样成为当地标志性的地方性流行病。

有别于近代人指出的饮水污染，当今科学研究将矛头指向水质的另一个方面，认为莎车地方性甲状腺肿的根本原因在于当地水源（地表水和地下水）中碘元素含量过低。这种碘缺乏环境由地质演化史上的海浸现象所致。在晚白垩世至早第三纪（距今 1 亿—3000 万年前），塔里木盆地经历了五次大的海浸—海退过程。海水通过盆地西部的阿赖山海峡侵入，在昆仑山山前形成古叶尔羌海湾。海湾的东岸在策勒至麻札塔格一线，自洛浦以东海相沉积逐渐消失，因此可知古海的覆盖范围包括于田以西直至喀什绿洲的广大地区，即塔里木盆地南缘的西部②。古海水退出时带走了较多的水溶性碘，形成了区域性碘缺乏环境③。在塔里木盆地南缘西部，河流沿途长期遭受流水刷洗，土壤中水溶性碘进一步损

---

① 米儿咱·马黑麻·海答儿《拉失德史》第二编，第 210 页。

② 唐天福、薛耀松、俞从流《新疆塔里木盆地西部晚白垩世至早第三纪海相沉积特征及沉积环境》，北京：科学出版社，1992 年，第 88—93 页。

③ 王连方、王生玲、艾海提等《新疆和田绿洲碘缺乏病与地理环境关系的初步调查》，谭见安主编《中国的医学地理研究》，北京：中国医药科技出版社，1994 年，第 307—308 页。

失，从而使碘缺乏病与地理环境呈现如下关系：（1）碘缺乏病的患病率与河流径流量呈正相关，即河流径流量越大，碘缺乏病越流行；（2）距河床越近，患病率越高；（3）海拔越高，越靠近上游山区，患病率越高[①]。

现在我们知道，碘缺乏环境是造成莎车地区甲状腺肿流行的根源所在。然则，这是否意味着当地甲状腺肿与其他因素，例如饮水污染毫无关系呢？当然不是。《马可波罗行纪》所载可失合儿（今喀什）、鸦儿看、忽炭（今和田）均在古叶尔羌海湾的海浸范围之内，根据当今医学调查，和田河、喀什河与叶尔羌河流域的碘缺乏环境基本一致，今日和田地区的甲状腺肿患病率甚至比莎车还要高[②]。那么，为何《行纪》仅提及鸦儿看流行甲状腺肿，而未言可失合儿、忽炭等地亦有此病？

甲状腺肿致病的原因比较复杂，除了碘缺乏这一基本因素之外，还存在多种致甲状腺肿物质[③]。在鸦儿看地区可能存在以下几类：（1）有

---

① 王连方、王生玲、艾海提等《新疆和田绿洲碘缺乏病与地理环境关系的初步调查》，第305、307—308页；王连方、王生玲、张玲《新疆地理环境与地方性甲状腺肿关系剖析》，《环境科学学报》第23卷5期，2003年，第670—671页。

② 王连方、王生玲、艾海提等《新疆和田绿洲碘缺乏病与地理环境关系的初步调查》，第305页；王连方、王生玲、张玲《新疆地理环境与地方性甲状腺肿关系剖析》，第670—672页；蒋继勇、胡边、李小虎等《新疆碘缺乏病防治现状的分析》，《疾病控制杂志》第10卷4期，2006年，第436—438页。

③ 马泰、卢倜章、于志恒主编《碘缺乏病——地方性甲状腺肿与地方性克汀病》，北京：人民卫生出版社，1981年，第129—139页。于志恒在此书中还提出，"陆地上，碘缺乏的地区相当广泛，而致甲状腺肿物质的水平足以引起甲状腺肿的地方则比较少见，加之碘缺乏与致甲状腺肿物质所引起的甲状腺肿在临床上不易鉴别。因此，在广泛的碘缺乏状况未纠正之前，人们很难从众多的缺碘性甲状腺肿中把致甲状腺肿物质引起的甲状腺肿区别出来；但当向碘缺乏地区投碘，居民的碘缺乏状况得到纠正后，这种致甲状腺肿物质引起的甲状腺肿就会暴露出来"（第136页）。令人担忧的是，目前有关塔里木盆地西南缘甲状腺肿防治的论文，基本都将目光放在碘缺乏上，而忽略了可能的致甲状腺肿物质以及营养不良等因素。从本文下面分析的喀什、和田等地甲状腺肿疾病的历史状况来看，致甲状腺肿物质（卫生因素）扮演了很重要的角色。因此，笔者提请当地的医疗工作者在防治此病时，除了向居民投放碘盐，也要注意排查致甲状腺肿物质，改善当地的卫生和营养条件。

机化合物，包括有机硫化合物、二硫化物、硫葡萄糖甙、生物类黄酮，它们广泛存在于胡萝卜、洋葱、大蒜、小米、高粱、豆类以及十字花科蔬菜和牧草中；（2）无机元素钙、氟，在碘缺乏条件下，甲状腺肿患病率与水钙、氟含量正相关；（3）微生物，生物污染特别是水中细菌污染（大肠杆菌、荚膜梭状芽胞杆菌、革兰氏阴性菌等）会促进甲状腺肿流行，饮用不洁水的患病率要明显高于饮用清洁水。此外，营养不良（蛋白质、热量、维生素不足）也会加重碘缺乏的效应。

一般情况下，人们摄入致甲状腺肿物质的剂量远达不到致病水平。但是，在碘缺乏的情况下，某地区由于特殊的地理环境和居民饮食习惯，这类物质的致甲状腺肿作用就会显露出来，甚至成为碘缺乏病流行的重要原因。研究表明，单是碘缺乏并不会出现极严重的地方性甲状腺肿病，只有碘缺乏和致甲状腺肿物质协同作用才会出现重病区[1]。这一论断在喀什噶尔与和阗得到了很好的印证。近现代西域探险考察著作也记载了喀什噶尔、和阗、策勒、克里雅等地甲状腺肿的流行情况（表5-1），上文对此已经作了引介。根据这些记载可知，在19世纪，喀什噶尔与和阗的甲状腺肿病人比较少见；只是进入民国之后，这种病才在两地流行起来。其可能的诱发因素是，长期的战乱和瘟疫导致区域经济凋敝，卫生条件急剧恶化[2]。

---

[1]　马泰、卢倜章、于志恒主编《碘缺乏病——地方性甲状腺肿与地方性克汀病》，第129—139页。

[2]　例如，谢彬记载民国初年瘟疫在和阗、洛浦、于田三县流行，造成十余万人死亡（谢彬《新疆游记》，第227—228页）。1930年代，新疆发生骚乱，"尕司令"马仲英的叛军在喀什噶尔、莎车、和阗等地烧杀抢掠。吴芳思描写当时的南疆："由于土匪的横行、令人恐惧的当地骚乱和中国政府因日军的入侵而无力控制这一地区，丝绸之路变得越来越危险"，"没有遭到战乱破坏的地区则遭到了疾病的袭击"（吴芳思《丝绸之路2000年》，第193—194页）。

表 5-1　喀什噶尔与和阗近现代甲状腺肿情况调查

时间	喀什噶尔	和阗（及其东邻地区）	资料来源
1869	没有		米尔咱
1874	几乎没有		福赛斯
1884		不发生（克里雅山区） 有时可见（克里雅绿洲） 不少（策勒）	普尔热瓦尔斯基
1895		十分流行	利特代尔
1906		2/29（约特干）	斯坦因
1935		大部分居民	梅拉特
20 世纪上半叶	非常普遍		马继业夫人

　　喀什噶尔与和阗的例子表明，塔里木盆地南缘西部的碘缺乏环境并不必然会导致地方性甲状腺肿。那么，《行纪》所载鸦儿看流行此病的诱发因素又是什么呢？要解决这一问题，我们可以先来考察甲状腺肿成为近代叶尔羌标志性地方病的诱发因素。这可能包括叶尔羌河的水质硬度偏高[①]，当地居民存在嗜葱蒜等物的饮食习惯[②]，等等。但最主要的无疑是当地的饮水污染，卫生条件差。然而，这也只是表面原因，深层次的原因是叶尔羌城市和绿洲人口数量过多。在此，有必要梳理一下莎车、喀什、和田等地历史人口的发展变化（表 5-2）。相关的资料并不多，计有：

---

　　① 关于叶尔羌河水钙、氟含量情况，参李朝霞、王庭宇、海力甫等《叶河流域饮用水质和水性疾病调查》，《环境与健康杂志》第 14 卷 2 期，1997 年，第 67—69 页；李进淮主编《叶尔羌河流域水利志》，乌鲁木齐：新疆人民出版社，2008 年，第 130 页。
　　② 根据近现代西域探险考察著作的记载（例如，别夫佐夫《别夫佐夫探险记》，第 89、92—93 页），胡萝卜、洋葱等确实存在于莎车及邻近地区居民的食谱中。

（1）《汉书》记载，莎车有 2339 户，16373 口，胜兵 3049 人；疏勒 1510 户，18647 口，胜兵 2000 人；于阗 3300 户，19300 口，胜兵 2400 人[①]。

（2）《后汉书》没有记载莎车户口与兵数，记于阗 32000 户，83000 口，胜兵 3 万余人；疏勒 21000 户，胜兵 3 万余人[②]。两汉之际是塔里木盆地绿洲国家人口激增、户籍结构剧变的时期，根据两《汉书·西域传》的记载，西汉时户、口之比一般为 1：8～1：10，东汉则普遍为 1：3 左右。莎车、疏勒、于阗在西汉时人口相差不大，莎车略少。三个国家在东汉时期轮流成为塔里木盆地霸主，兵力与人口数量亦应相仿，笔者推测疏勒在东汉时有 6 万余口，莎车的情况则比较复杂。东汉初期，莎车称霸，但随后在同于阗的战争中损失了大量人口[③]。公元 61 年，莎车王贤被于阗王广德击败，莎车从此一蹶不振[④]。《后汉书》记载，东汉朝廷在莎车屯田，南边的蒲犁、依耐等山区国家亦寄田莎车[⑤]，这暗示了东汉中后期莎车绿洲地广人稀；再者，屯田、寄田会限制莎车本地人口的发展。因此，笔者推测东汉初期莎车称霸时，莎车绿洲人口峰值在 6 万人左右（不会超过东汉于阗的人口），此后应长期低于这个数字。

（3）乾隆二十四年（1759），平定准噶尔之后，定边将军兆惠奏

---

① 《汉书》卷九六上《西域传》，第 3881、3897—3898 页。

② 《后汉书》卷八八《西域传》，第 2915、2926 页。

③ 《后汉书》记载，"（莎车王）贤遣其太子、国相，将诸国兵二万人击（于阗王）休莫霸，霸迎与战，莎车兵败走，杀万余人。贤复发诸国数万人，自将击休莫霸，霸复破之，斩杀过半，贤脱身走归国"（《后汉书》卷八八《西域传》，第 2925 页）。莎车联军前后被斩逾两万人，战死的莎车兵卒显然不在少数。

④ 莎车王贤战败后，旋即被杀，王统断绝，莎车成为于阗的属地，因此，《后汉书·西域传》不载莎车的户口数。

⑤ 《后汉书》卷四七《班超传》，第 1576 页；卷八八《西域传》，第 3874、3883 页。

称，"叶尔羌所属二十七城村，计三万户，十万余口"①。

（4）乾隆四十二年（1777），旗人七十一撰成《西域闻见录》，其载叶尔羌有"人丁七八万，户九城各千户"②。

（5）1869年，米尔咱到访时，叶尔羌城据说住有8万人③。

（6）1873—1874年，福赛斯记载了当时喀什噶尔国（南疆）各地的户口，其中最多的是叶尔羌地区，计有32000户，224000口。喀什噶尔有16000户，112000口；和阗有18500户，129500口④。

（7）1889—1890年，别夫佐夫记载，叶尔羌绿洲除城市外有15万人；叶尔羌汉城有1500人，回城约3万人。和阗绿洲除城镇外有3万户，13万人（邻近扎瓦库尔干和喀拉喀什绿洲3万人除外）；和阗汉城和回城共有5000人⑤。

（8）新疆各地《乡土志》记载，光绪三十二年（1906），莎车有162229口，喀什噶尔有123245口；光绪三十四年，和阗有137841口⑥。

（9）《新疆图志》成书于宣统年间（1909—1911），其中记莎车有44663户，196380口；喀什噶尔有36154户，169950口；和阗有34558户，204112口⑦。

（10）1917年，谢彬记载，莎车全县人口31万余人；回城3300余

① 《清实录》卷五九五《高宗实录》，乾隆二十四年八月庚子，北京：中华书局影印，1986年，第627b叶。

② 七十一撰《西域闻见录》卷二，乾隆四十二年（1777）刊本，叶十五上。

③ T. G. Montgomerie, "Report of 'The Mirza's' Exploration from Caubul to Kashgar", p. 182.

④ T. D. Forsyth, Report of a Mission to Yarkund in 1873: Historical and Geographical Information, p. 62.

⑤ 别夫佐夫《别夫佐夫探险记》，第29—30、56—59页。

⑥ 马大正、黄国政、苏风兰整理《新疆乡土志稿》，第599、618、671页。

⑦ 王树枏等纂修《新疆图志》卷一《建置一》，朱玉麒等整理，上海：上海古籍出版社，2017年，第7—8页。

户，汉城及东关共四百八九十户①。

表 5-2　莎车、喀什、和田历史人口统计

年代	莎车城	莎车绿洲	喀什绿洲	和田绿洲	资料来源
西汉		1.6	1.9	1.9	汉书
东汉		6*	6*	8.3	后汉书
1759		10			清实录
1777		7~8			西域闻见录
1869	8				米尔咱
1874		22.4	11.2	13	福赛斯
1890	3.2	18.2		13.5	别夫佐夫
1906		16.2	12.3	13.8	乡土志
1911		19.6	17	20.4	新疆图志

（单位：万人，精确到十分位；带星号的为推测数据）

以上资料显示，在清代以前，仅有两《汉书》记载了莎车、喀什与和田的人口情况。清代的数据比较多，其中福赛斯、别夫佐夫和新疆乡土志的统计范围较为接近，《新疆图志》则有所不同。在 1874—1906 年间，喀什与和田绿洲的人口变化不大；但莎车绿洲的人口呈现出比较明显的下降趋势，这可能是因为糟糕的卫生条件造成瘟疫和其他疾病泛滥。与东汉时期相比，和田与喀什近代的人口均增长了不到一倍，莎车则增长了 2—3 倍。实际上，至迟到清代中后期，莎车的人口密度要远

---

① 谢彬《新疆游记》，第 217 页。

远高于喀什与和阗①。乾隆二十四年（1759），兆惠、富德率军平定大
小和卓叛乱，进据叶尔羌，他们在奏折中描述了当地的人烟状况，称叶
尔羌"城垣户口，甲于回部"，"房屋较各城为密，村庄亦多"②。百余
年后，别夫佐夫对莎车与和阗两地的人口密度进行了更加详细的描述。
他指出在当时，莎车绿洲除城市外人口密度约为 220 人/平方公里，而
除去 50 余平方公里的稻田外，该绿洲的人口密度实际上应该更大；和
阗绿洲的人口密度约为 114 人/平方公里，仅为莎车绿洲的一半。他还
从直观上写道，"从人口稠密的叶尔羌绿洲来到这里的游人一眼就能看
出和阗绿洲这种人口稀少的情况"，"这里村民的房屋分布要比叶尔羌
地区稀疏"③。这与兆惠和富德的观感是一致的。

　　关于城市人口，相关的记载就更少了。米尔咱声称叶尔羌城有 8 万
人，这个数字的可靠性值得怀疑。别夫佐夫提供了最详细的资料：叶尔
羌汉城有 1500 人，回城约 3 万人，和阗回汉两城共有 5000 人。可见，
当时叶尔羌城的人口规模是和阗城的 6 倍以上。此外，谢彬记载莎车回
汉两城约有 3800 户，与别夫佐夫记录的人口数大致可以对应。

　　莎车绿洲与城市人口的增长，是与绿洲农业的发展以及鸦儿看城的

---

　　①　曹树基所著《中国人口史·清时期》专门探讨了清代喀什噶尔、叶尔羌、
和阗三地的人口状况。他根据 1953 年叶尔羌与和阗人口相差无几，进而推测两地
在乾隆二十五年（1760）、嘉庆二十五年（1820）的人口亦应相仿（《中国人口史》
第 5 卷下，上海：复旦大学出版社，2005 年，第 440—444 页）。这种看法不正确。
在清代，叶尔羌无论在人口密度还是人口总数方面，均远高于和阗与喀什噶尔。
　　②　傅恒等撰《平定准噶尔方略》正编卷七五，乾隆二十四年闰六月甲辰及丁
巳，北京：全国图书馆文献缩微复制中心，1990 年，叶二下、二五上。
　　③　别夫佐夫《别夫佐夫探险记》，第 30、56 页。别夫佐夫分别记录了以英制
和俄制为单位的人口密度：叶尔羌绿洲除城市外，每平方英里有 12,500 人（4826
人/平方公里），而每平方俄里为 250 人（220 人/平方公里）；和阗绿洲每平方英里
约有 370 人（143 人/平方公里），每平方俄里是 130 人（114 人/平方公里）。其英
制与俄制换算成公制的数字不一致，而且叶尔羌绿洲的英制人口密度显然不正确
（有可能是汉译者的失误）。另外，他提到和阗绿洲的人口密度"比叶尔羌绿洲几
乎少一倍"，俄制数据符合这一说法。因此，笔者采用了俄制换算成的公制数字。

政治地位有密切关系的。莎车绿洲比喀什、和田要肥沃，别夫佐夫就曾写道，"和阗绿洲的沙质土壤比起叶尔羌和叶城的纯黄土土壤肥力明显差"[1]，叶尔羌河的水量也足够充沛，因此这里本应是塔里木盆地西南部最富庶的地方。然而，在喀喇汗朝以前，莎车王贤被于阗击败以后，身死国灭，莎车绿洲先后被于阗、疏勒、渠莎、揭盘陀等国控制[2]，绿洲农业难以得到大规模开发，人口增长自然也比较缓慢。进入伊斯兰化时期以后，喀喇汗王朝统一了塔里木盆地西南缘，原有的区域政治格局被打破，莎车绿洲摆脱了周边地区的压制，农业经济得以迅速发展。莎车绿洲经济的充分开发，促进了绿洲人口的快速增长，也使鸦儿看城的政治地位逐步提升：在喀喇汗时期，鸦儿看城逐渐发展起来，到蒙古帝国时期与可失合儿、忽炭号为三城；都哇汗之后，鸦儿看城在察合台汗国后期的地位进一步提高；在米儿咱·阿巴·乩乞儿政权和叶尔羌汗国时期，鸦儿看城更是被定作都城，成为塔里木盆地西南部的政治经济中心。鸦儿看城的重要性提高以后，必然会导致城市人口的增加。

然而，在马可波罗时代，鸦儿看处于一个经济和人口发展的低谷期。1262年，阿里不哥出兵西域，征讨察合台汗国后王阿鲁忽[3]。自此之后，整个至元年间（1264—1294），塔里木盆地西南缘一直战乱不止。在马可波罗行经前后，塔里木盆地南道屡遭兵燹，经济凋敝，人口

---

① 别夫佐夫《别夫佐夫探险记》，第56页。

② 《大唐西域记》记载，乌铩国"自数百年王族绝嗣，无别君长，役属揭盘陀国"，乌铩国即今莎车绿洲一带，揭盘陀即汉代的蒲犁国，又称汉盘陀、渴盘陀、喝盘陀等（季羡林等校注《大唐西域记校注》，第983—991页）。这条资料表明，莎车王贤死后，王统断绝，此后一直受制于周边国家：在东汉，莎车臣属于阗（《后汉书》卷八八《西域传》莎车国条，第2926页）；在三国，莎车国、渠沙国、蒲犁国等皆并属疏勒（《三国志》卷三〇《乌丸鲜卑东夷传》裴松之注引《魏略·西戎传》，第860页）；在南北朝，为渠莎国所据（《魏书》卷一〇二《西域传》渠莎国条，第2455页）；在唐初，"役属揭盘陀国"。

③ 拉施特主编《史集》第二2卷，余大均、周建奇译，北京：商务印书馆，1985年，第9—98、150、258页；刘迎胜《阿里不哥之乱与察合台汗国的发展》，《蒙元帝国与13—15世纪的世界》，北京：三联书店，2013年，第221—225页。

锐减。《元史》记载，至元八年（1271）六月乙卯，元廷"招集河西、斡端、昂吉呵等处居民"[1]，昂吉呵即英吉沙，这是对战争造成的流民进行安顿。至元十一年（1274），迷儿、麻合马、阿里三人上言，"（于阗河）淘玉之户旧有三百，经乱散亡，存者止七十户"[2]，淘玉民户减少了四分之三，可见战乱导致巨大的人口损失。至元十八年（1281）闰八月壬戌，"诏谕斡端等三城官民及忽都带儿，括不阑奚人口"[3]，斡端等三城即斡端、鸦儿看、可失合儿，所谓"括不阑奚人口"，乃指搜检无主之逃民[4]。

在马可波罗行经时期，鸦儿看城的规模和地位不及忽炭与可失合儿。阿力麻里的穆斯林作家札马剌·哈儿昔（Jamāl Qaršī），于1264年移居可失合儿并长期生活在那里，他在《苏拉赫词典补编》里记叙了游访过的一些地区的风土人物，这些地方包括了塔里木盆地西南部的可失合儿与忽炭，而鸦儿看并不在其中[5]。元代史籍如《元史》等有关鸦儿看的记载也非常之少。可见，在至元年间，鸦儿看城的人口、经济等应该比不上可失合儿与忽炭。

札马剌·哈儿昔在讲述可失合儿与忽炭时，没有提到那一带有象皮病和地方性甲状腺肿等疾病。更早些时候，喀什噶里《突厥语大词典》（约成书于1076年）收录了两个有关甲状腺肿的词条，为鸦儿看甲状腺肿的历史提供了重要线索：

（1）boquqluγ är 患甲状腺肿的人。

---

① 《元史》卷七《世祖纪》，第136页。

② 《元史》卷九四《食货志二》，第2380页。

③ 《元史》卷一一一《世祖纪》，第233页。

④ 周良霄《"阑遗"与"孛兰奚"考》，《文史》第12辑，北京：中华书局，1981年，第179—184页。

⑤ 札马剌·哈儿昔《素剌赫字典补编》，见华涛译《贾玛尔·喀尔施和他的〈苏拉赫词典补编〉》（下），《元史及北方民族史研究集刊》第11期，1987年，第95—104页。

（2）boquq 甲状腺肿，在喉咙两侧的皮肉之间生成的肿块。在拔汗那（Faryāna）与识匿城（Šiqnī）里有许多患此病的人。每代人都会患这种肿病。有的人的甲状腺肿竟能长到如此大的程度，以致他无法看到自己的胸脯和脚。

我询问过这种病的根源，他们这样回答："我们的先辈原来是一些声音洪亮的异教徒，当执行真主使命的先知的伙伴们同他们作战的时候，他们通宵喊声连天，不断袭击，在他们的这种喊杀声中穆斯林们惊恐万状，面临失败。这个消息传到了真主所钟爱的欧麦尔（Umar）那里之后，欧麦尔诅咒了他们，于是在他们的咽喉上出现了这种病。"甲状腺肿在这些人中代代遗传。至今在他们之中没有任何人能大声说话。[①]

喀什噶里提供了他获知甲状腺肿这种疾病的信息来源，即当时在拔汗那（今费尔干纳/Fergana）与识匿城（今塔吉克斯坦之舒格楠/Shighnān）流行此病。"每代人都会患这种肿病"，"有的人的甲状腺肿竟能长到如此大的程度，以致他无法看到自己的胸脯和脚"，这些描述都反映了这两个地区甲状腺肿的情况相当严重。关于其病因，当地人附会为在宗教战争中，真主对此地异教徒的惩罚。这体现了当时人对这种疾病的畏惧感和缺乏了解。《突厥语大词典》对拔汗那与识匿城甲状腺肿的上述详细记载，从侧面暗示了当时鸦儿看尚未流行甲状腺肿，否则，喀什噶里不会毫不知情，无所提及。

进入 14 世纪，从察合台汗国后期开始，鸦儿看地区重新获得了较安定的发展环境，人口数量也逐渐膨胀起来。鸦儿看糟糕的卫生环境是人口过度膨胀造成的后果。由于城市规模和人口急剧增长，鸦儿看城建

---

① Maḥmūd Kāšɣarī, *Compendium of the Turkic Dialects*（*Dīwān Luɣāt al-Turk*），Vol. 1, 1982, p. 363, Vol. 2, 1984, p. 105；麻赫穆德·喀什噶里撰《突厥语大词典》，校仲彝等译，北京：民族出版社，2002 年，第 1 卷，第 523 页，第 2 卷，第 295 页。

立了一套运河—池塘供水系统。不洁的饮水方式和肮脏的城市卫生，诱使地方性甲状腺肿和传染性疾病如象皮肿在这里滋生蔓延。以"人口—卫生"因素审之，笔者认为《马可波罗行纪》所载鸦儿看居民疾病的片段（象皮病和地方性甲状腺肿）并非出自马可波罗本人之口，而是14—16 世纪 L 本、Z 本和 R 本增衍的内容[1]。

玉尔曾指出，《马可波罗行纪》剌木学本（R 本）中的那些独有内容可能来自马可波罗晚年的增补和修订，并强调"有关《马可波罗行纪》文本最重要的遗留问题是，寻找剌木学本中那些独有片段所依据的增补抄本"[2]。鸦儿看居民疾病之记载就属于这类后世抄本增衍的内容。L 本、Z 本、R 本及其他诸本中的独有片段，可能像玉尔所言来自马可波罗本人晚年的增订和口述，但也可能与马可波罗毫无关联，乃是后代传抄者根据其他著述和传说添入的新成分。可以说，慕阿德、伯希和的英译百衲本实际上是马可波罗之后欧洲有关东方见闻的汇总。它只是一个最全面的本子，但未必是最可靠的本子。在进行翻译和具体研究时，应当时刻注意甄别诸本内容是否来自马可波罗本人。特别是，有的后世增添内容的确是东方的真实情景，但不属于马可波罗时代，这就更要慎重对待，将其厘清，重新加以利用。就像有关鸦儿看居民疾病之记载，它并非出自马可波罗的观察，但也能反映所描述地区某个历史时期的情况。

---

[1]　在此期间，帖木儿王朝（Timurid dynasty，1370—1507）的扩张促进了东西方交通，其领土鼎盛时期西抵小亚细亚，东南及印度河流域，东北达锡尔河流域。一批批欧洲的商人和使者，如克拉维约（Ruy González de Klavijo，参见克拉维约撰《克拉维约东使记》，杨兆钧译，北京：商务印书馆，2009 年），因此可旅行到中亚，将新的东方见闻带回去。由此形成的口头传说、已佚或尚未发现的文字记录，可能是《马可波罗行纪》L 本、Z 本等版本增衍内容的来源之一。

[2]　H. Yule（ed. and tr.），*The Book of Ser Marco Polo, the Venetian: Concerning the Kingdoms and Marvels of the East*，Vol. I，1903，pp. 96—101.

第六章　喀什绿洲

根据《西域水道记》的说法，塔里木河源头有三，除和田河与叶尔羌河外，还有一条是喀什噶尔河[①]。喀什噶尔河是塔里木盆地西部的主要水系，全长773公里。干流自发源地至喀什市称克孜勒河，其后称喀什噶尔河。下游原与叶尔羌河相接，今泥沙淤积，不再通连，河流尾闾消失在巴楚县境内。主要支流从南至北依次为艾格孜牙河、库山河、盖孜河、克孜勒河、恰克马克河、布谷孜河等六条，其中以克孜勒河与盖孜河最为重要[②]。各支流发源于南天山西支和帕米尔高原萨雷阔勒岭，它们流出山麓地带后，冲积出面积庞大的喀什绿洲。绿洲的西北、西、西南三面被山地环绕，内部河网交错，渠道纵横。这种地貌特征在《新唐书·地理志》中就有描述："（疏勒）南北西三面皆有山，城在水中。"[③]

严格来说，喀什绿洲不能简单归为丝绸之路南道的一站，它实际上是南道与北道的会合点，也是翻越葱岭前往中亚、南亚的多条道路的起点。在汉代，南道上的多数行人在行至皮山或莎车时即折向西南，山行

[①] 徐松撰《西域水道记》，朱玉麒整理，北京：中华书局，2005年，第20页。

[②] 周聿超主编《新疆河流水文水资源》，乌鲁木齐：新疆科技卫生出版社，1999年，第400—412页。

[③] 《新唐书》卷四三下《地理志七》，中华书局点校本，1975年，第1150页。

至塔什库尔干，然后走罽宾道前往南亚和西亚，或走瓦罕道前往中亚；小部分人会继续西行至疏勒，然后经大宛（今费尔干纳盆地）至中亚。魏晋南北朝时期，从南道去往塔什库尔干的起点转移到皮山与莎车之间的叶城。不过，这一时期，也有少数人（如沙门道药）开始选择从疏勒前往塔什库尔干，此即疏勒道[①]。唐代往后，疏勒道和大宛道成为从南道逾葱岭前往南亚和中亚的主要选择，换言之，喀什绿洲成为南道的西部端点，区位交通优势更加凸显。在唐代，喀什绿洲的政治军事地位也有很大的提升，唐朝在西域设置安西四镇，疏勒即为其中之一。到了喀喇汗王朝时期，喀什噶尔迎来辉煌时刻，一跃而成为王朝的政治和文化中心。蒙元时期，可失合儿（喀什噶尔）与南道鸦儿看、斡端并列，号为"三城"。在清代，喀什噶尔与叶尔羌、英吉沙、阿克苏、库车、和阗一起，称为南疆"六城"。今天，喀什是南疆最大的城市，是我国面向南亚和中亚的门户，在"一带一路"建设中拥有重要位置。

第一节　从疏勒到可失合儿

由于复杂的族群、语言变动，丝绸之路南道的地名在汉文文献中都经历过多次变化。总体上看，喀什绿洲在历史上有两组称谓：一是疏勒，亦作沙勒；二是佉沙、迦（伽）师，后演变成喀什噶尔[②]。斯坦因（M. A. Stein）、巴托尔德（W. Barthold）、伯希和（P. Pelliot）、季羡林、贝利（H. W. Bailey）、卢湃沙（P. Lurje）等人都对这两组名称作了详

[①] 道宣撰《释迦方志》，范祥雍点校，北京：中华书局，2000年，第97—98页。

[②] 玄奘还提到另一个名字"室利讫栗多底"（玄奘、辩机原著《大唐西域记校注》，季羡林等校注，北京：中华书局，2000年，第994页），此名仅见于玄奘传、记，贝利将其还原为 śiri-kirtāti，意为"嘉行之地"，并认为它源于坎切克语（Kančakī），见 H. W. Bailey, "Khyeṣa," in: *Indo-Scythian Studies*, *being Khotanese Texts*, Vol. VII, Cambridge: Cambridge University Press, 1985, p. 52.

细考证[①]。关于这两组名称的渊源，虽然前人多有讨论，但问题并没有彻底解决。目前来看，这个问题似乎仍难以破解。在这里，笔者综合前人研究成果和相关材料，谨慎地提出一些个人看法。

一、疏勒

在汉文史料中，我国西北有三处地名被冠以"疏勒"之名：喀什之古称疏勒国，新疆吉木萨尔境内之疏勒城，以及甘肃西北之疏勒河。斯坦因、伯希和等人讨论疏勒之名时，均未提及后二者。虽然三者之间可能并无联系，但将它们综合考虑是有必要的。

1. 疏勒河

疏勒河是河西走廊内流水系的第二大河，发源于祁连山脉西段讨赖南山与疏勒南山之间，向西北流经玉门市、瓜州县后，注入敦煌市西北的哈拉湖，全长550公里，古河道曾流入罗布泊[②]。

"疏勒河"是晚近的名称，此河最早见于汉代文献，称为籍端水或冥水。《汉书·地理志》敦煌郡冥安县条记载，"南籍端水，出南羌中，西北入其（冥）泽，溉民田"[③]。清人王先谦已指出，"南籍端水"之"南"系衍字，"入其泽"乃"入冥泽"之误，故将此句订正为"籍端

---

① M. A. Stein, *Ancient Khotan*: *Detailed Report of Archaeological Explorations in Chinese Turkestan*, Vol. I, Oxford: Clarendon Press, 1907, pp. 7—72; P. Pelliot, *Notes on Marco Polo*, Vol. I, Paris: Imprimerie nationale, 1963, pp. 196—207; W. Barthold & B. Spuler, "Kāshghar," in: *Encyclopaedida of Islam*, Vol. IV, New edition, ed. by E. van Donzel et al., Leiden: Brill, 1997, pp. 698—699; 季羡林等校注《大唐西域记校注》，第996—997页; H. W. Bailey, "Khyeṣa," pp. 50—54; P. Lurje, "Kashgar," in: *Encyclopædia Iranica* 16/1, ed. by E. Yarshater, New York: Bibliotheca Persica Press, 2012, pp. 48—50.

② 李并成《汉唐冥水（籍端水）冥泽及其变迁考》，《敦煌研究》2001年第2期，第60—67页。

③ 《汉书》卷二八下《地理志下》，中华书局点校本，1962年，第1614页。

水，出南羌中，西北入冥泽，溉民田"[1]。唐颜师古引东汉应劭注曰
"冥水出，北入其（冥）泽"[2]，可知在汉代籍端水又叫"冥水"。唐宋
时期，在《元和郡县图志》《太平寰宇记》等全国性地理文献中，此河
仍称冥水[3]。但在唐中期敦煌地理文书《沙州都督府图经》（P.2005）
中，此河有了新的名称，叫作"独利河"[4]。元明清时期，此河有两个
系列的名字，一为卜隆吉河（即浑河[5]），一为算来川[6]，又作素尔河、
苏尔河、苏赖河、苏勒河、疏勒河等。此外，此河在当地蒙古语中被称
作锡拉谷尔、西赖古尔、西拉郭勒，西喇戈勒等（后半部分的郭勒等意
为"水、河"）。

李正宇曾撰文指出，算来、素尔、锡拉、苏勒皆一音之异译，其语
源乃突厥语 Sarig，相当于蒙古语 Sira，意为黄色；"疏勒"则是借用古
西域疏勒国名而进行的附会。李先生还进一步考证，西汉籍端水、唐代
独利河、明清苏勒河在音韵上是可以勘同的，本质上是古代民族语音在
不同时代的代用符号，所代表的是 Sarig 音；并推测汉代的"籍端"可
能是乌孙人或匈奴人口语，唐代的"独利"可能是突厥语或沙陀语。
乌孙、匈奴、突厥、沙陀、蒙古等族皆属阿尔泰语系，诸民族语言中有
不少共同成分，从"籍端"到"独利"到"苏勒"，是北方诸族共有的

---

① 王先谦补注《汉书补注》，北京：书目文献出版社，1995 年，第 782b—
783a 叶。

② 《汉书》卷二八下《地理志下》，第 1615 页。

③ 李吉甫撰《元和郡县图志》卷四〇《陇右道下》晋昌县条，贺次君点校，
北京：中华书局，1983 年，第 1028 页；乐史撰《太平寰宇记》卷一五三《陇右道
四》晋昌县条，王文楚等点校，北京：中华书局，2007 年，第 2960 页。

④ 李正宇《古本敦煌乡土志八种笺证》，兰州：甘肃人民出版社，2008 年，
第 46、67—68 页。

⑤ 明初使臣陈诚有《过卜隆古（吉）河》诗一首，其诗题自注"即华言浑
河是也"，见陈诚撰《西域番国志》附录，周连宽校注，北京：中华书局，2000
年，第 123 页。

⑥ 《明英宗实录》卷一〇八，正统八年九月丙辰条，台北：中研院历史语言
研究所校印本，1962 年，第 2184 页。

一个名词。此外，文献所载于阗、焉耆境内的树枝（林）水、达利水、计式（贷）水，在语音上仍可与籍端、独利、苏勒勘同，这些名词的含义均为"黄河"，是不同族群对境内浑浊的黄色河流的称呼[①]。

李正宇先生的上述观点颇有可取之处，苏勒、锡拉、算来、独利确为一音之转，是对突厥语 Sarig、蒙古语 Sira 的音译，今"疏勒河"之名即源于此。但他将籍端和苏勒在语音上勘同，笔者认为尚可商榷。倘若二者果真可以勘同，那么对于汉代疏勒国名语源的探究，将是一个很好的参考，即疏勒国之名亦可能源于当地居民对境内黄色浑浊河流的称呼。然而，各种古汉语音韵学工具书对籍、苏二字上古音的构拟，均差异巨大，殊难勘同。李正宇认为二者上古音可以互通，给出的例证有二：一是《史记·晋世家》所载"釐侯卒，子献侯籍立"，"籍"字下司马贞《索隐》注曰"《系本》及谯周皆作苏"[②]；二是《史记·惠景间侯者年表》所载"六年四月壬申，康侯苏嘉元年"，裴骃《集解》引徐广注曰"苏，一作籍"[③]。不巧的是，这两个例子中，苏、籍均为姓名用字。众所周知，人的姓名是固定的代号，其中的字即使能和其他字通假，也不能够随便替换。前一个例子，只能说明晋献侯可能有别名。第二个例子中的苏嘉，即著名的苏武的长兄，我们找不到其他例子来印证苏姓可以径自改作籍姓。实际上，苏、籍二字确实可能通假，但并非因为二者语音相同，而是由于二者字形相近，容易相互写成别字，试比较"蘇"（异体字作"蕬"）与"籍"，一目了然。《史记》中的两个例子，很可能就是由于有的版本写了别字，而古代的注疏家不加甄别，

---

① 李正宇《籍端水、独利河、苏勒河名义考——兼谈"河出昆仑"说之缘起》，《西域研究》1994 年 3 期，62—67 页。1940 年代，杨宪益亦曾提出疏勒河为"黄河"之意，但未展开论述，见杨宪益《景教碑上的两个中国地名》，《译余偶拾》，济南：山东画报出版社，2006 年，第 131 页。

② 《史记》卷三九《晋世家》，中华书局点校本修订本，2013 年，第 1979 页。

③ 《史记》卷一九《惠景间侯者年表》，第 1207—1208 页。

将别字也罗列出来，稍显画蛇添足。

故此，笔者认为汉代的籍端与后世的独利、苏勒一系之名称无关。李正宇认为"籍端"可能语出乌孙人或匈奴人，亦不妥当。《汉书》既言籍端水出南羌，则此名应该源自羌语，而"冥水"为同时期的汉名。"疏勒河"之名，最早只能追溯到唐代的"独利河"，语源当来自突厥语 Sarig。

2. 疏勒城

根据史料记载，疏勒城在汉代有两处，其一是《汉书·西域传》所载之疏勒国王城：

> 疏勒国，王治疏勒城，去长安九千三百五十里。户千五百一十，口万八千六百四十七，胜兵二千人。疏勒侯、击胡侯、辅国侯、都尉、左右将、左右骑君、左右译长各一人。东至都护治所二千二百一十里，南至莎车五百六十里。有市列，西当大月氏、大宛、康居道也。[1]

另一个疏勒城与东汉戊己校尉耿恭有关。《后汉书》记载，明帝永平十七年（74）冬，汉军击破车师，始置西域都护、戊己校尉，以耿恭为戊校尉，屯守车师后部金蒲城（又名金满城，在唐代北庭故城附近，今新疆吉木萨尔县境内）。十八年三月，北匈奴单于遣左鹿蠡王二万骑击车师，破杀车师后王安得，然后攻打金蒲城。耿恭人少势弱，但以强弩毒箭吓退匈奴军，之后，"恭以疏勒城傍有涧水可固，五月，乃引兵据之"。同年七月，匈奴复来攻恭，于城下阻断涧水。耿恭陷入绝境，但仍率士卒死守，于章帝建初元年（76）正月等到援军后，方撤离此疏勒城[2]。

公元74—76年，班超一直在疏勒国境内的盘橐城驻守，与疏勒王

---

① 《汉书》卷九六上《西域传》，第3898页。
② 《后汉书》卷一九《耿弇传附国弟子恭传》，中华书局点校本，1965年，第720—721页。

忠的王城互为犄角，首尾呼应。因此，耿恭所守的疏勒城显然不是指疏勒国之王城，而应在金蒲城附近。其具体位置，根据近年考古发现，当在新疆奇台县城南 55 公里处的石城子遗址[①]。然而，该城址呈长方形，出土的建筑遗迹和遗物也均呈现出浓郁的汉式风格。这么样一座典型的汉城，按理说应该由汉人命名，那么它因何被叫作"疏勒城"？值得注意的是，此"疏勒城"之名仅见于这一事件。《后汉书》这段史料所载之"疏勒"二字与同书所记"疏勒"国用字完全相同，至于二者是否有关联，尚难定论。

3. 疏勒国

疏勒国之名，最早见于两枚敦煌悬泉汉简：

> 甘露元年二月丁酉朔己未，县泉厩佐富昌敢言之，爰书：使者段君所将踈勒王子橐佗三匹，其一匹黄，牝；二匹黄，乘，皆不能行，罢亟死，即与假佐开、御田遂陈。……复作李则、耿癸等六人杂诊橐佗丞所置前，橐罢亟死，审它如爰书，敢言之。（Ⅱ 0216③：137）[②]

> 客大月氏、大宛、踈勒、于阗、莎车、渠勒、精绝、扜弥王使者十八人，贵人□人。（Ⅰ 91DXT0309③：97）[③]

第一枚简有明确的纪年，甘露元年（前 53）为汉宣帝年号。第二枚简无纪年，与此简同层中出土有字简 337 枚，纪年简 61 枚，均属于昭、宣时期，其中宣帝神爵年间（前 61—前 58）的有 47 枚，占大多

---

① 新疆文物考古研究所《新疆奇台石城子遗址 2016 年发掘简报》，《文物》2018 年第 5 期，第 4—25 页；又《新疆奇台县石城子遗址 2018 年发掘简报》，《考古》2020 年第 12 期，第 21—40 页。

② 胡平生、张德芳《敦煌悬泉汉简释粹》，上海：上海古籍出版社，2001 年，第 106—108 页；郝树声、张德芳《悬泉汉简研究》，兰州：甘肃教育出版社，2009 年，第 15 页。

③ 郝树声、张德芳《悬泉汉简研究》，第 205 页；甘肃简牍博物馆等编《悬泉汉简（贰）》，上海：中西书局，2020 年，第 66、368 页。

数^①。可见，悬泉汉简所载疏（疎）勒之名至少出现在公元前 53 年之前。

在传世文献中，疏勒国最早见于前引《汉书·西域传》疏勒国条，在《史记》中则并未出现。《史记·大宛列传》记载了公元前104—101 年李广利伐大宛之事。李广利第二次伐大宛时，因考虑到西域绿洲国家的供给能力有限而兵分两路，从南北两道并行进军^②。因此，李广利的大军应当会经过疏勒之地，但疏勒之名在《史记》中阙载，暗示在公元前 101 年之前疏勒还十分弱小，或者另有其名。

疏勒国名之渊源，可能与塞种、斯基泰及粟特有关。"粟特"一名本身，也是跟"塞种""斯基泰"有关系的^③。先秦两汉之际，塞种在中亚分布和影响甚广。西天山至塔里木盆地西南缘一带的先民就是塞种，即所谓"自疏勒以西北，休循、捐毒之属，皆故塞种也"^④。张广达、荣新江先生《上古于阗的塞种居民》一文提出，"莎车"之名可能即是 Saka（塞种）之对音^⑤。《汉书·西域传》记载，公元前 2 世纪，西迁的大月氏击败伊犁河流域的塞种，塞王被迫南越悬度，占据罽宾^⑥。这些塞人由西天山经悬度到罽宾，途中应该经过塔里木盆地西南缘，并留下影响。

"疏勒"与"粟特"之间更是有着千丝万缕的联系，表现在以下三个方面：

---

① 郝树声、张德芳《悬泉汉简研究》，第 205 页。

② 《史记》卷一二三《大宛列传》，第 3856 页。

③ O. Szemerényi, *Four Old Iranian Ethnic Names*：*Scythian-Skudra-Sogdian-Saka*，Wien：Verlag der Öterreichischen Akademie der Wissenschaften，1980.

④ 《汉书》卷九六上《西域传上》，第 3884 页。

⑤ 张广达、荣新江《上古于阗的塞种居民》，《于阗史丛考（增订新版）》，上海：上海书店出版社，2021 年，第 166 页。

⑥ 《汉书》卷九六《西域传》，第 3884、3901 页。

首先，在西域诸胡语中，疏勒、粟特二词音近、形近。《大唐西域记》将粟特地区和粟特人称作"窣利"①，马迦特（J. Marquart）认为此词是中古波斯语 Sūlīk 之对音②。其他汉文佛教著作中有类似写法，《南海寄归内法传》和《大唐西域求法高僧传》作"速利"③，《梵语杂名》作"苏哩"④。与此相应，粟特人在吐鲁番出土的粟特语地名录中作 swt'yk（Sūdīk>Sūlīk）⑤，梵语出土文书中作 Śūlīka⑥，在于阗语出土文书中作 sūlya⑦。另一方面，在古藏语出土文书中，疏勒写作 Shu lig⑧。在图木舒克出土的据史德语文书中，疏勒人写作 Sudana⑨。由于印欧语的 t、δ、l 之间可以相互音变转换⑩，因此 Sudana>Sulana。在塔里木盆

① 《大唐西域记》卷一"窣利地区综述"记载："自素叶水城至羯霜那国，地名窣利，人亦谓焉。"（季羡林等校注《大唐西域记校注》，第 72—74 页）

② J. Marquart, *Die Chronologie der alttürkischen Inschriften*, Leipzig：Dieterich, 1898, s. 56.

③ 义净原著《南海寄归内法传校注》，王邦维校注，北京：中华书局，1995年，第 69、91、141、187 页；义净原著《大唐西域求法高僧传校注》，王邦维校注，北京：中华书局，1988 年，第 10 页。

④ 礼言撰《梵语杂名》，收入《大正藏》第 54 册 2135 号，台北：佛陀教育基金会，1990 年，第 1236a12 叶。

⑤ H. B. Henning, *Sogdica*, London：The Royal Asiatic Society, 1940, pp. 9—10.

⑥ F. W. Thomas, "Some Notes on Central-Asian Kharoṣṭhī Documents," *Bulletin of the School of Oriental and African Studies* 11/3, 1945, p. 525.

⑦ H. W. Bailey, "Ttaugara," *Bulletin of the School of Oriental Studies* 8/4, 1937, pp. 883—884; idem, *Saka Documents*, *Text Volume*, London：Percy Lund, 1968, p. 111.

⑧ F. W. Thomas, *Tibetan Literary Texts and Documents Concerning Chinese Turkestan*, *Part II. Documents*, London：Royal Asiatic Society, 1951, p. 259; T. Takeuchi, *Old Tibetan Manuscripts from East Turkestan in the Stein Collection of the British Library*, Vol. II, Tokyo：The Centre for East Asian Cultural Studies for Unesco, The Toyo Bunko, 1998, p. 96.

⑨ 林梅村《疏勒语考》，《西域文明——考古、民族和宗教新论》，北京：东方出版社，1995 年，第 244—248 页。

⑩ H. W. Bailey, "Gāndhārī," *Bulletin of the School of Oriental and African Studies* 11/4, 1946, pp. 786—787.

地东南缘出土的佉卢文文书中，疏勒人作 Suliga，粟特人作 Sokhaliga①。在诸语中，粟特、疏勒二词是如此接近，以至于语言学家们在释读文书中的相关词汇时，常常举棋不定，不同学者在同一词的释读上也多有争议。例如，贝利在《吐火罗考》一文的正文中，将 Ch. 00269 号于阗语文书中的 sūlya 释作疏勒人，但在文末的《补遗》中，又将其订正为粟特人②。再如，斯坦因所获 661 号佉卢文书中的 Suliga，科诺（S. Konow）释作粟特人③，陶慕士（F. W. Thomas）则释作疏勒人④；勒柯克（A. Le Coq）所获图木舒克 6 号文书中的 Sudana，科诺与恒宁（W. Henning）释作粟特人⑤，林梅村则释作疏勒人⑥。

其次，疏勒与粟特史国共用"佉沙"之别名。玄奘传、记将疏勒称作佉沙⑦，回鹘文《慈恩传》残卷将其对译为 Käš⑧。类似的，吐鲁番出土的中古波斯语《摩尼教赞美诗集》跋文将疏勒之地写作 k'š⑨，

① F. W. Thomas, "Some Notes on Central-Asian Kharoṣḥī Documents," pp. 525—526.
② H. W. Bailey, "Ttaugara," pp. 883, 918.
③ S. Konow, "Where was the Saka Language Reduced to Writing?" *Acta Orientalia* 10, 1932, p. 74.
④ F. W. Thomas, "Some Notes on Central-Asian Kharoṣḥī Documents," p. 525.
⑤ S. Konow, "The Oldest Dialect of Khotanese Saka," *Norsk Tidsskrift for Sprogvidenskap* 14, 1947, pp. 156—190; W. B. Henning, "Neue Materialien zur Geschichte des Manichäismus," *Zeitschrift der Deutschen Morgenländischen Gesellschaft* 90/1, 1936, ss. 11—13.
⑥ 林梅村《疏勒语考》，第 247—248 页。
⑦ 季羡林等校注《大唐西域记校注》，第 994—996 页；慧立、彦悰撰《大慈恩寺三藏法师传》，孙毓棠、谢方点校，北京：中华书局，2000 年，第 120 页。
⑧ Л. Ю. Тугушевои, Фрагменты уйгурской версии биографии Сюань-цзана, Москва：Наука，1980，с. 12.
⑨ F. W. K. Müller, "Ein Doppelblatt aus einem Manichäischen Hymnenbuch (*Mahrnâmag*)," *Abhandlungen der Königlich Preussischen Akademie der Wissenschaften, Philosophisch-historische Klasse*, Nr. 5, 1912, s. 31; 王媛媛《从波斯到中国：摩尼教在中亚和中国的传播》，北京：中华书局，2012 年，第 53 页。

同地所出粟特语地名录亦作 *k'š* [1]。在于阗语文书里，其地作 Khyeṣa [2]，乃"佉沙"之对音。《新唐书·西域传》载称"疏勒，一曰佉沙"；同书在另一处又写道，史国或曰佉沙、羯霜那 [3]。卢湃沙指出，史国之别称羯霜那、佉沙与贵霜（Kuśāna）有关，羯霜那乃 Kuśāna 之完整对音，后缀-na 表示地名或族名，佉沙即 Kuśā 之音译 [4]。巧合的是，疏勒亦颇受贵霜王朝影响。汉晋时期，每当中原王朝对西域控制薄弱之际，地处塔里木盆地西缘的疏勒就可能倒向贵霜。例如，《后汉书·西域传》记载，安帝元初中（114—120），疏勒王舅臣磐因罪被徙于贵霜，贵霜王亲爱之，后臣磐在贵霜的支持下返国继位为王 [5]。至于疏勒之佉沙源于何时，伯希和、贝利、魏义天（É. de la Vaissière）等人将其比定为梵语文献中的 Khaśa，萨珊波斯沙普尔一世（Shapur I，240—270 年在位）中古波斯语铭文中的 *k'š*（*kāša），乃至托勒密（Claudius Ptolemy，约公元 90—150 年）《地理志》（15.3）中的 Κασί（Kasia）[6]。然而，这几个早期名字指代的地域十分模糊，将它们跟喀什之地勘同，只能说是猜想多于实据。《大唐西域记》的校注者将佉沙之名追溯到《法显传》之竭叉和《魏略》之竭石 [7]，此说亦恐未安。盖因鱼豢将竭石国列为疏

---

① H. B. Henning, *Sogdica*, pp. 9, 11.

② H. W. Bailey, *Indo-Scythian Studies*, *being Khotanese Texts*, Vol. IV, Cambridge：Cambridge University Press, 1961, pp. 33, 121—125；R. E. Emmerick and P. O. Skjærvø, *Studies in the Vocabulary of Khotanese*, Vol. III, Wien：Verlag der Österreichischen Akademie der Wissenschaften, 1997, p. 179.

③ 《新唐书》卷二二一《西域传》，第 6233、6247 页。

④ P. Lurje, "Kashgar," pp. 48—50.

⑤ 《后汉书》卷八八《西域传》疏勒国条，第 2927 页。

⑥ P. Pelliot, *Notes on Marco Polo*, Vol. I, pp. 198—203；H. W. Bailey, "Khyeṣa," p. 52；É. de la Vaissière, "The Triple System of Orography in Ptolemy's Xinjiang," in：*Exegisti Monumenta*：*Festschrift in Honour of Nicholas Sims-Williams*, ed. by W. Sundermann et al., Wiesbaden：Harrassowitz, 2009, pp. 530—531.

⑦ 季羡林等校注《大唐西域记校注》，第 996 页。

勒所属诸国之一①，法显则明言竭叉国在葱岭山中②，它们应即《魏书·西域传》所载之渴盘陀（今塔什库尔干）③。因此，疏勒之称佉沙，仍以玄奘之传、记为最早。疏勒的这个新名是否与贵霜抑或史国粟特人有关？目前尚不能断言。

第三，史书曾载宛（按，大宛）东与宛西皆有"苏薤"。关于宛西的苏薤，《汉书·西域传》记载，"康居有小王五：一曰苏薤王，治苏薤城，去都护五千七百七十六里，去阳关八千二十五里"④，《新唐书·西域传》亦载，史国居康居小王苏薤城故地⑤。关于宛东的苏薤，《史记·大宛列传》有如下记述："及宛西小国驩潜、大益，宛东姑师、扜罙（扜弥）、苏薤之属，皆随汉使献见天子。"⑥ 蒲立本（E. G. Pulleyblank）指出，汉语"苏薤"的上古音（sou-ɦiəi < *safi-gleats）跟"粟特"（Soɣd）可以对应⑦。当然，根据蒲氏的拟音，"苏薤"与"疏勒"在语音上相通也是毫无问题的。以往学者们在理解《史记·大宛列传》将苏薤归为宛东国家时，一般认为是司马迁弄错了，认为它应

---

① 鱼豢《魏略·西戎传》，见《三国志》卷三〇《乌丸鲜卑东夷传》裴松之注引文，中华书局点校本，第 2 版，1982 年，第 860 页。

② 法显原著《法显传校注》，章巽校注，北京：中华书局，2008 年，第 17—19 页。

③ 《魏书》卷一〇二《西域传》渴盘陀国条，中华书局点校本修订本，2017 年，第 2474 页。

④ 《汉书》卷九六上《西域传上》康居国条，第 3894 页。

⑤ 《新唐书》卷二二一下《西域传》史国条，第 6247 页。

⑥ 《史记》卷一二三《大宛列传》，第 3851 页。

⑦ E. G. Pulleyblank, "The Consonantal System of Old Chinese, Part II," *Asia Major* 9, new series, 1962, p. 219; 汉译本见蒲立本《上古汉语的辅音系统》，潘悟云、徐文堪译，北京：中华书局，1999 年，第 133—134 页。

当是宛西国家,即《汉书·西域传》所载康居五小王之苏薤①。笔者不赞同这样的看法,司马迁此处误记的可能性很小。《史记·大宛列传》本身就包含有描写粟特地区的片段:"自大宛以西至安息,国虽颇异言,然大同俗,相知言。其人皆深眼,多须髯,善市贾,争分铢。"②所谓大宛至安息(帕提亚)之间的地带,就是粟特地区。司马迁简要地描述了该地区的语言、居民相貌、商业习俗,也暗示了这一带存在多个国家,但并未写下它们的名字。这是因为,《史记·大宛列传》(更准确地说,是张骞等使臣的观察)重在政治、军事情报的记录,而当时粟特地区尚未形成统一的王国,外交和军事地位低下,因此,虽然司马迁此处言及粟特地区的若干风貌,也不过是顺带一提罢了③。如若司马迁之苏薤果真指粟特,那么此处理应写出这一名字。《史记·大宛列传》列举的上述五个国家,可分为两组:宛西有驩潜(花剌子模)、大益;宛东有姑师、扜弥和苏薤,三者自东向西依次排列。笔者认为,最西边的苏薤应即疏勒。

"疏勒"与"粟特"是如何产生联系的呢?《大唐西域记》的校注者提到,这可能跟古代粟特商人在疏勒的活动有关④。此说确实是一种可能。《汉书·西域传》言简意赅地记载疏勒国"有市列"⑤。在《汉书·西域传》对塔里木盆地诸国的描述中,这是唯一一条反映当地有商业的史料。联系到上文所引《史记·大宛列传》称粟特之民"善市贾,

---

① 岑仲勉《汉书西域传地里校释》,北京:中华书局,1981 年,第 251 页;余太山《塞种史研究》,北京:商务印书馆,2012 年,第 157—159 页;又《两汉魏晋南北朝正史西域传要注》,北京:中华书局,2005 年,第 37—38 页;毕波《考古新发现所见康居与粟特》,张德芳主编《甘肃省第二届简牍学国际学术研讨会论文集》,上海:上海古籍出版社,2012 年,第 104 页。

② 《史记》卷一二三《大宛列传》,3852 页。

③ É. de la Vaissière, *Sogdian Traders: A History*, tr. in English by J. Ward, Leiden: Brill, 2005, pp. 26—32.

④ 季羡林等校注《大唐西域记校注》,第 996 页。

⑤ 《汉书》卷九六上《西域传上》疏勒国条,第 3898 页。

争分铢",我们有理由相信,粟特商人很早就出现在疏勒地区,并对当地产生过巨大影响。

除了粟特商业影响说,还有一种可能,即粟特难民说。魏义天曾提到,亚历山大大帝对粟特地区的征讨,可能造成粟特难民向东逃入塔里木盆地[①]。在公元前第一千纪下半叶,粟特地区受到的外来侵袭并不少见,除了马其顿的军队外,大月氏、塞种等部族亦曾兵临此地。为躲避这多次或某一次侵袭,一些粟特难民越过葱岭,在塔里木盆地西缘定居下来,从而使当地获得"粟特>疏勒"之名。

第三种可能,跟早期塞种、斯基泰人的迁徙与分布有关。"粟特"之名,最早见于大流士一世的贝希斯敦铭文(Behistun Inscription,刻于公元前 522 年),为波斯阿契美尼德帝国(Achaemenid Empire)之一行省,其古波斯语形式写作 Suguda[②]。在大流士一世时期的其他铭文中,也写作 Sug"da 或 Sugda[③]。关于"粟特"一词的渊源,印欧语专家塞梅勒尼(O. Szemerényi)作出如下推测:在公元前第一千纪早期,从中亚直至本都地区(Pontic region,黑海南岸)的伊朗语游牧部族,均使用一个通用名称 Skuda-(意为"弓箭手")。随着这些部族的迁徙,这个通用名字出现分化演变。到公元前第一千纪中期,Skuda 在河中地区演变成 Suɣδa,变化过程为 Skuda>*Sukuda>*Sukuδa>*Sukδa>*Suɣδa。阿契美尼德帝国采用 Suɣδa 的变体 Sug(u)da,用以指称河中地区的伊朗语游牧部族;河中地区周邻的同语同种部族,被他们称作塞种(Saka)。

① É. de la Vaissière, *Sogdian Traders*: *A History*, pp. 22—23.

② L. W. King and R. C. Thompson, *The Sculptures and Inscription of Darius the Great on the Rock of Behistûn in Persia*: *A New Collation of the Persian, Susian and Babylonian Texts, with English Translations, etc.*, London: British Museum, 1907, p. 4.

③ O. Szemerényi, *Four Old Iranian Ethnic Names*: *Scythian-Skudra-Sogdian-Saka*, p. 30.

希腊人则将所有草原部族视作斯基泰人（Scythians）[1]。疏勒国的先民，作为塞种的一支，自然也曾共用过 Skuda 之名。那么，Skuda > *Sukuda > *Sukula > *Sukla > *Sula，可能就是"疏勒"一词的来源。而耿恭所守之疏勒城，或许暗示了先秦两汉时期有一支塞种部落，曾沿天山向东迁徙，来到东天山今奇台县一带，为当地某个地方带来了"疏勒"之名。

二、喀什噶尔

虽然"疏勒"之名在汉文文献中坚持使用到 10 世纪甚至更晚[2]，但自中古晚期以来，"喀什噶尔"（Kāshghar）及其各种变体才是喀什之地的通用名字。这一新名称最早见于汉文文献《往五天竺国传》，其作者慧超于 727 年行经此地。该书今存敦煌卷子本（P. 3532），慧琳《一切经音义》卷一〇〇也收录了该书词汇。高田时雄认为，此书的敦煌写本是草稿本，慧琳所据本是定本[3]。敦煌卷子本写道，"疏勒，外国自呼名伽师祇离国"[4]；在慧琳所据定本中，这个胡语名称写作迦师佶黎[5]，可还原为 Kāshgirī。随后，这个名字也出现在一件犹太波斯语信札中，写作 qʾšgr（= Kāšgar）。这封信写于 802 年，出自丹丹乌里克遗址附近[6]。

---

① O. Szemerényi, *Four Old Iranian Ethnic Names：Scythian-Skudra-Sogdian-Saka*, pp. 26—40.

② 《宋史》卷四九〇《外国传六》于阗国条将喀喇汗王朝仍称作疏勒国（中华书局点校本，1985 年，第 14107 页）。

③ 高田时雄《慧超〈往五天竺国传〉之语言与敦煌写本之性质》，《敦煌·民族·语言》，钟翀译，北京：中华书局，2005 年，第 359—385 页。

④ 慧超原著《往五天竺国传笺释》，张毅笺释，北京：中华书局，2000 年，第 153 页。

⑤ 慧琳撰《一切经音义》，收入徐时仪校注《一切经音义三种校本合刊》，上海：上海古籍出版社，2008 年，第 2191 页。

⑥ 张湛、时光《一件新发现犹太波斯语信札的断代与释读》，《敦煌吐鲁番研究》第 11 卷，上海：上海古籍出版社，2009 年，第 72—96 页。

自 9 世纪以降，穆斯林学者的作品，包括波斯阿拉伯语史地著作及喀什噶里（Maḥmūd Kāšγarī）《突厥语大词典》，无一例外将喀什之地写作 Kāšγar（个别字母可能稍有差异）。13 世纪，马可波罗（Marco Polo）行经此地，他在行纪中记录的名字为 Cascar[1]。

元代往后的汉文文献，也都采用 Kāšγar 的各种译写。《元史》卷八《世祖纪》作合失合儿，卷一五《世祖纪》作可失合儿，卷六三《西北地附录》作可失哈耳，卷一二〇《曷思麦里传》作可失哈儿，卷一二二《巴而术阿而忒的斤传》作甲石哈，卷一二三《拜延八都鲁传》作乞失哈里，卷一八〇《耶律希亮传》作可失哈里[2]。《经世大典·站赤》作〔可〕失呵儿[3]。《元朝秘史》作乞思合儿[4]。《明史》作哈实哈儿[5]。明初陈诚《西域番国志》作哈石哈[6]。《明太宗实录》作哈石哈儿[7]。《明英宗实录》《明会典》及王宗载《四夷馆考》（成书于 1580 年）作哈失哈儿[8]。明代中期地理著作《西域土地人物

① A. C. Moule & P. Pelliot（ed. and tr.），*Marco Polo. The Description of the World*, Vol. I, chap. 51, London：Routledge, 1938, p. 143.

② 《元史》，中华书局点校本，1976 年，第 154、316、1568、2969、3000、3024、4161 页。

③ 《永乐大典》卷 19417《站赤二》，北京：中华书局影印，1984 年，第 7199 页。

④ 乌兰校勘《元朝秘史（校勘本）》续集卷一，第 263 节，北京：中华书局，2012 年，第 364 页。

⑤ 《明史》卷三三二《西域传四》哈实哈儿条，中华书局点校本，1974 年，第 8616 页。

⑥ 陈诚《西域番国志》，第 102—103 页。

⑦ 《明太宗实录》卷一四〇，永乐十一年六月癸酉条，台北：中研院历史语言研究所校印本，1962 年，第 1690 页。

⑧ 《明英宗实录》卷三〇〇，天顺三年二月丙子条，第 6376 页；《大明会典》卷一〇七《朝贡三·西戎上》，书同文影印万历重修本，叶一一下；王宗载撰《四夷馆考》卷下，罗振玉辑，东方学会印本，1924 年，叶一下。

略》《西域土地人物图》《边政考·西域诸国》作哈失哈力①。清代官
方文献中，写作喀什噶尔。

关于"喀什噶尔"之语源及含义，学界向来聚讼纷纭，尚无令人
信服的定论。Kāšγar 由 Kāš+γar(i) 两部分构成。《新唐书》称疏勒王城
为迦师城②，"迦师"可视为 Kāš 之对译。伯希和极力否认迦师（Kāš）
与佉沙（Khaśa）有关，倾向于其含义待定③。不过，也有材料提供了
二者勘同的证据：其一，10 世纪中期，胜光法师在回鹘文《慈恩传》
中将"佉沙"对译为 Kāš④；其二是下文将要讨论的敦煌于阗语文书
《尉迟苏罗王致舅曹大王书状》（P. 5538a，写于 970 年）。慧琳《音义》
在"迦师佶黎（Kāšgirī）"条目下作如下注解："胡语，唐云葱岭
镇。"⑤所谓"胡语"，表明 Kāšgirī 为伊朗语词汇。"唐云葱岭镇"，则明
白无误地告诉我们这个词的含义是"葱岭镇"。慧琳的这种解释看起来
难以理解，因而被大多数人忽视了。特别是慧超书在疏勒国之前，紧挨
着描写的就是葱岭镇："过播蜜川，即至葱岭镇……外国人呼云渴饭檀
国，汉名葱岭。"⑥ 显然，慧超所言葱岭镇即《新唐书·地理志》所载
之葱岭守捉⑦，其地在渴盘陀故地，今塔什库尔干。

---

① 李之勤校注《〈西域土地人物略〉校注》，收入李之勤编《西域史地三种
资料校注》，乌鲁木齐：新疆人民出版社，2012 年，第 32 页；又《〈西域土地人
物图〉校注》，收入《西域史地三种资料校注》，第 56 页；张雨《边政考》卷八
《西域诸国》，台北：台湾华文书局，影印明嘉靖刻本，1968 年，第 603 页。《边
政考》将哈失哈力城误作"怜失怜力城"。

② 《新唐书》卷二二一上《西域传上》疏勒国条，第 6233 页。

③ P. Pelliot, *Notes on Marco Polo*, Vol. I, pp. 203—205.

④ Л. Ю. Тугушевои，*Фрагменты уйгурской версии биографии Сюань-цзана*，
c. 12.

⑤ 慧琳撰《一切经音义》，第 2191 页。

⑥ 慧超原著《往五天竺国传笺释》，第 146 页。

⑦ 《新唐书》卷四三下《地理志七》记载："自疏勒西南入剑末谷、青山岭、
青岭、不忍岭，六百里至葱岭守捉，故渴盘陀国，开元中置守捉，安西极边之戍。"
（第 1150 页）

那么，慧琳将"迦师佶黎"解释为葱岭镇，是不是弄错了呢？恐怕未必。据僧传记载，这位著名的训诂学家是疏勒人，且很可能是疏勒王族[1]。鉴于慧琳的这种特殊身份，他的上述注解理应极具可靠性。伯希和也注意到慧琳的这一解释。不过，他将 Kāšgirī 对应为"葱岭"，而忽略了后面的"镇"字。他认为，Kāš 可能即"葱"，γar 即"岭"，然而，他也承认，在伊朗语中，找不到两个具有如此含义的相应词汇[2]。我的看法与伯希和有所不同。笔者认为，Kāš+girī 对应的是"葱岭+镇"，Kāš 意为"葱岭"，girī/γar 意为"镇"。《尉迟苏罗王致舅曹大王书状》为此提供了印证。这件文书中出现地名 Khyeṣvā kara，是 Kāšgirī 一名的于阗语意写，贝利将其译作"佉沙人的城堡"（the fort among the Khyeṣa people）。前一个词 Khyeṣvā 即 Khyeṣa（佉沙）加上形容词词缀-vā；第二个词 kara，贝利认为其意为"城堡"（fort），对应为 Kāšγar 中的-γar[3]。慧琳所谓的"镇"，即相当于这里的 kara，亦即《新唐书》所言迦师城的"城"。要之，笔者认为，Kāšγar 最初是指佉沙/迦师的城堡，即《新唐书》所载疏勒王城迦师城，后来演变成整个地区的名字。

第二节　宗教与思想文化

喀什绿洲在古代是多种宗教荟萃之地。在伊斯兰化之前，佛教（主要是小乘佛教）在此地盛行；由于粟特人的活动，三夷教中的祆教、摩尼教、景教也都曾在这里流行过。

---

① 《宋高僧传》记载："释慧琳，姓裴氏，疏勒国人也。"（赞宁撰《宋高僧传》卷五，范祥雍点校，上海：上海古籍出版社，2017年，第98页）

② P. Pelliot, *Notes on Marco Polo*, Vol. I, pp. 204—205.

③ H. W. Bailey, "Srī Viśa Śūra and The Ta-Uang," *Asia Major* 11/1, New series, 1964, pp. 17, 20; H. W. Bailey, "Khyeṣa," pp. 50—51.

在粟特人将祆教带来之前，塔里木盆地西缘可能早已存在拜火习俗。考古工作者在塔什库尔干的多个墓地，发现了距今 2600—2400 年的拜火遗迹。例如，在吉尔赞喀勒墓地的四座墓中，考古人员各发现了一件木火坛。火坛内部被强烈灼烧，存留有厚近 1 厘米的炭化层，乃由内部 15 粒烧红后放入的圆形石子所致。发掘者认为，这是亚欧大陆迄今所见最早也是最原始的明火入葬火坛，并推测它可能与拜火教文化有关[①]。当然，针对这种说法，已有学者提出商榷[②]。拜火是琐罗亚斯德教（又称祆教、拜火教）的基本特征[③]，但它也是中亚地区由来已久的传统。在葱岭以西，早至阿姆河青铜时代文化（BMAC，Bactrian-Margiana Archaeological Complex）时期即已经存在原始的火崇拜。例如，阿姆河以北的雅库坦（Jarkutan），就曾发现过一座约公元前 16 世纪的拜火神庙[④]。葱岭以东，在新疆史前和汉晋时期的墓葬中，也发现广泛存在用火现象[⑤]。因此，吉尔赞喀勒墓地的这些用火遗迹并不能明确指向早期祆教/拜火教。不过，帕米尔高原的这种早期拜火现象可能与祆教有着共同的渊源。那么，这种现象是否曾传播到了邻近的喀什绿洲呢？目前在喀什一带尚未发现这么早的拜火文化遗迹。但是，在新疆南山阿拉沟古墓及新源、昭苏等地出土的多件承兽铜盘，年代早至公元前 5 至

---

① 中国社会科学院考古研究所新疆工作队《新疆塔什库尔干吉尔赞喀勒墓地发掘报告》，《考古学报》2015 年第 2 期，第 229—252 页。

② 李肖、马丽萍《拜火教与火崇拜》，荣新江、罗丰主编《粟特人在中国——考古发现与出土文献的新印证》，北京：科学出版社，2016 年，第 207—215 页；又《从新疆鄯善县洋海墓地出土木质火钵探讨火崇拜与拜火教的关系》，沈卫荣主编《西域历史语言研究集刊》第 10 辑，北京：科学出版社，2018 年，第 23—34 页。

③ 林悟殊《波斯拜火教与古代中国》，台北：新文丰出版公司，1995 年，第 51—60 页。

④ C. Baumer, *The History of Central Asia*, Volume One: *The Age of the Steppe Warriors*, London: I. B. Tauris, 2012, p. 114.

⑤ 肖小勇《新疆早期丧葬中的用火现象》，《西域研究》2016 年第 1 期，第 56—65 页。

公元前 1 世纪，被认为属于塞人的遗物，跟塞人的祆教祭祀习俗有关①。这表明，在战国秦汉之际，祆教/拜火教或已传播到了葱岭以东的一些地区。

大约从公元 3 世纪开始，中亚的粟特商人向东越过葱岭，在塔里木盆地诸绿洲建立了一系列贸易据点。荣新江先生系统研究了环塔里木盆地的粟特移民聚落，指出疏勒在中古时期就是粟特商人的落脚点之一②。祆教在粟特本土流行，它也随粟特商人流传到了塔里木盆地。两《唐书·西域传》在介绍疏勒国民的信仰时，分别使用了"俗事祆神"和"俗祠祆神"来表述③，可知在唐代，祆教在疏勒颇为流行。

然而，《大唐西域记》对佉沙国的描写，只提到当地"淳信佛法，勤营福利。伽蓝数百所，僧徒万余人，习学小乘教说一切有部。不究其理，多讽其文，故诵通三藏及《毗婆沙》者多矣"④。在玄奘的眼中，佉沙是佛教兴盛之地，佛寺和僧侣颇众，且小乘有部占主导地位，他并未提及当地的外道。这暗示了在 7 世纪上半叶，祆教在喀什绿洲影响尚小。大约在公元 2—3 世纪，佛教传入塔里木盆地，在南道的于阗、尼雅、米兰、楼兰等地都发现有 3—4 世纪的佛教遗存，包括佛塔、寺院等。疏勒同样拥有早期的佛教遗存，如莫尔寺遗址和脱库孜吾吉拉千佛洞（Outchmah-ravan，三仙洞）。前者位于喀什市伯什克然木乡莫尔村

---

① 穆舜英、王明哲、王炳华《建国三十年新疆考古的主要收获》，新疆社会科学院考古研究所编《新疆考古三十年》，乌鲁木齐：新疆人民出版社，1983 年，第 5 页；林梅村《从考古发现看看火祆教在中国的初传》，《汉唐西域与中国文明》，北京：文物出版社，1998 年，第 103—104 页；刘学堂《乌鲁木齐的史前时代》，北京：商务印书馆，2018 年，第 253—256 页。

② 荣新江《西域粟特移民聚落考》，《中古中国与外来文明》（修订版），北京：三联书店，2014 年，第 26—27 页。

③ 《旧唐书》卷一九八《西戎传》疏勒国条，中华书局点校本，1975 年，第 5305 页；《新唐书》卷二二一上《西域传》疏勒国条，第 6233 页。

④ 季羡林等校注《大唐西域记校注》，第 995 页。

东北约 4 公里处，始建年代约当东汉末至魏晋，下限约当唐五代，碳十四测年数据显示其年代范围为 3 世纪前期至 10 世纪前后[①]。后者位于喀什市北约 20 公里处的伯什克然木河南岸崖壁上（今属阿图什市上阿图什乡塔合提村），是我国位置最靠西的石窟，也是我国现存最古老的佛教石窟之一，洞内壁画具有犍陀罗艺术特点，其年代范围与莫尔寺遗址相当，即始凿于 3 世纪，约废弃于 10 世纪[②]。4 世纪中叶，罽宾高僧佛陀耶舍和龟兹名僧鸠摩罗什先后在沙勒国（按，即疏勒）停留。《高僧传·佛陀耶舍传》提到，疏勒国王曾作三千僧会，其王与太子皆崇信三宝，可见当时疏勒佛教已颇为兴盛[③]。《高僧传·鸠摩罗什传》记载，罗什年少时自罽宾求法归来，在疏勒国停留一年，疏勒王请其于国中讲经说法。这时，罗什遇到两位大乘僧人：

> 时有莎车王子、参军王子兄弟二人，委国请从而为沙门。兄字须利耶跋陀，弟字须耶利苏摩。苏摩才伎绝伦，专以大乘为化，其兄及诸学者，皆共师焉，什亦宗而奉之，亲好弥至。苏摩后为什说《阿耨达经》，什闻阴界诸入皆空无相，怪而问曰："此经更有何义，而皆破坏诸法。"答曰："眼等诸法非真实有。"什既执有眼根，彼据因成无实，于是研核大小，往复移时。什方知理有所归，遂专务方等。乃叹曰："吾昔学小乘，如人不识金，以鍮石为妙。"

---

① M. A. Stein, *Ancient Khotan*, Vol. I, pp. 81—85；肖小勇、史浩成、曾旭《2019～2021 年新疆喀什莫尔寺遗址发掘收获》，《西域研究》2022 年第 1 期，第 66—73 页。

② 伯希和《三仙洞和水磨房探珍》，耿昇译《法国西域史学精粹》第 1 册，兰州：甘肃人民出版社，2011 年，第 143—158 页；李遇春《新疆三仙洞的开窟时代和壁画内容初探》，《文物》1982 年第 4 期，第 13—17 页；新疆维吾尔自治区文物局编《新疆维吾尔自治区第三次全国文物普查成果集成：克孜勒苏柯尔克孜自治州卷》，北京：科学出版社，2011 年，第 117—118 页。马世长对三仙洞的年代提出异议，认为其上限不能早于 6 世纪，下限晚至 8 世纪中叶，见马世长《三仙洞年代别议》，《中国佛教石窟考古文集》，北京：商务印书馆，2014 年，第 189—205 页。

③ 释慧皎撰《高僧传》卷二《佛陀耶舍传》，汤用彤校注，汤一玄整理，北京：中华书局，1992 年，第 66 页。

因广求义要，受诵《中》《百》二论，及《十二门》等。①

鸠摩罗什最初在罽宾所学乃小乘佛教，他在疏勒受到国王即僧众尊崇，表明当时疏勒佛教即以小乘占优。不过，罗什在疏勒遇到大乘高僧莎车王子、参军王子兄弟，在其引导下弃小乘而改学大乘。关于此兄弟二人，汤用彤先生觉得"此语（罗按，即上段引文首句）颇难解，大意似谓兄弟弃王位出家"②，学界亦皆以"莎车王子"为莎车国王子。笔者认为，此说似未中的。须知莎车王国至迟在三国时期已为疏勒兼并③，那么此时并无莎车国，则亦无莎车国之王子。引文以"莎车"与"参军"并列，亦可证此处莎车不当为国名。愚意以为，跋陀、苏摩二人实乃疏勒国王之子。"莎车王子""参军王子"为二人之封号，前者或以莎车之地见封，其封号可比秦王、淮阴侯之类。那么，此兄弟二人实为疏勒僧。这则罗什在疏勒改宗大乘的故事表明，疏勒国虽一直以小乘为主，但实际兼有大乘。马世长曾指出，三仙洞壁画具有大乘特征④，与此可相参证。

除祆教外，三夷教中的摩尼教也曾在喀什绿洲流行。德国吐鲁番探险队所获中古波斯语《摩尼教赞美诗集》（*Mahrnāmag*，文书编号 M1）跋文，提供了 9 世纪初摩尼教在当地的一些线索。这件跋文包含一份回鹘君臣名表，其中罗列了保义可汗时期（808—821 年在位）漠北回鹘大量的王族成员、宰相权臣，以及北庭、高昌、龟兹、焉耆、于术等地官员和摩尼教听者的名字。荣新江先生认为，这些城镇可能不是政治区

① 释慧皎撰《高僧传》卷二《鸠摩罗什传》，第 47 页。
② 汤用彤《汉魏两晋南北朝佛教史》，北京：商务印书馆，2017 年，第 227 页。
③ 鱼豢《魏略·西戎传》，见《三国志》卷三〇《乌丸鲜卑东夷传》裴松之注引文，第 860 页。
④ 马世长《三仙洞年代刍议》，第 203—204 页。

划，而是摩尼教教区，它们总属于东方大教区（亦名吐火罗斯坦教区）①。在龟兹之下，列有佉沙的统治者及听者之名。现据王媛媛在前人基础上作的译文，移录相关片段如下：

此外，还有龟兹节度使伊蠹啜，听者达干，佉沙设，听者首领李福都司，拨换叶护，刘郎，呼末啜，夷数越寺，薄列与珂罗阙，罗啜，摩诃衍，继芬，地舍拨，拂夷瑟越寺车鼻施，曹侍郎，西蒙，胡耽（或俱耽），怒莫，诃瓒，如缓诺，薄如缓，电拂剌沙陀，于贺施芬，薄芬，薄毗。②

其中，佉沙设（k'šyχšyδ）被认为是一个"地名+官职名"构成的复合词③，或是一个"形容词+粟特语名词"的形式，意为"佉沙的君主"④。据《九姓回鹘可汗碑》（Karabalgasun Inscription）可知，9世纪初，回鹘在与吐蕃争夺塔里木盆地北道的战争中获胜⑤，因此得以将佉沙、龟兹等地纳入治下。此时摩尼教在回鹘汗国重新得势，自然在汗国疆域内广为传播。在这样的背景下，佉沙也拥有了一定数量的摩尼信徒，其教众隶属于龟兹教区。

景教亦当随粟特人传入喀什绿洲。但囿于材料，唐代疏勒景教的状

---

① 荣新江《所谓"吐火罗语"名称再议——兼论龟兹北庭间的"吐火罗斯坦"》，王炳华主编《孔雀河青铜时代与吐火罗假想》，北京：科学出版社，2017年，第181—191页。

② 王媛媛《从波斯到中国：摩尼教在中亚和中国的传播》，第53页。

③ F. W. K. Müller, "Ein Doppelblatt aus einem Manichäischen Hymnenbuch (*Mahrnâmag*)," s. 31.

④ D. Durkin-Meisterernst, *Dictionary of Manichaean Middle Persian and Parthian*, Turnhout：Brepols, 2004, p. 203.

⑤ 森安孝夫、吉田豊《カラバルガスン碑文漢文版の新校訂と訳注》，《内陸アジア言語の研究》第34号，2019年，第42页；吉田豊《9世紀東アジアの中世イラン語碑文2件：西安出土のパフラビー語・漢文墓志とカラバルガスン碑文の翻訳と研究》，《京都大学文学部研究紀要》第59巻，2020年，第134页；Y. Yoshida, "Studies of the Karabalgasun Inscription：Edition of the Sogdian Version," *Modern Asian Studies Review* 11, 2020, pp. 10, 64—65.

况并不明了。13 世纪的情形相对清晰一些。13 世纪初，乃蛮王子屈出律在成吉思汗的打击下流亡西辽，后篡夺了西辽帝位。西辽贵族信奉佛教，乃蛮人则大多是基督徒。虽说屈出律在其西辽妻子的劝说下皈依了佛教，但其实也并未放弃基督教信仰。屈出律攫取政权之后，对内采取宗教高压政策，强令忽炭、喀什噶尔的穆斯林改宗基督教或佛教①。当然，屈出律的统治并未延续太久，喀什噶尔等地被迫接受基督教义的居民，很可能在其覆亡之后旋即回归了伊斯兰教。13 世纪下半叶，马可波罗途经可失合儿，其行纪提到当地生活着一些信奉景教的突厥人，他们拥有多座教堂。行纪还声称这些景教徒遵守希腊的教规，与当地人杂居②。不过，这些细节多是行纪不同版本添加进去的，其中有些并不正确。例如，伯希和已经指出，V 本增加的所谓当地景教徒遵守希腊教规之信息，无疑就是随意添加的③。在两份有关 12—14 世纪的东方基督教会教区名表中，第 25 个教区为喀什噶尔与弩室羯（Navekath，位于吉尔吉斯斯坦楚河谷地）联合教区④，可见这一时期喀什噶尔的景教团体颇具规模。自 19 世纪末以来，楚河谷地陆续出土了大量景教墓石，纪年范围为 1185—1345 年，其中至少有一件属于来自喀什噶尔的墓主。狄更斯（M. Dickens）认为，楚河谷地景教墓地埋葬的逝者，应该来自上述联合教区各地⑤。

---

① 志费尼《世界征服者史》，何高济译，呼和浩特：内蒙古人民出版社，1980 年，第 71—76 页；拉施特主编《史集》第一卷第二分册，余大均、周建奇译，北京：商务印书馆，1983 年，第 247—254 页。

② A. C. Moule & P. Pelliot（ed. and tr.），*Marco Polo. The Description of the World*, Vol. I, chap. 51, p. 143.

③ P. Pelliot, *Notes on Marco Polo*, Vol. I, pp. 208—210.

④ P. Pelliot, *Notes on Marco Polo*, Vol. I, p. 209；W. Klein, *Das nestorianische Christentum an den Handelswegen durch Kyrgystan bis zum 14. Jh*, Thurnout：Brepols, 2000, ss. 250—251.

⑤ M. Dickens, "Syriac Grave Stones in the Tashkent History Museum," in：*Hidden Treasures and Intercultural Encounters：Studies on East Syriac Christianity in China and Central Asia*, ed. by D. W. Winkler & Li Tang, Berlin：LIT Verlag, 2009, pp. 23—24.

自 10 世纪喀喇汗王朝统治者皈依伊斯兰教以后，该宗教在喀什噶尔迅速发展，成为当地的主导宗教。在蒙古人统治时期，察合台汗木八剌沙（Mubarak Shah）、八剌（Baraq）、都哇（Duwa）、答儿麻失里（Tarmashirin）纷纷成为穆斯林。1353 年，东察合台汗脱忽鲁帖木儿（Tughluq Temür）下达强制改宗的命令，推动了包括喀什噶尔在内的南疆地区的彻底伊斯兰化。1273 年，马可波罗行经可失合儿，发现当地居民主要信仰摩诃末（伊斯兰教）。同一时期，长期生活于可失合儿的穆斯林学者札马剌·哈儿昔（Jamāl Qaršī）在其著作《素剌赫字典补编》中，提到元朝重臣马思忽惕晚年（逝于 1289 年）在可失合儿建立了一座伊斯兰学堂（Medrese）[1]。

不过，出生于喀什噶尔的杰出学者麻赫默德·喀什噶里，在其皇皇巨著《突厥语大词典》（约成书于 1076 年）中[2]，收录了很多跟佛教、萨满教及腾格里崇拜有关的词汇、谚语和传闻，表明 11 世纪的喀什噶尔居民对这类信仰并不陌生，也揭示了当地宗教变迁的若干细节。在喀什噶里生活的时代，与喀喇汗王朝关系或友好或敌对的吐蕃、回鹘、宋、辽等国都拥有大量佛教徒。在喀什噶尔、于阗一带的穆斯林当中，也可能流传着许多有关佛教的负面传闻。现将《词典》中的相关内容摘录如下：

1. 与佛教有关

　　burxān 佛像。（I 329/ I 460）（按，此括注页码指《突厥语大

① 札马剌·哈儿昔《素剌赫字典补编》，见华涛译《贾玛尔·喀尔施和他的〈苏拉赫词典补编〉》（下），《元史及北方民族史研究集刊》第 11 期，1987 年，第 95 页；刘迎胜《元朝与察合台汗国的关系——1260 年至 1303 年》，《蒙元帝国与 13—15 世纪的世界》，北京：三联书店，2013 年，第 262—263 页。按，在华涛汉译本里，这座学堂位于不花剌。

② Maḥmūd Kāšɣarī, *Compendium of the Turkic Dialects* (*Dīwān Luɣāt al-Turk*), 3 vols, tr. by R. Dankoff & J. Kelly, Cambridge: Harvard University Press, 1982—1985；喀什噶里《突厥语大词典》，三卷本，校仲彝等译，北京：民族出版社，2002 年。

词典》英译本第 1 卷 329 页和汉译本第 1 卷 460 页，下同）

　　toyin 僧人、和尚。没有入伊斯兰教的人们的宗教首领，这
与我们中的伊玛木与穆甫提一样。和尚任何时候都在佛像前，
读书和宣读异教徒们的判决。愿真主保佑我们不受他们异教的危
害。（II 237/ III 164）

　　toyin burxānqa yükündi 僧人拜佛了。（II 190/ III 81）

2. 与腾格里崇拜有关

　　täŋri 上苍，尊贵而伟大的上苍。这个词在谚语中是这样用的：
僧人对上苍膜拜，上苍仍然不满意。异教徒们的教长向伟大的上苍
顶礼，但是伟大的上苍对他们的事依然不满。这则谚语是怀疑一些
人表面赞同自己的事，不过只是为了反对自己的事情的人而讲的。
这个词在诗歌中是这样用的：日夜向伟大的上苍膜拜，且莫迷途；
在上苍面前要羞涩、畏惧，且莫戏耍。真主诅咒的异教徒们把天叫
做 täŋri。他们将目光所及的任何大的东西——高山、大树，也称为
täŋri，因而便对这些东西顶礼膜拜。他们还将有知识的人称作
täŋrikān。让真主保佑这样的迷惘者吧！（II 342-343/ III 367—368）

　　täŋrikān 向上苍膜拜的学者、僧侣、苦行僧。异教徒（非穆斯
林突厥人）的语言。（II 350/ III 379）

　　yaγiš 祭物、供品，即伊斯兰之前的突厥人，因某件事或者要
表达对上苍的亲近，而为众佛宰杀的供品。（II 151/ III 8）

3. 其他

　　qām 占卜师。（II 229/ III 152）

　　bökä 龙、恶魔。如同牙巴库人把最年长者称之为 bökä budrač
一样，也用这个称号称呼有些英雄们。跟 bökä budrač 一起的异教
徒达七十万人众。在反对拥兵四万的阿尔斯兰特勤阿孜的战斗中，
真主让他遭到了失败。麻赫穆德说：我曾经询问参加过这场战斗的
人，"异教徒如此众多为什么战败了"。他说："我们也对此感到惊

奇。"当我们向失败的异教徒们问："你们如此众多,为什么战败了呢?"他们回答说:"当战鼓敲响,号角吹奏的时候,看见我们头上有一座绿色的大山,遮盖住了苍穹,在这座山上有不计其数的门,它们都敞开着,从这些门内朝我们喷射出了地狱的火焰,我们对此恐惧起来了,就这样你们战胜了我们。"我说,这就是我们的先知向穆斯林军队显现出的奇迹。(II 268/ III 222—223)

第三节 物产与社会经济

一、汉代至清代中期

上文论及,《汉书·西域传》记载疏勒国"有市列",说明从很早开始,疏勒即凭借作为交通枢纽的区位优势,拥有悠久的商业传统。又,同书在描述葱岭中的依耐国时,称其"少谷,寄田疏勒、莎车"①;《后汉书·班超传》亦载,"臣见莎车、疏勒田地肥广,草牧饶衍"②,凡此表明,汉代疏勒绿洲的农业经济也较为突出。从疏勒对历代中原王朝的朝贡清单中,我们可以窥知古代喀什绿洲的动物物产及转口贸易情况。前引敦煌悬泉汉简 II 0216③:137,提到了疏勒王子进献橐佗之事。《后汉书·顺帝记》载,阳嘉二年(133)夏六月,"疏勒献师子、封牛"③。《旧唐书·西戎传》疏勒国条记载,"贞观九年(635),遣使献名马"。《宋史·外国传》于阗国条载称,开宝四年(971),"其国(于阗)僧吉祥以其国王书来上,自言破疏勒国,得舞象一,欲以为贡"④,说的是于阗在同喀喇汗王朝的战争中取胜,俘获舞象一头,欲将其贡献宋廷。以上文献提到的五种动物中,橐佗(骆驼)无疑是疏

---

① 《汉书》卷九六上《西域传上》依耐国条,第 3883 页。
② 《后汉书》卷四七《班超传》,第 1576 页。
③ 《后汉书》卷八八《西域传》疏勒国条,第 263 页。
④ 《宋史》卷四九〇《外国传六》于阗国条,第 14107 页。

勒本地的物产；名马也可能产自疏勒境内的牧场，但若说它转贸自邻近的中亚，亦不无可能；狮子、封牛（瘤牛）、舞象则系疏勒转口贸易的产物，狮子来自中亚、西亚，后两种来自南亚次大陆。汉代疏勒对葱岭以西物品的中转传输，在《魏略·西戎传》中亦有反映，书中写道，"阳嘉三年时，疏勒王臣盘（磐）献海西青石、金带各一"①。"海西"即大秦，指罗马帝国。阳嘉"三年"或为"二年"之误，疏勒国的此次进奉，大概与《后汉书》所载为同一次。其贡品中的青石和金腰带，《魏略》明确指出来自罗马帝国。

季羡林先生在撰写《糖史》时，留意到宋初地理文献《太平寰宇记》中的一条材料。此书对疏勒国的土俗物产作如下记载："土多稻、粟、甘蔗、麦、铜、铁、绵、矿、雌黄。"② 其中提到了甘蔗，这很出人意料，今天的喀什绿洲因气候环境并不出产甘蔗。对于这条史料，季先生认为此虽孤例，但必有依据，历史上当地能够种植甘蔗，应该是一个事实。这一判断不无道理。诚如季先生《糖史》所揭示，中古时期塔里木盆地诸国的沙糖应用非常普遍③。那么，在全球气候偏暖时期，疏勒从内地或南亚引种甘蔗以制糖，当是合乎情理的事情。在古气候研究领域，公元800—1350年被称为中世纪气候异常期（Medieval Climate Anomaly，亦称中世纪暖期）。这一时期，欧亚大陆各地均存在显著的温暖时段，而9—10世纪正是中亚的暖峰期④。很可能在唐五代至宋初，喀什绿洲广泛种植有甘蔗，这样的情景为某种已佚行纪所载，成为《太平寰宇记》的史料来源。

---

① 鱼豢《魏略·西戎传》，见《三国志》卷三〇《乌丸鲜卑东夷传》裴松之注引文，第861页。

② 乐史撰《太平寰宇记》卷一八一《西戎二》疏勒国条，第3470页。

③ 季羡林《新疆的甘蔗种植和沙糖应用》，《季羡林文集》第10卷，南昌：江西教育出版社，1998年，第439—468页。

④ 刘洋、郑景云、郝志新等《欧亚大陆中世纪暖期与小冰期温度变化的区域差异分析》，《第四纪研究》2021年第2期，第462—473页。

当然，《太平寰宇记》有关疏勒物产的信息，主要摘自《隋书·西域传》。后者描写疏勒："土多稻、粟、麻、麦、铜、铁、锦、雌黄。"①《北史·西域传》相应部分为"土多稻、粟、麻、麦、铜、铁、锡、雌黄"②。今本《魏书·西域传》作"土多稻、粟、麻、麦、铜、铁、锡、雌黄、锦、绵"③。四个版本在行文格式和所记物产种类方面均如出一辙，显然有传抄关系。《隋书》和《北史》所记物产有八种，《魏书》有十种，《太平寰宇记》为九种（按，绵、纩义同，实为八种）。出现不一致的主要原因是锡、锦、绵三字形近，后来者在摘抄过程中产生了错讹和增衍。我们尚难以判断各版本谁是谁非。按照行文格式，似乎是前面列农作物，后面列矿产，若此，则当以《北史》为准。不过，罗列物名的行文习惯也可能遵循先单字后多字的原则，那么，像《隋书》一样将锦这种织物置于雌黄之前，亦无不可。今本《魏书·西域传》的编者在面对《隋书》和《北史》的差异时，亦无法作出抉择，因此将锡和锦均列入疏勒的物产名单，后来在锦后又衍一"绵"字（绵与锦均为丝织物）。不论如何，疏勒在隋代以前产锦，是可以确证的。吐鲁番文书《高昌主簿张绾等传供帐》记载有"张绾传令，出疏勒锦一张，与处论无根"④。此文书出自哈拉和卓 90 号墓，同墓出有永康十七年（480）纪年文书，可知该墓属于阚氏高昌时期。这件文书表明，在 5 世纪下半叶，疏勒锦已

① 《隋书》卷八三《西域传》疏勒国条，中华书局点校本修订本，2019 年，第 2083 页。
② 《北史》卷九七《西域传》疏勒国条，中华书局点校本，1974 年，第 3219 页。
③ 《魏书》卷一〇二《西域传》疏勒国条，中华书局点校本修订本，2017 年，第 2459 页。
④ 唐长孺主编《吐鲁番出土文书》（壹），北京：文物出版社，1992 年，第 122 页。

和丘慈（龟兹）锦一样声名卓著①，在丝绸之路上行销。

关于疏勒的纺织品，除了锦外，既然《隋书》等提到当地植麻，那自然也出产麻织物。7世纪上半叶，玄奘返国途经佉沙，他对当地的气候、物产描述如下："佉沙国周五千余里，多沙碛，少壤土。稼穑殷盛，花果繁茂。出细毡褐，工织细氎、氍毹。气候和畅，风雨顺序。"②毡褐为毛织物，细毡褐、细氎、氍毹均为质量较好的毛织品，是当时佉沙国的特产。一个世纪之后，慧超自天竺返唐路经疏勒，他称当地"喫肉及葱韭等，土人著叠布衣也"③。所谓"叠布"，即棉布。这表明在8世纪上半叶，棉织品已经是疏勒当地人的主要衣料来源。慧超的记载得到了出土文物的印证。1959年，新疆维吾尔自治区博物馆的考古工作者在巴楚县托库孜萨来遗址的晚唐（约9世纪）地层中，发现了一些棉籽和一件蓝白织花棉织品。棉籽经鉴定为草棉（即小棉、非洲棉）种子。织花棉织品残长26厘米、宽12厘米，质地粗重，是在蓝底上以本色棉线为纬，织出花纹（图6-1）④。沙比提认为它是当地人用垂直式织机生产的，

图 6-1 托库孜萨来遗址
出土晚唐蓝白织花棉织品

---

① 丘慈锦见于吐鲁番文书《北凉承平五年（447）道人法安弟阿奴举锦券》和《北凉承平八年（450）翟绍远买婢券》，参唐长孺主编《吐鲁番出土文书》（壹），第89、93页。

② 季羡林等校注《大唐西域记校注》，第995页。

③ 张毅笺释《往五天竺国传笺释》，第153页。

④ 新疆维吾尔自治区博物馆等《丝绸之路——汉唐织物》，北京：文物出版社，1972年，图版六五。

并指出这种织机和纺织技术在南疆的一些地方至今仍在流传①。

13 世纪下半叶，马可波罗到访可失合儿，他在行纪中详细介绍了当地农业、商业与手工业的情况：

> 大量布料及其他商品汇聚至此（FB）。在这座城里（V）居民以商业和手工业为生，尤其是棉花加工（Z）。他们还（V）有极美的花圃、葡萄园及很多茂密的果（LT）树林。因为这里气候温和（V），所以土地丰饶（Z），盛产各种（Z）生活（V）必需品（Z）。此地种植大量棉花，也种植亚麻、大麻和许多其他作物（L）。有不少商人由此地出发，经行世界各地贸易商货。②

马可波罗眼中的喀什绿洲，与六百年前玄奘所见到的有相同之处，也有不一样的地方。关于气候环境，二人都认为这里气候温和。关于土

---

① 沙比提《从考古发掘资料看新疆古代的棉花种植和纺织》，《文物》1973年第 10 期，第 48—51 页。1959 年，新疆博物馆考古队对托库孜萨来遗址进行发掘，获得文物三千余件，包括陶器、铜器、木简、纸片、钱币、钱范、花押、骨笛、织物、蚕茧、麦种、棉籽、瓜果核等。新疆文管会曾编写《新疆脱库孜沙来古城的发掘报告》，但一直没有公开发表。因此，这批珍贵的文物难以得到有效利用，仅能从一些论文和图录中窥知梗概，参：新疆博物馆《新疆巴楚县脱库孜沙来古城发现古代木简、带字纸片等文物》，《文物》1959 年第 7 期，第 2 页；李遇春《新疆维吾尔自治区文物考古工作概况》，《文物》1962 年第 7—8 期，第 14 页；新疆维吾尔自治区博物馆等《丝绸之路——汉唐织物》，图版六四、六五；李遇春、贾应逸《新疆脱库孜沙来遗址出土毛织品初步研究》，中国考古学会编《中国考古学会第一次年会论文集 1979》，北京：文物出版社，1980 年，第 421—428 页；沙比提·阿合买提《喀喇汗朝时期的一件文书》，古丽鲜译，《新疆文物》1986 年第 1期，第 80—81 页；张平《新疆考古发现的龟兹钱范》，《中国钱币》1989 年第 3期，第 38—40 页；祁小山、王博编著《丝绸之路·新疆古代文化》，乌鲁木齐：新疆人民出版社，2008 年，第 166—169 页；深圳博物馆编《丝路遗韵：新疆出土文物展图录》，北京：文物出版社，2011 年，第 166—167 页。

② A. C. Moule & P. Pelliot（ed. and tr.），*Marco Polo. The Description of the World*, Vol. 1, chap. 51, pp. 143—150. 译文在北京大学马可波罗项目读书班译定稿的基础上，略有修订。其中，不带下划线的文字为《马可波罗行纪》F 本的内容；带下划线的文字为其他诸本的内容，其后括注版本信息。版本缩略语参见原书第 509—516页表格。

地质量，玄奘所谓"多沙碛，少壤土"，是针对佉沙国的整个疆域而言；喀什噶尔城及其所处的绿洲，则如马可波罗描写的一样，是拥有许多花园、果林的肥沃之地。作为一名出色的商人，马可波罗特别留意各地的商业状况，在他看来，可失合儿是一个四方商品荟萃之地，此地的商人也积极参与到当时的世界贸易网络中。马可波罗观察到的当地手工业以纺织业以主，棉纺尤为突出。显然，从 8 世纪至 13 世纪，棉花的种植在喀什绿洲得到了进一步推广。《马可波罗行纪》对南道鸦儿看、忽炭和培因的描述，也特别提到这几个地方均有棉花种植和棉纺织业，可见在蒙元时期，棉花已成为塔里木盆地诸绿洲的主要经济作物和织物来源。

与马可波罗同时代的穆斯林学者札马剌·哈儿昔，在其《苏拉赫词典补编》中也对可失合儿城的环境、物产等进行了细致描写：

> 它（按，可失合儿城）确实是一个肥沃富饶的城镇，是葡萄生长地。那里葡萄的果实丰盛，受害很少。它的河谷水量充盈，它的田园不求降雨。那里的春夏不雨，秋冬无雪，〔因为〕冬雪不使夏日产果，春雨不使秋日丰盛。湿润空气中有〔对人的〕损害和瘟疫，干燥空气中有怜悯和慈悲。人们无需牛或黄牛耕地，即可用镐和锄轻易地干完。谷物、果子、羽毛及各种装饰和辅设等生活用品那里应有尽有，更不用说家具和布匹了。那个地方没有毒虫和毒蛇。河池水满，树花果悬。但那里空中有尘土，水色泛红，并常常干枯。沉香中有蛀虫。空气霉腐，土壤变色。大地上有污染，居民中有聋盲。那里的贵人最尊贵，恶棍最粗野。特别是它现在已荒凉一片，领主和对手都已消失，只留下残垣和尘土。[①]

哈儿昔出生于阿力麻里，但在 1263 年前后迁居可失合儿，此后一直生活在那里。因此，他对马可波罗时代的可失合儿非常熟悉，留下的

---

① 华涛译《贾玛尔·喀尔施和他的〈苏拉赫词典补编〉》（下），第 98—100 页。

记载也最为真实。哈儿昔的描述与《马可波罗行纪》多有相似之处。他指出可失合儿土地肥沃，无需牛耕，气候适宜，水源充足；农作物有谷物、花果，特别是葡萄；他没有提到棉花和棉纺织业，但叙说那里出产大量布匹。哈儿昔也谈到可失合儿环境中消极的一面，主要是环境污染比较严重，空中有尘土。

哈儿昔所描述的可失合儿自然环境的优点和缺点，在米尔咱·海答儿（Mirza Muhammad Haidar Dughlat，1499—1551）的《拉失德史》中也有体现：

> 哈实哈儿的北面是蒙兀儿斯坦的群山，这些山脉从西向东蜿蜒，河流从山间流向南方。……在哈实哈儿的西边有另一道很长的山脉，上述蒙兀儿斯坦山脉就是它的支脉。该山脉自北向南延伸。我曾在这山区旅行六个月也没有走到尽头。下面在谈到退摆特时即将加以描述。河流从这些山脉中自西往东流出，哈实哈儿正是由于这些河流滋润，所以才土地肥沃。于阗、鸭儿看和哈实哈儿等整个地区，就在这些山脚下。哈实哈儿和于阗的东部和南部是荒漠，其中除了大片流沙、无法穿行的丛林、荒地和盐碛地以外，就没有什么别的东西了。……总之，哈实哈儿和于阗的居住区位于这些山脉的西部边缘一带。在哈实哈儿的边界上有一个阿尔图什地区；从阿尔图什到于阗边境的克里雅和策勒共有一月路程。但是从西山山麓往东的农耕地带宽度很窄，快步跋涉只需一两天就能越过。源出于西部山脉的每一条河川，两岸都已耕种，五谷繁庶。
>
> ……
>
> 此外，这一带的水果大多数都产量丰富，其中以梨为最好，我在其他地方还没有见过这样好的梨，堪称举世无双。这里的玫瑰花和玫瑰水也很出色，几乎同哈烈（按，今阿富汗赫拉特）的不相上下。这儿的水果比别处的水果好在对健康较少害处。这里冬季十分寒冷，夏季却不太热，气候宜人。一般说来，早餐时或吃完其他

食物后吃水果，是有害健康的；可是在这里，由于气候特别好，却不会产生不良的后果，因而是无害的。秋季，哈实哈儿和于阗地区习惯上不贩卖水果。但也不禁止任何人采摘。而且，果树一般都种植在路旁，大家可以随意采摘。

但是，〔哈实哈儿〕也有许多缺点。例如，气候虽然宜人，但经常发生尘暴和沙暴，狂风起时坐沙蔽天。尽管痕部斯坦素以风沙现象闻名于世，可是哈实哈儿的风沙更大。耕种土地费力多而收成小，本地的出产不足以维持一支军队。与钦察草原、喀耳木地区以及蒙兀儿斯坦相比较，哈实哈儿颇具城市规模。但就生产力来讲，就供养军队的能力来讲，却不如那些草原。城市居民到那里去，把哈实哈儿看作野地，可是草原中人却把它看作文雅的城市。①

与哈儿昔一样，米尔咱·海答儿也在哈实哈儿长期生活过。他细致入微地描写了哈实哈儿的山川形势。在哈实哈儿的农产品中，他强调了这里的梨、玫瑰花和玫瑰水。关于哈实哈儿的不足之处，他也提到了沙尘暴，并指出哈实哈儿绿洲土地生产力不足的问题。

乾隆二十四年（1759），清军平定准噶尔，兆惠将军在奏折中向朝廷汇报了喀什噶尔的物产与税收情况。从中可知当时喀什绿洲有许多果园，农业生产包括粮食（麦秫、绿豆等）、棉花、红花、葡萄；当地出产毡罽，拥有牧业（牧养人）；商贾分为本地商人、外来商人和边界贸易回人②。

二、近现代

在近现代的新疆方志、调查报告、游记、回忆录等文献中，也有许

① 米儿咱·马黑麻·海答儿《中亚蒙兀儿史——拉失德史》第二编，新疆社会科学院民族研究所译，王治来校注，乌鲁木齐：新疆人民出版社，1983年，第204—218页。

② 傅恒等撰《平定准噶尔方略》正编卷七五，乾隆二十四年闰六月庚午，北京：全国图书馆文献缩微复制中心，1990年，叶三三上至三七上。

多关于喀什噶尔环境和物产方面的记载。例如，英国驻喀什噶尔总领事马继业（George H. MaCrtney）的夫人，曾于19世纪末20世纪初随丈夫长期生活于喀什噶尔，她在回忆录里谈论过喀什噶尔的自然环境和农业生产，特别是绘声绘色地描述了喀什噶尔春夏之际恐怖的沙尘暴①。

这些方面，最为详细的记述来自米尔咱（the Mirza）。1868—1869年，他受雇于英印政府，从喀布尔前往塔里木盆地南缘探察。他于1869年2月抵达喀什噶尔，其行程报告描写道：

> 据说喀什噶尔在冬季很健康：气候干燥，如此之寒冷，每家均需生火取暖——河流、池塘、水渠都被冰封，仅有四眼泉水可供水，它们很少严重冻结。经常下雪，但雪量很少会超过一英尺深；而且很快就会融化。河流封冻持续至三月底，在十二月或一月份之后就不会下雪。春季多风暴，风是如此之大，有时会将附近柯尔克孜人的帐篷吹散。暴风总是伴随着昏暗的天气，有时严重到正午需要点灯。这被认为是由无形的沙尘造成的。米尔咱声称，在他逗留喀什噶尔的四个月里，他只能在日出若干小时之后才能见到太阳——它总是或多或少被沙尘或雾霾遮蔽，仅有三四次是真正晴朗的。太阳总是在升起之后三四个小时里呈现出一种浅红色。

> 土壤尽管多沙，但因大规模灌溉而非常肥沃，出产小麦、大麦、稻米、棉花、玉米、豌豆、胡萝卜、芜菁、萝卜、亚麻籽、芥菜、大麻等。大麻的种植十分广泛；其叶子提取物叫做 churrus，被大量出口到印度、中亚等地。在东北方有大量的花园和果园：它们靠水渠灌溉，栽种石榴、瓜类、桑树、杏、李、苹果、梨、核桃、葡萄、无花果等。薪柴和木材严重缺乏，需从名叫木拉巴什（Moral Bashi）的丛林获得，此地西去喀什噶尔三日程。一驴驮木

---

① 马噶特尼（Lady Macartney）《一个外交官夫人对喀什噶尔的回忆》（《外交官夫人的回忆》之一），王卫平译，乌鲁木齐：新疆人民出版社，2010年，第109—111页。

柴值两个卢比。①

有关喀什噶尔主要的农产品，光绪三十四年（1908），蒋光升、高生岳分别撰修的《疏勒府乡土志》和《伽师县乡土志》作了如下记载：

> 天然植物，白杨、羌柳、沙枣、桑榆，村庄周围，驿道引路，民多栽种。果木不多。包谷每年产十一万余石，小麦每年产十三四万石，稻谷每年约产二三万石，葫麻每年约产四五百石，棉花每年约产三十万斤。至于植物制造，每年约出布五六万匹，亦有商运出境者。（《疏勒府乡土志》物产条）

> 本境植物每年约产小麦拾壹贰万石，包谷捌万余石，葫麻贰叁百石，杏仁万余斤，尚不敷民食，棉花叁拾叁肆万斤。植物制造，每年约出布拾五六万匹，有运出境者。（《伽师县乡土志》物产条）②

1917年，谢彬奉命前往新疆调查财政，于当年六七月间到达喀什噶尔地区。他描写当地农业物产：伽师县"谷有小麦、包谷、胡麻、棉花。果有杏。工有布，每岁皆有出境者"；疏附县"地多碛卤，饶柽榆葭苇。其沃壤所获，每岁小麦、包谷、稻米，率数十万石"；疏勒县"其人力农亩，稻黍包谷，岁常赢裕。胡麻棉花，皆常产，而棉花尤盛"③。

从米尔咱、谢彬以及两种乡土志的记载中可以看出，在晚清至民国初年，喀什噶尔地区的粮食作物为小麦、玉米和稻米，经济作物主要有胡麻和棉花。后两者在《马可波罗行纪》中亦有提及。中华人民共和

---

① T. G. Montgomerie, "Report of 'The Mirza's' Exploration from Caubul to Kashgar," *The Journal of the Royal Geographical Society of London* 41, 1871, pp. 178—179.

② 片冈一忠编《林出贤次郎将来新疆省乡土志三十种》，京都：中国文献研究会，1986年，第165页；马大正、黄国政、苏凤兰整理《新疆乡土志稿》，乌鲁木齐：新疆人民出版社，2010年，第604、613—614页。

③ 谢彬《新疆游记》，乌鲁木齐：新疆人民出版社，2013年，第194—195、209页。

国成立后，这种格局有所变化。1978 年 9 月，瑞典人贡纳尔·雅林（Gunnar Jarring）应邀访华，参观了喀什市南郊的帕哈太克里人民公社。他在《重返喀什噶尔》一书中花了很大篇幅描写该公社的瓜园，并且感叹：

> 根据几百年或许几千年传下来的经验，瓜被保存在地窖中，喀什噶尔地区有非凡的园艺历史。马可波罗曾描写过喀什噶尔的果园和生长在那里的水果，然而他却没有提到有瓜！①

雅林所说的瓜，当指甜瓜（哈密瓜）和西瓜。1959 年，考古工作者在巴楚县托库孜萨来的一座南北朝时期墓葬中，清理出 11 粒甜瓜子壳②。可见，喀什绿洲种瓜的历史确有千百年。然而，雅林也许冤枉了马可波罗。蒙元时期，可失合儿地区瓜类的声誉和种植规模必不如今日。根据文献记载，明清时期最负盛名的西域瓜果产自东疆，吐鲁番的葡萄和哈密的甜瓜被列入朝廷贡品。纪晓岚《阅微草堂笔记》称，"西域之果，蒲桃莫盛于土鲁番，瓜莫盛于哈密"③。蒙元时期的文献也称赞了东部天山地区的西瓜和甜瓜。1221 年重阳节，长春真人丘处机西行至昌八剌城（今新疆昌吉境内），当地畏午儿王迎接款待："泪其夫人劝蒲萄酒，且献西瓜，其重及称，甘瓜如枕许，其香味盖中国未有也。"④古今瓜果的品种、口味、形态等差异很大。在马可波罗四百年后，17 世纪意大利画家斯坦奇（Giovanni Stanchi）等人的静物油画作品显示，当时西瓜的外形和内部结构跟现代有很大差别，切开的西瓜如同

---

① 雅林（G. Jarring）《重返喀什噶尔》，崔延虎、郭颖杰译，乌鲁木齐：新疆人民出版社，2010 年，第 125—128 页。

② 新疆甜瓜西瓜资源调查组编著《新疆甜瓜西瓜志》，乌鲁木齐：新疆人民出版社，1985 年，第 1 页。关于这些果核的年代及其是否为甜瓜籽，我们还需持谨慎态度。

③ 纪晓岚原著《阅微草堂笔记会校会注会评》卷一五，吴波等辑校，南京：凤凰出版社，2012 年，第 763 页。

④ 李志常撰《长春真人西游记》，党宝海译注，石家庄：河北人民出版社，2001 年，第 50 页。

放大的石榴，瓜瓤瘠薄、偏白①。在马可波罗时代，西瓜、甜瓜的品质应当更加原始。实际上，哈儿昔、米尔咱·海答儿等人也未提到喀什绿洲的瓜类，近代探险著作也极少提及。只有在近现代优良瓜类品种出现后，西瓜和甜瓜才在喀什绿洲得到大规模栽种，成为当地农业经济的支柱之一。

三、《突厥语大词典》所见喀什绿洲经济面貌

特别需要论及的是，关于 11 世纪前后时期喀什绿洲的物产与农业经济，《突厥语大词典》能够提供重要参考。这部词典收录了大量农业、手工业术语和物产名字。喀什噶里年轻时游历过突厥诸部，对突厥各方言进行了长期的实地调查②。他的词典收录的是所有突厥部落的语言词汇，反映的是整个突厥语世界的情况——东起蒙古高原，西讫里海沿岸③。有些词汇在所有突厥人中通用，但也有许多词汇仅局限于某个或某几个部落在小的区域内使用④，利用这些词汇进行历史研究时，一定要慎重，将它们区别对待⑤。那些仅限于喀什噶尔及邻近地区突厥部

---

① 国际在线网站报道《不看不知道 画作揭示400 年来西瓜进化史（高清组图）》，2015 年 8 月 3 日，*http : // gb. cri. cn/42071/2015/08/03/7311s5053555. htm*。

② 喀什噶里《突厥语大词典》第 1 卷，校仲彝等译，北京：民族出版社，2002 年，第 3 页；张广达《关于马合木·喀什噶里的〈突厥语词汇〉与见于此书的圆形地图》，《文书、典籍与西域史地》，桂林：广西师范大学出版社，2008 年，第 48 页。

③ 按照喀什噶里自己的说法，整个突厥地域"从东罗马地区直至马秦"，整个突厥国土的疆界"以里海周边划分，从罗马国河讹足亦邗（özjänd）伸延至秦"（I 84/ I 33、II 225/ III 145）。

④ 例如，《词典》称，yarliɣ 诏书、敕令，属于奇吉尔语，乌古斯人不知道这个词（II 169/ III 40）。yaɣān/ yaŋān 象，乌古斯人不知道该词（II 161/ III 26、II 342/ III 367）。yumɣāq tana 香菜籽，乌什语（II 170/ III 42）；tana 芫荽籽、香菜籽，乌什和阿尔古语（II 272/ III 231）。

⑤ 遗憾的是，有关《突厥语大词典》的既有研究中，很多都是不加区分地利用词典所录词汇，来谈论喀喇汗王朝甚至可失合儿各方面的史学问题。

落使用的词汇，最能反映这一地区环境、经济、文化等方面的真实情况；那些未加限定的、突厥诸部通用的词汇，如果其他文献和考古材料能够提供侧证，也有助于揭示喀喇汗朝前后时期喀什噶尔地区的社会面貌。因此，我们首先需要厘清哪些部落生活于该地区。喀什噶里在《词典》引言中介绍了当时突厥各部的分布状况：

> 我自拂菻附近向东按次序指出各部的住地，而不问他们是否为穆斯林。与拂菻相邻最近的部落是佩切涅格（派切乃克，括注为《词典》汉译本中的译法，下同），其次是钦察（奇普恰克），其次是乌古斯，其次是咽蔑（耶麦克）、巴什基尔、拔悉密、Qāy（喀伊）、Yabāqu（亚巴库）、鞑靼、黠戛斯等部落。黠戛斯与中国（秦）毗邻。这些部落的住地分布在从拂菻附近向东延伸的地区。然后是炽俟（奇吉尔）、踏实力（托赫锡）、样磨、乌拉曷（奥格拉克）、Charuq（恰鲁克）、处密、回鹘、党项、契丹等。契丹即秦。而后为桃花石，桃花石就是摩秦。上述诸部生活在南北之间的地域，每一部都被注记在这幅"圆形地图"之上。①

以上提及的突厥诸部中，炽俟、踏实力、样磨原分布于伊犁河流域，后来大批迁往七河流域至喀什噶尔一带的农业区定居。又，《词典》相关词条指出，乌拉曷（oγrāq），居住在边境哈剌伊加奇（qara yiγāč）地方（I 144/ I 129）。恰鲁克（čaruq），居住在巴尔楚克城（今巴楚境内）附近（II 292/ I 400）。牙巴库（yabāqu），突厥人的一个部落（II 166/ III 33）；牙巴库河（yapāqu suwi），发源于喀什噶尔的山间，流向费尔干纳和俱战提的一条河（II 166/ III 33）。因此，乌拉曷、恰鲁克、亚巴库等三个部落亦当生活于喀什噶尔及其邻近地区。

此外，上引文没有提及的坎切克部，亦有一部分生活于喀什绿洲。《词典》坎切克（känčāk）条记载，喀什噶尔有操坎切克语的村庄，但

---

① 张广达《关于马合木·喀什噶里的〈突厥语词汇〉与见于此书的圆形地图》，第59—60页。亦参喀什噶里《突厥语大词典》第1卷，第31页。

城里人均操哈喀尼耶语（Ⅰ 84/ Ⅰ 33）。关于坎切克语，一般认为它属于东伊朗语支①。《词典》还提到，"坎切克，突厥部落之一"（Ⅰ 84/ Ⅰ 33），"坎切克·升吉儿（kän čǎk säŋir，意为坎切克岬），塔剌思（Ṭarāz）附近的一座城市，位于钦察（qifčāq）之边"（Ⅰ 357/ Ⅰ 505）。13—14 世纪的文献也多次提到坎切克，但均指塔剌思附近的坎切克城，刘迎胜对这些史料作了系统梳理和分析，认为坎切克人是喀什噶尔周围的土著居民②。米诺尔斯基（V. Minorsky）也指出，塔剌思附近的坎切克城可能是坎切克人建立的殖民点③。不过，笔者认为，坎切克人原本无疑是游牧部落，他们更可能原来生活于塔剌思草原，或塔剌思与喀什噶尔之间的地区，后来才迁居到喀什噶尔周围的村庄定居。《词典》还记载了另外两个类似部落，即炽俟和钦察，他们原来也是中亚草原的游牧部落，后来有一部分迁徙到喀什噶尔的村庄定居（Ⅰ 301/ Ⅰ 414；Ⅰ 354/ Ⅰ 501）。至于坎切克部何时从塔剌思草原迁居喀什绿洲，目前尚难断定。藏语文献《于阗国授记》（li yul lung bstan pa）记载了一则故事：

> 尔后，尉迟达磨（dharma）王之子尉迟僧诃（sing ha）王在位之时，冈札（ga vjag）王率大军入侵于阗国，尉迟僧诃王〔率军〕迎战，冈札之军败北，于阗王以套绳擒获冈札王，下令处死。〔冈札王〕请求解脱，尉迟僧诃王言道："王，若我不杀而放你解脱，则当你为阿罗汉时，回来作我善友。"遂解脱之，取名阿难陀斯那

---

① X. Tremblay, "Kanjakī and Kāšγarian Sakan: Contributions towards a Comparative Grammar of Iranian Languages, XI," *Central Asiatic Journal* 51/1, 2007, pp. 63—76; N. Sims-Williams, "Kanjaki," in: *Encyclopædia Iranica* 15/5, ed. by E. Yarshater, New York: Bibliotheca Persica Press, 2010, p. 502.

② 刘迎胜《西北民族史与察合台汗国史研究》，北京：中国国际广播出版社，2012 年，第 166—170 页。

③ *Hudūd al-'Ālam. 'The Regions of the World'. A Persian Geography*, 372 A.H.-982 A.D., tr. and explained by V. Minorsky, ed. by C. E. Bosworth, Cambridge: Cambridge University Press, 1970, 2nd edition, p. 280.

（ānanda sena），尔后送回疏勒（shu lig）。①

朱丽双承袭前人观点，将其中的冈札（ga vjag）比定为坎切克，认为其代指疏勒/喀什噶尔。然而，将 ga vjag 与 Kančak 勘同，除了语音相似外，尚缺乏必要的史料依据。坎切克部南下喀什绿洲的时间不大可能比《于阗国授记》的成书时间（公元 840 年）早。以坎切克代指疏勒，亦可商榷。笔者认为，引文中的 ga vjag 当指莎车，结尾所谓"送回疏勒"，实际上是于阗王将这位莎车王放逐到西方的疏勒国。《后汉书》记载，在明帝永平三年（60）后不久，于阗王广德发兵攻打当时西域的霸主莎车王贤，贤自料难敌，乃遣使与广德议和，归还之前扣留的广德父，并与广德结为昆弟，妻之以女②。这两个故事在情节上具有很大的相似性。《于阗国授记》作为一部教法史著作，可能将《后汉书》所载的这则历史故事进行了佛教化改编。

要之，笔者认为在喀什噶里时代，居住在喀什绿洲及周边的突厥部落有炽俟、踏实力、样磨、乌拉曷、恰鲁克、亚巴库、坎切克。下面，笔者以这七个部落为重点，将《词典》中反映喀什噶尔物产与经济的词汇分类加以介绍和探讨。

（一）限于上述七个部落使用的农业用语：

känpä 羌活，一种草名。坎切克语。（I 316/ I 439）

banzi 摘了葡萄之后，还剩在架上的葡萄。坎切克语。（I 320/ I 446）

bulduni（？）加酸奶、葡萄干或鲜葡萄做成的一种食品。坎切克语。（I 365/ I 517）

büšinčak 葡萄串。坎切克语。（I 375/ I 531）

körgä 木盘。坎切克语。（I 325/ I 454）

① 朱丽双《〈于阗国授记〉译注（上）》，《中国藏学》2012 年第 S1 期，第 258 页。

② 《后汉书》卷八八《西域传》莎车国条，第 2925—2926 页。

toɣrïl 马肠。内装带佐料的肉馅的肠子。坎切克语。（I 507）

dünüšgä 荩蓂。坎切克语。（I 364/ I 515）

tapqaŋ 三脚架。类似桌子的一种用具，园丁站到上面去摘架上的葡萄。坎切克语。（III 376）

samān 麦秸。炽俟语。（I 315/ I 438）

bistäk 为纺线而准备好的棉条。炽俟语。（I 355/ I 502）

qučɣundi 洋葱。炽俟语（I 366/ I 518）。按，通用词为 sōɣun/sōɣan（I 311/ I 431）

čarūn 筱悬木（按，一种树名）。样磨语（I 315/ I 437）。按，通用词为 šünük/čünük（I 297/ I 409、I 298/ I 410）

čignä 耙子。样磨语。（I 328/ I 458）

käsbä（？）乡长向未参加挖渠、修坝的人征收的赋税。炽俟语。（I 316/ I 439）

rabčat（？）徭役。例如：伯克抓来百姓的牲畜无偿地使用。坎切克语。（I 339/ I 477）

lüčnut（？）变工。小麦等谷类作物打场时，农民之间的互相帮助。平时他们在打场时，用牲畜或人力互相帮助。坎切克语。（I 340/ I 477）

按，坎切克语的专有词汇中有好几个跟葡萄和葡萄加工有关。上面最后三个词汇反映了当时农业生产的组织、管理以及农村社会关系。

（二）明确提到跟喀什噶尔有关的词汇：

oɣli 防风。其味甜，种于喀什噶尔。可食用。（I 152/ I 139）

sibut 香菜，芫荽。喀什噶尔语。（I 276/ I 374）

käwči 凯弗奇。喀什噶尔至回鹘一带使用的一种量具。一个凯弗奇等于十个里梯尔（汉译本注：重量单位，1 里梯尔相当于 306 克）。（I 317/I 441）

kimišgä 喀什噶尔出产的花线毯。（I 362/ I 515）

böšgāl 一种薄馕。哈喀尼耶语（Ⅰ358/Ⅰ506）。按，可失合儿城里人均操哈喀尼耶语（Ⅰ84/Ⅰ33）。

以上五个词汇，有两个是喀什噶尔的蔬菜名字，一个是食物名字，一个是特产织物的名字，还有一个是塔里木盆地北缘通用的量具名称。

（三）词汇释义以作者故乡为参照，因此可推知存在于喀什噶尔的事物：

buγa 布阿。从印度引进的一种药材。（Ⅱ267/Ⅲ220）

xuliŋ 由秦输入的一种彩绸。（Ⅱ339/Ⅲ361）

这两个词均是描述某种外来物。喀什噶里在解释其含义时，仅提到它们的输出地，而未指明输入地，应该是他默认输入地为其故乡喀什噶尔。此外，在解释一则谚语中的野蔷薇时，喀什噶里称"我们那儿将它（野蔷薇）种植在果园的周围"（Ⅰ331/Ⅰ463），这反映了在11世纪喀什噶尔存在许多果园。

关于 xuliŋ，李树辉据《魏略》等文献，认为它是汉语"胡绫"的音译，为大秦（罗马）丝织品[1]。其说未安。此处的"秦"指中国内地，而非大秦。该词应该是汉语"吴绫"的借词。吴绫是江南地区出产的丝织品，唐五代主要产于浙江一带，为贡品，闻名遐迩[2]。其名在敦煌文书中多次出现，暗示了这种江南丝织品曾行销至此[3]。《词典》收录这一借词，表明吴绫沿丝绸之路进一步远销至西域。

（四）结合其他文献和考古材料，能够证明存在于喀什噶尔的物类：

1. 棉花与棉纺业：

---

① 李树辉《〈突厥语大词典〉诠释四题》，《喀什师范学院学报》1998年第3期，第67页。

② 李林甫等撰《唐六典》卷三，陈仲夫点校，北京：中华书局，1992年，第70页；《新唐书》卷四五《地理志五》，第1061页。

③ 赵丰、王乐《敦煌丝绸》，兰州：甘肃教育出版社，2013年，第207—214页。

《词典》收录了三个表示棉花的词：käbäz（Ⅰ375/Ⅰ531）、pamuk
（Ⅰ291/Ⅰ398、Ⅱ326/Ⅲ337）、yuŋ（Ⅱ334/Ⅲ352）。其中，pamuk 出
现了两次，第一次（Ⅰ291/Ⅰ398）还特别指出它是乌古斯语。yuŋ 是阿
尔古、样磨和葛逻禄语（Ⅱ334/Ⅲ352），按，这个词还有骆驼毛、羊
毛之意，可能是这几个部落接触到棉花后，将他们原有的指称毛料的词
赋予了这种新的纺织原料。käbäz 是一个通用词，由它派生的词语有好
几个：käbäzlik "棉田"（Ⅰ375/Ⅰ531）；käbäzlig är "有棉花的人"
（Ⅰ375/Ⅰ531）；biliklik käbāz "做灯捻的棉花"（Ⅰ376/Ⅰ534）。其他
的通用词还有：čäčgä "织布匠的织机"（Ⅰ325/Ⅰ453）；yatan "弹棉花
人的弹花弓"（Ⅱ157/Ⅲ18）；čaŋšu "短的棉袷袢"（Ⅱ343/Ⅲ369）；
bilik "检查伤口的棉花棍儿"（Ⅰ295/Ⅰ406）。

2. 桑、蚕、丝绸

《词典》收录了大量丝织品和丝织技术方面的词汇。比喀什噶里稍
晚的波斯诗人阿米尔·穆阿兹（Amīr Muʻizī, 12 世纪）写道："她美丽
的脸庞犹如锦缎，无人能比。让巴格达、鲁姆（Rūm）和喀什噶尔的丝
绸也相形见绌。"①这反映了在 12 世纪，喀什噶尔以及伊朗高原的鲁姆、
两河流域的巴格达均是有名的丝织品城市——可能是生产基地，也可能
是贸易中心，还可能两者兼有之。考虑到喀什噶里的足迹遍及这三个地
方，因此我们不能轻易地将《词典》里的丝绸类词汇全部跟喀什噶尔
挂钩。不过，可以肯定的是，当时的喀什噶尔既生产丝绸，也转贸各地
的丝织品。其转贸功能是由它在丝绸之路交通上的枢纽地位所决定的。
上文论及，在 5 世纪下半叶，疏勒锦已行销高昌国。1959 年，考古工
作者在托库孜萨来遗址找到了至少两枚蚕茧（图 6-2）②。《词典》亦收
有 üžmä "桑，桑葚"（Ⅰ153/Ⅰ140）。凡此表明，从中古早期直至喀什

① 乌苏吉《波斯文献中关于喀什噶尔在丝绸之路上的地位的记载》，林喆译，
《新疆师范大学学报》2012 年 6 期，11—12 页。
② 新疆维吾尔自治区博物馆等《丝绸之路——汉唐织物》，图版六四。

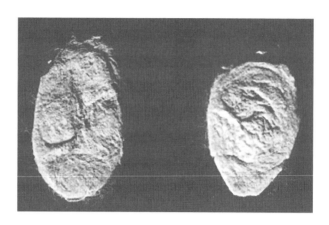

图 6-2　托库孜萨来遗址出土蚕茧

喀里时代，喀什绿洲一直存在植桑养蚕和丝绸加工业。现将《词典》丝绸相关词汇分类摘录如下：

（1）总称：

āḏ 手工制品，如锦缎等。（Ⅰ 117/ Ⅰ 85）

aɣï 绸缎。aɣïči 绸缎库、司库、丝织品保管者。（Ⅰ 124/ Ⅰ 96）

barčin 绸缎。（Ⅰ 278/ Ⅰ 376）

torqu 绸缎。（Ⅰ 323/ Ⅰ 450）

yinčgä torqu 细绸。（Ⅱ 344/ Ⅲ 371）

käḏär 绸缎。（Ⅱ 157/ Ⅲ 18）

yurun 绸布块。（Ⅱ 157/ Ⅲ 18）

yurunluɣ 有绸布块的。（Ⅱ 174/ Ⅲ 48）

（2）丝线：

taxtu 未纺的生丝。（Ⅰ 316/ Ⅰ 440）

čigīn 用金丝线刺绣。čigīn yipi 丝线。čigīn čignädi 丝绸上用金丝线绣花了。（Ⅰ 315/ Ⅰ 437—438）

čignädi 刺绣、绣花。qïz čigin čignädi 姑娘用金丝线在绸缎上绣花了。（Ⅱ 304/ Ⅲ 293）

bäzänč 线团。丝线或棉线团。(II 340/ III 364)

öŋik 缨结、穗子。缀在枕头两端的丝穗子。(I 157/ I 146)

（3）丝织品：

ülätü 擦鼻子用的丝手帕。(I 157/ I 146)

mindatu 绸伞。(I 364/ I 516)

mundaru 帷幔。绸缎制作的帐子。媳妇住在其中。(I 387/ I 552)

tolwir（?）将妇女隔开的帷幔，用绸缎制成。(I 343/ I 482)

tösäklik barčin 做被褥的绸缎。(I 377/ I 534)

qāfγar 婆罗门绸衣（Bahramān silk）(II 374/ III 427)

ē（?）一种橙色绸缎。(I 91/ I 44)

äšük 苫单。国王和异密死后苫在墓上的丝绸覆盖物，作为荣耀的标志，事后分给穷人。(I 112/ I 78)

āl 橙色；国王们制作旗帜、马鞍罩用的橙色绸缎。(I 118/ I 88)

batraq 顶端系有绸布的长矛，用以标识战斗中的勇士。(I 348/ I 491)

taŋuq 国王出游时或者去一个地方时所给的礼物，饯行的礼物，这包括饮食和绸缎服饰等物；马球游戏中，向从被牵引球的线上越过去的人所给的绸块；在战争中，给矛尖和旗子尖饰用的绸布块。(II 336/ III 355)

（4）丝织品谚语：

桃花石汗的绸缎多，也不能不量而裁。(I 323/ I 450)

绸补丁补在绸布上，毛补丁补在毛布上（合适）。(II 161/ III 25)

（5）秦地的丝织品：

ešgüti 秦制造的一种带花的丝织品。(I 164/ I 157)

činaxsi（？）秦织造的一种绣花的丝织品。（I 362/ I 514）

šalāšu 秦所织之一种布。（I 335/ I 471）

täxčäk（？）秦的一种丝织品。（I 355/ I 502）

čīt 秦的一种绣有图案的绸缎。（II 208/ III 118）

loxtāy 秦的一种织金线的红色锦缎。（II 274/ III 235）

qačāč 一种秦地出的缎子。（II 105/ II 293）

züngüm 秦织造的一种锦缎。（I 360/ I 510）

känzi 绢子。一种秦绸，有红、黄、绿等各种颜色。（I 320/ I 446）

čüz 锦缎。一种绣有金丝线的红色秦绸。（I 260/ I 346）

käz 秦的一种丝织品的名称。（I 261/ I 347）

xuliŋ 由秦输入的一种彩绸。（II 339/ III 361）

按，秦地即中国内地。最后五个词汇均为汉语借词：zünküm<绒锦，känzi<缣子，čüz<绸子，käz<缂丝[①]，xuliŋ<吴绫。

3. 小麦、甜瓜

1959 年，考古工作者在托库孜萨来遗址发现了麦种和甜瓜种子[②]，表明在喀什噶里时代之前，这些作物已经在当地得到种植。《词典》将 tariɣ 收录了两次：第一种解释是，tariɣ "粮食作物的总称"（I 287/ I 391）；紧接其后又言，"tariɣ 在大多数突厥人的语言中指小麦；唯独乌古斯人用来指粟，这是不正确的。他们称小麦为 ašlïg"（I 287/ I 391）。既然大多数突厥人使用同一个词语 tariɣ 来指称小麦，且该词兼具粮食作物总称之义，那么小麦在喀什噶里时代无疑是这些突厥人地区（包括喀什噶尔在内）的主要粮食作物。《词典》收录的其他有关小麦与甜瓜

---

① 陈宗振《〈突厥语大词典〉中的中古汉语借词》，《民族语文》2014 年第 1 期，第 58—60 页。

② 新疆维吾尔自治区博物馆《新疆巴楚县脱库孜沙来古城发现古代木简、带字纸片等文物》，第 2 页。

的词汇如下：

buγdāy 小麦。（II 274/ III 235）

kändük 陶土制的像缸的器皿，可以盛放面粉等物。坎切克语。
（I 357/ I 506）

ūn 面粉。（I 97/ I 56）

ōru 窖。为储存小麦、蔓菁之类的物品而挖的窖。（I 123/ I 94）

awrūzi 将小麦、大麦面等混合做成的一种食物。（I 164/ I 157）

suma 萌芽了的小麦，被晒干之后磨成面粉，然后弄成炒面和馕
之类的东西。酿造米酒曲子的大麦芽也这样说。（II 271/ III 230）

qāγūn 甜瓜。（I 312/ I 432）

qaγunluγ 种有甜瓜的地。（I 374/ I 530）

kürin 驮篓、驮筐。驮运甜瓜、西瓜、黄瓜等物的篓子。　（I
308/ I 426）

4. 红花

《平定准噶尔方略》记载，喀什噶尔、叶尔羌两地交纳的赋税中，
农产品除粮食和棉花之外，还包括大量红花①。《词典》收录了好几个
跟红花有关的词汇：

zaranza 红花。zaranza urγi 红花籽。（I 338/ I 475）

kürküm 藏红花。这个词与阿拉伯语相同。阿拉伯人也称红花
为 kürküm。（I 361/ I 511）

qayāčuq 生长在山上的一种芳香植物。我认为它就是藏红花。
（II 241/ III 173）

按，阿布里克木·亚森与阿地力·哈斯木指出，"zaranza 红花"是

---

① 傅恒等撰《平定准噶尔方略》正编卷七五，乾隆二十四年七月庚午，叶三
五上；正编卷七七，乾隆二十四年八月辛丑，叶七上。亦参见王东平《准噶尔汗国
统治时期天山南路赋税制度考辨》，《明清西域史与回族史论稿》，北京：商务印书
馆，2014年，第11—20页。

一个粟特语借词，在突厥语中首见于《词典》，该词仍然保留在现代维吾尔语中[1]。

第四节　马可波罗时代南道的村镇聚落与道路交通

1273 年，马可波罗行经塔里木盆地南道，他在行纪中自西向东依次记录了沿途的可失合儿国（在今喀什地区）、鸦儿看州（今莎车）、忽炭州（今和田）、培因州（今于田）、阇鄘州（今且末）和罗卜州（今若羌或米兰）六个行政区。除鸦儿看州之外，他描述了其他几个地区的城镇与村落情况：

可失合儿国：<u>在此区中</u>（V）有不少城镇和村落，但最大最尊贵的还是可失合儿，它们也都在<u>北方</u>（LT）、东北方及东方之间。

忽炭州：它拥有众多城市与<u>美好的</u>（VB）村庄，及<u>高贵的居民</u>（TA）。最宏伟之城市叫忽炭，乃该区之首府，亦为<u>全</u>（TA）州之名称。

培因州：<u>治下</u>（VB）有城镇和乡村众多，<u>全州</u>（V）最宏大城市名培因，乃该区之首府。

阇鄘州：<u>其下</u>（VB）有众多城镇和村庄，而<u>全</u>（V）区之主要城市、<u>首府</u>（L）<u>亦名</u>（FB）阇鄘。

罗卜州：罗卜是位于<u>沙漠</u>（FB）边缘的一座大城。[2]

根据马可波罗的上述记载，我们了解到在蒙元时期，丝绸之路南道

---

[1]　阿布里克木·亚森、阿地力·哈斯木《〈突厥语大词典〉等文献中的粟特语借词》，《西域研究》2006 年第 3 期，第 89 页。

[2]　A. C. Moule & P. Pelliot（ed. and tr.），*Marco Polo. The Description of the World*，Vol. 1, pp. 143—150. 译文在北京大学马可波罗项目读书班译定稿的基础上，略有修订。其中，不带下划线的文字为《马可波罗行纪》F 本的内容；带下划线的文字为其他诸本的内容，其后括注版本信息。版本缩略语参见原书第 509—516 页表格。

存在可失合儿、鸦儿看、忽炭、培因、阇鄘、罗卜六个主要城市；此
外，在各片绿洲上，还散布着众多较小的城镇和村庄。比马可波罗早两
百年，11 世纪的喀什噶里，在其巨著《突厥语大词典》中也记录了南
道特别是喀什噶尔地区的不少村镇名称。这些文献作品表明，在 10—
14 世纪，即喀喇汗王朝至蒙元时期，丝绸之路南道各绿洲应该是人烟
较盛，村镇聚落比较密集的地方。然而，今日考古材料反映的情况与这
一印象大相径庭。同前伊斯兰时期相比，丝绸之路南道伊斯兰化之后，
特别是蒙元时期的考古遗迹非常匮乏。因此，笔者将以南道诸地中资料
最为丰富的喀什噶尔地区为切入点，尝试通过系统对比和分析该地区的
相关文献与考古材料，来探讨造成上述矛盾现象的原因，并藉此考察这
一时期丝绸之路南道社会发展与道路交通的总体面貌。

一、文献所见 10—14 世纪喀什噶尔的村镇聚落

作为喀喇汗王朝的东部政治文化中心，喀什噶尔在 10—13 世纪经
历了一段历史发展的黄金时期。其表现之一即为喀什绿洲及邻近地区城
镇和村庄数量的快速增长，这种变化趋势体现在唐代至蒙元时期的各种
文献记载中。在马可波罗眼中，可失合儿是一个村镇较为稠密的地方。
然而，当我们往前追溯，在 7—11 世纪的多种文献中，有关这一地区村
镇社会场景的描绘各有不同。

在唐初文献《大唐西域记》中，玄奘没有提及喀什噶尔（佉沙）
境内的村镇[①]。10 世纪晚期的佚名波斯语著作《世界境域志》（成书于
982 年）记载了这一地区少量的城镇。这位佚名作者是阿姆河上游护时
健国人，此地与塔里木盆地之间仅隔葱岭，因此有关喀什噶尔的记载应
该比较真实。这部地理著作的第 13 章专门讲述样磨国及其诸城镇，作
者将喀什噶尔地区视作样磨国的一部分。书中声称"在样磨国村庄很

---

① 季羡林等校注《大唐西域记校注》，第 995 页。

少"，并且仅仅列举了样磨国的三个城镇，即喀什噶尔、阿图什和Khirm.Ki：

1. 喀什噶尔，属中国，但位于样磨、吐蕃、黠嘎斯与中国之间的边境上。喀什噶尔的首领们往昔是葛逻禄人或样磨人。

2. 阿图什（拼作 B.Rtuj），是一个样磨的村庄，人口众多。但因那里蛇特别多，故人们抛弃了这个村子。（汉译者注：此处指上阿图什，在 955 年以前已经废弃）

3. Khirm.Ki（Khirakli?），是一个大村庄。（人民）是阿图什人（拼作 Bartuji）。这个村子里有三种突厥人：样磨人、葛逻禄人和九姓古思人。（汉译者注：此处似指下阿图什）①

半个多世纪以后，地理学家加尔迪齐（Abū Sa'īd Gardīzī）在其著作《记述的装饰》（成书于 1050—1052 年）中则称，"喀什噶尔附近有许多村庄和无数的乡邑"②。稍晚的喀什噶里在《突厥语大词典》（成书于 1070 年代）中亦记录了喀什噶尔地区多个村镇的名字，摘录如下：

aluš 阿卢什，喀什噶尔的一个乡村名。（I 105/ I 67）

qizil ez 克孜尔奥兹，喀什噶尔的一个山村。（汉译本注：这个山村位于今乌恰县的南面，现称"kïzïl oy 克孜尔奥伊"）。（I 118/ I 87）

artuč 阿图什，喀什噶尔有两个叫阿图什的村庄。（I 127/ I 102）罗按，喀什噶里提到的两个阿图什今仍存在于喀什噶尔北山之外：一个是上阿图什，在喀什噶尔西北约 35 公里；另一个是下

---

① *Hudūd al-'Ālam. 'The Regions of the World'. A Persian Geography*, 372 A. H. -982 A. D. , pp. 95—96. 王治来译《世界境域志》，上海：上海古籍出版社，2010 年，第 72—73 页。

② 巴托尔德《加尔迪齐著〈记述的装饰〉摘要——〈中亚学术旅行报告（1893—1894 年）〉的附录》，王小甫译，《西北史地》1983 年第 4 期，第 111 页；乌苏吉《波斯文献中关于喀什噶尔在丝绸之路上的地位的记载》，第 9 页。

阿图什，在喀什噶尔东北约 45 公里①。

alɣuq 阿勒吾克，喀什噶尔一个乡村的名字。(I 132/ I 109)

barhan 巴尔罕，下秦的名称。喀什噶尔附近一座山上的堡垒。这座山下有金矿。(I 329/ I 459—460)

mān känd 满坎特，喀什噶尔附近的一个城市名称，现在已是废墟。(汉译本注：这个城的遗址至今仍然被称为 mankänt > mäŋgän，该城附近的疏附县托库扎克镇内的巷子还称呼这个名字)。(II 229/ III 152)

adịɣ 阿孜格，我们家乡一个村庄的名字。(汉译本注：今喀什疏附县乌帕尔区西北还有一个叫"āz 阿孜克"的村子)。(I 106/ I 69)

abul (?) 乌帕尔，我们家乡一个村庄的名字。(汉译本注：马赫穆德·喀什噶里特别指出的"我们的家乡"就是位于喀什噶尔西南 36 公里处的乌帕尔区。至今维吾尔人仍然称此地为"乌帕尔")。(I 112/ I 78)

qasi 喀色。我们这里的一个地名。(汉译本注：这个地方在今喀什疏附县乌帕尔区阿孜克乡附近)。(II 266/ III 220)

suwlāɣ 苏弗拉格。一个地名。(汉译本注：今疏附县西北，仍有一个名叫苏拉格的村庄)。(I 348/ I 490)

以上是喀什噶里已指明的喀什噶尔的村镇，或经考证可以确定为喀什噶尔辖区内的地名。另有三组地名，也可能是喀什噶尔境内的农业村镇或者游牧聚落，下面试作分析。

(1) 位于喀什噶尔去往其他地区交通线上的城镇，今无法确定其具体位置：

① 参见 *Hudūd al-'Ālam. 'The Regions of the World'. A Persian Geography*, 372 *A. H.* -982 *A. D.*, p. 281；王治来译注《世界境域志》，第 73 页注 2。

säkirmä 塞克尔麦。去和阗途中的一个小城的名称。（Ⅰ364/Ⅰ516）

ašīǰän 阿希茜。去秦途中的一座城市。（Ⅰ159/Ⅰ148）

（2）游牧部落迁往喀什噶尔绿洲定居，逐渐形成了新的村落：

čigil 炽俟。三个突厥部落的名称：其一，居住在巴尔思汗下方的库亚斯（qayās）镇的游牧民。其二，居住在怛逻斯（Ṭarāz）城附近一座小城的居民。第三，居住在喀什噶尔的许多村庄的一些突厥部落也被称为炽俟。他们也是从那里迁徙来的。（Ⅰ301/Ⅰ414）罗按，突厥炽俟部大批迁往七河流域至喀什噶尔一带的农业区定居，在七河流域形成了城镇，在喀什噶尔形成了许多村庄；我们尚不清楚他们是否也和原有村庄的居民杂居。

qifčāq，罗按，即钦察，《突厥语大词典》收录了两个同名条目，汉译者特意将它们翻译成两个不同的汉语名词，以示区别：一为生活于额尔齐斯河与伏尔加河之间的突厥部落，译作奇普恰克；另一为喀什噶尔附近的一个地名，译作基夫恰克，汉译者指出这是阿图什市西北麦伊丹河与奥尔图苏河之间的乡村。（Ⅰ354/Ⅰ501），喀什噶尔附近的这个地方很可能是因为有钦察部突厥人居住而得名。

känčāk 坎切克，突厥部落之一。（Ⅰ357/Ⅰ505）罗按，作者还提到喀什噶尔有操坎切克语的村庄（Ⅰ84/Ⅰ33）。显然，这些村庄是坎切克部突厥人迁往喀什噶尔定居而形成的。

（3）喀什噶尔辖区内的草原地带，这些地方是游牧部族的聚居地：

turïɣ art tēz 托里格阿尔特提孜。喀什噶尔一个夏季牧场的名称。（汉译本注：可能是坐落于今乌恰县东北托里格阿尔特达坂下的托里格阿尔特河畔。现在这里有托里格阿尔特居民点）。（Ⅰ287/Ⅰ391）

toqurqa 托库尔喀。喀什噶尔夏季牧场的一个地名。（Ⅰ363/Ⅰ

515）

　　tēz 浅处，高地、高原。喀什噶尔一个夏季牧场的名字，也是针对其地势高而称为 turïγ art tēz 托里格阿尔特提孜。另一个夏季牧场也被称作 tēzäŋ tēz 太赞提孜。（Ⅱ 211/ Ⅲ 120—121）

喀什噶里的这些记载不仅印证了加尔迪齐关于喀什噶尔附近有大量村镇的说法，也揭示了从 10 世纪下半叶至 11 世纪下半叶的百年间，喀什噶尔从"村庄稀少"发展到村落繁多的原因。正是由于这一时期——喀喇汗王朝前期，大批突厥部落纷纷迁往喀什噶尔绿洲等农耕区定居，形成了一处处新聚落。我们尚不能确定，突厥人的这种农耕化进程是否主要因伊斯兰教的传播而引起。不过，可以肯定的是，它对喀喇汗王朝经济和文化的繁荣起到了不可忽视的推动作用。由于喀喇汗王朝、西辽和蒙元之间在喀什噶尔一带的权力更迭比较温和，没有经历大规模的破坏性战事，因此喀喇汗王朝时期兴起的这些村镇聚落一直延续到了蒙古统治时期[①]。当马可波罗行经可失合儿时，仍然见到这里"有不少城镇和村落"。

二、喀什噶尔地区相关聚落遗址的分布

考古材料可以在一定程度上为加尔迪齐与喀什噶里的记载提供注脚。历次文物普查资料表明，喀什噶尔及邻近地区的历史时期遗址众多，但经过考古发掘的很少。因此，我们无法获知这些遗址的详细情况，特别是它们的年代范围。调查报告提供的遗址年代信息，绝大部分都是调查者通过所采集的陶片、钱币等有限线索作出的初步推断，其可靠性需要谨慎对待。其次，许多遗址的年代信息过于宽泛，仅笼统标作汉—宋、3—13 世纪等。再一个不规范的地方是，这些报告采用中原的

---

① 可失合儿的城镇和村落也许在阿里不哥和海都之乱中遭到破坏，但它们不会立即消亡，马可波罗行经之时据此不远，他仍然可以见到那些经受战乱洗礼的破败村镇。

朝代作为时间标尺，例如宋代，可是，宋朝的势力范围从未及于塔里木盆地，在宋代的时间跨度内，喀什噶尔地区经历了喀喇汗王朝、西辽、蒙元前期（这又包括前四汗时期以及阿鲁忽、阿里不哥、忽必烈、海都各自控制的时期）。凡此种种，都给我们利用相关考古材料造成困难。不过，仔细甄别和分析，笔者发现它们对于理解加尔迪齐、喀什噶里，甚至马可波罗的历史文本还是能够提供许多有益的帮助。

马可波罗所言可失合儿国的范围，当包括今喀什地区的喀什市、疏附县、疏勒县、英吉沙县、岳普湖县、伽师县、巴楚县、图木舒克市，以及克孜勒苏州阿图什市、乌恰县和阿克陶县的低海拔地带。下面，笔者将统计和分析这些地区 7—15 世纪（即唐朝至察合台汗国时期，涉及的时间范围包括调查报告中所谓的汉—宋、唐宋、明清等）的遗址分布情况[①]。

---

① 除单独注出外，本文所讨论的喀什噶尔诸遗址材料均来自：新疆维吾尔自治区文物普查办公室等《喀什地区文物普查资料汇编》，《新疆文物》1993 年第 3 期，第 9—14、19—26、39—42、49、63—71、98—112 页；新疆维吾尔自治区文物普查办公室等《克孜勒苏柯尔克孜自治州文物普查报告》，《新疆文物》1995 年第 3 期，第 5—22、44—51 页；新疆维吾尔自治区文物局编《新疆维吾尔自治区第三次全国文物普查成果集成：喀什地区卷》，北京：科学出版社，2011 年，第 27—28、102—103、142—143、155—156、167—169 页；新疆维吾尔自治区文物局编《新疆维吾尔自治区第三次全国文物普查成果集成：克孜勒苏柯尔克孜自治州卷》，北京：科学出版社，2011 年，第 13—14 页；新疆维吾尔自治区文物局编《新疆维吾尔自治区第三次全国文物普查成果集成：新疆生产建设兵团辖区内不可移动文物》上册，北京：科学出版社，2011 年，第 44—45、60—79 页；新疆维吾尔自治区文物局编《新疆维吾尔自治区第三次全国文物普查成果集成：新疆古城遗址》上册，北京：科学出版社，2011 年，第 268—282 页；新疆维吾尔自治区文物局编《新疆维吾尔自治区第三次全国文物普查成果集成：新疆古建筑》，北京：科学出版社，2011 年，第 181—183 页。

表 6-1 喀什绿洲 7—15 世纪遗址统计

编号	名称	坐标	位置	年代
1	阔孜其亚贝希老城区		喀什市城区东北部	元代至今
2	坎久干遗址	75°14′47″ E 39°41′14″ N	乌恰县黑孜苇乡东南 5 公里	宋
3	伊克玛塔木遗址	75°45′33″ E 39°39′32″ N	阿图什市上阿图什乡拉依勒克村西北 2 公里	唐宋
4	英巴格遗址	75°59′26″ E 39°37′49″ N	阿图什市阿扎克乡英巴格村东北部	唐宋
5	塔尔登贝希遗址	76°07′21″ E 39°59′30″ N	阿图什市吐古买提乡塔尔登贝希村西南 1 公里	唐宋
6	阿其克遗址	76°04′21″ E 39°45′18″ N	阿图什市阿湖乡阿其克村西 1.2 公里	唐宋
7	铁提尔遗址	76°07′19″ E 39°40′10″ N	阿图什市阿扎克乡铁提尔村东北 1.5 公里	唐宋
8	巴格库遗址	76°09′04″ E 39°38′24″ N	阿图什市阿扎克乡巴格库村南 1.6 公里	唐宋
9	克州农校农场遗址	76°14′21″ E 39°40′00″ N	阿图什市松他克乡政府驻地东南 4 公里	唐宋
10	汗诺依古城与遗址	76°14′30″ E 39°34′30″ N	喀什市伯什克然木乡罕乌依村东北	汉—宋
11	巴什喀什遗址	76°20′24″ E 39°36′37″ N	阿图什市阿扎克乡木萨克村东南 6 公里	唐宋
12	克克勒克遗址		阿图什市阿扎克乡库木萨克村东	汉—唐
13	喀拉墩遗址	76°23′35″ E 39°38′36″ N	阿图什市格达良乡曲许尔盖村南 13.5 公里	汉—宋

（续表）

编号	名称	坐标	位置	年代
14	喀拉墩古城	76°25′25″ E 39°38′46″ N	阿图什市格达良乡曲许尔盖村西南 11.5 公里	汉—宋
15	哈尼苏帕遗址	76°26′15″ E 39°38′46″ N	阿图什市格达良乡曲许尔盖村西南 10.7 公里	唐宋
16	克格勒克城址	76°25′25″ E 39°36′32″ N	阿图什市阿扎克乡库木萨克村东南 14 公里	唐
17	摩尔提木遗址	76°28′38″ E 39°36′52″ N	阿图什市格达良乡曲许尔盖村南偏西 12 公里	唐宋
18	摩克提木遗址	76°30′39″ E 39°37′19″ N	阿图什市格达良乡曲许尔盖村南 11 公里	唐宋
19	卡噶提木遗址	76°32′43″ E 39°37′26″ N	阿图什市格达良乡曲许尔盖村南 11 公里	唐宋
20	墩肖遗址	76°32′43″ E 39°37′26″ N	阿图什市格达良乡曲许尔盖村南 10 公里	唐宋
21	赛皮勒遗址		伽师县克孜勒苏乡巴什兰干村西南	宋元
22	卡玛洞遗址	76°40′30″ E 39°33′30″ N	伽师县喀勒乎其农场东北 3.8 公里	唐宋
23	别里塔合北遗址 1	78°42′25″ E 40°01′06″ N	巴楚县恰尔巴克乡乡政府驻地北稍偏东 22 公里	唐宋
24	别里塔合北遗址 2	78°43′41″ E 40°00′42″ N	巴楚县恰尔巴克乡乡政府驻地北稍偏东 22 公里	唐宋
25	来历塔合阿勒东遗址 2	78°51′17″ E 39°58′57″ N	巴楚县恰尔巴克乡七里达克村东北约 11 公里	唐宋

（续表）

编号	名称	坐标	位置	年代
26	昂巴勒乌斯塘遗址	78°51′45″E 39°58′30″N	巴楚县恰尔巴克乡七里达克村东北约13公里	唐宋
27	来历塔合阿勒东遗址1	78°53′00″E 39°58′44″N	巴楚县恰尔巴克乡七里达克村东北11.5公里	唐宋
28	来历塔合阿勒东遗址3	78°54′24″E 39°59′00″N	巴楚县恰尔巴克乡七里达克村东北14公里	唐宋
29	来历塔合东马扎勒克遗址	78°54′29″E 39°58′23″N	巴楚县恰尔巴克乡七里达克村东北13公里	唐宋
30	坦哈塔合南遗址	78°51′04″E 39°56′03″N	巴楚县恰尔巴克乡七里达克村东北7公里	唐宋
31	乌库麻札	78°58′06″E 39°52′49″N	巴楚县恰尔巴克乡奥依阔坦村东约6公里	15世纪
32	托库孜萨来古城	79°02′06″E 39°58′45″N	农三师51团4连西0.2公里	唐宋
33	托库孜萨来墓地	79°04′17″E 39°58′37″N	农三师51团4连驻地内	唐宋
34	51团5连北马江勒克遗址	79°01′56″E 40°00′41″N	农三师51团5连西北2.5公里	唐宋
35	拜什阿恰尔西北遗址		图木舒克市图木舒克镇拜什阿恰尔村西北3公里	唐宋
36	骆驼房子遗址	79°09′10″E 40°04′37″N	农三师51团15连北约8公里	唐宋
37	51团15连北马江勒克遗址	79°09′47″E 40°04′05″N	农三师51团15连北约7公里	唐宋
38	太提坎吾热墓群		农三师50团16连西北	宋—清

（续表）

编号	名称	坐标	位置	年代
39	雅克库都克遗址		农三师 53 团 3 连北 14.7 公里	宋一清
40	东扎拉梯遗址		农三师 53 团 10 连东北 18 公里	宋一清
41	苏盖提遗址		农三师 53 团 3 连东北 31 公里	宋一清
42	阿勒吐尼墩遗址	77°00′30″ E 39°27′00″ N	伽师县喀勒乎其农场东北 6 公里	唐宋
43	比纳木村阿萨谢亥勒遗址	76°55′30″ E 39°15′30″ N	岳普湖县岳普湖乡东北 13.8 公里	唐宋
44	乔克鲁克遗址	77°03′30″ E 39°14′30″ N	岳普湖县巴依阿瓦提乡古勒巴格村西北	唐宋
45	乔克鲁克墓群	77°03′30″ E 39°14′30″ N	岳普湖县巴依阿瓦提乡古勒巴格村西北 17.5 公里	13 世纪
46	阿洪鲁库木麻札	77°09′30″ E 39°10′30″ N	岳普湖县阿洪鲁库木乡阿洪鲁库木村西北	14 世纪
47	霍加西穆霍加麻札	77°09′14″ E 39°09′45″ N	岳普湖县巴依阿瓦提乡东北 9.6 公里	13 世纪
48	沙吾尔·江巴孜麻札	76°06′30″ E 38°59′30″ N	英吉沙县乔尔旁乡东北 5.8 公里	喀喇汗王朝早期
49	买拉南夏合喀司海力拍麻札	76°13′30″ E 39°13′30″ N	疏勒县艾尔木东乡哈尼喀村	元
50	沙帕尔提木遗址	75°56′37″ E 39°04′11″ N	阿克陶县玉麦乡阿勒吞其村西南 6 公里	汉一宋
51	阿克牙尔勒克遗址	75°55′27″ E 39°02′57″ N	阿克陶县玉麦乡喀尔克买里村东南 4 公里	汉一宋
52	吾斯塘博依城址	75°59′04″ E 39°03′22″ N	阿克陶县玉麦乡阿勒吞其村西南 5 千米	汉一宋

（续表）

编号	名称	坐标	位置	年代
53	卡古尔提木遗址	75°59′04″ E 39°02′18″ N	阿克陶县玉麦乡阿勒吞其村西南7公里	汉—宋
54	求其汗麻札	76°06′48″ E 38°54′42″ N	英吉沙县城关乡西南5.7公里	喀喇汗王朝晚期
55	台比斯·艾山·布格拉汗麻札	76°03′56″ E 38°48′20″ N	英吉沙县乌恰乡西南3.3公里	12世纪
56	阿勒通其遗址	76°15′40″ E 38°48′05″ N	英吉沙县托普鲁克乡西北8.5公里	宋元
57	艾孜地维罕穆麻札	76°34′30″ E 38°47′50″ N	英吉沙县萨罕乡喀拉萨依村北	宋
58	库纳协尔遗址	76°34′40″ E 38°46′30″ N	英吉沙县克孜勒乡东北14.7公里	汉—宋
59	穷吐孜遗址	76°34′30″ E 38°45′20″ N	英吉沙县克孜勒乡东北16.5公里	汉—宋
60	开普西卡克遗址	76°03′00″ E 38°32′19″ N	阿克陶县克孜勒陶乡政府驻地西南约2公里	汉—宋
61	奎干托阔依遗址	75°59′56″ E 38°29′38″ N	阿克陶县阿克塔拉牧场东北4公里	汉—宋
62	马尔将库木遗址	75°32′21″ E 38°12′14″ N	克州种羊场场部南3公里	唐宋
63	伊玛目勒日木麻札	75°35′30″ E 39°17′15″ N	疏附县乌帕尔乡东南5.1公里	12世纪
64	巴格恰古城	75°35′15″ E 39°17′30″ N	疏附县乌帕尔乡东南4.2公里	9—13世纪
65	霍加库纳尔麻札	75°31′30″ E 39°16′40″ N	疏附县乌帕尔乡西南3.4公里	14世纪

（续表）

编号	名称	坐标	位置	年代
66	布比热比叶木麻札	75°31′30″ E 39°16′50″ N	疏附县乌帕尔乡西南 2.5 公里	12 世纪
67	科克其遗址	75°33′18″ E 39°17′55″ N	疏附县乌帕尔乡东南 1.3 公里	3—9 世纪
68	克里其布格拉汗麻札	75°33′12″ E 39°17′54″ N	疏附县乌帕尔乡东南 1.3 公里	12 世纪
69	苏布克提肯麻札	75°32′50″ E 39°17′56″ N	疏附县乌帕尔乡东南 0.9 公里	10 世纪
70	阿力甫提肯麻札	75°32′03″ E 39°17′50″ N	疏附县乌帕尔乡西南 1.1 公里	10 世纪
71	亚库尔干墓葬	75°30′35″ E 39°18′15″ N	疏附县乌帕尔乡西北 2.7 公里	宋
72	亚库尔干古城	75°30′32″ E 39°18′16″ N	疏附县乌帕尔乡艾孜热提毛拉木塔格山西南 1.5 千米	汉—唐
73	叶合艾孜来日穆麻札	75°31′33″ E 39°18′40″ N	疏附县乌帕尔乡西北 1.5 公里	12 世纪
74	霍加赛福丁布孜古瓦麻札	75°30′50″ E 39°18′48″ N	疏附县乌帕尔乡西北 2.3 公里	12 世纪
75	苏里坦阿力甫麻札	75°30′44″ E 39°18′54″ N	疏附县乌帕尔乡西北 2.8 公里	12 世纪
76	麻赫穆德·喀什噶里麻札	75°30′36″ E 39°18′51″ N	乌帕尔乡西北 3 公里	12 世纪
77	艾孜热提帕夏依木麻札	75°30′36″ E 39°18′55″ N	疏附县乌帕尔乡西北 3 公里	12 世纪

在一定程度上，表 6-1 所示遗址代表了唐代至察合台汗国时期喀什
噶尔村镇聚落的大致分布情况。马可波罗时代的可失合儿城应当在今喀
什市区一带，即阔孜其亚贝希老城区附近。为了更清晰地揭示上述遗址
与古代村镇分布的对应关系，笔者以可失合儿城为参照中心，将这些遗
址分为五个区域，每个区又分为若干遗址群（参图 6-3）。

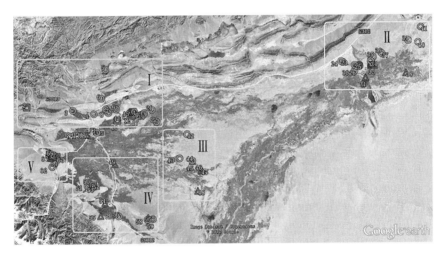

图 6-3　喀什绿洲 7—15 世纪遗址分布图

（图例：○ 一般遗址　□ 城址　△ 墓葬、麻札）

I. 北、东北方遗址区。此区除了偏西北喀喇汗时期的坎久干城址和
东南部唐宋时期的卡玛洞遗址外，其余遗址可分为两组：

a. 博古孜河与恰克马克河中上游遗址群，包括伊克玛塔木遗址、
英巴格遗址、塔尔登贝希遗址、阿其克遗址、铁提尔遗址、巴格库遗址
和克州农校农场遗址，它们的年代被考古工作者初步推断为唐宋时期。
这一带在当时属于重要城镇阿图什及其邻近地区。

b. 博古孜河与恰克马克河下游冲积平原遗址群，以汗诺依古城与
喀拉墩古城为中心，散布着众多聚落遗址，包括汗诺依遗址、巴什喀什
遗址、克克勒克遗址、喀拉墩遗址、哈尼苏帕遗址、克格勒克城址、摩

尔提木遗址、摩克提木遗址、卡噶提木遗址、墩肖遗址和赛皮勒遗址。它们的年代被初步断为汉至元代。

II. 东北方（巴楚、图木舒克）遗址区。在可失合儿城东北方更远的地区，今巴楚和图木舒克一带，散布着大量唐至清代的遗址。在马可波罗时期，这里可能是可失合儿国的东部边境。这些遗址大致可以分为两组：

a. 图木舒克山山前遗址群。自西向东流的喀什噶尔河与叶尔羌河，在此横穿自北向南延伸的图木舒克山诸脉（别里塔合、来历塔合、托库孜萨来塔格等），使这一带成为重要的军事战略要地。在喀什噶尔河以北诸脉山麓和山前平地上，散布着一系列各种类型的古代遗址，如城址、居址、窑址、墓群、水渠、烽火台、佛寺等。该遗址群以托库孜萨来古城为中心，包括别里塔合北遗址 1~2、来历塔合阿勒东遗址 1~3、昂巴勒乌斯塘遗址、来历塔合东马扎勒克遗址、坦哈塔合南遗址、托库孜萨来墓地、51 团 5 连北马江勒克遗址、骆驼房子遗址、51 团 15 连北马江勒克遗址、拜什阿恰尔西北遗址。它们的年代被初步推断为唐宋时期。不过，这一地区也发现有 15 世纪的乌库麻札，因此在马可波罗时期可能仍存在聚落。

b. 喀什噶尔河下游遗址群，在喀什噶尔河下游沿岸及其冲积平原上，分布着太提坎吾热墓群、雅克库都克遗址、东扎拉梯遗址和苏盖提遗址。它们的年代被断为宋至清代。在雅克库都克遗址附近的原始胡杨林中，沿喀什噶尔河西岸尚保存有雅克库都克古道遗址：

> 古道呈东北—西南走向，宽约 4 千米，在此地沿喀什噶尔河西岸上下游数十千米范围内，沿途有自汉唐至明清以来的大量文化遗址，有古城、烽燧、村落遗址等，是古丝绸之路的重要组成部分，雅克库都克古道遗址是其中具有代表性的一段。[①]

---

① 新疆维吾尔自治区文物局编《新疆维吾尔自治区第三次全国文物普查成果集成：新疆生产建设兵团辖区内不可移动文物》上册，第 61 页。

III. 东方遗址区。在岳普湖县东南部的铁热木河附近，分布着唐宋时期的阿勒吐尼墩遗址、比纳木村阿萨谢亥勒遗址、乔克鲁克遗址和墓群，以及喀喇汗王朝早期的沙吾尔·江巴孜麻札，13 世纪的霍加西穆霍加麻札和 14 世纪的阿洪鲁库木麻札。它们表明这一带从唐代至察合台汗国时期一直存在村落。

IV. 南方遗址区。今阿克陶县和英吉沙县境内，冰川、融雪汇聚成的河流在昆仑山北麓形成了一块块冲积扇和冲积平原，为人类定居提供了合适的环境。在这些绿洲上，分布着许多汉唐至蒙元时期的居址和麻札。它们位于古代可失合儿去往鸦儿看的道路沿线。除了偏北的元代买拉南夏合喀司海力拍麻札外，其余遗址可分为两组：

a. 库山河出山口北冲积扇遗址群，包括吾斯塘博依城址、沙帕尔提木遗址、阿克牙尔勒克遗址和卡古尔提木遗址。它们的年代被初步断为汉至宋代。

b. 依格孜也尔河遗址群，上游河谷中有开普西卡克遗址和奎干托阔依遗址，年代被初步断为汉至宋代；出山口冲积扇上有宋元时期的阿勒通其遗址，附近还有喀喇汗王朝时期的求其汗麻札和台比斯·艾山·布格拉汗麻札；下游古河道附近有汉至宋代的库纳协尔遗址和穷吐孜遗址，以及喀喇汗王朝时期的艾孜地维罕穆麻札[①]。这一线很可能是古代可失合儿与鸦儿看之间的边界。

V. 西南方遗址区。帕米尔高原东南部的乌帕尔冲积平原，地处通往塔什库尔干古道的要冲，很早就有人类定居，在这一带调查发现有汉

---

① 今依格孜也尔河出昆仑山后向东北流，但在古代曾有一支向东南流，库纳协尔遗址和穷吐孜遗址附近尚可见古河道遗迹。

晋时期的阿克塔拉城堡[①]，南北朝时期的托库孜那克卡寺院遗址[②]，等等。伊斯兰教传入以后，这里仍然是人口兴旺的聚居区，现保存有众多喀喇汗王朝时期的麻扎：伊玛目勒日木麻扎、布比热比叶木麻扎、克里其布格拉汗麻扎、苏布克提肯麻扎、阿力甫提肯麻扎、叶合艾孜来日穆麻扎、霍加赛福丁布孜古瓦麻扎、苏里坦阿力甫麻扎、麻赫穆德·喀什噶里麻扎和艾孜热提帕夏依木麻扎，也存留有 14 世纪察合台汗国时期的霍加库纳尔麻扎。另外，在这片平原上也分布有马尔将库木遗址、科克其遗址、巴格恰古城、亚库尔干古城与墓群，年代被初步断为唐宋时期。

从图 6-3 中可以看出，大部分遗址分布在今天交通道路的沿线。在古代，喀什噶尔连接的主要交通路线的走向大体与今日一致。换言之，古代村镇主要分布在当时的交通要道附近。河流是最重要的自然制约因素，它不仅影响着交通道路的走势，也为人类聚落提供水源，形成的冲积平原则提供了耕地。因此，这些聚落遗址也是分布在各河流两岸——河谷、冲积扇和冲积平原上。上述遗址代表的古代聚落可与马可波罗等人的文本记载契合。例如，乌帕尔平原上存在大批居址和麻扎，而《突厥语大词典》也记载了这一带的多个地名。马可波罗声称可失合儿国的村镇"都在北方、东北方及东方之间"，总体上看，唐代至察合台汗国时期的遗址确实集中分布于可失合儿城的这些方位。

---

① 新疆维吾尔自治区文物普查办公室等《喀什地区文物普查资料汇编》，第 9、98 页；新疆维吾尔自治区文物局编：《新疆维吾尔自治区第三次全国文物普查成果集成：喀什地区卷》，第 54 页；新疆维吾尔自治区文物局编《新疆维吾尔自治区第三次全国文物普查成果集成：新疆古城遗址》上册，第 281—282 页。

② 新疆维吾尔自治区文物普查办公室等《喀什地区文物普查资料汇编》，第 15、98 页；新疆维吾尔自治区文物局编：《新疆维吾尔自治区第三次全国文物普查成果集成：喀什地区卷》，第 90 页。

三、关于丝路南道缺乏蒙元遗迹的探讨

丝绸之路南道地区迄今尚未发现任何明确的蒙元时期城址，一般遗址和墓葬也很少。需要指出的是，新疆第三次全国文物普查成果《和田地区卷》声称，安迪尔阿克考其喀然克古城"时代初步推测为元代"[①]，然而，其判断缺乏可靠依据。这座古城位于民丰县安迪尔牧场开西木库勒村西 9.4 千米处的沙漠中，平面呈椭圆形，直径约 200 米，城内结构简陋。20 世纪初，亨廷顿（E. Huntington）与斯坦因（M. A. Stein）对其作过考察，称其为 Bilēl-Konghan 遗址[②]；解放后，新疆第二、三次全国文物普查亦调查过此城[③]。亨廷顿称在其中发现有清真寺；斯坦因试掘了两座建筑，但几乎未见遗物。由于未进行过正式发掘，缺乏可资断代之遗迹遗物，其年代存在争议。亨廷顿与斯坦因认为它属于伊斯兰时期；王炳华则认为它属于 2—6 世纪[④]，即东汉至南北朝；二普资料和三普《新疆古城遗址卷》均未对其断代。三普《和田地区卷》说它属于元代短期屯垦遗迹，无非是在亨廷顿和斯坦因的基础上进行的过度推断。这种可能性很小。盖因元朝至元年间（1264—1294）丝绸之路南道的屯戍士卒以汉军为主，斡端宣慰使刘恩亦为汉将。元军若在安迪尔

---

① 新疆维吾尔自治区文物局编《新疆维吾尔自治区第三次全国文物普查成果集成：和田地区卷》，北京：科学出版社，2011 年，第 85 页。

② E. Huntington, *The Pulse of Asia. A Journey in Central Asia Illustrating the Geographic Basis of History*, London：Archibald Constable, 1907, pp. 217—218；M. A. Stein, *Serindia：Detailed Report of Archaeological Explorations in Central Asia and Western-most China*, Vol. 1, Oxford：Clarendon Press, 1921, pp. 271—275.

③ 李吟屏《佛国于阗》，乌鲁木齐：新疆人民出版社，1991 年，第 228—229 页；新疆文物考古研究所《和田地区文物普查资料》，《新疆文物》2004 年第 4 期，第 24、37 页；新疆维吾尔自治区文物局编《新疆维吾尔自治区第三次全国文物普查成果集成：和田地区卷》，第 72、85 页；新疆维吾尔自治区文物局编《新疆维吾尔自治区第三次全国文物普查成果集成：新疆古城遗址》下册，第 304—305 页。

④ 王炳华《西域考古泛论》，《西域考古文存》，兰州：兰州大学出版社，2010 年，第 14 页。

建屯城，当为汉地传统的方城。

笔者认为，丝绸之路南道地区蒙元遗迹的缺乏，主要有以下两个原因。首先，南道很多蒙元聚落区跟近现代的重合在一起，蒙元遗迹遭到破坏或被现代居民区覆盖。特别是南道西部于阗、鸦儿看、可失合儿等地，10 世纪以来人口迅速增长，人类活动范围扩张很大。汉唐时期的聚落一般在近现代居民区以北很远，为沙漠所覆盖，因而保存下来的遗址较多。

再者，更重要的是，南道经发掘的唐代以后的遗址很少，而且绝大多数遗址信息为踏查所得。这些考古材料中，缺乏有足够说服力的断代依据。各遗址调查采集的文物以陶片居多，但它们的年代十分模糊——在历史时期考古中，陶片断代的作用非常有限。由于缺乏文书、碑铭等文字材料以及清晰的遗迹线索，这些遗址的断代很大程度上依赖于采集到的钱币。像表 6-1 中很多下限定为宋代的遗址，实际上主要是由于其中发现有宋朝或喀喇汗朝钱币。

然而，在中国古代货币史上，蒙元是一个很特殊的时期。其他朝代主要流通铸制铜钱，蒙元则主要使用纸钞[1]。蒙元之行钞，马可波罗与伊本·白图泰（Ibn Batuta）均有生动描述[2]。陶宗仪《南村辍耕录》记载了一段忽必烈与刘秉忠关于货币制度的对话：

> 世皇尝以钱币问太保刘文贞公秉忠，公曰："钱用于阳，楮用
> 于阴。华夏阳明之区，沙漠幽阴之域。今陛下龙兴朔漠，君临中

---

① 梁方仲《历代纸币制度纪要》，《中国社会经济史论》，北京：中华书局，2008 年，第 444—447 页；内蒙古钱币学会编《元代货币论文选集》，呼和浩特：内蒙古人民出版社，1993 年；李幹《元代民族经济史》下册，北京：民族出版社，2010 年，第 1209—1244 页；白秦川《中国钱币学》，郑州：河南大学出版社，2014 年，第 179—180 页。

② A. C. Moule & P. Pelliot（ed. and tr.），*Marco Polo. The Description of the World*，Vol. 1, chap. 96, pp. 238—240. 白图泰《异境奇观——伊本·白图泰游记（全译本）》，李广斌译，北京：海洋出版社，2008 年，第 540 页。

夏，宜用楮币，俾子孙世守之。若用钱，四海且将不靖。"遂绝不用钱。迨武宗，颇用之，不久辄罢。此虽术数谶纬之学，然验之于今，果如所言。[1]

《元史·食货志》亦载，"元之交钞、宝钞虽皆以钱为文，而钱则弗之铸也"[2]。这说的是元代只行纸钞，而不铸钱。当然，根据当今学者研究，元代其实也铸行过多种银锭和铜钱[3]。只不过，铸钱主要出现在蒙古帝国初期和元末，铸造数量也很少，因此难以普遍流通于民间，而仅供官府使用和布施于佛寺[4]。这些有限的铸币无疑很难流传到西域。

察合台汗国不行钞法，而是流通打制钱币。目前，在北疆的多个地方，已经发现了大量察合台汗国钱币（银币、金币、镀银铜币）[5]。不过，南疆发现的察合台汗国钱币则极少。陈戈从斯坦因第三次中亚考察收集品和大谷探险队所获南疆古钱中，鉴别出了 5 枚察合台汗国钱币，发行时间在 1252—1264 年间，制造地点为"最大的斡耳朵"[6]。其中，斯坦因在库车发现了 3 枚，大谷探险队在喀什噶尔与和阗各发现了一

---

① 陶宗仪撰《南村辍耕录》卷二，"钱币"条，李梦生校点，上海：上海古籍出版社，2012 年，第 25 页。

② 《元史》卷九三《食货志一》，第 2371 页；亦参《元史》卷九七《食货志五》，第 2484 页。

③ 内蒙古钱币学会编《元代货币论文选集》，1993 年；李幹《元代民族经济史》下册，第 1184—1208 页；白秦川《中国钱币学》，第 181—187 页。

④ 黄君默《元代之钱币——元代货币论之二》，内蒙古钱币学会编《元代货币论文选集》，第 210 页。

⑤ 陈戈《昌吉古城出土的蒙古汗国银币研究》，内蒙古钱币学会编《元代货币论文选集》，第 285—332 页；蒋其祥、李有松《新疆博乐发现的察合台汗国金币初步研究》，内蒙古钱币学会编《元代货币论文选集》，第 333—347 页。

⑥ 陈戈《昌吉古城出土的蒙古汗国银币研究》，第 331 页注释 32。

枚①。笔者认为，可能在蒙古统治时期，塔里木盆地仍然主要使用喀喇汗朝钱币和宋朝钱币。直到叶尔羌汗国建立后，该地区才发行了新的钱币。当然，这种状况非因政治强制，而是因为南疆经济较为落后；另外，根据《突厥语大词典》记载，布帛之实物货币亦在塔里木盆地广泛流行②。

由此看来，通过采集钱币来判断南道唐以后遗址的年代，是极不可靠的。发现有宋钱和喀喇汗钱的遗址，很可能延续到了蒙元时期。而这两种钱币，特别是喀喇汗钱，在南道地区发现的数量绝对不少。

斯坦因三次中亚考察，在和田—策勒—达玛沟一带，总共获得200余枚宋朝钱币，其中大部分是在和田收购的（但不一定出自和田绿洲，也可能来自邻近的莎车等地）。具体为：第一次获得24枚③，第二次52枚④，第三次134枚（和田110枚，达玛沟附近24枚）⑤。斯坦因、黄文弼等人在南道所获喀喇汗钱数量太多，在此不作统计。需要指出的是，斯坦因的钱币收集品主要为收购所得。例如，其第三次考察在和田所获的宋钱中，大部分是从商人巴德鲁丁汗（Badruddīn Khan）那里购得，包括22枚熙宁（1068—1078）重宝，31枚元丰（1078—1086）通宝，等等。这些购买的钱币，难以确定具体的出土地点。

---

① 香川默识编《西域考古图谱》上卷，东京：国华社，1915年，古钱部，图6、8；M. A. Stein, *Innermost Asia: Detailed Report of Explorations in Central Asia, Kansu and Eastern Iran*, Vol. 2, Oxford: Clarendon Press, 1928, pp. 994—995, Pl. CXX no. 22—23.

② 《突厥语大词典》收录了两个布匹作为货币的词汇：ägin 幅宽一拃半，长四腕尺的一种布。苏瓦尔（Suvār）部落的人在贸易中使用它（I 116/ I 84）。qamdu 长四腕尺，幅宽一拃的一块布，上面盖有回鹘可汗的印，在交易中当货币使用。如果这布旧了，每七年可洗一次，再重新盖印（I 317/ I 442）。按，苏瓦尔部落靠近拜占庭帝国，回鹘王国位于天山东部一带。这表明在当时，布帛货币通用于中亚的广阔地区。

③ M. A. Stein, *Ancient Khotan*, Vol. 1, pp. 575—580.

④ M. A. Stein, *Serindia*, Vol. 3, pp. 1340—1350.

⑤ M. A. Stein, *Innermost Asia*, Vol. 2, pp. 987—990, 995.

在斯坦因的南道钱币收集品中，也不乏蒙元货币。最为重要的是，他在第三次考察中，从和田获得 1 枚元代至大（1308—1312）钱币①。在第二次考察中，他在阿克铁热克遗址发现"12 枚钱币，中国宋朝和伊斯兰钱币（13—14 世纪）"；另外还获得 1 枚 AR 伊斯兰钱币（约 14 世纪），1 枚 AE 伊斯兰钱币（14—15 世纪），以及 2 枚伊斯兰钱币（14 世纪）。其中所谓的 14 世纪的 AR 伊斯兰钱，即为陈戈认定的 13 世纪中期的察合台汗国钱币类型；另 3 枚也当为察合台币。可见，斯坦因在和田至少获得 1 枚元朝钱币和 4 枚察合台汗国钱币；大谷探险队在此获得 1 枚察合台汗国钱币。这 6 枚钱币是蒙元时期忽炭地区人类活动最直接的实物证据。

回过头来，再看待表 6-1 中所谓的宋代遗址，我认为其中有一些可能延续到了蒙元时期。丝绸之路南道的遗址，有很多长期是适合人类定居的地方。例如，皮山农场附近的亚尕奇乌里克遗址群，其中 21 处被认为属于唐宋时期，另一处即亚尕奇乌里克 10 号遗址，则被认为属于汉晋时期。而且还有亚尕奇乌里克墓群，与遗址群交错分布，二者当具有共存关系。此外，同一地区的萨曼吐孜遗址，出土有叶尔羌汗国时期的遗物②。由此可见，此地自汉晋至明清，一直延续着人类聚落。斯坦因历次考察中，在和田也获得了一些明清时期的钱币：第二次考察，在阿克铁热克遗址发现"13 枚中国钱币，没有铭文或不可认识，很可能是 15 世纪的"，如果他的初步判断是对的，则这是一批明朝钱币；后两次考察获得了 8 枚清代钱币，包括 4 枚乾隆（1736—1796）通宝，1 枚嘉庆（1796—1821）通宝，以及 3 枚咸丰（1851—1862）通宝。这也暗示了南道和田等地的古代聚落具有延续性，不会在蒙元时期戛然而止。

① M. A. Stein, *Innermost Asia*, Vol. 2, p. 995.
② 新疆维吾尔自治区文物局编《新疆维吾尔自治区第三次全国文物普查成果集成：新疆生产建设兵团辖区内不可移动文物》下册，第 495—526 页。

　　以上尝试探讨了丝绸之路南道古代聚落的两个重要问题,首先以喀什噶尔地区为例,结合文献和考古材料,阐述了唐代至察合台汗国时期丝绸之路南道村镇聚落的发展和分布规律;在此基础上,笔者分析了南道缺乏蒙元时期遗迹的原因。关于前者,本文研究发现,喀什噶尔地区历次调查的考古遗址不仅能跟《突厥语大词典》等喀喇汗时期的文献记载相印证,而且也符合马可波罗对相关地区的描述。这说明当地的聚落从喀喇汗朝到蒙元时期是延续的。这些遗址集中分布在古代交通要道沿线和重要河流两岸,暗示了道路与河流是制约丝绸之路南道古代聚落分布的两大因素。

　　关于南道蒙元遗迹的缺乏,笔者认为除了聚落区的古今重叠因素之外,更主要的是由于在实际考古工作中,该地区唐以后遗址断代存在方法上的误区。由于喀喇汗钱和宋钱在南道地区可能沿用到蒙元时期,因此,以往凭借采集钱币来判断南道唐以后遗址年代的做法缺乏可靠性,蒙元时期的遗址隐藏在所谓的发现有喀喇汗钱和宋钱的早期遗址中。斯坦因等人在南道收集的察合台汗国和元朝钱币,是这一地区最直接的蒙元遗物。另外,南道目前也发现了极少数明确的蒙元遗址,即且末苏伯斯坎遗址、若羌瓦石峡遗址等。这些遗物、遗迹线索,可为这一地区蒙元遗址的调查指明方向。通过此案例,笔者认为,当文献和考古材料相一致时,当然可以运用两类材料相互印证;当二者发生冲突时,却不能弃其一而择取有利的材料来阐述自己的观点,必须探究它们产生矛盾的原因。因为,从根本上讲,文献和考古材料必定相互印证。

第七章　丝绸之路南道交通的整体考察

历史上，丝绸之路南道的畅通和利用，受到沿途政治、军事、自然环境等一系列因素的影响。丝绸之路南道交通的兴衰变迁，大体上可以分为六个阶段：（1）公元前2世纪下半叶到公元4世纪中期，约略相当于两汉至前凉时期；（2）4世纪中期到7世纪中期，约当十六国后期至初唐时期；（3）7世纪中期到9世纪中期，即唐、吐蕃控制时期；（4）9世纪中期到13世纪初，即大宝于阗国与喀喇汗王朝时期；（5）13世纪初到14世纪上半叶，即蒙元时期；（6）14世纪中期以后，约当明清时期。下面，笔者尝试对各个时期南道的通行状况和特点进行梳理。

第一节　两汉至前凉时期

丝绸之路南道的开通，要归功于汉武帝与张骞。在此之前，欧亚大陆的东西交流主要经由草原之路，斯基泰人、月氏人等游牧民族在其中发挥重要作用。彼时，葱岭以西、河西以东的交通，已分别初具规模。所谓"张骞凿空"，主要是指打通了丝绸之路南道，即葱岭以东、河西以西的这段路程。

在汉代，由于匈奴的威胁，北道的车师、焉耆、龟兹等国经常叛汉附匈，或直接为匈奴所据。为了避免匈奴人的劫掠，两汉与西域的交往主要利用南道。《史记·大宛列传》提到的西域国家，葱岭以东仅列苏莎（按，可能指疏勒，参本书第六章的论述）、于阗、扜罙（扜弥）、楼兰、姑师[1]，前四国均当南道。班超经营西域，首先也是疏通南道，先降鄯善，次伏于阗，再据疏勒；稳定下来后，以疏勒为大本营，转而攻略北道龟兹、焉耆。楼兰、尼雅出土简牍及传世文献表明，塔里木盆地南缘绿洲的繁荣和南道的畅通，一直延续到魏晋前凉时期。

这一时期，南道在于阗以西有两大分支。一是在皮山或莎车折向西南，溯河谷至蒲犁（塔什库尔干），这是《汉书》所载南道西行的主要去向。从蒲犁翻越葱岭后，要么沿瓦罕走廊而下，前往大月氏（巴克特里亚），是为瓦罕道；要么顺印度河上游河谷下行，进入西北印度，这条道路在《汉书·西域传》中被称作罽宾道[2]。另一分支是过于阗之后继续西行，经疏勒和大宛（费尔干纳盆地）前往中亚，可称之为大宛道。

疏勒在《汉书·西域传》中被描述为北道的西部端点，北道从疏勒"西逾葱岭则出大宛、康居、奄蔡"[3]。然而，我们知道，丝绸之路是一张路网，诸道路之间并非孤立状态，它们大多可以勾连，组合利用。实际上，在汉代，大宛道也是南道西行的去向之一。李广利伐大宛，途经塔里木盆地时，因军队规模庞大，恐沿途小国无力供养，遂分为数军，从南北两道并行[4]。敦煌、尼雅出土简牍也表明，葱岭以西国家的使者也往往会经由大宛、疏勒，再折向南道，继而前往中原。一枚昭宣时期的悬泉汉简记录了当时一个西域使团的成分：

客大月氏、大宛、疏勒、于阗、莎车、渠勒、精绝、扜弥王使

---

[1] 《史记》卷一二三《大宛列传》，中华书局点校本修订本，2013 年，第 3836、3851 页。

[2] 《汉书》卷九六上《西域传》皮山国条记载："皮山国，王治皮山城……西南当罽宾、乌弋山离道，西北通莎车三百八十里。"（中华书局点校本，1962 年，第 3881—3882 页）

[3] 《汉书》卷九六上《西域传》，第 3872 页。

[4] 《史记》卷一二三《大宛列传》，第 3856 页。

者十八人，贵人□人。(I 91DXT0309③：97)①

这个庞大的使团包含了八个西域国家的成员。其中，大月氏、大宛位于葱岭以西；莎车、于阗、扞弥、精绝为南道绿洲城邦；渠勒虽不当南道，亦为塔里木盆地南缘国家；疏勒为南北道的汇合点。这八个国家的使者能够结伴而行，暗示了大月氏遣往汉朝的使者取道大宛、疏勒，经南道东行。在这个行程中，沿途的大宛、疏勒、南道诸国纷纷遣使加入，最终组成了这个多元化的朝贡使团。

尼雅遗址的 N. XIV 号遗迹被认为是精绝王国的王室驻地②。该遗迹2 号房址可能为精绝的文案机构，即译长、书史等文员的办公场所。这间房址出土了 21 枚汉文简牍，其中一枚西汉时期的残简（N. XIV. ii. 1）写道：

　　1 大宛王使羡左（佐）大月氏使上所 [

　　2 所寇。愿得汉使者使此。故及言：两□□羡 [③

该简是大月氏使者向汉朝呈递国书的草稿。据文意，大月氏使者在大宛使者的帮助下，起草了这份上奏给汉廷的国书。由于大宛与大月氏均不属都护，两国使者皆不工汉字，因此这件文书由精绝文案机构中的书史秉笔代写，而大宛使者在其间充当中间译人。这枚简牍同样披露了葱岭以西的大月氏使者取大宛道进入塔里木盆地，然后途经南道前往中原的史实。

① 郝树声、张德芳《悬泉汉简研究》，兰州：甘肃文化出版社，2009 年，第205 页；甘肃简牍博物馆等编《悬泉汉简（贰）》，上海：中西书局，2020 年，第66、368 页。

② M. A. Stein, *Serindia: Detailed Report of Archaeological Explorations in Central Asia and Western-most China*, Vol. I, Oxford: Clarendon Press, 1921, p. 220；林梅村《汉代精绝国与尼雅遗址》，《汉唐西域与中国文明》，北京：文物出版社，1998 年，第246—247 页。

③ 林梅村《尼雅汉简与汉文化在西域的初传——兼论悬泉汉简中的相关史料》，《松漠之间——考古新发现所见中外文化交流》，北京：三联书店，2007 年，第 96 页。

在汉代，从大月氏腹地巴克特里亚进入塔里木盆地，有时也采取瓦
罕道，即《汉书·西域传》所谓"南道西逾葱岭则出大月氏、安息"①。
罗马地理学家托勒密（Claudius Ptolemy，约公元90—150年）曾广泛收
集有关东方的地理学知识，记录在《地理志》一书中。他从航海家们
那里了解到，有一条从赛里斯国（Seres，即中国）经石塔前往巴克特
里亚的道路②。"石塔"（Lithinos Prygos）是希腊罗马作家多次提到的一
个地名，并被视作中国西境之门户。关于石塔的位置，林梅村先生已准
确地考证其在今塔什库尔干地区③。因此，托勒密提到的这条道路正是
指从中国内地经南道和瓦罕道前往中亚的线路。另一位罗马地理学家马
林努斯（Marinus）在其《地理学导论》中，记载了公元1世纪末马其
顿商人梅斯（Maès Titianus）的代理人前往东方的路线与见闻。马林努
斯的著作今已亡佚，所幸这些片段被托勒密的《地理志》摘录。根据
《地理志》的描述，梅斯曾派遣代理商团从罗马东部出发，穿越伊朗高
原，行经巴克特里亚，沿瓦罕道抵达石塔，进而前往赛里斯国④。林梅
村先生通过分析《地理志》转载的相关地理信息，认为这些商人经过
石塔后，继续沿丝绸之路南道往返于塔里木盆地⑤。

斯坦因在和田地区的约特干等遗址发现的两件汉代青金石制品，亦
证实了这一时期瓦罕道在塔里木盆地和中亚之间的物质文化交流中发挥
了作用。两件青金石制品中一件为青金石环，仅残半环，一面镶嵌有四
个金箔环，十分精致（Yo.00101.a，图7-1：1）；另一件为刻有蝎子图

① 《汉书》卷九六上《西域传》，第3872页。
② 戈岱司编《希腊拉丁作家远东古文献辑录》，耿昇译，北京：中华书局，
1987年，第29—30页。
③ 林梅村《公元100年罗马商团的中国之行》，《西域文明——考古、民族、
语言和宗教新论》，北京：东方出版社，1995年，第19—23页。
④ 戈岱司编《希腊拉丁作家远东古文献辑录》，第20—24页。
⑤ 林梅村《公元100年罗马商团的中国之行》，第23页。

案的印章（Khot. 04. k，图7-1：2）^①。古代青金石产自阿富汗巴达克尚省西南部的萨里桑矿区（Sar-i Sang），这里向东经过瓦罕走廊，即进入塔里木盆地南缘。

图7-1　和田出土青金石文物

罽宾道在汉晋时期葱岭东西两边的交往中，被商人、使者、僧侣们频繁利用。其北端起于南道上的皮山、莎车，向西南逾喀喇昆仑山抵达乌秅国（今巴控克什米尔洪扎河谷），然后沿印度河上游河谷而下，到达旁遮普平原上的塔克西拉（Taxila），与横贯印度次大陆的北方大道（uttarāpatha）相接，进而可通达中亚、西亚及南亚其他地区。罽宾道南端连接的是佛教要地犍陀罗地区，这里有大量佛教胜境和佛教典籍，是求法僧们向往的目的地。《汉书·西域传》对西汉与罽宾之间的政治与商业交往有较详细的记录，移录如下：

自武帝始通罽宾，自以绝远，汉兵不能至，其王乌头劳数剽杀汉使。乌头劳死，子代立，遣使奉献。汉使关都尉文忠送其使。王复欲害忠，忠觉之，乃与容屈王子阴末赴共合谋，攻罽宾，杀其王，立阴末赴为罽宾王，授印绶。后军候赵德使罽宾。与阴末赴相

---

① M. A. Stein, *Serindia*, pp. 106, 122, pl. IV, V.

失，阴末赴锁琅当德，杀副已下七十余人，遣使者上书谢。孝元帝以绝域不录，放其使者于县度，绝而不通。

成帝时，复遣使献谢罪，汉欲遣使者报送其使，杜钦说大将军王凤曰："前罽宾王阴末赴本汉所立，后卒畔逆。夫德莫大于有国子民，罪莫大于执杀使者，所以不报恩，不惧诛者，自知绝远，兵不至也。有求则卑辞，无欲则娇嫚，终不可怀服。凡中国所以通厚蛮夷，惬快其求者，为壤比而为寇也。今县度之厄，非罽宾所能越也。其乡慕，不足以安西域。虽不附，不能危城郭。前亲逆节，恶暴西城，故绝而不通。今悔过来，而无亲属贵人，奉献者皆行贾贱人，欲通货市买，以献为名，故烦使者送至县度，恐失实见欺。凡遣使送客者，欲为防护寇害也。起皮山南，更不属汉之国四五，斥候士百余人，五分夜击刀斗自守，尚时为所侵盗。驴畜负粮，须诸国禀食，得以自赡。国或贫小不能食，或桀黠不肯给，拥强汉之节，馁山谷之间，乞丐无所得，离一二旬则人畜弃捐旷野而不反。又历大头痛、小头痛之山，赤土、身热之阪，令人身热无色，头痛呕吐，驴畜尽然。又有三池、盘石阪，道狭者尺六七寸，长者径三十里。临峥嵘不测之深，行者骑步相持，绳索相引，二千余里乃到县度。畜队，未半坑谷尽靡碎。人堕，势不得相收视。险阻危害，不可胜言。圣王分九州，制五服，务盛内，不求外。今遣使者承至尊之命，送蛮夷之贾，劳吏士之众，涉危难之路，罢弊所恃以事无用，非久长计也。使者业已受节，可至皮山而还。"于是凤白从钦言。罽宾实利赏赐贾市，其使数年而一至云。[①]

引文两次提及"皮山"，三次提到"县度"，较为清晰地描述了罽宾道的走向和特点。"起皮山南"表明西汉时期罽宾道的起点在南道的皮山国，杜钦因此建议汉使护送罽宾使者归国时，可"至皮山而还"。

---

① 《汉书》卷九六上《西域传》，第3885—3887页。

县度位于乌秅国西部，指印度河上游的石山溪谷区，是罽宾道上的标志性地点①。关于罽宾使者的真实身份，上引文也交代得很清楚，说他们实际上是"以献为名"的商人，是为了在朝贡贸易中获益。他们"数年而一至"，这个入华频率在葱岭以西的绝域国家中算是相当高的。悬泉汉简中也有两枚记录了这一时期汉朝与罽宾之间使节来往的信息：

简1：出钱百六十，沽酒一石六斗。以食守属董并√叶贺所送沙车使者一人、罽宾使者二人、祭越使者一人，凡四人，人四食，食一斗。（Ⅱ90DXT0113②：24）

简2：　]以给都吏董卿所送罽宾使者□〔　（Ⅱ90DXT0213②：37）②

这两枚简年代相近，属于西汉后期宣、元时期（公元前73—前33年），内容为过所记账简，记载了罽宾使者经过敦煌悬泉置时所受招待的情况。在简1里，与罽宾使者同行的还有莎车、祭越二国使者。祭越即《汉书·西域传》所载的西夜国，在今新疆叶城县西南山区一带，北与莎车相邻，东去皮山、于阗不远，位于罽宾道上③。一般来说，多国使者能够结伴而行，则它们之间关系良好，往来频繁。因此，这枚简牍不仅揭示了罽宾与汉廷之间交往的历史，也反映了罽宾与塔里木盆地南缘祭越、莎车之间存在密切往来。

南道出土的一些考古实物，也印证了罽宾与塔里木盆地南缘之间有着频繁的交流。和田的约特干等遗址曾出土了五颗蚀花肉红石髓珠，它们即是从罽宾输入的特产。蚀花肉红石髓珠是古代印度河流域出产的一种人工加工处理过的宝石，即《汉书·西域传》里提到的罽宾物产

---

① 《汉书·西域传》记载，乌秅国"其西则有县度，去阳关五千八百八十八里，去都护治所五千二十里。县度者，石山也，溪谷不通，以绳索相引而度云"（第3882页）。

② 郝树声、张德芳《悬泉汉简研究》，第208页。

③ 罗帅《悬泉汉简所见折垣与祭越二国考》，《西域研究》2012年第2期，第42—43页。

"珠玑"。这种宝石在我国内地和新疆地区战国秦汉时期的遗址中多有发现，夏鼐和林梅村先生对此作过专门研究[①]。林梅村先生认为，这种宝石上的饰花纹饰在不同时期有不同样式，因此可据之分期断代。和田出土的五颗饰花肉红石髓珠上的纹饰为网格纹和圆圈线纹（Yo.00125，Kho.02.q，图7-2）[②]，与塔克西拉遗址希尔卡普（Sirkap）城址第二层（约公元30—60年）出土的同类遗物之间具有一致性[③]。因此，和田的这批饰花肉红石髓珠很可能是公元1世纪中期塔克西拉一带的产品。南道东部地区也发现有当地与罽宾之间文化交流的线索。林怡娴对尼雅遗址出土玻璃器进行的化学成分检测结果表明，其中一组植物灰玻璃的产地可确定为巴基斯坦的巴拉（Bara）遗址。该遗址距白沙瓦7公里，在布色羯罗伐底城址附近，年代为公元前2—公元2世纪。该遗址生产的"Bara类型"蜻蜓眼玻璃珠和搅胎波纹玻璃珠，在样式和成分方面都很

图7-2　和田出土蚀花肉红石髓珠

---

① 夏鼐（作铭）《我国出土的蚀花的肉红石髓珠》，《考古》1974年第6期，第382—385页；林梅村《丝绸之路考古十五讲》，北京：北京大学出版社，2006年，第60—65页。

② M. A. Stein, *Serindia*, p. 117, pl. IV, Yo.00125, Khot.02, q, r.

③ 约翰·马歇尔《塔克西拉》第2卷，秦立彦译，昆明：云南人民出版社，2002年，第1058—1072页。

独特，除在尼雅遗址有发现外，在南道洛浦县山普拉汉晋墓地和甘肃武威磨嘴子东汉墓里也有出土①。

罽宾也是汉代极西地区（西亚、地中海世界）物质和文化向葱岭以东传播过程中的重要一环。《汉书·西域传》记载，罽宾国出产"珠玑、珊瑚、虎魄、璧琉璃"②；《后汉书·西域传》则载，大秦国出产"珊瑚、虎魄、琉璃"③。我们知道，珊瑚、琥珀之属确实产自罗马帝国或由其转贸，而罽宾所在的西北印度一带并不出产这些东西。《汉书·西域传》张冠李戴，实际上暗示了罽宾在两汉之际是罗马物质文化传入东方的中转地。笔者曾系统梳理过我国新疆地区汉代遗址出土的罗马物品，发现它们集中分布于塔里木盆地南缘各地，北缘诸遗址则极少发现④。南道出土的这些罗马方物，应当是经罽宾道从罽宾辗转而来的。

第二节　十六国后期至初唐时期

十六国前期，前凉延续了曹魏和西晋对西域的治理，在楼兰设立西域长史府。楼兰出土的汉文简牍中，纪年最晚的是一枚前凉建兴十八年（330）的木简⑤。楼兰、尼雅出土的佉卢文文书，其年代下限在 4 世纪中期，这也是楼兰、尼雅遗址废弃的时间。我们认为，自前

---

①　林怡娴《新疆尼雅遗址玻璃器的科学研究》，北京科技大学博士学位论文，2009 年，第 153—159 页；又《试析尼雅玻璃器的产地来源及相关问题》，《新疆文物》2009 年第 3—4 期，第 68—69 页。

②　《汉书》卷九六上《西域传上》罽宾国条，第 3885 页。

③　《后汉书》卷八八《西域传》大秦国条，第 2919 页。由于罽宾在公元 1 世纪被贵霜吞并，因此《后汉书·西域传》里没有再记录罽宾，且在"大月氏"条里也没有提及上述三种物产。

④　罗帅《贝格拉姆宝藏与汉代东西文化交流》，北京大学硕士学位论文，2010 年，第 23—33 页。

⑤　胡平生《楼兰出土文书释丛》，《文物》1991 年第 8 期，第 41—42 页。

凉以后，直至唐贞观间，南道衰败，东段几近废弃。这其中包含战争破坏因素，例如，北魏太延二年（436），吐谷浑主慕利延为北魏高凉王拓跋那所败，"遂入于阗国，杀其王，死者数万人"[①]；太平真君三年（442），北凉沮渠安周侵鄯善，鄯善王比龙率众西奔且末[②]。然而，气候的变迁乃是主因。这一时期，南道交通走向发生了三个值得注意的变化。

其一，东段多处绿洲衰落或消失。399 年，法显西行，从鄯善历焉耆，继而向西南涉塔克拉玛干沙漠而至于阗[③]。404 年，智猛逾流沙（罗卜沙漠）之后，"历鄯鄯、龟兹、于阗诸国"[④]，同样是从鄯善折向北道，然后溯和田河南下至阗。可见，二者皆绕开了经由且末的南道东段。519 年，宋云、惠生行经左末（且末）时，城中居民仅有百家[⑤]。而《汉书》记载西汉时期，且末有"户二百三十，口千六百一十"[⑥]。按，宋云所言为且末城人口，《汉书》所记为整个且末国人口，似不好比较。然而，两汉之际，塔里木盆地绿洲国家普遍经历了一个户数和人口迅猛增长的时期。例如，从两《汉书》的记录中可以看出，东汉时期于阗的人口为西汉时期的四倍多，户数则约为十倍[⑦]。按此增长比例，且末国人口在东汉时期可达六七千，户数则超过两千。且末作为绿

① 《魏书》卷一〇一《吐谷浑传》，中华书局点校本修订本，2017 年，第 2423 页。

② 《宋书》卷九八《大且渠蒙逊传》，中华书局点校本修订本，2018 年，第 2651 页；《魏书》卷一〇二《西域传》且末国条，第 2452 页。

③ 法显撰《法显传校注》，章巽校注，北京：中华书局，2008 年，第 7—11 页。

④ 释僧佑撰《出三藏记集》卷一五《智猛传》，苏晋仁、萧链子点校，北京：中华书局，1995 年，第 579 页。

⑤ 余太山《"宋云行纪"要注》，《早期丝绸之路文献研究》，上海：上海人民出版社，2009 年，第 271 页。

⑥ 《汉书》卷九六上《西域传》且末国条，第 3879 页。

⑦ 《汉书》卷九六上《西域传》于阗国条，第 3881 页；《后汉书》卷八八《西域传》于阗国条，第 2915 页。

洲国家，此两千余户居于且末城者必不止百家。可见，在十六国北朝时期，且末绿洲的人口衰减极为严重。尼雅遗址、喀拉墩古城亦皆废于这一时期。玄奘回国行至媲摩城时，听闻了此国北部的曷劳落迦城为风沙所埋的故事①。此等传闻正是南道东段尼雅等城悲惨命运之写照。

其二，中段扜弥（今于田）至于阗的路线发生了重大改变。汉之扜弥城，亦即宋云之捍麽城，《新唐书》之坎城。本书第三章论及，两《汉书》记载扜弥去于阗 390 里②，《新唐书·地理志》引贾耽《皇华四达记》称坎城在于阗以东 300 里③。按，390 汉里合 307 唐里。因此，汉代与唐代文献所记两地距离基本一致，则这两个时期利用的道路亦当大体相同。然而，《宋云行纪》记载捍麽城至于阗为 878 里④，约合 717 唐里⑤，远逾文献所载汉、唐之里数，以至于《洛阳伽蓝记》的校释者认为这个里程数似有讹误⑥。殊不知，宋云、惠生并未循两汉故道，走的乃是一条比较迂回的道路。究其缘由，皆因其时捍麽至于阗的直路，因战乱或环境恶化而阻塞不通。宋云、惠生当从捍麽城出发，顺克里雅河北进，然后沿唐代之神山路至和田河岸，再溯和田河南行至于阗国都。这条路线约 380 公里，合北魏 876 里。

---

① 玄奘、辩机原著《大唐西域记校注》，季羡林等校注，北京：中华书局，2000 年，第 1026—1029 页。

② 《汉书》卷九六上《西域传》扜弥国条，第 3880 页；《后汉书》卷八八《西域传》拘弥国条，第 2915 页。

③ 《新唐书》卷四三下《地理志七》，中华书局点校本，1975 年，第 1150页。玄奘记于阗至媲摩城 330 余里（季羡林等校注《大唐西域记校注》，第 1025—1026 页；慧立、彦悰撰《大慈恩寺三藏法师传》，孙毓棠、谢方点校，北京：中华书局，2000 年，第 124 页），媲摩城略在捍麽城/坎城以东，因此玄奘所记道里与两《汉书》《新唐书》一致。

④ 余太山《"宋云行纪"要注》，第 273 页。

⑤ 北魏沿用东汉晚期里制，关于历代里长，参陈梦家《亩制与里制》，《考古》1966 年第 1 期，第 42 页。

⑥ 杨衒之原著《洛阳伽蓝记校释》卷五，周祖谟校释，北京：中华书局，第2 版，2010 年，第 174 页。

其三，西段偏离莎车，陀历道先盛后衰。两《汉书》与悬泉汉简的记载皆表明莎车当南道。然而，两晋南北朝时期的文献很少提及莎车。这一时期的行纪记录于阗以西的路程，一般在今皮山或叶城即折入葱岭，而不继续西行至莎车。相关行纪路线如下：

（1）399 年，法显：经于阗、子合（今叶城）、竭叉（今塔什库尔干），度葱岭，经陀历（今克什米尔之达丽尔/Dārel）至乌苌（今巴基斯坦北部斯瓦特/Swāt 河谷）①。

（2）399 年，僧韶：自于阗至罽宾（原文称从于阗"僧韶一人随胡道人向罽宾，法显等进向子合国"）②。

（3）404 年，智猛：从于阗西南行二千里，始登葱岭，经波沦（即唐代大勃律，今克什米尔之巴尔蒂斯坦/Baltistan）至罽宾（今克什米尔）③。

（4）519 年，宋云：经于阗、朱驹波（即子合）、汉盘陀（即竭叉），登葱岭，至嚈哒王庭（今阿富汗昆都士/Kunduz）④。

（5）554 年，阇那崛多：自嚈哒经渴罗盘陀（即汉盘陀）至于阗⑤。

以上，法显与宋云皆从今叶城南入昆仑山，继至塔什库尔干。之后，前者向南越过喀喇昆仑山，进入印度河谷上游，至今克什米尔；后者向西南越过帕米尔高原，沿瓦罕道前行，至兴都库什山北麓。僧韶与法显在于阗分道扬镳之后，另取一途，直接向南入昆仑山，经赛都拉逾

---

① 章巽校注《法显传校注》，第 16—22 页。
② 章巽校注《法显传校注》，第 16 页。
③ 释僧佑撰《出三藏记集》卷一五《智猛传》，第 579 页。
④ 余太山《"宋云行纪"要注》，第 275—277 页。
⑤ 道宣撰《续高僧传》卷二《阇那崛多传》，郭绍林点校，北京：中华书局，2014 年，第 38 页。

喀喇昆仑山口，进入克什米尔①。阇那崛多之时代与宋云相近，《续高僧传》虽未明言他从何处出昆仑山至于阗，但记载崛多曾详言遮拘迦国（即朱驹波）诸佛事②，且总体上其行程与宋云正好相逆，因此二者所行当为同一路线。

法显所取被称作陀历道、悬度道，即汉代罽宾道，不过《汉书》记载罽宾道起自皮山西南③，与法显从子合入山略异。智猛西行求法的年代与法显接近，所走的大体上同样是陀历道。此外，唐初道宣《释迦方志·游履篇》记载了另两位明确经行陀历道的求法僧：

> 七谓后燕建兴（386—396）末，沙门昙猛者从大秦路入，达王舍城。及返之日，从陀历道而返东夏。
>
> ……
>
> 十三谓后魏太武（424—452年在位）末年，沙门道药从疏勒道入，经悬度到僧伽施国。及返，还寻故道。著传一卷。④

昙猛自天竺归国，即取陀历道，经行年代与法显非常接近。道药，一般认为即道荣，《洛阳伽蓝记》载其著有《道荣传》，并于"宋云行纪"中征引颇多⑤。道宣所言"疏勒道"，指从疏勒西南行、沿盖孜河与塔什库尔干河河谷至渴盘陀之道路，大体走向与今314国道相仿。道药先经疏勒道至渴盘陀，继而逾葱岭经陀历道入竺。

两晋南北朝前期，陀历道被频繁使用，这不仅为上述僧人行纪所证实，亦为印度河上游河谷所发现的大量古代行人题刻所印证。这些题刻

---

① 殷晴《古代于阗的南北交通》，《探索与求真——西域史地论集》，乌鲁木齐：新疆人民出版社，2011年，第154页。
② 道宣撰《续高僧传》卷二《阇那崛多传》，第40—41页。
③ 《汉书》卷九六上《西域传》皮山国条，第3882页。
④ 道宣撰《释迦方志》，范祥雍点校，北京：中华书局，2000年，第97—98页。
⑤ 周祖谟校释《洛阳伽蓝记校释》，第168—210页。

包括婆罗迷文、佉卢文、粟特文、巴克特里亚文、汉文等铭文和刻画图案[1]。其中，为数众多的粟特文铭文的年代不晚于 5 世纪下半叶[2]，这个时间下限即是陀历道由盛转衰的节点。5 世纪后期至 6 世纪中期，由于频繁的战乱，一方面陀历道南端的犍陀罗地区日渐衰落[3]，另一方面喀喇昆仑山间的栈道损毁失修[4]，导致陀历道终被弃用。

在印度河上游河谷的众多铭刻中，有一条汉文题记为"大魏使谷巍龙今向迷密使去"。马雍先生考证，这条题记的年代为 5 世纪中期（444—453 年之间），乃北魏使者谷巍龙所留。谷巍龙出使之目的地为迷密，即昭武九姓之米国，都城在今塔吉克斯坦之片治肯特（Pend-jkent）[5]。前往河中地，依汉、唐常道，当从于阗向西经莎车、疏勒，经瓦罕道或大宛道而至。然而，如马雍先生所言，谷巍龙从皮山开始便分道西南行，沿陀历道下至北印度，然后辗转前往中亚迷密。谷巍龙的这种绕行方案，可能是在当时复杂的西域政局背景下迫不得已的选择，但它也折射出两晋南北朝时期莎车在南道交通中地位的严重下降。

这种状况至少延续到了隋代。裴矩《西域图记》记载敦煌至西海凡三道，"其南道从鄯善、于阗、朱俱波、喝盘陀，度葱岭，又经护密、

① K. Jettmar (ed.), *Antiquities of Northern Pakistan. Reports and Studies*, Vol. 1: *Rock Inscriptions in the Indus Valley*, Mainz: Verlag Philipp von Zabern, 1989.

② Y. Yoshida, "When Did Sogdians Begin to Write Vertically?" *Tokyo University Linguistic Papers* 33, 2013, p. 383.

③ 桑山正进《カーピシ=ガンダーラ史研究》，京都：京都大学人文科学研究所，1990 年，第 122—149 页；S. Kuwayama, "The Hephthalites in Tokharistan and Gandhara," *Across the Hindukush of the First Millenium: A Collection of the Papers*, Kyoto: Institute for Research in Humanities, Kyoto University, 2002, pp. 107—139.

④ 庆昭蓉《法献赍回佛牙事迹再考——兼论 5 世纪下半叶嚈哒在西域的扩张》，朱玉麒主编《西域文史》第 13 辑，北京：科学出版社，2019 年，第 83—98 页；任柏宗《中外关系视野下的罽宾研究》，北京大学硕士学位论文，2022 年，第 50 页。

⑤ 马雍《巴基斯坦北部所见"大魏"使者的岩刻题记》，《西域史地文物丛考》，北京：文物出版社，1990 年，第 129—137 页。

吐火罗、挹怛、帆延、漕国，至北婆罗门，达于西海"①。所记前半段
与宋云、惠生西行路线相同，依然避开了莎车。

两晋南北朝史籍，仅《魏书·西域传序》记载莎车为当时南道之
交通枢纽：

> 始琬等使还京师，具言凡所经见及传闻傍国，云：……其出西
> 域本有二道，后更为四：出自玉门，渡流沙，西行二千里至鄯善为
> 一道；自玉门渡流沙，北行二千二百里至车师为一道；从莎车西行
> 一百里至葱岭，葱岭西一千三百里至伽倍为一道；自莎车西南五百
> 里〔至葱岭〕，葱岭西南一千三百里至波路为一道焉。自琬所不传
> 而更有朝贡者，纪其名，不能具国俗也。其与前使所异者录之。②

引文言及北魏时出西域有四道，后两道皆以莎车为起点，一道逾葱
岭至伽倍（即前引裴炬《西域图记》之护密，在今阿富汗之瓦罕③），
一道逾葱岭至波路（即前引智猛行程之波沦）。所言琬等使事，乃指北
魏太延二年（436）④，世祖拓跋焘遣散骑侍郎董琬、高明等"多赍锦
帛，出鄯善，招抚九国，厚赐之。初，琬等受诏：便道之国，可往赴
之。琬过九国，北行至乌孙国"，董、高又在乌孙王的建议下，分头出
使破洛那（今费尔干纳）和者舌（今塔什干），然后东还魏都⑤。

据序文所言，西域四道之观点来自董琬。董琬虽亲历西域，但四道
之论并不可信。董、高在西域之行程，我们仅知始于鄯善，终于乌孙、
破洛那和者舌，其余中间路线和回程皆不明了。不过，《魏书·世祖
纪》记载董、高出使前后，太延元年和三年，西域龟兹、悦般、焉耆、

---

① 《隋书》卷六七《裴矩传》，中华书局点校本修订本，2019 年，第 1772
页。
② 《魏书》卷一〇二《西域传·序》，第 2451 页。
③ 季羡林等校注《大唐西域记校注》，第 975 页。
④ 关于董琬、高明出使西域的时间，参余太山《董琬、高明西使考》，《两汉
魏晋南北朝与西域关系史研究》，北京：商务印书馆，2011 年，第 394—398 页。
⑤ 《魏书》卷一〇二《西域传·序》，第 2450 页。

车师、粟特、疏勒、乌孙、渴盘陀、鄯善九国各遣使来朝①。这些国家主要位于北道，而不见南道于阗、悉居半（又作朱居盘、朱驹波、朱俱波，即子合）等国。因此可以谨慎推测，董、高往返皆由北道。又，《魏书·西域传》渠莎国条全文草草如下："渠莎国，居故莎车城，在子合西北，去代一万二千九百八十里。"②这暗示董、高未到过渠莎。盖因上引序文交待，"自琬所不传而更有朝贡者，纪其名，不能具国俗也"，渠莎国即属此类纪名国家，为琬所不传。查诸史料，我们并未见有渠莎国朝贡中原之记载。另一方面，《魏书》称悉居半"太延初，遣使来献，自后贡使不绝"，见载者前后达 5 次③。晋唐间，悉居半为塔里木盆地西南之一强国，兼并邻小国者甚多，迄唐代仍并有汉西夜、蒲犁、依耐、得若四国之地④。北魏时期，居莎车故城之渠莎国必为悉居半之属国，且曾遣使加入悉居半之朝魏使团。笔者认为，董、高出使西域所循为北道，南道于阗、悉居半不属"便道之国"而未亲赴，但他们亦闻得南道交通之大势。董琬所言西域四道之后二道，实为宋云、法显所循之二道。这两道的起点为悉居半，在今叶城。然而，董琬不明就里，将渠莎国及其宗主国悉居半混为一谈，又因渠莎国居莎车故城，而将渠莎国称作莎车，进而将悉居半视作他所熟悉的汉代莎车。概言之，董琬西域四道后二道中的莎车当为悉居半。即便如此，他对这两道的描述仍不准确，从悉居半"西行一百里""西南行五百里"入葱岭之方位、里数并非实情。

---

① 《魏书》卷四上《世祖纪》，第 99—100、102 页。
② 《魏书》卷一〇二《西域传》渠莎国条，第 2455 页。
③ 《魏书》卷四上《世祖纪》，第 106 页；卷五《高宗纪》，第 144 页；卷八《世宗纪》，第 234、252 页；卷九《肃宗纪》，第 272 页，原文作"末久半"，乃"朱久半"之误；卷一〇二《西域传》悉居半条，第 2454 页。
④ 杜佑撰《通典》卷一九三《边防九》朱俱波条，王文锦等点校，北京：中华书局，2016 年，第 5258 页；《新唐书》卷二二一上《西域传》朱俱波条，第 6234 页。

莎车之交通地位为何会在两晋南北朝时期式微？本书第五章论及，自东汉初莎车王贤被于阗击败之后，莎车绿洲一蹶不振，先后为于阗、疏勒、渠莎、朅盘陀等邻国役属，当地的发展在魏晋南北朝隋唐时期长期被抑制。直到喀喇汗王朝统一塔里木盆地南缘后，莎车绿洲才摆脱桎梏，获得与周边地区平等的地位，重新发展为南道西段的重镇。

十六国后期至唐前期，南道东、中、西段出现的这些情况，使南道在这一时期很难成为一条全程贯通的完整交通路线。南道各部分更多地跟其他道路串联，分散到一张庞大的世界性交通网络中。吐鲁番出土的《阚氏高昌永康九年、十年（474—475）送使出人、出马条记文书》，呈现了这种新的网状丝绸之路的面貌。这件文书记录了行经高昌的吴（刘宋）客及婆罗门（天竺）、乌苌、子合、焉耆、柔然使者，从中可以勾勒出一张连接东亚、中亚、南亚的国际路网[1]。其中，乌苌、子合分别位于陀历道南北两端，这两个国家的使者去往高昌，恐怕不会选取南道从于阗东行，而是途经疏勒或于阗至龟兹，然后继续沿北道经焉耆至高昌。文书中的"九年十二月二日，送乌苌使向鄢（焉）耆"一条[2]，即暗示了这样的走法。

第三节 唐、吐蕃控制时期

丝绸之路南道的衰败一直延续到唐初。贞观十八年（644），玄奘东归时，看到南道东段到处都是城郭荒废、久无人烟的情景。不过，也就在这一时期，南道东段开始复苏。根据《沙州图经》《沙州伊州志》《寿昌县地境》等敦煌地理文献记载，贞观中（627—649），康国大首

---

[1] 荣新江《阚氏高昌王国与柔然、西域的关系》，《丝绸之路与东西文化交流》，北京：北京大学出版社，2022年，第42—58页。

[2] 荣新江、李肖、孟宪实主编《新获吐鲁番出土文献》，北京：中华书局，2008年，第162—163页。

领康艳典率众东来，在南道东段建立了典合城、弩支城（新城）、蒲桃城、萨毗城等一批据点，并归顺唐朝[①]。更为重要的是，在太宗时期，唐朝先后取得对南道东部和西部的控制（详见本书绪论部分）。永徽元年（650），西突厥阿史那贺鲁趁太宗驾崩、高宗新立之机，据西域叛唐。高宗很快平定贺鲁之乱，并于显庆三年（658）在塔里木盆地设立龟兹、于阗、疏勒、焉耆等安西四镇。然而，与此同时，青藏高原上的吐蕃王朝崛起，致力于向外扩张，与唐王朝在塔里木盆地南缘一线展开反复争夺。在 8 世纪中叶之前，南道虽数次为吐蕃侵占，但每次唐朝均能很快收复。安史之乱后，西域与内地隔绝，南道东部逐渐为吐蕃占据；8 世纪末，于阗陷蕃。自此，吐蕃掌控整个南道近半个世纪。

总体而言，7 世纪中期至 9 世纪中期，南道基本由唐、吐蕃两个政权控制。在此期间，南道作为一条整体交通路线得到恢复。塔里木盆地交通又进入南北道并用时期，当然，利用更多的是北道。这一时期的南道呈现出如下两个显著特点。

第一个特点是，在唐朝的经营下，南道交通的保障能力大为增强。在汉代，丝绸之路南北道主要依靠沿途绿洲国家提供给养。到唐代，则建立了完善的馆驿传递系统，以及一套完整的镇、守捉、戍、堡、烽、铺军事系统。安西四镇的设置，意味着唐朝一系列政治、军事、交通、运输体制直接导入西域[②]。《唐会要》记载，"显庆二年十一月，伊丽道行军大总管苏定方大破贺鲁于金牙山，尽收其所据之地，西域悉平。定方悉命诸部，归其所居。开通道路，别（列）置馆驿"[③]。荣新江先生据此指出，唐朝在平定贺鲁之乱后，在整个塔里木盆地都做了"开通道路，列置馆驿"的工作。而且，这种"道路"不是普通的道路，而是

---

① 李正宇《古本敦煌乡土志八种笺证》，兰州：甘肃人民出版社，2008 年，第 163、241—242、328—329 页。

② 荣新江《唐代安西都护府与丝绸之路——以吐鲁番出土文书为中心》，《龟兹学研究》第 5 辑，乌鲁木齐：新疆大学出版社，2012 年，第 160 页。

③ 王溥撰《唐会要》卷七三，北京：中华书局，1960 年，第 1322 页。

唐朝具有法令意义的"官道"，即"驿路"。唐朝的驿路和馆驿制度，具有为官方行旅供应食宿、马匹等交通保障之功能①。南道馆驿系统和军事系统的构建，为唐朝军政人员、公文、物资在西域的运转提供了途径与支撑，也让南道成为东西方商人往来贸易的通途。

南道驿站交通与军事镇防体系的概况，在贞元（785—805）宰相贾耽的《皇华四达记》中有系统的描述。该书已佚，《新唐书·地理志》抄录了其关于边州入四夷的七组要道。其中，"安西入西域道"记载了安西都护府（龟兹）通往西域各地的道路情况，跟南道有关的路线有如下四段②：

（1）从拨换（今阿克苏）至于阗。此即沿和田河穿越塔克拉玛干沙漠，连接丝绸之路南北道的路线。《新唐书·地理志》写道，"自拨换南而东，经昆岗，渡赤河，又西南经神山、睢阳、咸泊，又南经疏树，九百三十里至于阗镇城"。《太平寰宇记》"安西大都护府"条对此道也有简短记述，可与《新唐书》的内容相互补充："又从拨换正南渡思浑河，又东南至昆冈、三叉等守戍，一十五日程至于阗大城，约千余里。"③沿和田河的南北道路，自汉代（甚至更早）以来一直在使用，唐朝政府在沿途建立了系列驿馆，使其通行能力大为提高。因此，自唐代往后，不少求法僧、使者、商旅穿越塔里木盆地时，采用的是一条Z字形路线，即从北道行至拨换城（又作跋禄迦等）之后，沿和田河南下至于阗，然后循南道继续西行。和田河沿途的驿馆在和田出土文书中有所提及，包括神山、草泽、欣衡、连衡、谋常等馆。陈国灿根据出土文书和上述《新唐书》和《太平寰宇记》的记载，认为从拨换至于阗沿河大约有13座驿馆，并将其复原如下：拨换城、昆岗、赤河、草泽、

① 荣新江《唐代安西都护府与丝绸之路——以吐鲁番出土文书为中心》，第154—161页。
② 《新唐书》卷四三下《地理志七》，第1150—1151页。
③ 乐史撰《太平寰宇记》卷一五六《陇右道七》安西大都护府条，王文楚等点校，北京：中华书局，2007年，第3000页。

欣衡、连衡、谋常、神山、睢阳、咸泊、疎树、三义、于阗镇[①]。另外，这条南北向的道路还有一条分支，即从神山经杰谢到坎城的道路，此道沿途亦设有驿馆[②]。

（2）从于阗到疏勒。《新唐书·地理志》描述此道如下："于阗西五十里有苇关，又西经勃野，西北渡系馆河，六百二十里至郅支满城，一曰碛南州。又西北经苦井、黄渠，三百二十里至双渠，故羯饭馆也。又西北经半城，百六十里至演渡州，又北八十里至疏勒镇。"另外，同书还写道，"于阗西南三百八十里，有皮山城，北与姑墨接"，可知，这时的皮山城已不当南道。

（3）从疏勒至葱岭守捉。此即上文提到的疏勒道，是唐代从南道逾葱岭的主要道路之一。《新唐书·地理志》记载如下："自疏勒西南入剑末谷、青山岭、青岭、不忍岭，六百里至葱岭守捉，故渴盘陀国，开元中置守捉，安西极边之戍。"可见，在唐代，这条道路沿线设有镇防体系，亦当设有驿馆。其中，葱岭守捉即今塔什库尔干县北部的石头城遗址[③]。

（4）从于阗至沙州。关于这条道路，《新唐书·地理志》的记述掺杂了多种史料来源，其一为贾耽的著作，是以于阗为出发点的路线，"于阗东三百九十里，有建德力河，有宁弥故城，一曰建德力城，曰汗弥国，曰拘弥城，东七百里有精绝国"（按，此句语序经笔者重新调整，其中，"三百九十里"为汉代里数，唐代应为"三百里"，详参本书第三章）。这里简单地描述了于阗至其东境的路程，均位于安西都护

---

① 陈国灿《唐代的"神山路"与拨换城》，《魏晋南北朝隋唐史资料》第 24 辑，2008 年，第 197—205 页。

② 侯灿《麻札塔格古戍堡及其在丝绸之路上的重要位置》，《文物》1987 年第 3 期，第 72—75 页；张广达、荣新江《圣彼得堡藏和田出土汉文文书考释》，《于阗史丛考（增订新版）》，上海：上海书店出版社，2021 年，第 291—293 页。

③ 王炳华《西域考古文存》，兰州：兰州大学出版社，2009 年，第 131—135、151—153 页。

府管辖范围内。其二可能源自沙州图经、地志一类文献，是以沙州为出发点的路线，"又一路自沙州寿昌县西十里至阳关故城，又西至蒲昌海南岸千里。自蒲昌海南岸，西经七屯城，汉伊循城也。又西八十里至石城镇，汉楼兰国也，亦名鄯善，在蒲昌海南三百里，康艳典为镇使以通西域者。又西二百里至新城，亦谓之弩支城，艳典所筑。又西经特勒井，渡且末河，五百里至播仙镇，故且末城也，高宗上元中更名。又西经悉利支井、祆井、勿遮水，五百里至于阗东蔺城守捉。又西经移杜堡、彭怀堡、坎城守捉，三百里至于阗"。这条道路上的石城镇和播仙镇（且末镇），在唐高宗时划归沙州管辖。在敦煌地理文书中，保留有一件武周万岁登封元年（696）编纂的《沙州图经》第五卷（P.5034）残卷，该卷记载寿昌县及其下辖的石城、播仙镇的史地知识与见闻。在"石城镇"条目下，列有"六所道路"，是关于从石城镇出发的六条道路的情况，其中两条为："一道南路，从镇东去沙州一千五百里。其路由古阳关向沙州，多缘险隘。泉有八所，皆有草。道险不得夜行。春秋二时雪深，道闭不通。一道从镇西去新城二百卅里。从新城西出，取傍河路，向播仙镇六百一十里。从石城至播仙八百五十里，有水草。"[1]这两条道路，即是从沙州向西经石城镇至播仙镇的道路，此处重点描写了沿途的水草分布情况，正可与《新唐书》的记载互补。

此外，《新唐书·地理志》还专门记录了于阗境内军事防御体系中的镇城，"于阗东三百里有坎城镇，东六百里有蔺城镇，南六百里有胡弩镇，西二百里有固城镇，西三百九十里有吉良镇"。这五座镇城，是唐朝西域镇防体系中的重要一环，为南道交通提供了军事保障。

这一时期，南道交通的第二个显著特点是，南北向的交通联系得到加强。这方面的表现，除了上述沿和田河的道路因设置驿馆而提高了通行效率外，更多的是跟吐蕃人的活动有关。西藏阿里地区故如甲木墓

---

[1]　李正宇《古本敦煌乡土志八种笺证》，第147—165页。

地、曲踏墓地出土的丝织品等文物表明,在吐蕃崛起之前,塔里木盆地与青藏高原之间就已经存在交通往来[①]。而来自青藏高原的吐蕃王朝,无疑将两地之间的交往提高到一个新的水平。出于在西域的扩张和经营,吐蕃人拓展了多条翻越昆仑山,连接南道和青藏高原的道路。对于吐蕃—于阗道,王小甫、殷晴、霍巍、杨铭等人均有专门论述[②]。穆斯林作家加尔迪齐(Gardīzī)在其《记述的装饰》(成书于1050—1052年间)中,对南道和阗、喀什噶尔前往吐蕃(青藏高原)的道路作了较为详细的描述,摘录如下:

> 说到去吐蕃的道路,那是从和阗去阿拉善(?),而且是顺着和阗的丛山走。山中有人居住,他们有成群的公牛、公羊和山羊;顺着这些山可到阿拉善。向前走是一座桥,从山的这边搭向另一边,据说,桥是和阗人在古时候修建的。山从这座桥一直绵延到吐蕃可汗的都城。走近这座山的时候,山上的空气使人喘不过气来,因为没法呼吸,说话也变得困难了,许多人就因此丧命,吐蕃人把这座山叫"毒山"。如果从喀什噶尔走,那就要往右走,在两座山的中间朝东走,过了山就到了占地四十法尔萨赫的阿迪尔山区,这片地区一半是丛山,一半是平原(?)和墓地(?)。喀什噶尔附近

---

① 霍川、霍巍《汉晋时期藏西"高原丝绸之路"的开通及其历史意义》,《西藏大学学报》2017年第1期,第52—57页;仝涛《青藏高原丝绸之路的考古学研究》下册,北京:文物出版社,2021年。

② 王小甫《唐、吐蕃、大食政治关系史》,北京:北京大学出版社,1992年,第20—42页;又《七、八世纪之交吐蕃入西域之路》,《边塞内外——王小甫学术文存》,北京:东方出版社,2016年,第87—100页;殷晴《古代于阗和吐蕃的交通及其友邻关系》,《民族研究》1994年第5期,第65—72页;霍巍《于阗与藏西:考古材料所见吐蕃时期两地间的文化交流》,《藏学学刊》第3辑,成都:四川大学出版社,2007年,第146—156页;杨铭《唐代吐蕃与于阗的交通路线考》,《中国藏学》2012年第2期,第108—113页。

有许多村庄和无数的乡邑，在古时候这个地区曾属于吐蕃汗。[①]

　　加尔迪齐的著作虽然成书于 11 世纪中期，但在这段描述中，出现了多处有关吐蕃王朝的追忆性词句。可见，这两条从塔里木盆地进入青藏高原的道路，无疑在吐蕃王朝兴盛的 7—9 世纪即已被开发利用。

第四节　大宝于阗国与喀喇汗王朝时期

　　在经历唐、吐蕃的控制之后，南道进入大宝于阗国和喀喇汗王朝两个本地政权管辖的时期。842 年，吐蕃赞普朗达玛遇刺身亡，王朝陷入内乱，旋即分崩离析。848 年，沙州土豪张议潮率众起义，经过长期艰苦征战，克复河陇一带，建立归义军政权。与此同时，南道中部的于阗王国亦驱离吐蕃守将，重获独立。910 年，归义军征服南道东部的璨微、仲云、南山等部落，打通了沙州（敦煌）与于阗之间的道路[②]。在当时错综复杂的西北地缘政治格局下，于阗王国与归义军政权选择联姻结盟，双方往来频繁[③]。敦煌文书钢和泰（Staël-Holstein）藏卷的于阗语部分保留了一份于阗使者的行纪，写成于 925 年，其中记录了于阗到沙州沿途的诸多城镇，包括媲摩、且末、怯台、楼兰、寿昌等[④]，反映

---

　　① A. P. Martinez, "Gardīzī's Two Chapters on the Turks," *Archivum Eurasiae Medii Aevi* 2, 1982, pp. 130—131；巴托尔德《加尔迪齐著〈记述的装饰〉摘要》，王小甫译，《西北史地》1983 年第 4 期，第 111 页。

　　② 荣新江《归义军史研究——唐宋时代敦煌历史考索》，上海：上海古籍出版社，1996 年，第 221—222 页；荣新江、朱丽双《于阗与敦煌》，兰州：甘肃教育出版社，2013 年，第 111—112 页。

　　③ 冯培红《敦煌的归义军时代》，兰州：甘肃教育出版社，2010 年，第 333—349 页。

　　④ H. W. Bailey, "The Staël-Holstein Miscellany," *Asia Major* 2/1, new series, 1951, pp. 10—11；J. Hamilton, "Autour du manuscrit Staël-Holstein," *T'oung Pao* 46, 1958, pp. 117—122；黄盛璋《于阗文〈使河西记〉的历史地理研究》，《敦煌学辑刊》1986 年第 2 期，第 3—10 页。

了 10 世纪南道交通的复兴与繁荣。

凭借归义军政权的帮助，于阗王国还同中原王朝建立了联系，彼此互派使节假道敦煌，到达对方都城。后晋天福三年（938）九月，于阗王李圣天派遣的朝贡使团抵达开封，晋廷册封李圣天为"大宝于阗国王"。同年十二月，晋廷以张匡邺假鸿胪卿、高居诲为判官，随于阗使者前往于阗国都，为李圣天举行册封仪式。高居诲归来后，撰有《于阗国行程记》，其中对南道东部的仲云部落、大屯城、碱碛、陷河，以及于阗东境的绀州和安军州等，都进行了较为细致的描述[1]，从中可以窥知当时南道通行的大致状况。北宋乾德三年（965）十二月，于阗及甘州回鹘使团抵达宋廷，贡献方物[2]。与于阗使者同行的还有沧州僧道圆，后者自后晋天福年间远赴西域，巡礼印度，至是始归，"还经于阗，与其使偕至"[3]。道圆向宋太祖进献了舍利、佛经，并具陈所历风俗、山川、道里。在道圆的感召下，翌年，僧行勤、继业三藏等沙门 157 人应诏赴天竺求法。这个庞大僧团的行程保留在敦煌地理文书《西天路竟》（S. 383）以及《宋史》《吴船录》等文献里，其所经行由沙州、伊吾、高昌、焉耆趋龟兹，自割鹿（即拨换）折向于阗，继至疏勒而逾葱岭[4]。该使团并未选择沙州与于阗之间的南道东段，而是采取 Z 字形路线穿越塔里木盆地，其原因与南道东段的通行条件及当时的政治环境无关，很可能是这些僧人为了追寻玄奘的足迹。玄奘就是从沙州经高昌至龟兹，并详细记录了沿途的佛教胜迹。

---

[1] 《新五代史》卷七四《四夷附录》，中华书局点校本修订本，2015 年，第 1038—1040 页。

[2] 《宋史》卷二《太祖纪二》，中华书局点校本，1977 年，第 23 页。

[3] 《宋史》卷四九〇《外国传六》天竺国条，第 14103 页。

[4] 《宋史》卷四九〇《外国传六》天竺国条，第 14104 页；范成大撰《吴船录》，北京：中华书局，1985 年，第 13 页；黄盛璋《〈西天路竟〉笺证》，第 4—7 页；陈佳荣、钱江、张广达编《历代中外行纪》，上海：上海辞书出版社，2008 年，第 403—407 页。

　　此外，10 世纪的一些穆斯林地理文献，也不同程度地记载了当时南道的城镇与道里等情况。10 世纪中期，大食人米撒儿（Abū Dulaf Mis'ar bin al-Muhalhil）声称自己曾从中亚河中地区出发前往中国，其行纪描写了南道于阗（Khatiyān）和媲摩（Pima）的一些轶闻[①]。已有前辈学者指出，米撒儿实未到访过中国[②]。其行纪所载沿途地名、部落等，当摘自他人著作，并非虚构。982 年，一位呼罗珊的佚名学者写下波斯语地理著作《世界境域志》。这位作者属于书斋式学者，其资料并非源自本人的旅行见闻，而是从其他著作中摘录汇编而来。书中在第 9 章《关于中国所属诸地》和第 11 章《关于吐蕃及其诸城镇》，分别罗列了一串南道的地名。前者包括沙州、胡特姆（Khutm）、萨伏尼克（Savnik）、怯台、Kh.Za（于阗的一个村庄）、于阗等；后者绝大部分地名不可考，原文称它们"过去都属于中国，但现在为吐蕃人所据有"[③]。米诺尔斯基（V. Minorsky）将这两章的相关记载都视作同一时期的信息，认为它们反映的是塔里木盆地南缘绝大部分地区被吐蕃控制，唯有于阗保持独立，但处于吐蕃势力的包围之中[④]，亦即 8 世纪下半叶于阗陷蕃前夕的状态。笔者不赞同这种解读。实际上，这位佚名作者只是抄

---

　　① H. Yule, *Cathay and the Way Thither. Being A Collection of Medieval Notices of China*, Vol. I, London：The Hakluyt Society, 1866, pp. 189—190；费琅编《阿拉伯波斯突厥人东方文献辑注》上册，耿昇、穆根来译，北京：中华书局，1989 年，第 237—239 页；冯承钧《大食人米撒儿行纪中之西域部落》，《西域南海史地考证论著汇辑》，北京：中华书局，1957 年，第 184—187 页。

　　② P. Pelliot, *Notes on Marco Polo*, II, Paris：Imprimerie nationale, 1963, p. 801；马雍《萨曼王朝与中国的交往》，《西域史地文物丛考》，北京：文物出版社，1990 年，第 174—182 页。

　　③ *Hudūd al-'Ālam. 'The Regions of the World'. A Persian Geography*, 372 A. H. - 982 A. D., tr. & explained by V. Minorsky, ed. by C. E. Bosworth, Cambridge：Cambridge University Press, 1970, 2nd edition, pp. 85—86, 93；汉译本见王治来译注《世界境域志》，上海：上海古籍出版社，2010 年，第 52—53、66—67 页。

　　④ *Hudūd al-'Ālam. 'The Regions of the World'. A Persian Geography*, 372 A. H. - 982 A. D., pp. 234, 260.

录了几种不同时期的资料，分别保留在这两章中。第 11 章的相关信息来自 9 世纪上半叶的某些著作，反映的是吐蕃控制西域时期的情况；第 9 章的相关信息来自 10 世纪的一些著作，反映的是大宝于阗国和归义军时期的情况。

在 10 世纪，南道西部喀什噶尔一带由葛逻禄、炽俟、样磨部落联盟建立的喀喇汗王朝占据①。960 年，喀喇汗王朝立伊斯兰教为国教，自此与于阗佛国之间展开了长达四十年的宗教战争。在此期间，莎车绿洲上的鸦儿看城（Yārkand）因其军事重要性而崛起，逐渐发展成南道西部的一处重镇。1006 年前后，双方的战争以于阗王国的败亡而告终。自此，约昌（且末）以西的南道均纳入喀喇汗王朝治下。

11—12 世纪，南道继续得到重用。这一时期，宋、辽、西夏、回鹘（甘州回鹘、高昌回鹘）及喀喇汗王朝之间波谲云诡的关系，充满明争暗斗抑或合纵连横，这些变数很大程度上左右着西域交通的局面。中亚穆斯林作家马卫集（Marwazī，1046—1120）在其著作《动物志》中，记载了 11 世纪初南道的情况。他首先描述了从喀什噶尔经鸦儿看、于阗、克里雅至沙州的行程，次又言及从沙州分别前往北宋、辽和高昌回鹘的三条道路②。值得注意的是，马卫集的记载表明，西方商人和使者去往高昌回鹘，不取北道而由南道，且需借道沙州。盖因喀喇汗王朝

① 喀喇汗王朝的早期历史多有晦暗之处，参 M. Biran, "Ilak-Khanids," in: *Encyclopaedia Iranica* 12/6, ed. by E. Yarshater, New York: Bibliotheca Persica Press, 2004, pp. 621—628.

② al-Marwazī, *Sharaf al-Zamān Ṭāhir Marvazī on China, the Turks, and India*, Arabic text (ca. 1120) with an English translation and commentary by V. Minorsky, London: Royal Asiatic Society, 1942, pp. 18—19；周一良《新发现十二世纪初阿拉伯人关于中国之记载》，《周一良集》第 4 卷，沈阳：辽宁教育出版社，1998 年，第 724 页；马卫集《马卫集论中国》，胡锦州、田卫疆摘译，《中亚民族历史译丛》第 1 辑（《中亚研究资料》增刊），1985 年，第 172 页；乌苏吉《〈动物之自然属性〉对"中国"的记载——据新发现的抄本》，王诚译，《西域研究》2016 年第 1 期，第 105—106 页。

与高昌回鹘之间的对抗，使塔里木盆地北道交通受阻，两国之间难以直接交往；当时，据有沙州的西夏则同二者均维持着正常的外交关系。在这种特殊历史背景下，西方商使欲平安抵达高昌，就需采取这种经由南道至沙州，再迂回西上的中转路线①。

另一方面，11 世纪上半叶，辽、西夏分别控制了居延道与河西道，北宋只能通过经由青海的青唐道同西域沟通。青唐道出阿尔金山之后，与塔里木盆地南道在约昌城交会。据《宋史》等文献记载，于阗、拂菻等西域国家的朝贡使团均是循南道和青唐道前往宋廷②。宋朝对于阗美玉情有独钟，需求旺盛，这极大刺激了两国之间的官私来往。于阗玉石等商品不仅直接从于阗国输往中原，也经由沙州归义军、甘州回鹘、西州回鹘等转口传入③。这类官私贸易，推动了南道的持续繁荣。

第五节　蒙元时期

蒙古人崛起后，建立了一个绵亘万里的庞大帝国，欧亚大陆的大部分地区名义上处于同一威权的控制之下，这促进了东西方交通和文化交流的空前繁荣。然而，进入 13 世纪之后，丝绸之路南道的地位总体上却是迅速衰落的。其原因有以下两个方面。

首先，蒙古帝国的大一统，使中亚交通得以摒除地缘政治因素，选

---

① 钟焓《辽代东西交通路线的走向——以可敦墓地望研究为中心》，《历史研究》2014 年第 4 期，第 48 页注释 1。

② 《宋史》卷四九〇《外国传六》于阗国条、拂菻国条，第 14109、14124 页；徐松辑《宋会要辑稿·蕃夷四》，刘琳等校点，上海：上海古籍出版社，2014 年，第 9777 页；李焘撰《续资治通鉴长编》，上海师大古籍所等点校，北京：中华书局，第 2 版，2004 年，卷三一七，第 7661 页，卷三三五，第 8061 页。

③ 殷晴《唐宋之际西域南道的复兴——于阗玉石贸易的热潮》，《探索与求真——西域史地论集》，乌鲁木齐：新疆人民出版社，2011 年，第 287—306 页；荣新江、朱丽双《于阗与敦煌》，第 185—218 页；又《从进贡到私易：10—11 世纪于阗玉的东渐敦煌与中原》，《敦煌研究》2014 年第 3 期，第 190—200 页。

取经济条件和自然环境有保障的最优路线。再加之统治阶层为草原民族的原因，13 世纪上半叶，穿越中亚的东西交通主要取天山北路。其路线大体为：由中原北上哈剌和林，继而向西趋金山（阿尔泰山），折而南下，经别十八里、哈剌火州，然后沿阴山（天山）北麓到达阿力麻里。从阿力麻里，或北上，或南下，一直可通往欧洲①。成吉思汗西征军取中亚②，长春真人和吾古孙仲端赴中亚谒见成吉思汗③，志费尼（Aṭā Malik Juvaynī）入朝和林④，常德出使伊利汗国⑤，小亚美尼亚国王海屯（Het'um）觐见蒙哥⑥，皆取此道。

特别需要提及的是，虽然 1273 年马可波罗（Marco Polo）来华时选择了塔里木盆地南道，但 1265 和 1267 年，马可波罗的父亲尼古拉（Nicolau）和叔父马飞（Mafeu）前往上都朝见忽必烈并奉汗命返欧，两次途经中亚时走的均是天山北道⑦。1264—1268 年，阿里不哥之乱已

① 陈高华《元代新疆和中原汉族地区的经济、文化交流》，载《新疆历史论文集》，乌鲁木齐：新疆人民出版社，1977 年，第 240 页；周清澍《蒙元史期的中西陆路交通》，《元蒙史札》，呼和浩特：内蒙古大学出版社，2001 年，第 239—243 页。

② 耶律楚材撰《西游录》，向达校注，北京：中华书局，2000 年，第 1—2 页。

③ 李志常原著《长春真人西游记校注》，王国维校注，收入《王国维全集》第 11 卷，杭州：浙江教育出版社，2009 年，第 533—646 页；刘祁撰《北使记》，收入王国维《古行记四种校录》，《王国维全集》第 11 卷，第 165—167 页。

④ 志费尼《世界征服者史》英译者序，何高济译，呼和浩特：内蒙古人民出版社，1980 年，第 13—25 页。

⑤ 刘郁撰《西使记》，收入王国维《古行记四种校录》，《王国维全集》第 11 卷，第 168—173 页。

⑥ 刚扎克赛（Kirakos Ganjakeci）《海屯行纪》，何高济译，北京：中华书局，2002 年。

⑦ 相关记载见《马可波罗行纪》第 3—8 节，参 . Yule（ed. and tr.），*The Book of Ser Marco Polo, the Venetian: Concerning the Kingdoms and Marvels of the East*, Vol. I, revised by H. Cordier, London：J. Murray, 1903, pp. 9—16；A. C. Moule & P. Pelliot（ed. and tr.），*Marco Polo. The Description of the World*, Vol. I, London：Routledge, 1938, pp. 76—80.

平，而海都之乱尚未起。葱岭内外，天山南北，一时奉忽必烈为共主，中亚诸道皆为通途。1265 年，忽必烈之使臣撒里苔（Sartak）自伊利汗国还，老波罗兄弟在不花剌城遇之，并随之前往上都。《马可波罗行纪》载其行程为，"先向北行，继向东北行，骑行足一年，始抵大汗所"。按，不花剌城与上都纬度略同。老波罗兄弟去程可复原如下：自不花剌先循河中平原东缘北行，到达巴尔喀什湖南岸后，折向东北沿伊犁河谷抵达阿力麻里，然后一路向东，沿天山北麓经哈剌火州、亦集乃、天德州，直至上都。1266 年，老波罗兄弟踏上归程，因持有大汗所赐之金牌，"所过之地，皆受人敬礼，凡有所需，悉见供应"，当仍从天山北道过中亚。

第二个原因，即长期的战乱对南道沿线地区的破坏。1210 年代，西辽僭主屈出律的暴政，给南道西段的喀什噶尔、和阗等地带来深重灾难[①]；1220 年代，速不台攻掠撒里畏吾，使南道东段的阇鄺等地损毁严重[②]。中统年间（1260—1263），阿里不哥之乱再度使南道西段地区民坠涂炭[③]。至元年间（1264—1294），窝阔台后王海都、察合台后王都哇与忽必烈的军队在南道忽炭、可失合儿一线，展开了旷日持久的拉锯战，战争使得南道大量居民流离失所[④]。当元朝与窝阔台、察合台两汗国在天山地带展开激烈的政治军事斗争，天山北道和塔里木盆地北道受

---

① 志费尼《世界征服者史》，第 73—74 页；拉施特主编《史集》第一卷第二分册，余大均、周建奇译，北京：商务印书馆，1983 年，第 251—252 页；札马剌·哈儿昔《素剌赫字典补编》（Jamāl Qaršī, *Mulahaqat al-Surah*），见华涛译《贾玛尔·喀尔施和他的〈苏拉赫词典补编〉》（上），《元史及北方民族史研究集刊》第 10 期，1986 年，第 66—67 页。

② 《元史》卷一二一《速不台传》，中华书局点校本，1976 年，第 2977 页。

③ 刘迎胜《察合台汗国史研究》，上海：上海古籍出版社，2011 年，第 174—175 页；又《西北民族史与察合台汗国史研究》，北京：中国国际广播出版社，2012 年，第 124—126 页。

④ 《元史》多次提到至元年间南道的战争难民及元政府的相关安置措施，详参本书第四、五章。

阻的时候，塔里木盆地南道也会成为旅行者迫不得已的选择。马可波罗和畏兀儿景教徒列班·扫马（Rabban Sauma）选用南道，就属这种情况。通过他们的行纪描述，我们了解到当时南道旅行之艰难、危险。例如，1275 年列班·扫马一行途经忽炭时恰逢禾忽之乱，几近丧命①。

作为一位出色的旅行家和观察者，马可波罗在其行纪中记录了当时南道交通的细节信息。《马可波罗行纪》提到了塔里木盆地南缘的可失合儿国、鸦儿看州、忽炭州、培因州、阇鄘州和罗卜城等六个地区，并记载了各地之疆域行程。兹将相关内容摘录如下：

可失合儿国（广 5 日程）：据说（R）可失合儿曾经是一独立（VB）王国，但现在服从大汗（Z）的统治（Z）。……穿过可失合儿需五日行程。

鸦儿看州（广 5 日程）：鸦儿看是一州，穿过其地界的确（VA）需要五日行程。

忽炭州（广 8 日程）：忽炭州位于东方与东北方之间，广八日行程。

培因州（广 5 日程）：培因乃一小（TA）州，广五日行程，位于东方与东北方之间。

阇鄘州：阇鄘乃大突厥之一大（TA）州，位于东北方和东方之间。

罗卜州（阇鄘至罗卜城 5 日程）：离开阇鄘，依旧（V）在沙漠中行足五日……我将告诉你一个名曰罗卜的州（FB）。在上述

---

① *The History of Yaballaha III，Nestorian patriarch，and of His Vicar，Bar Sauma，Mongol Ambassador to the Frankish Courts at the End of the Thirteenth Century*，tr. from the Syriac and annotated by J. A. Montgomery，New York：Columbia University Press，1927，p. 35.

（V）五日行程的尽头，又见一城，名曰罗卜，位于大沙漠之端。①

马可波罗描述以上六地，称可失合儿为国，其余为州，并特别指出培因为小州，阇鄽为大州。他提及了靠西三州一国的疆域行程，却未说明靠东的阇鄽州与罗卜州幅员几何。而关于各地之间的距离，则仅言及最东一段阇鄽至罗卜的路程。这些信息对于了解塔里木盆地南缘的元代历史地理相当重要。然而，其中有许多不甚明了的地方，例如，马可波罗所谓的大小州是根据什么区分的；其所言可失合儿等地疆域日程是如何计算的；他为何没有提供大部分地点之间的距离。

实际上，这些问题正与马可波罗时代南道的交通状况密切相关。马可波罗行经塔里木盆地的时间大约在 1273 年下半年。至元年间，忽必烈曾致力于南道交通的恢复，一度在塔里木盆地南缘建立了站赤系统：至元十一年（1274），"立于阗、鸦儿看两城水驿十三，沙州北陆驿二。免于阗采玉工差役"；十九年（1282），"别速带请于罗卜、阇里辉立驿，从之"；二十三年（1286），"立罗不、怯台、阇鄽、斡端等驿"②。其中，1274 年元朝在塔里木盆地设立 13 处水驿之目的是运输于阗玉石，乃沿和田河、叶尔羌河而建，利用河道将玉石运至阿克苏、曲先（库车），再通过天山南北驿道运往沙州；而且，这批水驿的设置时间在马可波罗行经该地区之后。1286 年建立罗卜经阇鄽至斡端（忽炭）的驿道，乃是落实 1282 年别速带所请。然而，长期的海都、都哇之乱使南道交通难以为继。1289 年，元廷"罢斡端宣慰使元帅府"③，军队

---

① A. C. Moule & P. Pelliot（ed. and tr.），*Marco Polo. The Description of the World*，Vol. I, pp. 143—150. 译文在北京大学马可波罗项目读书班译定稿的基础上，略有修订。其中，不带下划线的文字为《马可波罗行纪》F 本的内容；带下划线的文字为其他诸本的内容，其后括注版本信息。版本缩略语参见原书第 509—516 页表格。

② 《元史》卷八《世祖纪五》，第 153 页；卷一二《世祖纪九》，第 245 页；卷一四《世祖纪一一》，第 285 页。

③ 《元史》卷一五《世祖纪一二》，第 325 页。

撤离斡端[①]。南道驿站交通随之废弃。当 1273 年马可波罗经行之时，南道东部培因至阇鄽之间并无驿道或其他状况较好的道路。但是，南道西部可失合儿与培因之间，应当已经存在驿道或维护较好的交通道路。塔里木盆地南缘靠西三州一国之疆域日程，正是马可波罗根据可失合儿与培因之间的驿站计算出来的。由于培因与阇鄽之间的道路状况极差，马可波罗一行风餐露宿，需要躲避风沙等自然灾害，所费时日不能用来代表两地之间的距离。正因为如此，马可波罗没有指出阇鄽州广几日程，但凭直观可知其幅员辽阔，因而说它是大州。

阇鄽之地，自古以来人口稀少，经济贫乏，马可波罗称其为大州，只能是就其疆域范围而言；称广 5 日行程的培因为小州，原因亦复如是。换言之，马可波罗所谓塔里木盆地南缘的大州和小州，并非从人口或经济、政治重要性来说，也非行政等级之别，仅仅是一种地理范围上的描述。

马可波罗所谓某地广几日行程，笔者认为应是指从上一地至此地的距离。例如，鸦儿看州广 5 日程，是指从可失合儿城至鸦儿看城的距离。盖因马可波罗所记载的这些日程，跟马卫集以及近现代商人、探险家所记行程颇为接近。可参照的资料包括：（1）12 世纪初，马卫集详细记录了南道各地之间的行程，从喀什噶尔至鸦儿看为 4 日程，次至于阗 10 日程，次至克里雅 5 日程，次至沙州 50 日程[②]；（2）17 世纪初，

---

① 刘迎胜《察合台汗国史研究》，第 277—281 页。

② al-Marwazī, *Sharaf al-Zamān Ṭāhir Marvazī on China, the Turks, and India*, p. 18. 最近，伊朗学者乌苏吉（M. B. Vosoughi）结合两种新发现的马卫集书抄本，对马卫集书有关中国的部分重新进行了整理。其文本与米诺尔斯基所据抄本颇有相异之处。具体到上引文，在乌苏吉整理本中，鸦儿看至于阗的路程为 11 日，克里雅至沙州为 5 日——后者显然是错误的，参见乌苏吉《〈动物之自然属性〉对“中国”的记载——据新发现的抄本》，第 105 页。

耶稣会士鄂本笃（Benedict Goës）称和阗去鸦儿看 10 日程①；（3）19
世纪末，法国吕推（J. -L. Dutreuil de Rhins）探险队成员李默德
（F. Grenard）记载，从喀什噶尔到叶尔羌（按，元代称鸦儿看）为 186
公里或 5 日程，次至和阗 300 公里或 8 日程，次至克里雅（按，元代称
培因）160 公里或 4 日程②；（4）20 世纪初，斯坦因从喀什噶尔到莎车
（叶尔羌）历时 5 日③，并称从莎车至和田为 8 日程④。另外，斯坦因根
据沿途考古遗迹分布指出，由于地形的限制，叶城与和田之间今天的道
路在整个历史时期一直沿用⑤。笔者认为，马可波罗所走的路线与上述
各行程路线基本是一致的。在此前提下，我们比较《马可波罗行纪》
所载各州范围与其他资料提供的距离信息，发现二者之间存在对应关
系：马可波罗谓鸦儿看州广 5 日程，而马卫集、李默德、斯坦因均记载
可失合儿至鸦儿看为 5 日程；马可波罗谓忽炭州广 8 日程，李默德、斯
坦因则记载鸦儿看至忽炭为 8 日程，马卫集、鄂本笃记载为 10 日程；
马可波罗谓培因州广 5 日程，马卫集则记载忽炭至培因为 5 日程，李默
德记载为 4 日程。因此，马可波罗所谓各州之宽广，或许应该理解为上
一地至此地之日程。

　　当然，我们并不能完全排除马可波罗确实知晓各州之边界，并根据
道路驿站数量来计算各州之宽广。如果是这种情况，那么或许可以根据
马可波罗提供的数据来估测当时各州的疆界。为此，我们首先需要知道
马可波罗的每日程所代表的距离。通过计算前述李默德提供的数据，可

---

　　①　张星烺编注《中西交通史料汇编》第一册，朱杰勤校订，北京：中华书
局，2003 年，第 528 页。

　　②　F. Grenard, *J. -L. Dutreuil de Rhins. Mission Scientifique dans la Haute Asie
1890—1895*, Vol. II, Paris：E. Leroux, 1898, p. 201.

　　③　M. A. Stein, *Serindia*, Vol. I, pp. 82—83.

　　④　M. A. Stein, *Ancient Khotan*：*Detailed Report of Archaeological Explorations in
Chinese Turkestan*, Vol. I, Oxford：Clarendon Press, 1907, p. 97.

　　⑤　M. A. Stein, *Ancient Khotan*, Vol. I, p. 97.

知李默德每日行程为 37—40 公里；米诺尔斯基曾推算，马卫集书中的每日程约为 32 公里[①]；此外，斯坦因指出，出于水源等方面的考虑，塔里木盆地南道每日行进的里程并不固定[②]。据此估算，从可失合儿至培因，马可波罗的每日程为 30—40 公里。结合其他资料关于这一地区的历史地理记载，我们推测马可波罗时代各州范围如下：

可失合儿国：东与鸦儿看州之分界在英吉沙附近，可失合儿城东至英吉沙 2 程；西南界未知，距可失合儿城 3 日程。以喀什噶尔河平原为主。

鸦儿看州：东与忽炭州之分界在今叶城与皮山之间，鸦儿看城西至英吉沙 3 日程，东至叶城 2 日程。以叶尔羌河平原为主。

忽炭州：东与培因州之分界在今策勒附近，忽炭城西至皮山 5 日程，东至策勒 3 日程。以和田绿洲为主。

培因州：东与阇鄘州之分界在今民丰附近，培因城西至策勒 2 日程，东至民丰 3 日程。以克里雅绿洲为主。

阇鄘州：东与罗卜州之分界在今瓦石峡以西，阇鄘城东至瓦石峡 3 日程。以车尔臣河上游沿岸绿洲为主。

罗卜州：西界瓦石峡绿洲，东至罗卜沙漠，罗卜城西至瓦石峡 2 日程。以瓦石峡绿洲、若羌绿洲和米兰绿洲为主。

第六节　明清时期

明代前期，东来西往者仍以天山北道为常路，间或取塔里木盆地南、北道。这一时期，明朝和帖木儿王朝（Timurid dynasty，1370—1507）雄踞欧亚大陆东西两端，后者囊有中亚西部和西亚。位于二者之间的是

---

① al-Marwazī, *Sharaf al-Zamān Ṭāhir Marvazī on China, the Turks, and India*, p. 70 n. 2.

② M. A. Stein, *Ancient Khotan*, Vol. I, p. 97 n. 7.

横跨天山南北的东察合台汗国（Mogolstan，1348—1509，称别失八里、亦力把里）。总体而言，三国之间大部分时间保持着良好关系，商人和使节往来频繁。据张文德统计，《明实录》所载明朝与帖木儿王朝之间的官方来往，明朝遣使凡 20 次，帖木儿王朝遣使 78 次①。陈诚《西域行程记》、曾棨《西游览胜诗卷序》以及盖耶速丁（Ghiyathal-Din Naqqāsh）《沙哈鲁遣使中国记》记载了其中三次使团的行程②，他们均取天山北道穿越东察合台汗国。其余使团之行程，亦可从《明史》《明实录》等文献中窥知一二，所行大率与陈诚同。例如，宣德七年（1432）春正月丁卯，明宣宗遣中官李贵（《明史》作李达）等抚谕西域，赐赏彩币：

> 赐沙哈卢等金织文绮罗锦。又敕撒马儿罕头目兀鲁伯、曲列干及卜霞儿城、达失干城、沙鲁海牙城、赛蓝城、亦力把里、讨来思等处头目亦如之，悉赐金织文绮彩绢。并敕哈密忠顺王卜答失里、忠义王脱欢帖木儿、沙州赤斤蒙古二卫都督困即来、都指挥察罕不花等，以兵护送。③

沙哈卢，即帖木儿王朝沙哈鲁王（Shāhrūkh Bahadur），时建都哈烈城（Herat，今阿富汗赫拉特）。李贵行赏之赛蓝城（今哈萨克斯坦奇姆肯特/Chimkend 东）、亦力把里（今新疆伊宁）、哈密等皆是天山北道上

---

① 张文德《明与帖木儿王朝关系史研究》，北京：中华书局，2006 年，第 57—60、90、266—274 页。

② 陈诚撰《西域行程记》，周连宽校注，北京：中华书局，2000 年，第 35—45 页；曾棨《西游览胜诗卷序》，收入安都纂修《太康县志》增定卷八，见《天一阁藏明代方志选刊续编》第 58 册续 76，上海：上海书店影印，1990 年，第 620—621 页；盖耶速丁《沙哈鲁遣使中国记》，何高济译，北京：中华书局，2002 年，第 111—113 页。

③ 《明宣宗实录》卷八六，台北：中研院历史语言研究所校印本，1962 年，第 1979—1980 页。其他类似的明使行赏西域之记录，参李国祥主编《明实录类纂（涉外史料卷）》，武汉：武汉出版社，1991 年，第 1033—1041 页；田卫疆编《〈明实录〉新疆资料辑录》，乌鲁木齐：新疆人民出版社，2002 年。

的重要城市，表明他经由此道赴帖木儿王朝。

帖木儿朝学者阿卜答儿·剌扎黑·撒马儿罕地（Abdar Razzāq Sa-marqandi，1413—1483）所著《两颗福星之升起》（*Matla' al-Sa'adin*）中，保留了沙哈鲁与明成祖之间往来的两封国书的波斯文文本，邵循正先生已将其翻译成汉文。沙哈鲁书于永乐十一年（1413）到达明廷，其辞表达了愿与明朝修好，"约定道路通行之后，人民可自由往来无阻"。成祖于1416年复函称，"愿与锁鲁檀（按，Sultan/苏丹）推诚修好，使商旅得于两国之间自由来往，道路亦得通行无阻"①。《西域行程记》所载陈诚使团在途时间为1414—1415年，正值两封国书往来之际。国书中谓"约定道路通行"，所定道路当包括天山北道。当东察合台汗国发生内乱，或与东西两国不睦时，会致此道阻塞。这种情况下，明朝与帖木儿国商使往往会取道塔里木盆地。

歪思汗（Awais Khan）在位时（1418—1428），亦力把里国内爆发多次叛乱，且与帖木儿王朝河中镇将兀鲁伯（Ulugh Beg）之间摩擦不断②。前揭沙哈鲁之盖耶速丁使团于1420年途经亦力把里，适逢歪思汗与失儿·马黑麻（Sher Mohammad Khan Oghlan）的后人之间火并，使者们受到惊吓，"以他们的最大努力尽快地到达中国边境"。1422年，当他们返国行至甘州、肃州一带时，探听到亦力把里国又发生叛乱，天山北道极不安全。因此，他们选择从塔里木盆地继续回国。使团于1422年1月13日离开嘉峪关，5月30日抵和阗，7月5日到达哈实哈儿，8月29日返回哈烈城。从嘉峪关至哈实哈儿历时近半年，从哈实

---

① 撒马儿罕地《两颗福星之升起》，汉译文见邵循正《有明初叶与帖木儿帝国之关系》，《邵循正历史论文集》，北京：北京大学出版社，1985年，第93—95页。

② 米儿咱·马黑麻·海答儿《中亚蒙兀儿史——拉失德史》第一编，新疆社会科学院民族研究所译，王治来校注，乌鲁木齐：新疆人民出版社，1983年，第243—257页；巴透尔德（W. Barthold）《七河史》，赵俪生译，北京：中国国际广播出版社，2013年，第73—75页。

哈儿至哈烈则耗时 55 日。而马卫集记载，11 世纪初从喀什噶尔至沙州
的路程为 69 日①。可见，无论是跟 11 世纪的情况相比，还是跟哈实哈
儿至葱岭以西的道路相比，15 世纪的塔里木盆地道路都显得耗时过多，
通行不易。

与盖耶速丁使团回程的抉择一致，《明史·西域传》记载，帖木儿
国"（永乐）十八年（1420）偕于阗、八答黑商来贡。二十年复偕于阗
来贡"②。这两批帖木儿国使团往返，无疑是经行于阗，取道塔里木盆
地。《明实录》的记载更详细些：

永乐十八年六月己酉，"时哈烈、撒马儿罕、八答黑商、于阗诸国
皆遣使贡马，故遣诚（陈诚）等赍敕，各赐彩币等物"③。

二十年春正月己卯，"哈烈诸国遣使贡马，于阗贡美玉"④。

除了这两次外，《明实录》还记录了于阗的另外三次遣使：

永乐四年秋七月丙申，"于阗遣使臣满剌哈撒木丁及阿端卫指挥佥
事伦只巴，来朝贡方物"⑤。同年十二月乙未，"于阗使臣满剌哈等辞
归。遣指挥神忠母撒等赍玺书往谕于阗诸处头目，仍赐之织金文绮，与

---

① al-Marwazī, *Sharaf al-Zamān Ṭāhir Marvazī on China, the Turks, and India*,
p. 18. 乌苏吉所谓新抄本记载喀什噶尔至沙州共计 25 日（《〈动物之自然属性〉对
"中国"的记载——据新发现的抄本》，105 页）。这个数字过小，不可取。

② 《明史》卷三三二《西域传四》哈烈条，中华书局点校本，1974 年，第
8610 页。

③ 《明太宗实录》卷二二六，第 2216 页。这条史料提到，永乐十八年的帖木
儿朝使团归国时，明廷派遣陈诚等俱行，回使答谢。此事亦被《明史·西域传四》
抄入，于阗条载，"命参政陈诚、中官郭敬等报以彩币"；八答黑商条载，"命诚及
内官郭敬赍书币往报"（8613—8614 页）。不过，据王继光、张文德等人研究，这
次回使只是明廷的一个计划，陈诚等终未能成行，见王继光《陈诚及其〈西域行
程记〉与〈西域番国志〉研究》，《中亚学刊》第 3 辑，北京：中华书局，1990 年，
227—228 页；张文德《明与帖木儿王朝关系史研究》，第 83—84 页。

④ 《明实录太宗实录》卷二四五，第 2304 页。

⑤ 《明实录太宗实录》卷五六，第 827 页。

满剌等偕行"①。

永乐六年七月丁未，"于阗头目打鲁哇亦不剌金遣使满剌哈撒木丁等贡玉璞。命礼部遣指挥向衡等赍玺书往劳之，并赐白金、彩币"②。

永乐二十二年八月癸亥，"于阗使者陕西丁及庄浪卫土官指挥同知鲁失加等贡马及方物。赐钞币有差"③。

以上于阗的五次遣使入贡，也都为《明史·西域传》所记载④。于阗使者的贡品，两次为贡马，两次贡玉，另一次只言贡方物。另外，在汉文、回鹘文对照公文集《高昌馆课》（约编于成化至嘉靖年间）中，收录有四份未具年代的于阗使者朝贡乞赏呈文。所贡情况，一次为狮子一项，哈剌虎一项；一次为狮子一项，小驼二只；一次仅言进贡土产方物；还有一次仅乞赏⑤。值得注意的是，在历次于阗遣使中，有四次为进贡大型动物马匹、小驼、狮子、哈剌虎等；帖木儿国经行于阗的两次遣使皆为贡马，特别是头一次，同行诸国"皆遣使贡马"。我们不禁要疑问，如果这些使团走的是塔里木盆地南道，那么他们携带的动物能够成功存活吗？

仅就于阗而言，相较于蒙元时期，其在明代前期的生存环境有所改善，同内地的交往略有增多。其原因有二。首先在于政治时局之变化。《明史·西域传》于阗条宣称：

> 元末时，其（于阗）主暗弱，邻国交侵。人民仅万计，悉避居山谷，生理萧条。永乐中，西域惮天子威灵，咸修职贡，不敢擅

---

① 《明实录太宗实录》卷六二，第892—893页。
② 《明实录太宗实录》卷八一，第1077页。
③ 《明实录仁宗实录》卷一下，第29页。
④ 《明史》卷三三二《西域传四》于阗条，第8613—8614页。
⑤ 胡振华、黄润华《明代文献〈高昌馆课〉》，乌鲁木齐：新疆人民出版社，1981年，第105—106、117—118、150—151、168—169页；田卫疆《元明时期和田历史初探》，《和田师专教学与研究》1985年第8期，第42—50页。

相攻，于阗始获休息。渐行贾诸蕃，复致富庶。桑麻黍禾，宛然中土。[①]

其间不乏对永乐帝的溢美之词，但也反映出了这样的基本史实：蒙元后期，天山南北交兵不断，于阗频遭劫掠，破坏严重；到了明代前期，西域政局较为安定，于阗获得了休养生息的机会。

其次，于阗美玉是汉人士大夫阶层的永恒追求[②]，蒙古统治者则钟情金银艺术品[③]。受汉文化影响较深的忽必烈亦曾疏通于阗玉石之路，但海都、都哇之乱使其维系未久；蒙古国时期，中亚局面安定，早期诸汗对美玉无特别之兴趣。明代元兴，于阗玉石朝贡贸易亦随之复苏[④]。然而，明时于阗玉石输出之路与唐宋时期有所不同。据张文德统计，在15世纪（永乐至弘治间），西域诸地向明朝贡玉50次，其中哈密19次，土鲁番诸地、撒马儿罕各8次，亦力把里6次，别失八里、哈烈、于阗各2次，天方、察力失、把丹沙各1次。具体到永乐年间（1403—1424），各地献玉共10次，其中以土鲁番诸地的4次最多，别失八里、于阗各2次，哈密、撒马儿罕各1次[⑤]。透过这些数据，我们有理由认为，于阗玉石输往明朝主要经由两条道路：一是塔里木盆地北道，从于阗沿和田河或经鸦儿看、哈实哈儿至阿克苏，东趋库车、察力失（今焉

---

① 《明史》卷三三二《西域传四》于阗条，第8614页。

② 殷晴《和阗采玉与古代经济文化交流》，《探索与求真——西域史地论集》，乌鲁木齐：新疆人民出版社，2011年，第176—188页；又《唐宋之际西域南道的复兴——于阗玉石贸易的热潮》，第299—300页；荣新江、朱丽双《于阗与敦煌》，第185—218页；又《从进贡到私易：10—11世纪于阗玉的东渐敦煌与中原》，第190—200页。

③ 林梅村《元朝重臣张珪与保定出土元代宫廷酒器》，《大朝春秋——蒙元考古与艺术》，北京：故宫出版社，2013年，第243页。

④ 葡萄牙耶稣会士鄂本笃关于明人对于阗玉石的追求作过精彩评论，见张星烺编注《中西交通史料汇编》第一册，第524页；利玛窦、金尼阁《利玛窦中国札记》，何高济等译，北京：中华书局，1983年，第549—550页。

⑤ 张文德《明与西域的玉石贸易》，《西域研究》2007年第3期，第21—29页；又《明与帖木儿王朝关系史研究》，第124—127页。

耆）而抵土鲁番、哈密；二是天山北道，从于阗经哈实哈儿至撒马儿罕，或沿和田河至阿克苏，次经亦力把里、别失八里而达土鲁番、哈密。

塔里木盆地北道在 16—17 世纪的文献中多有记载，表明它是彼时东西交往的主要通道之一。波斯人哈吉·马哈麻（Hajji Mahomed），尝于 1550 年以前行商至甘州、肃州。其述前往肃州之道里为：自撒马儿罕至哈实哈儿 25 日程，又 20 日荒漠路程至阿克苏，又 20 日至库车，又 10 日至察力失，又 10 日至土鲁番，又 13 日至哈密，又 15 日至肃州。到哈实哈儿以前，沿途皆有人烟（按，原文如此。张绪山将此句译作"阿克苏以东之路程皆有人烟"，似更合乎逻辑，盖因哈吉言阿克苏至哈实哈儿之间为"荒凉的沙漠之路"）①。

1604 年，耶稣会士鄂本笃自莫卧儿帝国来华经商。逾葱岭以后，他从鸦儿看经阿克苏、库车、察力失、土鲁番，最终抵达肃州。其中，鸦儿看至阿克苏行 25 日，库车至察力失 25 日，察力失至土鲁番以东之北昌（今鄯善县）20 日，哈密至肃州 10 日②。

米儿咱·海答儿（Mirza Muhammad Haidar Dughlat，1499—1551）《拉失德史》摘引《世界征服者史》，谓志费尼尝亲历塔里木盆地北道，其行程为：从达失干至安集延 10 日程，又 20 日至哈实哈儿，又 15 日至阿克苏，又 20 日至察力失，又 10 日至土鲁番，又 15 日至巴里坤。整个路程计 90 站，耗时三个月③。然查志费尼书，未见录著此行程。因此，这可能是米儿咱·海答儿自己的见闻，或者抄自别的文献，所反映的是 15—16 世纪的情况。

1516 年，阿里·阿克巴尔（Sa'id Ali Akbar Khatai）在伊斯坦布尔

---

① H. Yule, *Cathay and the Way Thither*, Vol. I, p. ccxvii. 汉译参裕尔《东域纪程录丛——古代中国闻见录》，考迪埃修订，张绪山译，北京：中华书局，2008 年，第 255 页；张星烺编注《中西交通史料汇编》第一册，第 462—463 页。

② 张星烺编注《中西交通史料汇编》第一册，第 530—536 页。

③ 米儿咱·马黑麻·海答儿《拉失德史》第二编，第 312 页。

用波斯文写了一部《中国志》（Khatay-yi Nama）。此书记载了 15 世纪后期至 16 世纪初期明朝社会的方方面面，其中也可能吸收了一些 15 世纪中期行纪的内容①。书中提到了从伊斯兰世界前往中国的三条陆路：

> 为了经陆路从伊斯兰世界到达中国，我们共有 3 条道路可供选择：克什米尔之路、于阗之路和准噶尔之路。前两条道路，即克什米尔路和于阗路穿行那些有人类栖身、拥有水源和草场之地。唯有在另一端（到达中国内地的边境之前）的最后 15 程例外，那里的草场和水源都匮缺。然而，如果在那里挖掘有一人深（有时甚至仅有半米）的坑，就会找到水。

> 至于穿越察合台汗国的准噶尔之路，它仍是最畅通者。此外，异密帖木儿（瘸子帖木儿）就是决定经由那里入侵中国的。

其中，准噶尔之路无疑是指天山北路，是三道中"最畅通者"。克什米尔之路和于阗之路略难解，似是对从印度西北和中亚进入塔里木盆地道路的概括。阿里·阿克巴尔将这两条路一并描述，表明它们的大部分是汇合在一起的。比较哈吉·马哈麻的前引文，笔者认为，于阗之路是指经由阗沿和田河至阿克苏的道路；克什米尔之路指从克什米尔逾葱岭到达鸦儿看或哈实哈儿，次至阿克苏之道路。它们在阿克苏交会之后，沿塔里木盆地北道东去嘉峪关。阿里·阿克巴尔描述这两条路的三句话，第一句称它们穿行有水草和人类居住之地，与哈吉所言"阿克苏以东之路程皆有人烟"是一致的；后两句则对应为哈吉所言哈密至肃州的 15 日路程。这些描述皆与塔里木盆地南道东段的实情不符。盖因南道东段水草既乏，人烟亦稀；马可波罗言穿越罗卜沙漠尚需一个月，与上述"最后 15 程"不符；所言掘地得水之状况，亦优于高居诲在南道

---

① 阿里·阿克伯《中国志》，收入玛扎海里（Ali Mazahéri）《丝绸之路——中国—波斯文化交流史》，耿昇译，北京：中华书局，1993 年，第 151 页；另一译本，见阿里·阿克巴尔《中国纪行》，张至善编译，北京：三联书店，1988 年，第 38 页。

东段"掘地得湿沙，人置之胸以止渴"之境遇①。

实际上，在明朝前期，明廷亦曾有意开通和利用塔里木盆地道路。《明实录》记载永乐六年（1408）七月丁未事：

> 遣内官把泰、李达等赍敕，往谕八答黑商、葛忒郎（今塔吉克斯坦哈特隆州/Khatlon 境内）、哈实哈儿等处开通道路。凡遣使往来，行旅经商，一从所便。仍赐其王子头目彩币有差。②

刘迎胜指出，把泰、李达等人年前奉使别失八里时，得知别失八里与帖木儿王朝不睦。他们经行哈实哈儿、葛忒郎，所取乃天山南路、帕米尔高原，似是有意避开控制天山北路的别失八里③。刘先生所言大致不误。不过，明使不是为了避开天山北路，他们此次出使之目的正是开通天山南路，一方面作为天山北路受阻时的备用之路，另一方面欲与沿途地区"往来通商"④。我们注意到，在把泰、李达出使的同一天，于阗使者来朝，明廷命向衡等回访答谢⑤。永乐帝派出的这两个使团均同于阗和八答黑商有关联。向衡等专使于阗报谢，表明朝廷对于阗的重视；而正是在于阗、八答黑商的推动下，永乐帝锐意开通塔里木盆地之路，派把泰等赍敕出使，晓谕沿途各地。

笔者发现，以上论及的所有明代文献，凡涉及于阗或塔里木盆地道路者，均未言及于阗以东的南道城镇、山川等地名。很可能，这些材料所言之旅行者选取的均为塔里木盆地北道。彼时于阗以东，经济贫乏，环境恶劣，沿途给养毫无保障，行走极为艰险。也许盖耶速丁使团的回程是个例外，但也没有明确线索能证明他们走的是南道。

南道东段的衰败，致使明清时期塔里木盆地之交通呈现为阿里·阿

---

① 《新五代史》卷七四《四夷附录》，第 1039 页。

② 《明实录太宗实录》卷八一，第 1077 页。

③ 刘迎胜《白阿儿忻台及其出使》，《海路与陆路——中古时代东西交流研究》，北京：北京大学出版社，2011 年，第 322 页。

④ 《明史》卷三三二《西域传四》八答黑商条，第 8613 页。

⑤ 《明实录太宗实录》卷八一，第 1077 页。

克巴尔所描述之情形。喀喇汗王朝以来，塔里木盆地西部得到较大发展。在元代，西南部的于阗、鸦儿看、哈实哈儿已有"三城"之称。清代和民国所谓六城、七城、八城，是在上述三城基础上，加入英吉沙、乌什、阿克苏、库车、喀喇沙尔（焉耆）等城[①]。这些城镇无一例外位于塔里木盆地西部和北部。

南道东段的凋敝始于元代后期。《拉失德史》记载，14世纪40年代，怯台为风沙所埋[②]，这暗示了彼时盆地东南部的环境严重恶化。另外，米儿咱·海答儿还记载，1410年代，即位前的歪思汗及其追随者曾在别失八里国内及边境，特别是在罗卜、怯台和撒里畏兀儿的附近地区，进行劫掠[③]。在天灾人祸的双重打击下，南道东段在15世纪变得极其脆弱。

不过，在明代佚名的《西域土地人物略》和《西域土地人物图》中，格卜（"格"字乃"洛"字之误、即罗卜）城、扯力昌（阇鄽）城、克列牙（克里雅）城、阿丹（斡端）城、牙力干（鸦儿看）城、哈失哈力（可失合儿）城等地名依然在列[④]。李之勤研究认为，《西域土地人物略》写于1435年以后[⑤]。这表明，在15世纪上半叶，南道东段并未完全废弃。

在16—17世纪的文献中，哈吉·马哈麻和鄂本笃等人均明确言及

---

① 纪大椿《六城·七城·八城——塔里木盆地周缘各城总称考略》，《新疆近世史论文选粹》，乌鲁木齐：新疆人民出版社，2011年，第391—396页。

② 米儿咱·马黑麻·海答儿《拉失德史》第一编，第159—161页。

③ 米儿咱·马黑麻·海答儿《拉失德史》第一编，第244页。

④ 李之勤校注《〈西域土地人物略〉校注》，收入李之勤编《西域史地三种资料校注》，乌鲁木齐：新疆人民出版社，2012年，第27—28、30—32页；又《〈西域土地人物图〉校注》，收入《西域史地三种资料校注》，第54、56页；张雨《边政考》卷八《西域诸国》，台北：台湾华文书局，影印明嘉靖刻本，1968年，第597—599、601—603页。《边政考》第603页将哈失哈力城误作"怜失怜力城"。

⑤ 李之勤《〈西域土地人物略〉的最早、最好版本》收入李之勤编《西域史地三种资料校注》，第82—85页。

行经塔里木盆地北道。或许到这时，南道东段已不能承载商旅通行。斯坦因指出，至迟到 18 世纪末——也可能在此之前很久，且末和若羌绿洲的耕地已完全消失，沦为废墟。直到 19 世纪初，清政府在两地建立流放犯人的隔离区，南道东段才重现生机，逐渐形成新的居民点①。

纵观全文，我们可以发现，丝绸之路南道的历史并非是一个简单的诞生—发展—鼎盛—衰落—消亡的线性过程。在两汉至前凉、唐显庆间至安史乱前、大宝于阗国和喀喇汗王朝时期，南道大体上都维持了长时间畅通。在汉代，由于北道易受匈奴的威胁，南道成为当时中原与西域交往时的主要通道。魏晋前凉设立西域长史和戊己校尉，延续了对西域的管辖，同时，南道东部的鄯善王国处于兴盛时期，南道的通行因此仍然有充足的保障。唐高宗至玄宗时期，唐朝在西域设立安西四镇，并建立了一套完善的馆驿交通和军事镇防体系，南道也被纳入这套体系之中。大宝于阗国和喀喇汗王朝时期，南道东部和西部先是分别处于这两个地方性强权的统治之下，局部的通行条件得到改善；喀喇汗王朝统一南道之后，南道在当时复杂的国际关系中常常扮演着中转道路的角色，例如，青唐道与南道的组合利用，就成为宋朝与西域国家人员往来的必要选择。元世祖至元年间，南道一度建立起了驿站体系，用来运输玉石和军需，然而，这条驿路存续的时间太短，仅仅是昙花一现，未及在当时频繁的东西方交流中发挥应有的作用。

南道东段的自然与社会经济状况，是南道通达与否的重要影响因素。十六国后期至初唐，因自然环境的恶化和连绵不断的战乱，南道东段几近荒废，南道也因此无法作为一个整体的交通路线而发挥作用。自明代至近代，南道东段环境恶化，最终再次丧失通行能力，完整的南道实际上不复存在。直至新中国成立后，南道东段得到全面开发，沿途建

---

① M. A. Stein, *Serindia*, Vol. I, pp. 300, 311—314.

设了公路，最近又铺设了铁路，南道作为一条连接内地、新疆乃至帕米尔以西的通道，重新焕发生机。

　　南道除了作为丝绸之路长途交通路网的重要组成部分，也是区域性交流的纽带。当 10 世纪于阗王国与归义军政权联姻结盟时，南道东段就成为于阗与敦煌之间密切交往的区域性干道。在古代，通过和田河、克里雅河、尼雅河、叶尔羌河的沟联，南北道各地之间得以建立多条南北向通道，从而在塔里木盆地内部形成一张庞大的路网。因此，当南道某段阻塞不通时，南道不至于全线瘫痪，而是通过穿越塔克拉玛干沙漠的路网与其他道路串联使用。南道也是青藏高原与外界交往的重要切入口。吐蕃王朝对西域的经营，加强了青藏高原与塔里木盆地之间的联系。从青藏高原而来的多条道路，在翻越昆仑山和阿尔金山诸山口之后，便与南道汇合。这些交会点，即是"高原丝绸之路"在西北方向接入丝绸之路路网的节点。

参考文献

一、古籍

《阿拉伯波斯突厥人东方文献辑注》，费琅编，耿昇、穆根来译，北京：中华书局，1989年。

《八家后汉书辑注》，周天游辑注，上海：上海古籍出版社，1986年。

《柏朗嘉宾蒙古行纪》，贝凯、韩百诗译注，耿昇汉译，北京：中华书局，2002年。

《北史》，李延寿撰，中华书局点校本，1974年。

《北使记》，刘祁撰，王国维校注，收入王国维《古行记四种校录》，见《王国维全集》第11卷，杭州：浙江教育出版社，2009年。

《本草纲目（金陵本）新校注》，李时珍撰，王庆国主校，北京：中国中医药出版社，2013年。

《边政考》，张雨撰，台北：台湾华文书局，影印明嘉靖刻本，1968年。

《长春真人西游记》，李志常撰，党宝海译注，石家庄：河北人民出版社，2001年。

《长春真人西游记校注》，李志常原著，王国维校注，收入《王国维全集》第11卷，杭州：浙江教育出版社，2009年。

《长春真人西游记校注》，李志常原著，尚衍斌、黄太勇校注，北京：中央民族大学出版社，2016 年。

《出三藏记集》，释僧佑撰，苏晋仁、萧链子点校，北京：中华书局，1995 年。

《大慈恩寺三藏法师传》，慧立、彦悰撰，孙毓棠、谢方点校，北京：中华书局，2000 年。

《大观本草》，唐慎微原著，艾晟刊订，尚志钧点校，合肥：安徽科学技术出版社，2002 年。

《大唐西域记校注》，玄奘、辩机原著，季羡林等校注，北京：中华书局，2000 年。

《大唐西域求法高僧传校注》，义净原著，王邦维校注，北京：中华书局，1988 年。

《大元至元辨伪录》，释祥迈撰，《大正藏》第 52 册 2116 号，台北：佛陀教育基金会，1990 年。

《东域纪程录丛——古代中国闻见录》，裕尔编著，考迪埃修订，张绪山译，北京：中华书局，2008 年。

《法显传校注》，法显原著，章巽校注，北京：中华书局，2008 年。

《梵语杂名》，礼言撰，《大正藏》第 54 册 2135 号，台北：佛陀教育基金会，1990 年。

《佛祖历代通载》，念常撰，《大正藏》第 49 册 2036 号，台北：佛陀教育基金会，1990 年。

《佛祖统纪》，释志磐撰，《大正藏》第 49 册 2035 号，台北：佛陀教育基金会，1990 年。

《高僧传》，释慧皎撰，汤用彤校注，汤一玄整理，北京：中华书局，1992 年。

《管子校注》，黎翔凤校注，梁运华整理，北京：中华书局，2004 年。

《海屯行纪》，刚扎克赛（Kirakos Ganjakeci）著，何高济译，北京：

中华书局，2002 年。

《汉纪》，荀悦撰，张烈点校，北京：中华书局，2002 年。

《汉书》，班固撰，中华书局点校本，1962 年。

《汉书补注》，王先谦补注，北京：书目文献出版社，1995 年。

《汉书西域传补注》，徐松撰，朱玉麒校，北京：中华书局，2005 年。

《汉书注校补》，周寿昌撰，上海：上海古籍出版社，影印光绪十年周氏思益堂刻本，2006 年。

《汉西域图考》，李恢恒（李光廷）撰，台北：乐天出版社，影印同治九年刻本，1974 年。

《后汉书》，范晔撰，中华书局点校本，1965 年。

《胡祗遹集》，胡祗遹撰，魏崇武、周思成校点，长春：吉林文史出版社，2008 年。

《混元圣纪》，谢守灏撰，收入《道藏》第 17 册，北京：文物出版社，1988 年。

《加尔迪齐著〈记述的装饰〉摘要——〈中亚学术旅行报告（1893—1894 年）〉的附录》，王小甫译，《西北史地》1983 年第 4 期，第 104—115 页。

《晋书》，房玄龄等撰，中华书局点校本，1974 年。

《旧唐书》，刘昫等撰，中华书局点校本，1975 年。

《克拉维约东使记》，克拉维约著，杨兆钧译，北京：商务印书馆，2009 年。

《历代中外行纪》，陈佳荣、钱江、张广达编，上海：上海辞书出版社，2008 年。

《梁书》，姚思廉撰，中华书局点校本修订本，2020 年。

《林出贤次郎将来 新疆省乡土志三十种》，片冈一忠编，京都：中国文献研究会，1986 年。

《陇右金石录》，张维撰，甘肃省文献征集委员会校印，1943 年。

《洛阳伽蓝记校释》，杨衒之原著，周祖谟校释，北京：中华书局，第 2 版，2010 年。

《马可波罗行纪》，沙海昂注，冯承钧译，北京：中华书局，新 1 版，2004 年。

《马卫集论中国》，马卫集撰，胡锦州、田卫疆摘译，《中亚民族历史译丛》第 1 辑（《中亚研究资料》增刊），1985 年，第 168—178 页。

《蒙古秘史》，余大均译注，石家庄：河北人民出版社，2001 年。

《蒙兀儿史记》，屠寄撰，北京：中国书店影印，1984 年。

《明代文献〈高昌馆课〉》，胡振华、黄润华整理，乌鲁木齐：新疆人民出版社，1981 年。

《明史》，张廷玉等撰，中华书局点校本，1974 年。

《明实录》，台北：中研院历史语言研究所校印本，1962 年。

《明实录类纂（涉外史料卷）》，李国祥主编，武汉：武汉出版社，1991 年。

《〈明实录〉新疆资料辑录》，田卫疆编，乌鲁木齐：新疆人民出版社，2002 年。

《南村辍耕录》，陶宗仪撰，北京：中华书局，1959 年。

《南海寄归内法传校注》，义净原著，王邦维校注，北京：中华书局，1995 年。

《南齐书》，萧子显撰，中华书局点校本修订本，2017 年。

《南史》，李延寿撰，中华书局点校本，1975 年。

《平定准噶尔方略》，傅恒等撰，北京：全国图书馆文献缩微复制中心，1990 年。

《清朝续文献通考》，刘锦藻撰，杭州：浙江古籍出版社影印，1988 年。

《清实录》，北京：中华书局影印，1985—1987 年。

《清史稿》，赵尔巽等撰，中华书局点校本，1977 年。

《青唐录》，李远撰，收入杨建新编注《古西行记选注》，银川：宁夏人民出版社，1987 年。

《全唐文补遗》，吴钢主编，西安：三秦出版社，1998 年。

《三国志》，陈寿撰，中华书局点校本，第 2 版，1982 年。

《沙哈鲁遣使中国记》，盖耶速丁著，何高济译，北京：中华书局，2002 年。

《圣武亲征录校注》，王国维校注，收入《王国维全集》第 11 卷，杭州：浙江教育出版社，2009 年。

《史集》，拉施特主编，余大均、周建奇译，北京：商务印书馆，1985 年。

《史记》，司马迁撰，中华书局点校本修订本，2013 年。

《史记》，百衲本，上海：商务印书馆，1936 年。

《释迦方志》，道宣撰，范祥雍点校，北京：中华书局，2000 年。

《世界境域志》，王治来译注，上海：上海古籍出版社，2010 年。

《世界征服者史》，志费尼著，何高济译，呼和浩特：内蒙古人民出版社，1980 年。

《水经注校证》，郦道元原著，陈桥驿校证，北京：中华书局，2013 年。

《宋高僧传》，赞宁撰，范祥雍点校，上海：上海古籍出版社，2017 年。

《宋会要辑稿》，徐松辑，刘琳等校点，上海：上海古籍出版社，2014 年。

《宋史》，脱脱等撰，中华书局点校本，1977 年。

《宋书》，沈约撰，中华书局点校本修订本，2018 年。

《宋云行纪笺注》，沙畹笺注，冯承钧译，收入《西域南海史地考证译丛》第六编，北京：中华书局，1956 年。

《"宋云行纪"要注》，余太山注，收入《早期丝绸之路文献研究》，上海：上海人民出版社，2009年。

《素剌赫字典补编》（*Mulahaqat al-Surah*），札马剌·哈儿昔（Jamāl Qaršī）著，汉译本见华涛译《贾玛尔·喀尔施和他的〈苏拉赫词典补编〉》，《元史及北方民族史研究集刊》第10期，1986年，第60—69页；第11期，1987年，第92—109页。

《隋书》，魏徵等撰，中华书局点校本修订本，2019年。

《太平寰宇记》，乐史撰，王文楚等点校，北京：中华书局，2007年。

《太平御览》，李昉撰，北京：中华书局，1960年。

《唐会要》，王溥撰，北京：中华书局，1960年。

《唐六典》，李林甫等撰，陈仲夫点校，北京：中华书局，1992年。

《通典》，杜佑撰，王文锦等点校，北京：中华书局，2016年。

《突厥世系》，阿布尔·哈齐·把阿秃儿汗著，罗贤佑译，北京：中华书局，2005年。

《突厥语大词典》，麻赫默德·喀什噶里著，校仲彝等译，北京：民族出版社，2002年。

《魏书》，魏收撰，中华书局点校本修订本，2017年。

《吴船录》，范成大撰，北京：中华书局，1985年。

《往五天竺国传笺释》，慧超原著，张毅笺释，北京：中华书局，2000年。

《希腊拉丁作家远东古文献辑录》，戈岱司编，耿昇译，北京：中华书局，1987年。

《西使记》，刘郁撰，王国维校注，收入王国维《古行记四种校录》，《王国维全集》第11卷，杭州：浙江教育出版社，2009年。

《西游览胜诗卷序》，曾棨撰，收入安都纂修《太康县志》增定卷八，见《天一阁藏明代方志选刊续编》第58册续76，上海：上海书店影印，1990 年，第 620—621 页。

《西游录》，耶律楚材撰，向达校注，北京：中华书局，2000 年。

《西域番国志》，陈诚撰，周连宽校注，北京：中华书局，2000 年。

《西域考古录》，俞浩撰，收入《中国边疆丛书》第二辑 22 册，台北：文海出版社，影印道光二十八年刻本，1966 年。

《西域水道记》，徐松撰，朱玉麒整理，北京：中华书局，2005 年。

《〈西域土地人物略〉校注》，李之勤校注，收入李之勤编《西域史地三种资料校注》，乌鲁木齐：新疆人民出版社，2012 年。

《〈西域土地人物图〉校注》，李之勤校注，收入李之勤编《西域史地三种资料校注》，乌鲁木齐：新疆人民出版社，2012 年。

《西域闻见录》，七十一撰，乾隆四十二年刊本。

《西域行程记》，陈诚撰，周连宽校注，北京：中华书局，2000 年。

《萧绎集校注》，萧绎原著，陈志平、熊清元校注，上海：上海古籍出版社，2018 年。

《辛卯侍行记》，陶保廉撰，刘满点校，兰州：甘肃人民出版社，2002 年。

《新疆图志》，王树枬等纂修，朱玉麒等整理，上海：上海古籍出版社，2017 年。

《新疆乡土志稿》，马大正、黄国政、苏凤兰整理，乌鲁木齐：新疆人民出版社，2010 年。

《新唐书》，欧阳修、宋祁等撰，中华书局点校本，1975 年。

《新五代史》，欧阳修撰，中华书局点校本修订本，2015 年。

《续高僧传》，道宣撰，郭绍林点校，北京：中华书局，2014 年。

《续资治通鉴长编》，李焘撰，上海师大古籍所等点校，北京：中华书局，第 2 版，2004 年。

《一切经音义三种校本合刊》，慧琳等原著，徐时仪校注，上海：上海古籍出版社，2008 年。

《异境奇观——伊本·白图泰游记（全译本）》，白图泰著，李广斌译，北京：海洋出版社，2008 年。

《艺文类聚》，欧阳询撰，汪绍楹校，上海：上海古籍出版社，1982 年。

《永乐大典》，解缙等纂，北京：中华书局影印，1984 年。

《元朝秘史》（校勘本），乌兰校勘，北京：中华书局，2012 年。

《元典章》，陈高华、张帆、刘晓、党宝海点校，北京：中华书局，2011 年。

《元和郡县图志》，李吉甫撰，贺次君点校，北京：中华书局，1983 年。

《元史》，宋濂、王祎撰，中华书局点校本，1976 年。

《元耶律文正公西游录略注补》，李文田注，范寿金补，收入《丛书集成续编》第 244 册，台北：新文丰出版公司，影印光绪二十三年刻本，1988 年。

《阅微草堂笔记会校会注会评》，纪晓岚原著，吴波等辑校，南京：凤凰出版社，2012 年。

《至正集》，许有壬撰，收李修生主编《全元文》第 38 册，南京：凤凰出版社，2004 年。

《中国纪行》，阿里·阿克巴尔著，张至善编译，北京：三联书店，1988 年。

《中国志》，阿里·阿克伯著，收入玛扎海里（Ali Mazahéri）《丝绸之路——中国—波斯文化交流史》，耿昇译，北京：中华书局，1993 年。

《中西交通史料汇编》，张星烺编注，朱杰勤校订，北京：中华书局，2003 年。

《中亚蒙兀儿史——拉失德史》，米儿咱·马黑麻·海答儿著，新疆社会科学院民族研究所译，王治来校注，乌鲁木齐：新疆人民出版社，1983 年。

《周书》，令狐德棻等撰，中华书局点校本，1971 年。

《资治通鉴》，司马光撰，中华书局标点本，1956 年。

A Record of Buddhistic Kingdoms：*Being an Account by the Chinese Monk Fa-Hsien of His Travels in India and Ceylon*（*A. D.* 399—414）*in Search of the Buddhist Books of Discipline*，tr. by J. Legge，Oxford：Clarendon Press，1886.

The Book of Ser Marco Polo，*the Venetian*：*Concerning the Kingdoms and Marvels of the East*，ed. & tr. by H. Yule，London：J. Murray，1871.

The Book of Ser Marco Polo，*the Venetian*：*Concerning the Kingdoms and Marvels of the East*，ed. & tr. by H. Yule，revised by H. Cordier，London：J. Murray，1903.

China in Central Asia. The Early Stage，125 *BC* - *AD* 23：*An Annotated Translation of Chapters* 61 *and* 96 *of The History of the Former Han dynasty*，tr. by A. F. Hulsewé & M. Loewe，Leiden：Brill，1979.

Compendium of the Turkic Dialects（*Dīwān Luɣāt al-Turk*），by Maḥmūd al-Kāšɣarī，ed. and tr. by R. Dankoff & J. Kelly，1982—1985.

The Concluding Portion of the Experiences of the Nation，vol. V，by Ibn Miskawayh，tr. from the Arabic by D. S. Margoliouth，Oxford：B. Blackwell，1921.

The Chronicle of Ibn al-Athīr for the Crusading Period from al-Kāmil fi'l-ta'rīkh，3 vols.，by Ibn al-Athīr，translated by D. S. Richards，London：Routledge，2010.

Chronicon quod perfectissimum inscribitur：*Ad fidem codicum berolinensis*，*Musei britannici et parisinorum*，by Ibn-el-Athiri，ed. by C. J. Tornberg，Lugduni Batavorum：E. J. Brill，1862.

The Concluding Portion of the Experiences of the Nation，by Ibn Miskawayh, tr. from the Arabic by D. S. Margoliouth, Oxford: B. Blackwell, 1921.

Das mongolische Weltreich. Al-'Umari's Darstellung der mongolischen Reiche in seinem Werk Masālik al-abṣār fī mamālik al-amṣār, by Ibn Faḍl Allāh al-'Umarī, Mit Paraphrase und Kommentar hrsg. von K. Lech, Wiesbaden: Harrassowitz, 1968.

"*Extraits de la chronique persane d'Herat*," par Mouyin ed-Din el-*Esfīzāri*, tr. et annotés par M. B. de Meynard, *Journal Asiatique* 16, 5e série, 1860, pp. 461—520.

Foe Kou Ki, ou Rélation des royaumes bouddhiques, tr. by J.-P. Abel-Rémusat, Paris: l'Imperiale Royale, 1836.

The Geography, by Claudius Ptolemy, tr. & ed. by E. L. Stevenson, New York: Dover, 1932.

The Geographical Part of the Nuzhat-al-Qulūb, by Ḥamd-Allāh Mustawfī of Qazwīn, tr. by G. Le Strange, Leiden: Brill, 1919.

Geschichte Wassaf's, Band 1, von 'Abd Allāh ibn Fazẕl Allāh Vaṣṣāf al-Ḥazẕrat, persisch herausgegeben und deutsch übersetzt von Hammer-Purgstall, neu herausgegeben von Sibylle Wentker nach Vorarbeiten von Klaus Wundsam, Wien: Verlag der Österreichischen Akademie der Wissenschaften, 2010.

Histoire de la ville de Khotan, by J.-P. Abel-Rémusat, Paris: Imprimerie de Doublet, 1820.

"Histoire des khans mongols du Turkistan et de la Transoxiane, extraite du Habib essiier de Khondémir, (2e article)," par Khwandamīr, traduite du persan et accompagnée de notes par M. C. Defrémery, *Journal Asiatique* 19, 1852, pp. 216—288.

The History of Bukhara, translated from a Persian abridgement of the Arabic original by Narshakhī, ed. & tr. by R. N. Frye, Cambridge, Mass.: Mediaeval Academy of America, 1954.

The History of the World-conqueror, 2 vols. , by 'Ala-ad-Din 'Ata-Malik Juvaini, translated from the text of Mirza Muhammad Qazvini by John Andrew Boyle, Cambridge, Mass. : Harvard University Press, 1958. 汉译见何高济译《世界征服者史》, 1980 年。

The History of Yaballaha III, Nestorian patriarch, and of His Vicar, Bar Sauma, Mongol Ambassador to the Frankish Courts at the End of the Thirteenth Century, translated from the Syriac and annotated by J. A. Montgomery, New York: Columbia University Press, 1927.

Hudūd al-'Ālam. 'The Regions of the World'. A Persian Geography, 372 A. H. -982 A. D. , translated & explained by V. Minorsky, edited by C. E. Bosworth, Cambridge: Cambridge University Press, 1970, 2nd edition. 汉译见王治来译注《世界境域志》, 2010 年。

Kitāb Āthār al-bilād, by Zakarīyā Ibn Muḥammad Qazwīnī, ed. by F. Wüstenfeld, Göttingen: Dieterich, 1848.

Kitāb al-Boldān, by Aḥmad Ya'qūbī, ed. by M. J. de Goeje, Leiden: Brill, 1892.

The Laṭā'if al-Ma'ārif of Tha'ālibī. The Book of Curious and Entertaining Information, by Abū Manṣūr al-Tha'ālibī, tr. with introduction and notes by C. E. Bosworth, Edinburgh: Edinburgh University Press, 1968.

Marco Polo. The Description of the World, tr. and annotated by A. C. Moule & P. Pelliot, London: Routledge, 1938.

Mémoires sur les contrées occidentales, 2 vols. , tr. by S. Julien, Paris: Imprimerie Impériale, 1857—1858.

Muntakhab al-Tawārīkh-i Mu'īnī, Extraits du Muntakhab al-Tavarikh-i Mu'ini(Anonyme d'Iskandar), by Mu'īn al-Dīn Naṭanzī, ed. by J. Aubin, Tehran: Khayyam, 1957.

"Notes on the Western Regions: Translated from the ' Tsëĕn Han Shoo,' Book 96, Part 1," tr. by A. Wylie, in: *Journal of the Anthropological Institute of Great Britain and Ireland* 10, 1881, pp. 20—73.

"Notes on the Western Regions. Translated from the ' Tsëĕn Han Shoo,' Book 96, Part 2", tr. by A. Wylie, in: *Journal of the Anthropological Institute of Great Britain and Ireland* 11, 1882, pp. 83—115.

The Ornament of Histories. A History of the Eastern Islamic Lands AD 650—1041: The Original Text of Abū Sa'īd 'Abd al-Ḥayy Gardīzī, by Gardīzī, translated and edited by E. Bosworth, London: I. B. Tauris, 2011.

"Pilgerfahrten buddhistischer Priester von China nach Indien," tr. by C. F. Neumann, in: *Zeitschrift für die historische Theologie* 3/2, Leipzig, 1833, pp. 114—177.

Relations de voyages et textes géographiques arabes, persans et turks relatifs à L'Extrème Orient du VIIIe au XVIIIe siècles, 2 vols. , ed. by G. Ferrand, Paris: E. Leroux, 1913—1914. 汉译见耿昇、穆根来译《阿拉伯波斯突厥人东方文献辑注》，1989 年。

Sharaf al-Zamān Ṭāhir Marvazī on China, the Turks, and India, by al-Marwazī, Arabic text（ca. 1120）with an English translation and commentary by V. Minorsky, London: Royal Asiatic Society, 1942.

Si-Yu-Ki: Buddhist Records of the Western World, tr. by S. Beal, London: Trübner, 1884.

"The Story of Chang K'ién, China's Pioneer in Western Asia: Text and Translation of Chapter 123 of Ssï-Ma Ts'ién's *Shï-Ki*," tr. by F. Hirth, in: *Journal of the American Oriental Society* 37, 1917, pp. 89—152.

Tabaḳāt-i-Nāṣiri: A General History of the Muḥammadan Dynasties of Asia, including Hindūstān, From A. H. 194（810 A. D.）to A. H. 658（1260 A. D.）and the Irruption of the Infidel Mughals into Islām, Vol. 2, by Minhāj

Sirāj Jawzjānī, tr. & annot. by H. G. Raverty, London: Gilbert & Rivington, 1881.

Tārīkh-i Bukhārā, by Muḥammad ibn Jaʿfar Narshakhī, ed. by Ch. Shafar, Paris: Ernest Leroux, 1892.

The Tarikh-i-Rashidi. A History of the Moghuls of Central Asia, by Mirza Muhammad Haidar, edited with notes by N. Elias, translated by E. Denison Ross, London: Sampson Low, 1895. 汉译见新疆社会科学院民族研究所译《中亚蒙兀儿史——拉失德史》，1983 年。

Textes d'auteurs grecs et latins relatifs à l'Extrême Orient depuis le IVe siècle av. J. -C. jusqu'au XIVe siècle, ed. by G. Cœdès, Paris: E. Leroux, 1910. 汉译本见耿昇译《希腊拉丁作家远东古文献辑录》，1987 年。

Through the Jade Gate to Rome. A Study of the Silk Routes during the Later Han Dynasty 1st to 2nd Centuries CE: An Annotated Translation of the Chronicle on the ʿ Western Regions ʾ from the Hou Hanshu, tr. by J. E. Hill, Charleston: BookSurge Publishing, 2009.

Travels of Fah-Hian and Sung-Yun, *Buddhist pilgrims*, *from China to India* (400 A. D. and 518 A. D.), tr. by S. Beal, London: Trübner, 1869.

The Travels of Fa-hsien (A. D. 399—414), *or Record of the Buddhistic Kingdoms*, tr. by H. A. Giles, London: Trübner, 1877.

Voyage de Song Yun dans l'Udyāna et le Gandhāra (518—522 p. C.), *tr.* by É. Chavannes, Hanoï: F. -H. Schneider, 1903.

Voyages d'Ibn Batoutah. Texte arabe, *accompagné d'une traduction*, by Ibn Batuta, tr. par C. Defrémery et B. R. Sanguinetti, Paris: Imprimerie nationale, 1877.

二、今人论著

（一）中日文

阿布里克木·亚森、阿地力·哈斯木《〈突厥语大词典〉等文献中的粟特语借词》，《西域研究》2006 年第 3 期，第 85—89 页。

安博特《驼队》，杨子、宋增科译，乌鲁木齐：新疆人民出版社，2010 年。

巴透尔德（W. Barthold）《七河史》，赵俪生译，北京：中国国际广播出版社，2013 年。

巴托尔德（W. Barthold）《中亚突厥史十二讲》，罗致平译，北京：中国社会科学出版社，1984 年。

巴托尔德（W. Barthold）《蒙古入侵时期的突厥斯坦》上册，张锡彤、张广达译，上海：上海古籍出版社，2011 年。

巴音郭楞蒙古自治州博物馆《1997～1998 年楼兰地区考古调查报告》，《新疆文物》2012 年第 2 期，第 110—126 页。

白鸟库吉《西域史研究》，东京：岩波书店，1944 年。

白鸟库吉《塞外史地论文译丛》第二辑，王古鲁译，商务印书馆，1940 年。

白秦川《中国钱币学》，郑州：河南大学出版社，2014 年。

白玉冬《黄头回纥源流考》，《西域研究》2021 年第 4 期，第 1—9 页。

保柳睦美《シルク·ロード地帯の自然の変迁》，东京：古今书院，1976 年。

贝格曼《新疆考古记》，王安洪译，乌鲁木齐：新疆人民出版社，2013 年。

贝格曼《考古探险手记》，张鸣译，乌鲁木齐：新疆人民出版社，2000 年。

毕波《粟特文古信札汉译与注释》，《文史》2004 年第 2 辑，第 73—97 页。

毕波《考古新发现所见康居与粟特》，张德芳主编《甘肃省第二届简牍学国际学术研讨会论文集》，上海：上海古籍出版社，2012 年，第 99—110 页。

别夫佐夫《别夫佐夫探险记》，佟玉泉、佟松柏译，乌鲁木齐：新疆人民出版社，2013 年。

博斯沃思、阿西莫夫主编《中亚文明史》第 4 卷，华涛、刘迎胜译，北京：中国对外翻译出版公司，2009 年。

伯希和《三仙洞和水磨房探珍》，耿昇译《法国西域史学精粹》第 1 册，兰州：甘肃人民出版社，2011 年，第 143—158 页。

蔡美彪等《中国通史》第 7 册，北京：人民出版社，1994 年。

曹树基《中国人口史》第 5 卷下，上海：复旦大学出版社，2005 年。

岑仲勉《中外史地考证》，北京：中华书局，1962 年。

岑仲勉《现存的职贡图是梁元帝原本吗》，《金石论丛》，上海：上海古籍出版社，1981 年，第 476—483 页。

岑仲勉《汉书西域传地里校释》，北京：中华书局，1981 年。

长泽和俊《シルクロード史研究》，东京：国书刊行会，1979 年。

长泽和俊《楼兰王国史の研究》，东京：雄山阁出版，1996 年。

长泽和俊《丝绸之路史研究》，钟美珠译，天津：天津古籍出版社，1990 年。

陈春晓《中古于阗玉石的西传》，《西域研究》2020 年第 2 期，第 1—16 页。

陈得芝《蒙元史研究丛稿》，北京：人民出版社，2005 年。

陈高华《元代新疆和中原汉族地区的经济、文化交流》，收入《新疆历史论文集》，乌鲁木齐：新疆人民出版社，1977 年，第 238—

252 页。

陈戈《新疆古代交通路线综述》，《新疆文物》1990 年第 3 期，第 55—92 页。

陈戈《昌吉古城出土的蒙古汗国银币研究》，内蒙古钱币学会编《元代货币论文选集》，呼和浩特：内蒙古人民出版社，1993 年，第 285—332 页。

陈广恩《论元代新疆地区的农业开发》，刘迎胜主编《元史及民族史研究集刊》第 14 辑，海口：南方出版社，2001 年，第 133—134 页。

陈国灿《唐乾陵石人像及其衔名的研究》，《文物集刊》（2），北京：文物出版社，1980 年，第 189—203 页。

陈国灿《斯坦因所获吐鲁番文书研究（修订本）》，武汉：武汉大学出版社，1997 年。

陈国灿《唐代的"神山路"与拨换城》，《魏晋南北朝隋唐史资料》第 24 辑，2008 年，第 197—205 页。

陈梦家《亩制与里制》，《考古》1966 年第 1 期，第 36—46 页。

陈粟裕《从于阗到敦煌——以唐宋时期图像的东传为中心》，北京：方志出版社，2014 年。

陈晓露《楼兰考古》，兰州：兰州大学出版社，2014 年。

陈寅恪《读书札记》（一至三集），北京：三联书店，2001 年。

陈垣《元西域人华化考》，北平：励耘书屋，1934 年。

陈垣《耶律楚材父子信仰之异趣》，《陈垣全集》第 2 册，合肥：安徽大学出版社，2009 年，684—691 页。

陈子达《丝虫病》，北京：人民卫生出版社，1957 年。

陈宗振《〈突厥语大词典〉中的中古汉语借词》，《民族语文》2014 年第 1 期，第 56—64 页。

池田温《麻札塔格出土盛唐寺院支出簿小考》，敦煌研究院编《段文杰敦煌研究五十年纪念文集》，北京：世界图书出版公司，1996 年，第 207—225 页。

戴寇琳、伊弟利斯·阿不都热苏勒《在塔克拉玛干的沙漠里：公元初年丝绸之路开辟之前克里雅河谷消逝的绿洲——记中法新疆联合考古工作》，吴旻译，《法国汉学》第 11 辑，北京：中华书局，2006 年，第 49—63 页。

党宝海《蒙元驿站交通研究》，北京：昆仑出版社，2006 年。

丁谦《蓬莱轩地理学丛书》，北京：国家图书馆出版社，2008 年。

杜维善《贵霜帝国之钱币》，上海：上海古籍出版社，2012 年。

段晴《于阗文的蚕字、茧字、丝字》，李铮、蒋忠新主编《季羡林教授八十华诞纪念论文集》上册，南昌：江西人民出版社，1991 年，第 45—50 页。

段晴《Hedin 24 号文书释补》，新疆吐鲁番学研究院编《语言背后的历史——西域古典语言学高峰论坛论文集》，上海：上海古籍出版社，2012 年，第 74—78 页。

段晴《于阗·佛教·古卷》，上海：中西书局，2013 年。

段晴《中国国家图书馆藏西域文书——梵文、佉卢文卷》，上海：中西书局，2013 年。

段晴《中国国家图书馆藏西域文书——于阗语卷（一）》，上海：中西书局，2015 年。

段晴《于阗语无垢净光大陀罗尼经》，上海：中西书局，2019 年。

段晴《于阗絁紬，于阗锦》，《伊朗学在中国论文集》第 5 辑，上海：中西书局，2021 年，第 50—64 页。

段晴《中国人民大学藏于阗语文书的学术价值》，《中国人民大学学报》2022 年第 1 期，第 12—19 页。

段晴《神话与仪式——破解古代于阗甋觚上的文明密码》，北京：三联书店，2022 年。

段晴、才洛太《青海藏医药文化博物馆藏佉卢文尺牍》，上海：中西书局，2016 年。

段晴、李建强《钱与帛：中国人民大学博物馆藏三件于阗语—汉语双语文书解析》，《西域研究》2014 年第 1 期，第 29—38 页。

樊自立、季方《克里雅河中下游自然环境变迁与绿色走廊保护》，《干旱区研究》1989 年第 3 期，第 16—24 页。

冯承钧译《西域南海史地考证译丛》，全九编，上海：商务印书馆，北京：中华书局，1934—1958 年。

冯承钧《西域南海史地考证论著汇辑》，北京：中华书局，1963 年。

冯承钧《西域地名》（增订本），陆峻岭增订，北京：中华书局，1980 年。

冯承钧《冯承钧西北史地论集》，北京：中国国际广播出版社，2013 年。

冯培红《敦煌的归义军时代》，兰州：甘肃教育出版社，2010 年。

冨谷至编《流沙出土の文字资料——楼兰・尼雅文书を中心に》，京都：京都大学学术出版会，2001 年。

甘肃简牍博物馆等编《悬泉汉简（贰）》，上海：中西书局，2020 年。

高田时雄《敦煌・民族・语言》，钟翀译，北京：中华书局，2005 年。

高永久《喀什噶尔地名考辨评议》，《中国边疆史地研究》1994 年第 1 期，第 82—87 页。

高永久《试论喀什噶尔一名的含义》，《中央民族大学学报》，1996 年第 5 期，第 54—56 页。

广中智之《汉唐于阗佛教研究》，乌鲁木齐：新疆人民出版社，2013 年。

郭锋编《斯坦因第三次中亚探险所获甘肃新疆出土汉文文书——未

经马斯伯乐刊布的部分》，兰州：甘肃人民出版社，1993 年。

郭声波、颜培华《渠犁、阇甄、妫塞：唐中期新置西域羁縻都督府探考》，《中国边疆史地研究》2010 年第 1 期，第 91—99 页。

郭锡良《汉字古音手册》（增订本），北京：商务印书馆，2010 年。

郝树声、张德芳《悬泉汉简研究》，兰州：甘肃教育出版社，2009 年。

何德修《新疆且末县出土元代文书初探》，《文物》1994 年第 10 期，第 64—75 页。

何德修《沙海遗书——论新发现的〈董西厢〉残页》，马大正、杨镰主编《西域考察与研究续编》，乌鲁木齐：新疆人民出版社，1998 年，第 230—235 页。

何宇华、孙永军《空间遥感考古与楼兰古城衰亡原因的探索》，《考古》2003 年第 3 期，第 77—81 页。

赫定（Sven Hedin）《亚洲腹地旅行记》，李述礼译，上海：开明书店，1934 年。

赫恩雷《英国中亚古物收集品中的印—汉二体钱》，杨富学译，《新疆文物》1994 年第 3 期，第 98—108 页。

亨廷顿《亚洲的脉搏》，王彩琴、葛莉译，乌鲁木齐：新疆人民出版社，2001 年。

侯灿《麻札塔格古戍堡及其在丝绸之路上的重要位置》，《文物》1987 年第 3 期，第 63—76 页。

侯灿《高昌楼兰研究论集》，乌鲁木齐：新疆人民出版社，1990 年。

侯灿《楼兰考古调查与发掘报告》，南京：凤凰出版社，2022 年。

侯灿、杨代欣编《楼兰汉文简纸文书集成》，成都：天地出版社，1999 年。

胡戟《唐代度量衡与亩里制度》，《西北大学学报》1980 年第 4 期，第 34—59 页。

胡平生《楼兰出土文书释丛》,《文物》1991 年第 8 期,第 41—48 页。

胡平生、张德芳《敦煌悬泉汉简释粹》,上海:上海古籍出版社,2001 年。

胡兴军《且末县来利勒克遗址群考古调查》,新疆文物考古研究所编《文物考古年报》(2013—2014),第 35—36 页。

胡兴军、阿里甫《新疆洛浦县比孜里墓地考古新收获》,《西域研究》2017 年第 1 期,第 144—146 页。

华涛《西域历史研究:八至十世纪》,上海:上海古籍出版社,2000 年。

荒川正晴《唐代コータン地域のulaγについて:マザル＝ターク出土 ulaγ 関係文書の分析を中心にして》,《龙谷史坛》第 103—104 号,1994 年,第 17—38 页。

黄君默《元代之钱币——元代货币论之二》,内蒙古钱币学会编《元代货币论文选集》,呼和浩特:内蒙古人民出版社,1993 年,第 205—210 页。

黄盛璋《〈西天路竟〉笺证》,《敦煌学辑刊》1984 年第 2 期,第 1—13 页。

黄盛璋《于阗文〈使河西记〉的历史地理研究》,《敦煌学辑刊》1986 年第 2 期,第 1—18 页。

黄盛璋《于阗文〈使河西记〉的历史地理研究(续完)》,《敦煌学辑刊》1987 年第 1 期,第 1—13 页。

黄盛璋《敦煌于阗文 P. 2741、ch. 00296、P. 2790 号文书疏证》,《西北民族研究》1989 年第 2 期,第 41—72 页。

黄盛璋《中外交通与交流史研究》,合肥:安徽教育出版社,2002 年。

黄文弼《罗布淖尔考古记》，北平：国立北京大学出版部，1948年。

黄文弼《塔里木盆地考古记》，北京：科学出版社，1958年。

黄文弼《西北史地论丛》，上海：上海人民出版社，1981年。

黄文弼《新疆考古发掘报告（1957—1958）》，北京：文物出版社，1983年。

黄文弼《黄文弼历史考古论集》，黄列编，北京：文物出版社，1989年。

黄文弼《黄文弼蒙新考察日记（1927—1930）》，黄烈整理，北京：文物出版社，1990年。

黄小江《若羌县文物调查简况（上）》，《新疆文物》1985年第1期，第20—26页。

霍川、霍巍《汉晋时期藏西"高原丝绸之路"的开通及其历史意义》，《西藏大学学报》2017年第1期，第52—57页。

霍巍《于阗与藏西：考古材料所见吐蕃时期两地间的文化交流》，《藏学学刊》第3辑，成都：四川大学出版社，2007年，第146—156页。

吉田豊《コータン出土8—9世紀のコータン語世俗文書に関する覚え書き》，神户：神户外国语大学外国学研究所，2006年。

吉田豊《9世紀東アジアの中世イラン語碑文2件：西安出土のパフラビー語・漢文墓志とカラバルガスン碑文の翻訳と研究》，《京都大学文学部研究纪要》第59卷，2020年，第97—269页。

纪大椿《六城・七城・八城——塔里木盆地周缘各城总称考略》，收入作者《新疆近世史论文选粹》，乌鲁木齐：新疆人民出版社，2011年，第391—396页。

纪赟《和田本犍陀罗语〈法句经〉的发现与研究情况简介》，张凤雷主编《宗教研究》（2015·春），北京：宗教文化出版社，2016年，第 29—46 页。

季羡林《新疆的甘蔗种植和沙糖应用》，《季羡林文集》第 10 卷，南昌：江西教育出版社，1998 年，第 439—468 页。

榎一雄《榎一雄著作集》第 1—3 卷，东京：汲古书院，1992—1993 年。

榎一雄《滑国に关する梁职贡图の记事について》，《榎一雄著作集》第 7 卷，东京：汲古书院，1994 年，第 132—161 页。

贾应逸《新疆佛教壁画的历史学研究》，北京：中国人民大学出版社，2010 年。

蒋继勇、胡边、李小虎等《新疆碘缺乏病防治现状的分析》，《疾病控制杂志》第 10 卷 4 期，2006 年，第 436—438 页。

蒋其祥《新疆钱币》，乌鲁木齐：新疆美术摄影出版社，1991 年。

蒋其祥《西域古钱币研究》，乌鲁木齐：新疆大学出版社，2006 年。

蒋其祥、李有松《新疆博乐发现的察合台汗国金币初步研究》，内蒙古钱币学会编《元代货币论文选集》，呼和浩特：内蒙古人民出版社，1993 年，第 333—347 页。

金维诺《新疆的佛教艺术》，《中国美术史论集》中卷，哈尔滨：黑龙江美术出版社，2004 年，第 10—21 页。

橘瑞超《橘瑞超西行记》，柳洪亮译，乌鲁木齐：新疆人民出版社，1999 年。

喀什地区文物管理所文物队《喀什市亚吾鲁克遗址 2000 年清理简报》，《新疆文物》2002 年第 3—4 期，第 54—57 页。

克力勃《和田汉佉二体钱》，姚朔民编译，《中国钱币》1987 年第 2 期，第 31—40 页。

库罗帕特金《喀什噶利亚》，凌颂纯、王嘉琳译，乌鲁木齐：新疆人民出版社，1980 年。

李并成《对河西一些古地名的历史地理研究》，《西北师院学报》1984 年增刊"敦煌学研究专辑"，第 82—90 页。

李并成《汉唐冥水（籍端水）冥泽及其变迁考》，《敦煌研究》2001 年第 2 期，第 60—67 页。

李并成《元时期河西走廊的开发》，《历史地理》第 18 辑，上海：上海人民出版社，2002 年，第 199—207 页。

李并成《塔里木盆地克里雅河下游古绿洲沙漠化考》，《中国边疆史地研究》2020 年第 4 期，第 106—118 页。

李幹《元代民族经济史》，北京：民族出版社，2010 年。

李华瑞《北宋东西陆路交通之经营》，《求索》2016 年第 2 期，第 4—15 页。

李锦绣、余太山《〈通典〉西域文献要注》，上海：上海人民出版社，2009 年。

李经纬《莎车出土回鹘文土地买卖文书释译》，《西域研究》1998 年第 3 期，第 18—28 页。

李进淮主编《叶尔羌河流域水利志》，乌鲁木齐：新疆人民出版社，2008 年。

李青《古楼兰鄯善艺术综论》，北京：中华书局，2005 年。

李青《丝绸之路楼兰艺术研究》，乌鲁木齐：新疆人民出版社，2010 年。

李树辉《〈突厥语大词典〉诠释四题》，《喀什师范学院学报》1998 年第 3 期，第 65—70 页。

李树辉《试论汉传佛教的西渐——从突厥语对"道人"（tojin）一词的借用谈起》，《新疆师范大学学报》2006 年第 4 期，第 50—53 页。

李肖《且末古城地望考》，《中国边疆史地研究》2001 年第 3 期，第 37—45 页。

李肖、马丽萍《拜火教与火崇拜》，荣新江、罗丰主编《粟特人在中国——考古发现与出土文献的新印证》，北京：科学出版社，2016年，第 207—215 页。

李肖、马丽萍《从新疆鄯善县洋海墓地出土木质火钵探讨火崇拜与拜火教的关系》，沈卫荣主编《西域历史语言研究集刊》第 10 辑，北京：科学出版社，2018 年，第 23—34 页。

李小荣《敦煌道教文学研究》，成都：巴蜀书社，2009 年。

李吟屏《新疆和田市发现的喀喇汗朝窖藏铜器》，《考古与文物》1991 年第 5 期，第 47—53 页。

李吟屏《佛国于阗》，乌鲁木齐：新疆人民出版社，1991 年。

李吟屏《和田历代交通路线研究》，马大正等主编《西域考察与研究》，乌鲁木齐：新疆人民出版社，1994 年，第 173—194 页。

李吟屏《黑汗王朝时期的两件铜器》，《考古与文物》1995 年第 5 期，第 95—96 页。

李吟屏（陇夫）《和田地区文管所藏汉佉二体钱》，《中国钱币》1996 年第 2 期，第 55—56 页。

李吟屏《古于阗坎城考》，马大正、杨镰主编《西域考察与研究续编》，乌鲁木齐：新疆人民出版社，1998 年，第 236—262 页。

李吟屏《和田历代地方政权发行货币概论》，《新疆钱币》2005 年第 2 期，第 21—26 页。

李遇春《新疆维吾尔自治区文物考古工作概况》，《文物》1962 年第 7—8 期，第 11—15 页。

李遇春《新疆和田县买力克阿瓦提遗址的调查和试掘》，《文物》1981 年第 1 期，第 33—37 页。

李遇春《新疆三仙洞的开窟时代和壁画内容初探》，《文物》1982 年第 4 期，第 13—17 页。

李遇春、贾应逸《新疆脱库孜沙来遗址出土毛织品初步研究》，中国考古学会编《中国考古学会第一次年会论文集 1979》，北京：文物出版社，1980 年，第 421—428 页。

李朝霞、王庭宇、海力甫等《叶河流域饮用水质和水性疾病调查》，《环境与健康杂志》第 14 卷 2 期，1997 年，第 67—69 页。

李正宇《籍端水、独利河、苏勒河名义考——兼谈"河出昆仑"说之缘起》，《西域研究》1994 年第 3 期，第 62—67 页。

李正宇《古本敦煌乡土志八种笺证》，兰州：甘肃人民出版社，2008 年。

李志敏《"车尔成"原音的历史渊源》，《中国历史地理论丛》1994年第 4 期，第 177—188 页。

李之勤《〈西域土地人物略〉的最早、最好版本》，李之勤编《西域史地三种资料校注》，乌鲁木齐：新疆人民出版社，2012 年，第 70—85 页。

梁方仲《历代纸币制度纪要》，《中国社会经济史论》，北京：中华书局，2008 年，第 444—447 页。

林梅村编《楼兰尼雅出土文书》，北京：文物出版社，1985 年。

林梅村《沙海古卷——中国所出佉卢文书（初集）》，北京：文物出版社，1988 年。

林梅村《汉佉二体钱佉卢文解诂》，《考古与文物》1988 年第 2 期，第 85—88 页。

林梅村《有关莎车发现的喀喇汗王朝文献的几个问题》，《西域研究》1992 年第 2 期，第 95—106 页。

林梅村《西域文明——考古、民族、语言和宗教新论》，北京：东方出版社，1995 年。

林梅村《汉唐西域与中国文明》，北京：文物出版社，1998 年。

林梅村《古道西风——考古新发现所见中西文化交流》，北京：三联书店，2000 年。

林梅村《丝绸之路考古十五讲》，北京：北京大学出版社，

2006 年。

林梅村《松漠之间——考古新发现所见中外文化交流》，北京：三联书店，2007 年。

林梅村《寻找楼兰王国（插图本）》，北京：北京大学出版社，2009 年。

林梅村《蒙古山水地图》，北京：文物出版社，2011 年。

林梅村《大朝春秋——蒙元考古与艺术》，北京：故宫出版社，2013 年。

林梅村《西域考古与艺术》，北京：北京大学出版社，2017 年。

林铃梅、李肖、买提卡斯木·吐米尔《近年来新疆克里雅河流域下游采集陶器的研究》，《丝绸之路考古》第 5 辑，北京：科学出版社，2022 年，第 36—57 页。

林悟殊《波斯拜火教与古代中国》，台北：新文丰出版公司，1995 年。

林怡娴《新疆尼雅遗址玻璃器的科学研究》，北京科技大学博士学位论文，2009 年。

林怡娴《试析尼雅玻璃器的产地来源及相关问题》，《新疆文物》2009 年第 3—4 期，第 68—69 页。

刘戈《一件喀拉汗朝时期的阿拉伯文文书》，《民族研究》1995 年第 2 期，第 95—99 页。

刘文锁《安迪尔新出汉佉二体钱考》，《中国钱币》1991 年第 3 期，第 3—7 页。

刘文锁《沙海古卷释稿》，北京：中华书局，2007 年。

刘文锁《双语钱币》，上海博物馆编《丝绸之路古国钱币暨丝路文化国际学术研讨会论文集》，上海：上海书画出版社，2011 年，第 334—346 页。

刘学堂《乌鲁木齐的史前时代》，北京：商务印书馆，2018 年。

刘洋、郑景云、郝志新等《欧亚大陆中世纪暖期与小冰期温度变化的区域差异分析》，《第四纪研究》2021 年第 2 期，第 462—473 页。

刘屹《敦煌十卷本〈老子化胡经〉残卷新探》，荣新江主编《唐研究》第 2 卷，北京：北京大学出版社，1996 年，第 101—120 页。

刘迎胜《察合台汗国史研究》，上海：上海古籍出版社，2011 年。

刘迎胜《海路与陆路——中古时代东西交流研究》，北京：北京大学出版社，2011 年。

刘迎胜《西北民族史与察合台汗国史研究》，北京：中国国际广播出版社，2012 年。

刘迎胜《蒙元帝国与 13—15 世纪的世界》，北京：三联书店，2013 年。

刘子凡《于阗镇守军与当地社会》，《西域研究》2014 年第 1 期，第 16—28 页。

罗帅《贝格拉姆宝藏与汉代东西文化交流》，北京大学硕士学位论文，2010 年。

罗帅《阿富汗贝格拉姆宝藏的年代与性质》，《考古》2011 年第 2 期，第 68—80 页。

罗帅《悬泉汉简所见折垣与祭越二国考》，《西域研究》2012 年第 2 期，第 38—45 页。

罗帅《罗巴塔克碑铭译注与研究》，朱玉麒主编《西域文史》第 6 辑，北京：科学出版社，2012 年，第 113—136 页。

罗帅《〈马可波罗行纪〉与斯坦因的考古探险活动》，《国际汉学研究通讯》第 5 期，北京：北京大学出版社，2012 年，第 313—328 页。

罗帅《印度半岛出土罗马钱币所见印度洋贸易之变迁》，吐鲁番学研究院编：《古代钱币与丝绸高峰论坛暨第四届吐鲁番学国际学术研讨会论文集》，上海：上海古籍出版社，2015 年，第 108—118 页。

罗帅《贵霜帝国的贸易扩张及其三系国际贸易网络》，《北京大学学报》2016 年第 1 期，第 115—123 页。

罗帅《汉代海上丝绸之路的西段（一）：印度西南海岸古港穆吉里斯》，《新疆师范大学学报》2016 年第 5 期，第 60—68 页。

罗帅《汉佉二体钱新论》，《考古学报》2021 年第 4 期，第 501—520 页。

罗振玉编《敦煌石室遗书百廿种》，收入黄永武主编《敦煌丛刊初集》（六），台北：新文丰出版公司，1985 年。

罗宗真《扬州唐代古河道等的发现和有关问题的探讨》，《文物》1980 年第 3 期，第 21—27 页。

罗宗真《试述扬州港开始繁荣于唐代的原因》，《罗宗真文集·历史文化卷》，北京：文物出版社，2013 年，第 172—178 页。

吕思勉《两晋南北朝史》（上），《吕思勉全集》第 5 册，上海：上海古籍出版社，2015 年。

马达汉《马达汉西域考察日记（1906—1908）》，王家骥译，北京：中国民族摄影艺术出版社，2004 年。

马达汉《百年前走进中国西部的芬兰探险家自述——马达汉新疆考察纪行》，马大正、王家骥、许建英译，乌鲁木齐：新疆人民出版社，2009 年。

马噶特尼（Lady Macartney）《一个外交官夫人对喀什噶尔的回忆》（《外交官夫人的回忆》之一），王卫平译，乌鲁木齐：新疆人民出版社，2010 年。

马健《匈奴葬仪的考古学探索——兼论欧亚草原东部文化交流》，兰州：兰州大学出版社，2011 年。

马启成《回族族源与回回的初期活动》，《回族历史与文化暨民族学研究》，北京：中央民族大学出版社，2006 年，第 119—165 页。

马世长《三仙洞年代别议》，《中国佛教石窟考古文集》，北京：商务印书馆，2014 年，第 189—205 页。

马泰、卢倜章、于志恒主编《碘缺乏病——地方性甲状腺肿与地方性克汀病》，北京：人民卫生出版社，1981 年。

马歇尔（J. Marshall）《塔克西拉》，秦立彦译，云南人民出版社，2002 年。

马雍《西域史地文物丛考》，北京：文物出版社，1990 年。

孟凡人《楼兰新史》，北京：光明日报出版社，1990 年。

孟凡人《楼兰鄯善简牍年代学研究》，乌鲁木齐：新疆人民出版社，1995 年。

孟凡人《尼雅遗址与于阗史研究》，北京：商务印书馆，2017 年。

米尔苏里唐、李经纬、靳尚怡《一件莎车出土的阿拉伯字回鹘语文书研究》，《西北民族研究》1999 年第 1 期，第 81—90 页。

穆舜英主编《中国新疆古代艺术》，乌鲁木齐：新疆美术摄影出版社，1994 年。

内蒙古钱币学会编《元代货币论文选集》，呼和浩特：内蒙古人民出版社，1993 年。

内田吟风《第五世纪东トルキスタン史に关する一考察——鄯善国の散灭を中心として》，《古代学》第 10 卷 1 号，1961 年，第 1—19 页。

内田吟风《魏书西域传原文考释（上）》，《东洋史研究》第 29 卷 1 号，1970 年，第 83—106 页。

彭念聪《诺羌米兰古城新发现的文物》，《文物》1960 年第 8—9 期，第 92—93 页。

普尔热瓦尔斯基《走向罗布泊》，黄健民译，乌鲁木齐：新疆人民出版社，1999 年。

蒲立本《上古汉语的辅音系统》，潘悟云、徐文堪译，北京：中华书局，1999 年。

祁小山、王博编著《丝绸之路·新疆古代文化》，乌鲁木齐：新疆人民出版社，2008 年。

钱伯泉《龟兹回鹘国与裕固族族源问题研究》，《甘肃民族研究》1985 年第 2 期，第 50—58 页。

钱伯泉《龟兹回鹘国始末》，《新疆社会科学》1987 年第 2 期，第 100—111 页。

钱伯泉《吐谷浑人在西域的历史——兼谈坎曼尔诗签的族属和价值》，《新疆大学学报》1990 年第 2 期，第 29—35 页。

秦小光等《新疆古楼兰交通与古代人类村落遗迹调查 2015 年度调查报告》，《西部考古》第 13 辑，北京：科学出版社，2017 年，第 1—35 页。

庆昭蓉《法献赍回佛牙事迹再考——兼论 5 世纪下半叶嚈哒在西域的扩张》，朱玉麒主编《西域文史》第 13 辑，北京：科学出版社，2019 年，第 83—98 页。

丘光明《计量史》，长沙：湖南教育出版社，2002 年。

邱树森《马可波罗笔下的中国穆斯林》，邱树森、李治安主编《元史论丛》第 8 辑，南昌：江西教育出版社，2001 年，第 7—13 页。

任柏宗《中外关系视野下的罽宾研究》，北京大学硕士学位论文，2022 年。

任荣康《元初的元—伊联盟与中亚交通——兼考马可波罗抵忽炭三地之年限》，《中亚学刊》第 3 辑，北京：中华书局，1990 年，第 184—198 页。

荣新江《通颊考》，《文史》第 33 辑，北京：中华书局，1990 年，第 119—144 页。

荣新江《小月氏考》，《中亚学刊》第 3 辑，北京：中华书局，1990 年，第 47—62 页。

荣新江《归义军史研究——唐宋时代敦煌历史考索》，上海：上海古籍出版社，1996 年。

荣新江《绵绫家家总满——谈十世纪敦煌于阗间的丝织品交流》，包铭新主编《丝绸之路·图像与历史》，上海：东华大学出版社，2011年，第 42—44 页。

荣新江《汉语—于阗语双语文书的历史学考察》，新疆吐鲁番学研究院编《语言背后的历史——西域古典语言学高峰论坛论文集》，上海：上海古籍出版社，2012 年，第 20—31 页。

荣新江《中古中国与外来文明》（修订版），北京：三联书店，2014 年。

荣新江《中古中国与粟特文明》，北京：三联书店，2014 年。

荣新江《真实还是传说：马可波罗笔下的于阗》，《西域研究》2016 年 2 期，第 39—42 页。

荣新江《所谓"吐火罗语"名称再议——兼论龟兹北庭间的"吐火罗斯坦"》，王炳华主编《孔雀河青铜时代与吐火罗假想》，北京：科学出版社，2017 年，第 181—191 页。

荣新江《丝绸之路与东西文化交流》，北京：北京大学出版社，2022 年。

荣新江、李肖、孟宪实主编《新获吐鲁番出土文献》，北京：中华书局，2008 年。

荣新江、文欣《和田新出汉语—于阗语双语木简考释》，《敦煌吐鲁番研究》第 11 卷，上海：上海古籍出版社，2009 年，第 45—69 页。

荣新江、朱丽双《于阗与敦煌》，兰州：甘肃教育出版社，2013 年。

荣新江、朱丽双《从进贡到私易：10—11 世纪于阗玉的东渐敦煌与中原》，《敦煌研究》2014 年第 3 期，第 190—200 页。

桑山正进《カーピシ＝ガンダーラ史研究》，京都：京都大学人文科学研究所，1990 年。

桑原骘藏《东西交通史论丛》，京都：弘文堂书房，1933 年。

桑原骘藏《张骞西征考》，杨炼译，上海：商务印书馆，1934 年。

沙比提《从考古发掘资料看新疆古代的棉花种植和纺织》，《文物》1973 年第 10 期，第 48—52 页。

沙比提·阿合买提《喀喇汗朝时期的一件文书》，古丽鲜译，《新疆文物》1986 年第 1 期，第 80—81 页。

沙知、吴芳思编《斯坦因第三次中亚考古所获汉文文献（非佛经部分）》，上海：上海辞书出版社，2005 年。

山田胜久《西域南道の古代都市と仏教》，《日本アジア言语文化研究》第 3 号，1996 年，第 56—77 页。

尚衍斌《元史及西域史丛考》，北京：中央民族大学出版社，2013 年。

上海博物馆青铜器研究部《上海博物馆藏丝绸之路古代国家钱币》，上海：上海书画出版社，2006 年。

上原芳太郎编《新西域记》，东京：有光社，1937 年。

邵循正《有明初叶与帖木儿帝国之关系》，《邵循正历史论文集》，北京：北京大学出版社，1985 年，第 86—98 页。

深圳博物馆编《丝路遗韵：新疆出土文物展图录》，北京：文物出版社，2011 年。

沈琛《吐蕃统治时期的于阗》，北京大学硕士学位论文，2015 年。

沈琛《吐蕃统治时期于阗的职官》，朱玉麒主编《西域文史》第 10 辑，北京：科学出版社，2015 年，第 215—232 页。

史树青《新疆文物调查随笔》，《文物》1960 年第 6 期，第 22—32 页。

史卫民《元代军事史》（《中国军事通史》第十四卷），北京：军事科学出版社，1998 年。

森安孝夫、吉田豊《カラバルガスン碑文汉文版の新校订と訳注》,《内陆アジア言语の研究》第 34 号,2019 年,第 1—59 页。

斯坦因《西域考古图记》,巫新华等译,桂林:广西师范大学出版社,1998 年。

斯坦因《亚洲腹地考古图记》,巫新华等译,桂林:广西师范大学出版社,2004 年。

斯坦因《古代和田》,巫新华等译,济南:山东人民出版社,2009 年。

斯特兰奇《大食东部历史地理研究——从阿拉伯帝国兴起到帖木儿朝时期的美索不达米亚、波斯和中亚诸地》,韩中义译注,北京:社会科学文献出版社,2018 年。

寺本婉雅《于阗国史》,京都:丁字屋书店,1921 年。

寺本婉雅译著《于阗佛教史の研究》,东京:国书刊行会,1974 年。

松田寿男《乌弋山离へのみち》,《史学》第 44 卷 1 号,1971 年,第 1—24 页。

松田寿男《古代天山历史地理学研究》,陈俊谋译,北京:中央民族学院出版社,1987 年。

苏北海《西域历史地理》,乌鲁木齐:新疆大学出版社,1998 年。

孙修身《于阗媲摩城、坎城两地考》,《西北史地》1981 年第 2 期,第 67—72 页。

孙修身《莫高窟佛教史迹故事画介绍(二)》,《敦煌研究》1982 年第 1 期,第 98—110 页。

塔克拉玛干沙漠综考队考古组《塔克拉玛干南缘调查》,《新疆文物》1990 年第 4 期,第 1—53 页。

谭其骧主编《中国历史地图集》,北京:中国地图出版社,1982 年。

汤用彤《汉魏两晋南北朝佛教史》,北京:商务印书馆,2017 年。

唐耕耦、陆宏基编《敦煌社会经济文献真迹释录》第 1 辑，北京：书目文献出版社，1986 年。

唐天福、薛耀松、俞从流《新疆塔里木盆地西部晚白垩世至早第三纪海相沉积特征及沉积环境》，北京：科学出版社，1992 年。

唐长孺主编《吐鲁番出土文书》（壹），北京：文物出版社，1992 年。

汤开建《解开"黄头回纥"及"草头鞑靼"之谜——兼谈宋代的"青海路"》，《青海社会科学》1984 年第 4 期，第 77—85 页。

汤开建《唐宋元间西北史地丛稿》，北京：商务印书馆，2013 年。

汤一介《功德使考——读〈资治通鉴〉札记》，《文献》1985 年第 2 期，第 60—65 页。

特林克勒《未完成的探险》，赵凤朝译，乌鲁木齐：新疆人民出版社，2000 年。

藤田丰八《东西交涉史の研究：西域篇》，东京：冈书院，1932 年。

藤田丰八《西域研究》，杨炼译，上海：商务印书馆，1935 年。

藤田丰八等《西北古地研究》，杨炼译，上海：商务印书馆，1935 年。

田边胜美、前田耕作主编《世界美术大全集》东洋编 15《中央アジア》，东京：小学馆，1999 年。

田卫疆《元明时期和田历史初探》，《和田师专教学与研究》1985 年第 8 期，第 42—50 页。

田卫疆《塔里木盆地"沙埋古城"的两则史料辨析》，《新疆师范大学学报》2011 年第 1 期，第 84—90 页。

童苏祥、李维、左新平等《新疆维吾尔自治区寄生虫病防治与研究》，汤林华、许隆祺、陈颖丹主编《中国寄生虫病防治与研究》下册，北京：北京科学技术出版社，2012 年，第 1420—1436 页。

全涛《青藏高原丝绸之路的考古学研究》，北京：文物出版社，2021 年。

土谷遥子《〈法显传〉に见える陀历仏教寺院：パキスタン北部地区ダレル溪谷プグッチ村における闻き取り调查（2008）》，《オリエント》53 卷 1 号，2010 年，第 120—143 页。

王北辰《王北辰西北历史地理论文集》，北京：学苑出版社，2000 年。

王炳华《"丝绸之路"南道中我国境内帕米尔路段调查》，《西北史地》1984 年第 2 期，第 78—88 页。

王炳华《西域考古历史论集》，北京：中国人民大学出版社，2008 年。

王炳华《西域考古文存》，兰州：兰州大学出版社，2010 年。

王炳华《伊循故址新论》，朱玉麒主编《西域文史》第 7 辑，北京：科学出版社，2012 年，第 221—234 页。

王东平《明清西域史与回族史论稿》，北京：商务印书馆，2014 年。

王国维、罗振玉《流沙坠简》，上虞罗氏宸翰楼影印本，1914 年。

王继光《陈诚及其〈西域行程记〉与〈西域番国志〉研究》，《中亚学刊》第 3 辑，北京：中华书局，1990 年，第 214—241 页。

王冀青《斯坦因第四次中亚考察所获汉文文书》，《敦煌吐鲁番研究》第 3 卷，北京：北京大学出版社，1998 年，第 259—290 页。

王连方、王生玲、艾海提等《新疆和田绿洲碘缺乏病与地理环境关系的初步调查》，谭见安主编《中国的医学地理研究》，北京：中国医药科技出版社，1994 年，第 305—308 页。

王连方、王生玲、张玲《新疆地理环境与地方性甲状腺肿关系剖析》，《环境科学学报》第 23 卷 5 期，2003 年，第 668—673 页。

王文利、周伟洲《西夜、子合国考》，《民族研究》2010 年第 6 期，第 61—66 页。

王小甫《唐、吐蕃、大食政治关系史》，北京：北京大学出版社，1992 年。

王小甫《七至十世纪西藏高原通其西北之路——联合国教科文组织（UNESCO）"平山郁夫丝绸之路研究奖学金"资助考察报告》，《边塞内外——王小甫学术文存》，北京：东方出版社，2016 年，第 55—86 页。

王小甫《七、八世纪之交吐蕃入西域之路》，《边塞内外——王小甫学术文存》，北京：东方出版社，2016 年，第 87—100 页。

王尧、陈践译注《敦煌吐蕃文献选》，成都：四川民族出版社，1983 年。

王义康《唐代边疆民族与对外交流》，黑龙江：哈尔滨教育出版社，2013 年。

王媛媛《从波斯到中国：摩尼教在中亚和中国的传播》，北京：中华书局，2012 年。

王樾《汉佉二体钱刍议》，上海博物馆编《丝绸之路古国钱币暨丝路文化国际学术研讨会论文集》，上海：上海书画出版社，2011 年，第 347—353 页。

王钊主编《中国丝虫病防治》，北京：人民卫生出版社，1997 年。

魏良弢《叶尔羌汗国社会经济概述》，《西域研究》1992 年第 1 期，第 76—85 页。

闻广《〈马可波罗行纪〉中地质矿产史料》，《河北地质学院学报》第 15 卷 2 期，1992 年，第 205—213 页。

文欣《中古时期于阗国政治制度研究》，北京大学硕士学位论文，2008 年。

文欣《于阗国官号考》，《敦煌吐鲁番研究》第 11 卷，上海：上海古籍出版社，2008 年，第 121—146 页。

文欣《于阗国"六城"（*kṣa au*）新考》，朱玉麒主编《西域文史》第 3 辑，北京：科学出版社，2008 年，第 109—126 页。

乌苏吉《波斯文献中关于喀什噶尔在丝绸之路上的地位的记载》，林喆译，《新疆师范大学学报》2012 年第 6 期，第 8—14 页。

乌苏吉《〈动物之自然属性〉对"中国"的记载——据新发现的抄本》，王诚译，《西域研究》2016 年第 1 期，第 97—110 页。

吴芳思《丝绸之路 2000 年》，赵学工译，济南：山东画报出版社，2008 年。

吴焯《汉唐时期塔里木盆地的宗教与文化》，《西北民族研究》1993 年第 2 期，第 192—214 页。

伍德福德（Susan Woodford）《古代艺术品中的神话形象》，贾磊译，济南：山东画报出版社，2006 年。

武伯纶《新疆天山南路的文物调查》，《文物参考资料》1954 年第 10 期，第 74—88 页。

武忠弼主编《病理学》第 4 版，北京：人民卫生出版社，1979 年。

西村阳子、北本朝展《スタイン地图と卫星画像を用いたタリム盆地の遗迹同定手法と探检队考古调查地の解明》，《敦煌写本研究年报》第 4 号，2010 年，第 209—245 页。

西村阳子、北本朝展《和田古代遗址的重新定位——斯坦因地图与卫星图像的勘定与解读》，荣新江主编《唐研究》第 16 卷，北京：北京大学出版社，2010 年，第 169—223 页。

夏鼐《"和阗马钱"考》，《文物》1962 年第 7—8 合期，第 60—63 页。

夏鼐《新疆新发现的古代丝织品——绮、锦和刺绣》，《考古学报》1963 年第 1 期，第 45—76 页。

夏鼐《综述中国出土的波斯萨珊朝银币》，《考古学报》1974 年第 1 期，第 91—110 页。

夏鼐（作铭）《我国出土的蚀花的肉红石髓珠》，《考古》1974 年第 6 期，第 382—385 页。

夏鼐《武威唐代吐谷浑慕容氏墓志》，《夏鼐文集》中册，北京：社会科学文献出版社，2000 年，第 119—148 页。

萧启庆《内北国而外中国——蒙元史研究》，北京：中华书局，2007 年。

肖小勇《西域考古研究——游牧与定居》，北京：中央民族大学出版社，2014 年。

肖小勇《新疆早期丧葬中的用火现象》，《西域研究》2016 年第 1 期，第 56—65 页。

肖小勇、史浩成、曾旭《2019—2021 年新疆喀什莫尔寺遗址发掘收获》，《西域研究》2022 年第 1 期，第 66—73 页。

小谷仲男《关于在中国西域发现的贵霜硬币的一些想法》，联合国教科文组织等编《十世纪前的丝绸之路和东西文化交流》，北京：新世界出版社，第 383—391 页。

校仲彝主编《〈突厥语词典〉研究论文集》，乌鲁木齐：新疆人民出版社，2006 年。

谢彬《新疆游记》，乌鲁木齐：新疆人民出版社，2013 年。

香川默识编《西域考古图谱》，东京：国华社，1915 年。

新疆博物馆《新疆巴楚县脱库孜沙来古城发现古代木简、带字纸片等文物》，《文物》1959 年第 7 期，第 2 页。

新疆博物馆等《莎车县喀群彩棺墓发掘简报》，《新疆文物》1999 年第 2 期，第 45—51 页。

新疆克里雅河及塔克拉玛干科学探险考察队《克里雅河及塔克拉玛干科学探险考察报告》，北京：中国科学技术出版社，1991 年。

新疆楼兰考古队《楼兰古城址调查与试掘简报》，《文物》1988 年第 7 期，第 1—22 页。

新疆社会科学院考古研究所编《新疆考古三十年》，乌鲁木齐：新疆人民出版社，1983 年。

新疆甜瓜西瓜资源调查组编著《新疆甜瓜西瓜志》，乌鲁木齐：新疆人民出版社，1985 年。

新疆维吾尔自治区博物馆《新疆民丰县北大沙漠中古遗址墓葬区东汉合葬墓清理简报》1960 年第 6 期，第 9—12 页。

新疆维吾尔自治区博物馆等《丝绸之路——汉唐织物》，北京：文物出版社，1972 年。

新疆维吾尔自治区博物馆等《中国新疆山普拉——古代于阗文明的揭示与研究》，乌鲁木齐：新疆人民出版社，2001 年。

新疆维吾尔自治区博物馆等《且末扎滚鲁克二号墓地发掘简报》，《新疆文物》2002 年第 1—2 期，第 1—21 页。

新疆维吾尔自治区博物馆等《新疆且末扎滚鲁克一号墓地发掘报告》，《考古学报》2003 年第 1 期，第 89—136 页。

新疆维吾尔自治区文物局《新疆维吾尔自治区第三次全国文物普查成果集成》，北京：科学出版社，2011 年。

新疆维吾尔自治区文物局《新疆维吾尔自治区长城资源调查报告》，北京：文物出版社，2014 年。

新疆维吾尔自治区文物局《不可移动的文物》，乌鲁木齐：新疆美术摄影出版社，2015 年。

新疆维吾尔自治区文物普查办公室等《巴音郭楞蒙古自治州文物普查资料》，《新疆文物》1993 年第 1 期，第 1—94 页。

新疆维吾尔自治区文物普查办公室等《喀什地区文物普查资料汇编》，《新疆文物》1993 年第 3 期，第 1—112 页。

新疆文物考古研究所《和田地区文物普查资料》，《新疆文物》2004 年第 4 期，第 15—39 页。

新疆文物考古研究所《2003 年度乌恰县托云墓地考古发掘简报》，

《新疆文物》2009 年第 2 期，第 34—43 页。

新疆文物考古研究所《新疆下坂地墓地》，北京：文物出版社，2012 年。

新疆文物考古研究所《且末县古大奇墓地考古发掘报告》，《新疆文物》2013 年第 3—4 期，第 67—74 页。

新疆文物考古研究所《且末县托盖曲根一号墓地考古发掘报告》，《新疆文物》2013 年第 3—4 期，第 51—73 页。

新疆文物考古研究所《新疆奇台石城子遗址 2016 年发掘简报》，《文物》2018 年第 5 期，第 4—25 页。

新疆文物考古研究所《新疆奇台县石城子遗址 2018 年发掘简报》，《考古》2020 年第 12 期，第 21—40 页。

新疆文物考古研究所等《叶城县群艾山亚墓地发掘简报》，《新疆文物》2002 年第 1—2 期，第 22—26 页。

新疆文物考古研究所等《皮山县牙布依遗址考古发掘简报》，《新疆文物》2009 年第 2 期，第 26—33 页。

新疆文物考古研究所等《丹丹乌里克遗址——中日共同考察研究报告》，北京：文物出版社，2009 年。

向达《唐代长安与西域文明》，北京：三联书店，1957 年。

相马秀广《CORONA 卫星写真から见たウズン・タティ遗迹付近-西域南道扜弥国とのかかわり》，《国立歴史民族博物馆研究报告》第 81 集，1999 年，第 227—245 页。

相马秀广、高田将志《Corona 卫星写真から判読される米兰遗迹群・若羌南遗迹群：楼兰王国の国都问题との关连を含めて》，《シルクロード学研究》第 17 卷，2003 年，第 61—80 页。

许全胜《〈西游录〉与〈黑鞑事略〉的版本及研究——兼论中日典籍交流及新见沈曾植笺注本》，《复旦学报》2009 年第 2 期，第 10—20 页。

雅林 (G. Jarring)《重返喀什噶尔》,崔延虎、郭颖杰译,乌鲁木齐:新疆人民出版社,2010 年。

姚崇新《和田达玛沟佛寺遗址出土千手千眼观音壁画的初步考察——兼与敦煌的比较》,《艺术史研究》第 17 辑,广州:中山大学出版社,2015 年,第 247—282 页。

杨铭《唐代吐蕃与于阗的交通路线考》,《中国藏学》2012 年第 2 期,第 108—113 页。

杨宪益《译余偶拾》,济南:山东画报出版社,2006 年。

杨志玖《元史三论》,北京:人民出版社,1985 年。

伊斯拉菲尔·玉苏甫、安尼瓦尔·哈斯木《新疆博物馆馆藏古钱币述略》,上海博物馆编《丝绸之路古国钱币暨丝路文化国际学术研讨会论文集》,上海:上海书画出版社,2011 年,151—168 页。

殷晴《于阗尉迟王家世系考述》,《新疆社会科学》1983 年第 2 期,第 123—146 页。

殷晴《古代于阗和吐蕃的交通及其友邻关系》,《民族研究》1994 年第 5 期,第 65—72 页。

殷晴《探索与求真——西域史地论集》,乌鲁木齐:新疆人民出版社,2011 年。

余大钧译《北方民族史与蒙古史译文集》(修订版),兰州:兰州大学出版社,2012 年。

余太山《两汉魏晋南北朝与西域关系史研究》,北京:中国社会科学出版社,1995 年。

余太山《两汉魏晋南北朝正史西域传研究》,北京:中华书局,2003 年。

余太山《两汉魏晋南北朝正史西域传要注》,北京:中华书局,2005 年。

余太山《早期丝绸之路文献研究》,上海:上海人民出版社,

2009 年。

余太山《塞种史研究》，北京：商务印书馆，2012 年。

于志勇等《新疆若羌米兰遗址考古发掘新收获》，《中国文物报》2013 年 3 月 15 日第 8 版。

于志勇、覃大海《营盘墓地 M15 及楼兰地区彩棺墓葬初探》，《西部考古》第 1 辑，西安：三秦出版社，2006 年，第 401—427 页。

羽田亨《西域文明史概论》，京都：弘文堂书房，1931 年。

羽田亨《西域文明史概论》，郑元芳译，上海：商务印书馆，1934 年。

羽溪了谛《西域之佛教》，京都：法林馆，1914 年。

月氏（姚朔民）《汉佉二体钱（和田马钱）研究概况》，《中国钱币》1987 年第 2 期，第 41—48 页。

张安福《塔里木历史文化资源调查与研究》，上海：上海人民出版社，2018 年。

张安福、田海峰《环塔里木汉唐遗址》，广州：广东人民出版社，2021 年。

张德芳《悬泉汉简中有关西域精绝国的材料》，《丝绸之路》2009 年第 24 期，第 5—7 页。

张德芳《敦煌悬泉汉简中的"大宛"简以及汉朝与大宛关系考述》，《出土文献研究》第 9 辑，北京：中华书局，2010 年，第 140—147 页。

张峰、王姣、王金花等《克里雅河尾闾遗址群序列：考察回顾与年代研究综述》，《新疆大学学报（自然科学版）》2021 年第 2 期，第 204—212 页。

张广达《关于马合木·喀什噶里的〈突厥语词汇〉与见于此书的圆形地图》，《文书、典籍与西域史地》，桂林：广西师范大学出版社，2008 年，第 46—66 页。

张广达、荣新江《于阗史丛考（增订新版）》，上海：上海书店出版社，2021年。

张惠明《公元6世纪末至8世纪初于阗〈大品般若经〉图像考——和田达玛沟托普鲁克墩2号佛寺两块"千眼坐佛"木板画的重新比定与释读》，《敦煌吐鲁番研究》第18卷，上海：上海古籍出版社，2018年，第279—329页。

张惠明《从那竭到于阗的早期大乘佛教护法鬼神图像资料——哈达与和田出土的两件龙王塑像札记》，《西域研究》2021年第2期，第54—72页。

张丽香《中国人民大学博物馆藏于阗文书——婆罗谜字体佛经残片：梵语、于阗语》，上海：中西书局，2017年。

张健波《丝绸之路南道古代造型艺术——以于阗壁画雕塑为中心》，北京：中国建筑工业出版社，2018年。

张平《新疆若羌出土两件元代文书》，《文物》1987年第5期，第91—92页。

张平《新疆考古发现的龟兹钱范》，《中国钱币》1989年第3期，第38—40页。

张文德《明与帖木儿王朝关系史研究》，北京：中华书局，2006年。

张文德《明与西域的玉石贸易》，《西域研究》2007年第3期，第21—29页。

张湛、时光《一件新发现犹太波斯语信札的断代与释读》，《敦煌吐鲁番研究》第11卷，上海：上海古籍出版社，2009年，第71—99页。

赵丰、王乐《敦煌丝绸》，兰州：甘肃教育出版社，2013年。

中国社会科学院考古研究所等《扬州宋大城西门发掘报告》，《考古学报》1999年第4期，第487—517页。

中国社会科学院考古研究所等《扬州城：1987—1998 年考古发掘报告》，北京：文物出版社，2010 年。

中国社会科学院考古研究所等《扬州城遗址考古发掘报告：1999—2013 年》，北京：科学出版社，2015 年。

中国社会科学院考古研究所等《2018—2019 年度新疆喀什汗诺依遗址考古收获》，《西域研究》2021 年第 4 期，第 149—154 页。

中国社会科学院考古研究所新疆队《新疆和田地区策勒县达玛沟佛寺遗址发掘报告》，《考古学报》2007 年第 4 期，第 489—525 页。

中国社会科学院考古研究所新疆队《新疆策勒县达玛沟 3 号佛寺建筑遗址发掘简报》，《考古》2012 年第 10 期，第 15—24 页。

中国社会科学院考古研究所新疆队《新疆策勒县斯皮尔古城的考古调查与清理》，《考古》2015 年第 8 期，第 63—74 页。

中国社会科学院考古研究所新疆队等《新疆且末县加瓦艾日克墓地的发掘》，《考古》1997 年第 9 期，第 21—32 页。

中国社会科学院考古研究所新疆工作队《新疆塔什库尔干吉尔赞喀勒墓地发掘报告》，《考古学报》2015 年第 2 期，第 229—268 页。

中国社会科学院考古研究所新疆工作队等《新疆塔什库尔干吉尔赞喀勒墓地 2014 年发掘报告》，《考古学报》2017 年第 4 期，第 545—573 页。

中日共同尼雅遗迹学术考察队《中日共同尼雅遗迹学术调查报告书》，京都：中村印刷株式会社，1995—2007 年。

钟焓《辽代东西交通路线的走向——以可敦墓地望研究为中心》，《历史研究》2014 年第 4 期，第 34—49 页。

周连宽《大唐西域记史地研究丛稿》，北京：中华书局，1984 年。

周良霄《"阇遗"与"孛兰奚"考》，《文史》第 12 辑，北京：中华书局，1981 年，第 179—184 页。

周良霄《元和元以前中国的基督教》，《元史论丛》第 1 辑，北京：

中华书局，1982 年，第 137—163 页。

周清澍《蒙元史期的中西陆路交通》，《元蒙史札》，呼和浩特：内蒙古大学出版社，2001 年，第 237—270 页。

周伟洲编《吐谷浑资料辑录》，西宁：青海人民出版社，1992 年。

周伟洲《西北民族史研究》，郑州：中州古籍出版社，1994 年。

周伟洲《唐代吐蕃与近代西藏史论稿》，北京：中国藏学出版社，2006 年。

周文索《汉佉二体钱》，孙凤鸣主编《巴音郭楞年鉴》（2003），乌鲁木齐：新疆人民出版社，2003 年，第 171 页。

周燮藩《伊斯兰教苏非教团与中国门宦》，《甘肃民族研究》1991 年第 4 期，第 20—36 页。

周兴佳《克里雅河曾流入塔里木河的考证》，新疆克里雅河及塔克拉玛干科学探险考察队《克里雅河及塔克拉玛干科学探险考察报告》，北京：中国科学技术出版社，1991 年，第 40—46 页。

周一良《新发现十二世纪初阿拉伯人关于中国之记载》，《周一良集》第 4 卷，沈阳：辽宁教育出版社，1998 年，第 719—733 页。

周聿超主编《新疆河流水文水资源》，乌鲁木齐：新疆科技卫生出版社，1999 年。

朱丽双《唐代于阗的羁縻州与地理区划研究》，《中国史研究》2012 年第 2 期，第 71—90 页。

朱丽双《〈于阗国授记〉译注（上）》，《中国藏学》2012 年第 S1 期，第 223—268 页。

朱丽双《吐蕃统治时期于阗的行政区划》，朱玉麒主编《西域文史》第 10 辑，北京：科学出版社，2015 年，第 201—214 页。

朱丽双、荣新江《两汉时期于阗的发展及其与中原的关系》，《中国边疆史地研究》2021 年第 4 期，第 12—23 页。

朱丽双、荣新江《出土文书所见唐代于阗的农业与种植》，《中国经济史研究》2022 年第 3 期，第 31—42 页。

新疆维吾尔自治区文物普查办公室等《喀什地区文物普查资料汇编》，《新疆文物》1993 年第 3 期，第 1—112 页。

新疆维吾尔自治区文物普查办公室等《克孜勒苏柯尔克孜自治州文物普查报告》，《新疆文物》1995 年第 3 期，第 1—60 页。

佐口透《撒里维吾尔族源考》，吴永明译，《世界民族》1979 年第 4 期，第 43—47 页。

（二）西文

Allan, J. W., "Silver: The Key to Bronze in Early Islamic Iran," *Kunst des Orients* 11/1-2, 1976—1977, pp. 5—21.

Allan, J. W., *Nishapur: Metalwork of the Early Islamic Period*, New York: Metropolitan Museum of Art, 1982.

Allan, J. W., *Islamic Metalwork: The Nuhad Es-Said Collection*, London: Sotheby Publications, 1982.

Allan, J. W., "Berenj 'brass', ii. In the Islamic Period," *Encyclopædia Iranica* 4/2, ed. by E. Yarshater, Costa Mesa: Mazda Publishers, 1989, pp. 145—147.

Atil, E., W. T. Chase & P. Jett, *Islamic Metalwork in the Freer Gallery of Art*, Washington, D. C.: Freer Gallery of Art, 1985.

Baer, E., *Metalwork in Medieval Islamic Art*, Albany: State University of New York Press, 1983.

Bailey, H. W., "Ttaugara," *Bulletin of the School of Oriental Studies* 8/4, 1937, pp. 883—921.

Bailey, H. W., "Hvatanica III," *Bulletin of the School of Oriental Studies* 9/3, 1938, pp. 521—543.

Bailey, H. W., "Hvatanica IV," *Bulletin of the School of Oriental and African Studies* 10/4, 1942, pp. 886—924.

Bailey, H. W. , "Gāndhārī," *Bulletin of the School of Oriental and African Studies* 11/4, 1946, pp. 764—797.

Bailey, H. W. , "The Staël-Holstein Miscellany," *Asia Major* 2/1, new series, 1951, pp. 10—11.

Bailey, H. W. , *Indo-Scythian Studies*, *being Khotanese Texts*, 6 vols. , Cambridge: Cambridge University Press, 1945—1967.

Bailey, H. W. , "Srī Viśa Śūra and The Ta-Uang," *Asia Major* 11/1, new series, 1964, pp. 1—26.

Bailey, H. W. , *Saka Documents*, *Text Volume*, London: Lund Humphries, 1968.

Bailey, H. W. , *Dictionary of Khotan Saka*, Cambridge: Cambridge University Press, 1979.

Bailey, H. W. , *Opera Minora*: *Articles on Iranian Studies*, Shiraz: Forozangah Publishers, 1981.

Bailey, H. W. , *The Culture of the Sakas in Ancient Iranian Khotan*, Delmar: Caravan Books, 1982.

Bailey, H. W. , *Indo-Scythian Studies*, *being Khotanese Texts*, Vol. VII, Cambridge: Cambridge University Press, 1985.

Bailey, H. W. & R. E. Emmerick, *Saka Documents*, 6 vols. , London: Lund Humphries, 1960—1973.

Barthold, W. , "The Bughra Khan Mentioned in the Qudatqu Bilik," *Bulletin of the School of Oriental Studies* 3/1, 1923, pp. 151—158.

Barthold, W. , *An Historical Geography of Iran*, tr. by S. Soucek, ed. with an introduction by C. E. Bosworth, Princeton: Princeton University Press, 1984.

Barthold, W. & J. A. Boyle, "Čaghatay Khānate," in: B. Lewis et al (eds.), *The Encyclopaedia of Islam*, Vol. II, new edition, Leiden: Brill,

1991, pp. 3—4.

Barthold, W. & B. Spuler, "Kāshghar," in: E. van Donzel et al (eds.), *The Encyclopaedia of Islam*, Vol. IV, new edition, Leiden: Brill, 1997, pp. 698—699.

Baumer, C., *The History of Central Asia*, Volume One: *The Age of the Steppe Warriors*, London: I. B. Tauris, 2012.

Bell, M. S., "The Great Central Asian Trade Route from Peking to Kashgaria," *Proceedings of the Royal Geographical Society and Monthly Record of Geography* 12/2, new monthly series, 1890, pp. 57—93.

Bergman, F., *Archaeological Researches in Sinkiang. Especially the Lopnor Region*, Stockholm: Bokförlags aktiebolaget Thule, 1939. 汉译见贝格曼《新疆考古记》, 1997 年。

Bernardini, M., "Polo Marco," *Encyclopædia Iranica*, 2008, http://www.iranicaonline.org/articles/polo-marco.

Bi Bo & N. Sims-Williams, "Sogdian Documents from Khotan, I: Four Economic Documents," *Journal of the American Oriental Society* 130/4, 2010, pp. 497—508.

Bi Bo & N. Sims-Williams, "Sogdian Documents from Khotan, II: Letters and Miscellaneous Fragments," *Journal of the American Oriental Society* 135/2, 2015, pp. 261—282.

Biran, M., *Qaidu and the Rise of the Independent Mongol State in Central Asia*, Surrey: Curzon, 1997.

Biran, M., "Qarakhanid Studies: A View from the Qara Khitai Edge," *Cahiers d'Asia Centrale* 9, 2001, pp. 77—89.

Biran, M., "The Chaghadaids and Islam: The Conversion of Tarmashirin Khan (1331-34)," *Journal of the American Oriental Society* 122/4, 2002, pp. 742—752.

Biran, M. , "Ilak-Khanids," *Encyclopaedia Iranica* 12/6, ed. by E. Yarshater, New York: Bibliotheca Persica Press, 2004, pp. 621—628.

Biran, M. , *The Empire of the Qara Khitai in Eurasian History: Between China and the Islamic World*, Cambridge: Cambridge University Press, 2005.

Bosworth, C. E. , "The Political and Dynastic History of the Iranian World (A. D. 1000—1217)," in: *The Cambridge History of Iran*, Vol. 5: *The Saljuq and Mongol Periods*, ed. by J. A. Boyle, Cambridge: Cambridge University Press, 1968, pp. 1—202.

Bosworth, C. E. , "Ilek-Khāns, or Ḳarakhānids," in: B. Lewis et al (eds.), *The Encyclopaedia of Islam*, Vol. III, new edition, Leiden: Brill, 1986, pp. 1113—1117.

Bosworth, C. E. , "Yārkand," in: P. J. Bearman et al (eds.), *The Encyclopaedia of Islam*, Vol. XI, new edition, Leiden: E. J. Brill, 2002, pp. 286—288.

Boyer, A. M. et al. , *Kharoṣṭhī Inscriptions Discovered by Sir Aurel Stein in Chinese Turkestan*, 3 parts, Oxford: Clarendon Press, 1920—1929.

Bregel, Y. , *An Historical Atlas of Central Asia*, Leiden: Brill, 2003.

Brough, J. , "Comments on Third-Century Shan-Shan and the History of Buddhism," *Bulletin of the School of Oriental and African Studies* 28/3, 1965, pp. 582—612.

Brough, J. , "Supplementary Notes on Third-Century Shan-shan," *Bulletin of the School of Oriental and African Studies* 33/3, 1970, pp. 39—45.

Burgio, E. & M. Eusebi, "Per una nuova edizione del Millione," in: *I viaggi del Milione. Itinerari testuali, vettori di trasmissione e metamorfosi del Devisement du monde di Marco Polo e Rustichello da Pisa nella pluralità delle attestazioni*, a cura di Silvia Conte, Roma: Tiellemedia, 2008, pp. 17—48.

Burrow, T. , *A Translation of the Kharoṣṭhi Documents from Chinese Tur-

kestan, London: Royal Asiatic Society, 1940.

Chavannes, É. , *Documents sur les Tou-kiue (Turcs) occidentaux*, Paris: Librairie d'Amérique et d'Orient, 1903.

Chavannes, É. , *Les documents chinois découverts par Aurel Stein dans les sables du Turkestan Oriental*, Oxford: Imprimerie de l'université, 1913.

Conrady, A. , *Die chinesischen Handschriften-und sonstigen Kleinfunde Sven Hedins in Lou-Lan*, Stockholm: Generalstabens litografiska Anstalt, 1920.

Cribb, J. , "A New Coin of Vima Kadphises, King of the Kushans," in: *Coins, Culture and History in the Ancient World: Numismatic and Other Studies in Honor of Bluma L. Trell*, ed. by L. Casson & M. Price, Detroit: Wayne State University Press, 1981, pp. 29—37.

Cribb, J. , "The Sino-Kharosthi Coins of Khotan: Their Attribution and Relevance to Kushan Chronology," *The Numismatic Chronicle*, Part 1 in Vol. 144, 1984, pp. 128—152; Part 2 in Vol. 145, 1985, pp. 136—149. 汉译见克力勃《和田汉佉二体钱》, 1987 年。

Cribb, J. , "The early Kushan Kings: New Evidence for chronology," in: *Coins, Art, and Chronology: Essay on the pre-Islamic History of the Indo-Irian Borderlands*, ed. by M. Alram & D. E. Klimburg-Salter, Wien: Österreichischen Akademie der Wissenschaften, 1999, pp. 177—205.

Deasy, H. H. P. , *In Tibet and Chinese Turkestan. Being the Record of Three Years' Exploration*, London: T. Fisher Unwin, 1901.

Demaitre, L. , *Leprosy in Premodern Medicine: A Malady of the Whole Body*, Baltimore: Johns Hopkins University Press, 2007.

Dickens, M. , "Syriac Grave Stones in the Tashkent History Museum," in: *Hidden Treasures and Intercultural Encounters: Studies on East Syriac Christianity in China and Central Asia*, ed. by D. W. Winkler & Li Tang, Berlin：LIT Verlag，2009，pp. 13—49.

Doerfer，G.，"Chinese Turkestan viii. Turkish-Iranian Language Contacts," in：*Encyclopædia Iranica* 5/5，ed. by E. Yarshater，Costa Mesa：Mazda Publishers，1991，pp. 481—484.

Durkin-Meisterernst，D.，*Dictiomary of Manichaean Middle Persian and Parthian*，Turnhout：Brepols，2004.

Emmerick，R. E.，*Tibetan Texts Concerning Khotan*，London：Oxford University Press，1967.

Emmerick，R. E. & M. I. Vorob'ëva-Desjatovskaja，*Saka Documents*，*Text Volume*，*III*：*The St. Petersburg Collections*，London：School of Oriental and African Studies，1995.

Emmerick，R. E. & P. O. Skjærvø，*Studies in the Vocabulary of Khotanese*，Vol. III，Wien：Verlag der Österreichischen Akademie der Wissenschaften，1997.

Enoki，K.，"On the So-callded Sino-Kharoṣhī Coins"，*East and West* 15/3-4，1965，pp. 231—235.

Erdal，M.，"The Turkish Yarkand Documents," *Bulletin of the School of Oriental and African Studies* 47，1984，pp. 260—301.

Fleming，P.，*Travels in Tartary*：*One's Company and News from Tartary*，London：Reprint Society，1971.

Forsyth，T. D.，*Report of a Mission to Yarkund in* 1873：*Historical and Geographical Information*，Calcutta：The Foreign Department Press，1875.

Forte，E.，"On a Wall Painting from Toplukdong Site no. 1 in Domoko：New Evidence of Vaiśravaṇṇa in Khotan?" in：*Changing Forms and Cultural Identity*：*Religious and Secular Iconographies. Papers from the* 20*th Conference of the European Association for South Asian Archaeology and Art held in Vienna from* 4*th to* 9*th of July* 2010，*Vol.* 1，*South Asian Archaeology and Art*，ed. by

D. Klimburg-Salter & L. Lojda, Turnhout: Brepols, 2014, pp. 215—224.

Forte, E. , "Images of Patronage in Khotan," in: *Buddhism in Central Asia*, Ⅰ: *Patronage*, *Legitimation*, *Sacred Space*, *and Pilgrimage*, ed. by C. Meinert & H. Sørensen, Leiden: Brill, pp. 40—60.

Francis, P. , Jr. , *Asia's Maritime Bead Trade*: 300 *B. C to the Present*, Honolulu: University of Hawai'i Press, 2002.

Franke, U. (ed.), *National Museum Herat*: *Areia Antiqua Through Time*, Berlin: Deutsches Archäologisches Institut Berlin, Eurasien-Abteilung, 2008.

Franke, U. & M. Müller-Wiener (ed.), *Herat Through Time*: *The Collections of the Herat Museum and Archive*, Berlin: Museum für Islamische Kunst, 2016.

Frye, R. N. , "Harāt," in: *The Encyclopœdia of Islam*, Vol. 3, new edditon, ed. by B. Lewis et al, Leiden: Brill, 1986, pp. 177—178.

Gharib, B. , *Sogdian Dictionary* (*Sogdian-Persian-English*), Tehran: Farhangan Publications, 1995.

Giuzalian, L. T. , "The Bronze Qalamdan (Pen-Case) 542/1148 from the Hermitage Collection (1936—1965)," *Ars Orientalis* 7, 1968, pp. 95—119.

Grabar, O. , "The Visual Arts, 1050—1350," in: *The Cambridge History of Iran*, *Vol. 5*: *The Saljuq and Mongol Periods*, ed. by J. A. Boyle, Cambridge: Cambridge University Press, 1968, pp. 626—658.

Grenard, F. , *J. -L. Dutreuil de Rhins. Mission Scientifique dans la Haute Asie 1890—1895*, 3 vols. , Paris: E. Leroux, 1897—1898.

Grenet, F. & N. Sims-Williams, "The Historical Context of the Sogdian Ancient Letters," in: *Transition Periods in Iranian History*: *Actes du Symposium de Fribourg-en-Brisgau* (22—24 *mai* 1985), Leuven: Peeters, 1987, pp. 101—122.

Gritsina, A. A. , S. D. Mamadjanova & R. S. Mukimov, *Archeology*, *History and Architecture of Medieval Ustrushana*, Samarkand：IICAS, 2014.

Gronke, M. , "The Arabic Yārkand Documents," *Bulletin of the School of Oriental and African Studies* 49/3, 1986, pp. 454—507.

Hackin, J. et al. , *Nouvelles recherches archéologiques à Begram (ancienne Kāpicī)*, *1939—1940*, Paris：Imprimerie nationale, Presses universitaires, 1954.

Hakimov, A. A. , "Arts and Crafts, Part One：Arts and Crafts in Transoxania an Khurasan," in：*History of Civilizations of Central Asia*, *Vol. IV：The Age of Achievement. A. D. 750 to the End of the Fifteenth Century*, *Part Two：The Achievements*, ed. by C. E. Bosworth & M. S. Asimov, Paris：UNESCO Publishing, 2000, pp. 411—448.

Hambis, L. , "Khotan," in：C. E. Bosworth et al (eds.), *The Encyclopaedia of Islam*, Vol. V, new edition, Leiden：E. J. Brill, 1986, pp. 37—39.

Hamilton, J. , "Autour du manuscrit Staël-Holstein," *T'oung Pao* 46/1—2, 2nd series, 1958, pp. 115—153.

Hamilton, J. , "Le pays des Tchong-yun, Čungul, ou Cumuḍa au Xe siècle," *Journal Asiatique* 265, 1977, pp. 351—379.

Hauptmann, H. (ed.), *Materialien zur Archäologie der Nordgebiete Pakistans*, 9 Vols. , Mainz：P. von Zabern, 1994—2009.

Hedin, S. , *Die geographisch-wissenschaftlichen Ergebnisse meiner Reisen in Zentralasien*, *1894—1897*, Gotha：Perthes, 1900.

Hedin, S. et al. , *Scientific Results of a Journey in Central Asia*, *1899—1902*, 6 vols. , Stockholm：Generalstabens litografiska anstalt, 1904—1907.

Henning, W. B. , "Neue Materialien zur Geschichte des Manichäismus," *Zeitschrift der Deutschen Morgenländischen Gesellschaft* 90/1, 1936, ss. 1—18.

Henning, W. B., *Sogdica*, London: The Royal Asiatic Society, 1940.

Henning, W. B., "The Date of the Sogdian Ancient Letters," *Bulletin of the School of Oriental and African Studies* 12, 1948, pp. 610—611.

Hoernle, A. F. R., "Indo-Chinese Coins in the British Collection of Central Asian Antiquities," *Indian Antiquary* 28, 1899, pp. 46—56. 汉译见赫恩雷《英国中亚古物收集品中的印—汉二体钱》, 1994 年。

Hoernle, A. F. R., *Manuscript Remains of Buddhist Literature Found in Eastern Turkestan*, Oxford: Clarendon Press, 1916.

Huart, C., "Trois actes notariés arabes de Yârkend," *Journal Asiatique* 4, 11e série, 1914, pp. 607—627.

Huntington, E., *The Pulse of Asia. A Journey in Central Asia Illustrating the Geographic Basis of History*, London: Archibald Constable, 1907. 汉译节本见亨廷顿《亚洲的脉搏》, 2001 年。

Ivanov, A. A., "A Second 'Herat Bucket' and Its Congeners," *Muqarnas* 21, 2004, pp. 171—179.

Jackson, P., "Chaghatayid Dynasty," in: *Encyclopædia Iranica* 5/4, ed. by E. Yarshater, Costa Mesa: Mazda Publishers, 1991, pp. 343—446.

Jettmar, K. et al, *Antiquities of Northern Pakistan. Reports and Studies*, 5 Vols., Mainz: P. von Zabern, 1989—2004.

Kana'an, R., "The *de Jure* 'Artist' of the Bobrinski Bucket: Production and Patronage of Metalwork in pre-Mongol Khurasan and Transoxiana," *Islamic Law and Society* 16/2, 2009, pp. 175—201.

King, L. W. and R. C. Thompson, *The Sculptures and Inscription of Darius the Great on the Rock of Behistûn in Persia: A New Collation of the Persian, Susian and Babylonian Texts, with English Translations, etc.*, London: British Museum, 1907.

Klein, W. , *Das nestorianische Christentum an den Handelswegen durch Kyrgystan bis zum14. Jh*, Thurnout: Brepols, 2000.

Kochnev, B. D. , "The Trade Relations of Eastern Turkestan and Central Asia in the 11th and 12th Centuries," *Silk Road Art and Archaeology* 3, 1993 [1994], pp. 277—289.

Konow, S. , "Where was the Saka Language Reduced to Writing?" *Acta Orientalia* 10, 1932, pp. 67—80.

Konow, S. , "The Oldest Dialect of Khotanese Saka," *Norsk Tidsskrift for Sprogvidenskap* 14, 1947, pp. 156—190.

Kumamoto, H. , " Khotan ii. History in the Pre-Islamic Period," *Encyclopœdia Iranica*, 2009, http: //www. iranicaonline. org/articles/khotan-i-pre-islamic-history.

Kuwayama. S. , *Across the Hindukush of the First Millenium: A Collection of the Papers*, Kyoto: Institute for Research in Humanities, Kyoto University, 2002.

Laviola, V. , "Three Islamic Inkwells from Ghazni Excavation," *Vicino Oriente* 21, 2017, pp. 111—126.

Lévi, S. , "Notes chinoises sur l'Inde," (I-V), *Bulletin de l'Ecole francçaise d'Extrême-Orient* 2-5, 1902—1905.

Littledale, G. R. , "A Journey across Tibet, from North to South, and West to Ladak," *The Geographical Journal* 7/5, 1896, pp. 453—483.

Liu, S. N. C. , "Chinese Turkestan vii. Manicheism in Chinese Turkestan and China," in: *Encyclopœdia Iranica* 5/5, ed. by E. Yarshater, Costa Mesa: Mazda Publishers, 1991, pp. 478—481.

Liveing, R. , *Elephantiasis graecorum: Or True Leprosy*, London: Longmans, 1873.

Lurje, P. , " Yarkand," *Encyclopœdia Iranica*, 2009, http: //

www. iranicaonline. org/articles/yarkand.

Lurje, P. , "Kashgar," in: *Encyclopœdia Iranica* 16/1, ed. by E. Yarshater, New York: Bibliotheca Persica Press, 2012, pp. 48—50.

Macdowall, D. W. , "Soter Megas, the King of Kings, the Kushāna," *Journal of the Numismatic Society of India* 30, 1968, pp. 28—48.

Maillart, E. , *Forbidden Journey: From Peking to Kashgar*, London: Heinemann, 1937.

Mair, V. & P. O. Skjærvø, "Chinese Turkestan ii. In Pre-Islamic Times," in: *Encyclopœdia Iranica* 5/5, ed. by E. Yarshater, Costa Mesa: Mazda Publishers, 1991, pp. 463—471.

Malandra, W. W. , "Zoroastrianism i. Historical Review up to the Arab Conquest," *Encyclopœdia Iranica*, 2005, http: //www. iranicaonline. org/articles/zoroastrianism-i-historical-review.

Mannerheim, C. G. , *Across Asia from West to East in 1906—1908*, tr. by E. Birse, Helsinki: Suomalais-Ugrilainen Seura, 1940. 汉译见马达汉《马达汉西域考察日记（1906—1908）》，2004 年。

Marquart, J. , *Die Chronologie der alttürkischen Inschriften*, Leipzig: Dieterich, 1898.

Marshak, B. I. , *Silberschätze des Orients: Metallkunst des 3. -13. Jahrhunderts und ihre Kontinuitaät*, Leipzig: E. A. Seemann, 1986.

Marshall, J. , *Taxila*, Cambridge: Cambridge University Press, 1951.

Martinez, A. P. , "Gardīzī's Two Chapters on the Turks," *Archivum Eurasiae Medii Aevi* 2, 1982, pp. 109—149.

Maspero, H. , *Les documents chinois de la troisième expédition de Sir Aurel Stein en Asie Centrale*, London: The British Museum, 1953.

Mayer, L. A. , *Islamic Metalworkers and Their Works*, Geneva: Albert Kundig, 1959.

Melikian-Chirvani, A. S. , "Les Bronzes du Khorassan, VII: Šāzī de Herat, ornemaniste," *Studia Iranica* 8/2, 1979, pp. 223—243.

Melikian-Chirvani, A. S. , "State Inkwells in Islamic Iran," *The Journal of the Walters Art Gallery* 44, 1986, pp. 70—94.

Minorsky, V. , "Some Early Documents in Persian (I)," *Journal of the Royal Asiatic Society of Great Britain and Ireland*, No. 3, 1942, pp. 181—194.

Mir Izzet Ullah, "Travels beyond the Himalaya," *The Journal of the Royal Asiatic Society of Great Britain and Ireland* 7/2, 1843, pp. 283—342.

Mission archéologique française en Mongolie, *Mongolie: Le premier empire des steppes*, Arles: Actes sud, 2003.

Montgomerie, T. G. , "Report of 'The Mirza's' Exploration from Caubul to Kashgar," *The Journal of the Royal Geographical Society of London* 41, 1871, pp. 132—193.

Müller, F. W. K. , "Ein Doppelblatt aus einem Manichäischen Hymnenbuch (Mahrnâmag)," *Abhandlungen der Königlich Preussischen Akademie der Wissenschaften*, *Philosophisch-historische Klasse*, Nr. 5, 1912, ss. 1—40.

Neelis, J. , *Early Buddhist Transmission and Trade Networks: Mobility and Exchange within and beyond the Northwestern Borderlands of South Asia*, Leiden: Brill, 2011.

Nizami, K. A. , "The Ghurids," in: *History of Civilizations of Central Asia*, *Vol. IV: The Age of Achievement. A. D. 750 to the End of the Fifteenth Century*, *Part One: The Historical, Social and Economic Setting*, ed. by M. S. Asimov & C. E. Bosworth, Paris: UNESCO Publishing, 1998, pp. 177—190.

Певцов, М. В. , *Путешествие в Кашгарию и Кун-Лунь*, Москва: Государственное издательство географической литературы, 1949.

Pelliot, P. , "Le 'Cha-tcheou-tou-fou-t'ou-king' et la colonie sogdienne de la region du Lob Nor," *Journal Asiatique* 8, 1916, pp. 111—123.

Pelliot, P. , *Notes on Marco Polo*, Paris: Imprimerie nationale, 1963.

Pidayev, Sh. （ed. ）, *The Artistic Culture of Central Asia and Azerbaijan in the 9th-15th Centuries*, *Volume III*: *Toreutics*, Samarkand & Tashkent: IICAS, 2012.

Przhevalsky, N. M. , *From Kulja*, *across the Tian Shan to Lob-Nor*, tr. by E. D. Morgan, London: S. Low, 1879.

Пржевальскаго, Н. М. , *От Кяхты на истоки Желтой ргюки: изслгυ∂ ованіе сгυверной окраины Тибета, и путь через Лоб-Нор по бассейну Тарима*, С. -Петербург: Тип. В. С. Балашева, 1888.

Pulleyblank, E. G. , "The Date of the Staël-Holstein Roll," *Asia Major* 4, new series, 1954, pp. 90—97.

Pulleyblank, E. G. , "The Consonantal System of Old Chinese," *Asia Major* 9, new series, 1962, pp. 58—144, 206—265. 汉译本见蒲立本《上古汉语的辅音系统》, 1999 年。

Pulleyblank, E. G. , *Lexicon of reconstructed pronunciation in Early Middle Chinese*, *Late Middle Chinese*, *and Early Mandarin*, Vancouver: UBC Press, 1991.

Reichelt, H. , *Die soghdischen Handschriftenreste des Britischen Museums*, II, Heidelberg: C. Winter's, 1931.

Rhie, M. M. , *Early Buddhist Art of China and Central Asia*, Vol. I: *Later Han*, *Three Kingdoms and Western Chin in China and Bactria to Shan—shan in Central Asia*, Leiden: Brill, 2007.

Roborovsky, V. , "Progress of the Russian Expedition to Central Asia under Colonel Pievtsoff," *Proceedings of the Royal Geographical Society and Monthly Record of Geography* 12/1, 1890, pp. 19—36.

Rogers, J. M. , *The Arts of Islam. Masterpieces from the Khalili Collection*, London: Thames & Hudson, 2010.

Romanis, F. de, "Julio-Claudian Denarii and Aurei in Campania and India," *Annali dell'Istituto Italiano di Numismatica* 58, 2012, pp. 180—185.

Rong Xinjiang, "Reality of Tale? Marco Polo's Description of Khotan," *Journal of Asian History* 49, 2015, pp. 161—174.

Rong Xinjiang & Wen Xin, "Newly Discovered Chinese-Khotanese Bilingual Tallies," *Journal of Inner Asian Art and Archaeology* 3, 2008 [2009], pp. 99—118.

Rossabi, M. , "Chinese Turkestan iv. In the Mongol Period," in: *Encyclopædia Iranica* 5/5, ed. by E. Yarshater, Costa Mesa: Mazda Publishers, 1991, pp. 473—474.

Rossabi, M. , *Voyager from Xanadu: Rabban Sauma and the First Journey from China to the West*, Berkeley: University of California Press, 2010.

Rowland, B. , *Afghanistan: Objects from the Kabul Museum*, with photographs by F. M. Rice, London: Allen Lane the Penguin Press, 1971.

Sarianidi, V. I. , *The Golden Hoard of Bactria: From the Tillya-tepe Excavations in Northern Afghanistan*, New York: H. N. Abrams, 1985.

Shaw, R. , *Visits to High Tartary, Yârkand, and Kâshgar (Formerly Chinese Tartary), and Return Journey over the Karakoram Pass*, London: J. Murray, 1871.

Sims-Williams, N. , "The Sogdian Fragments of the British Library," *Indo-Iranian Journal* 18, 1976, p. 43 n. 10.

Sims-Williams, N. , "Christianity iii. In Central Asia And Chinese Turkestan," in: *Encyclopædia Iranica* 5/5, ed. by E. Yarshater, Costa Mesa: Mazda Publishers, 1991, pp. 330—334.

Sims-Williams, N. , *Sogdian and Other Iranian Inscriptions of the Upper Indus*, 2 Vols. , London: School of Oriental and African Studies, 1989—1992.

Sims-Williams, N. , *Bactrian Documents from Northern Afghanistan*, 3 Vols, London: The Nour Foundation in association with Azimuth Editions, 2000—2012.

Sims-Williams, N. , "Sogdian Ancient Letter II," in: A. L. Juliano & J. A. Lerner (eds.), *Monks and Merchants: Silk Road Treasures from Northwest China*, New York: Harry N. Abrams with the Asia Society, 2001, pp. 47—49.

Sims-Williams, N. , "The Bactrian Inscription of Rabatak: A New Reading," *Bulletin of the Asia Institute* 18, new series, 2004 [2008], pp. 53—68.

Sims-Williams, N. , "Kanjaki," in: *Encyclopædia Iranica* 15/5, ed. by E. Yarshater, New York: Bibliotheca Persica Press, 2010, p. 502.

Sims-Williams, N. & Bi Bo, "A Sogdian Fragment from Niya," in: *Great Journeys across the Pamir Mountains: A Festschrift in Honor of Zhang Guangda on His Eighty-Fifth Birthday*, ed. by Chen Huaiyu Chen & Rong Xinjiang, Leiden: Brill, 2018, pp. 83—104.

Sims-Williams, N. , F. Grenet & É. de la Vaissière, "The Sogdian Ancient Letter V," *Bulletin of the Asia Institute* 12, new series, 1998 [2001], pp. 91—104.

Skjærvø, P. O. , *Khotanese Manuscripts from Chinese Turkestan in the British Library. A Complete Catalogue with Texts and Translations*, with contribution by U. Sims-Williams, London: British Library Publishing, 2002.

Skjærvø, P. O. , "The End of Eighth-Century Khotan in Its Texts," *Journal of Inner Asian Art and Archaeology* 3, 2008 [2009], pp. 119—144.

Stein, M. A., "Hsü an-tsang's Notice of P'i-mo and Marco Polo's Pein," *T'oung Pao* 7/4, 2nd series, 1906, pp. 469—480.

Stein, M. A., *Ancient Khotan: Detailed Report of Archaeological Explorations in Chinese Turkestan*, Oxford: Clarendon Press, 1907. 汉译见斯坦因《古代和田》, 2009 年。

Stein, M. A., *Ruins of Desert Cathay: Personal Narrative of Explorations in Central Asia and Westernmost China*, London: Macmillan, 1912.

Stein, M. A., *Serindia: Detailed Report of Archaeological Explorations in Central Asia and Western-most China*, Oxford: Clarendon Press, 1921. 汉译斯坦因《西域考古图记》, 1998 年。

Stein, M. A., *Innermost Asia: Detailed Report of Explorations in Central Asia, Kansu and Eastern Iran*, Oxford: Clarendon Press, 1928. 汉译见斯坦因《亚洲腹地考古图记》, 2004 年。

Szemerényi, O., *Four Old Iranian Ethnic Names: Scythian-Skudra-Sogdian-Saka*, Wien: Verlag der Österreichischen Akademie der Wissenschaften, 1980.

Szuppe, M., "Herat, iii: History, Medieval Period," *Encyclopædia Iranica* 12/2, ed. by E. Yarshater, New York: Bibliotheca Persica Press, 2003, pp. 206—211.

Takeuchi, T., *Old Tibetan Manuscripts from East Turkestan in the Stein Collection of the British Library*, 2 vols, Tokyo: The Centre for East Asian Cultural Studies for Unesco, The Toyo Bunko, 1997—1998.

Talvio, T., "The Coins in the Mannerheim Collection," in: *C. G. Mannerheim in Central Asia 1906—1908*, ed. by P. Koskikallio & A. Lehmuskallio, Helsinki: National Board of Antiquities, 1999, pp. 117—121.

Tanabe, K., *Silk Road Coins: The Hirayama Collection*, Kamakura:

The Institute of Silk Road Studies, 1993.

Tekin, Ṣ., "A Qaraoḫānid Document of A. D. 1121 (A. H. 515) from Yarkand," *Harvard Ukrainian Studies* 3-4/2, 1979—1980, pp. 868—883.

Thaplyal, K. K., "Coin Devices on Clay Lumps," in: *Early Indian Indigenous Coins*, ed. by D. C. Sircar, Calcuta: University of Calcutta, 1970.

Then-Obluska, J., "Cross-cultural Bead Encounters at the Red Sea Port Site of Berenike, Egypt. Preliminary Assessment (Seasons 2009—2012)," *Polish Archaeology in the Mediterranean* 24/1, 2015, pp. 735—777.

Thomas, F. W., *Tibetan Literary Texts and Documents Concerning Chinese Turkestan*, 4 vols., London: Royal Asiatic Society, 1935—1963.

Thomas, F. W., "Some Words Found in Central Asian Documents," *Bulletin of the School of Oriental Studies* 8/2-3, 1936, pp. 793—794.

Thomas, F. W., "Some Notes on Central-Asian Kharoṣṭhī Documents," *Bulletin of the School of Oriental and African Studies* 11/3, 1945, pp. 513—549.

Thomas, F. W. & S. Konow, "Two Medieval Documents from Tun-Huang," *Oslo Etnografiske Museums. Skrifter* 3/3, 1929, pp. 123—160.

Togan, I., "Chinese Turkestan, iii. From the Advent of Islam to the Mongols," in: *Encyclopœdia Iranica* 5/5, ed. by E. Yarshater, Costa Mesa: Mazda Publishers, 1991, pp. 471—473.

Togan, I., "Islam in a Changing Society: The Khojas of Eastern Turkestan," in: J. -A. Gross (ed.), *Muslims in Central Asia: Expressions of Identity and Change*, Durham: Duke University Press, 1992, pp. 134—148.

Tremblay, X., "Kanǰakī and Kāšɣarian Sakan," *Central Asiatic Journal* 51/1, 2007, pp. 63—76.

Trinkler, E., *The Stormswept Roof of Asia: By Yak, Camel & Sheep Caravan in Tibet, Chinese Turkestan & over the Kara-Koram*, tr. by

B. K. Featherstone, London: Seeley, 1931.

Turner, P. J. , *Roman Coins from India*, London: Royal Numismatic Society, 1989.

Тугушевои, Л. Ю. , *Фрагменты уйгурской версии биографии Сюань-цзана*, Москва: Наука, 1980.

la Vaissière, É. de, *Sogdian Traders: A History*, tr. in English by J. Ward, Leiden: Brill, 2005.

la Vaissière, É. de, "The Triple System of Orography in Ptolemy's Xinjiang," in: *Exegisti Monumenta: Festschrift in Honour of Nicholas Sims-Williams*, ed. by W. Sundermann et al. , Wiesbaden: Harrassowitz, 2009, pp. 527—535.

Wang, H. , *Money on the Silk Road: The Evidence from Eastern Central Asia to c. AD 800. With a Catalogue of the Coins Collected by Sir Aurel Stein*, London: British Museum Press, 2004.

Wheeler, R. E. M. , "Roman Contact with India, Pakistan and Afghanistan," in: *Aspects of Archaeology in Britain and Beyond: Essays Presented to O. G. S. Crawford*, ed. by W. F. Grimes, London: H. W. Edwards, 1951, pp. 374—381.

Whitefield, R. , *The Art of Central Asia: the Stein Collection in the British Museum*, Tokyo: Kodansha, 1985.

Williams, J. , "The Iconography of Khotanese Paiting," *East and West* 23/1-2, 1973, pp. 109—154.

Yoshida, Y. , "When Did Sogdians Begin to Write Vertically?" *Tokyo University Linguistic Papers* 33, 2013, pp. 375—394.

Yoshida, Y. , "Studies of the Karabalgasun Inscription: Edition of the Sogdian Version," *Modern Asian Studies Review* 11, 2020, pp. 1—140.

Yule, H. , *Cathay and the Way Thither: Being A Collection of Medieval*

Notices of China, London: The Hakluyt Society, 1866.

Zambaur, E. von, *Die Münzprägung des Islams, zeitlich und örtlich geordnet*, Wiesbaden: F. Steiner, 1968.

索　引

后 记

　　丝绸之路南道是我学术生涯的起点。大二的时候，我申请本科生科研项目，请刘文锁师指导。刘老师深耕丝绸之路考古有年，他建议我关注尼雅遗址出土的 565 号佉卢文文书。这是一件非常有意思的文书，融合了内地日书、印度占星术、希腊天文学等多种文化因素。以此为出发点，我在查阅资料的过程中，认识了王子今、李零、江晓原、长泽和俊、林梅村、荣新江等一串串名字。我最初的学术认知网络由此铺开。不过，后来很长一段时间，我并未专门从事丝路南道的研究。直到博士后阶段，我协助荣新江师译注《马可波罗行纪》塔里木盆地部分。马可波罗是古代最后一位行经南道并留下详细记载的旅行家。因此机缘，我开始对南道进行系统钻研。

　　2020 年，我供职的浙大中亚与丝路文明研究中心入选国家民委"一带一路"国别和区域研究中心名单。中心主任刘进宝教授乘此东风策划"中亚与丝路文明研究"丛书。刘老师抬爱，让我也交一本书。我想了想自己的研究经历，蓦然发现丝路南道不单是我学术生涯的起点，也是我诸多学术研究的交叉点。除 565 号佉卢文文书外，我硕士论文梳理过汉代南道的罗马方物，博士论文考察过于阗的汉佉二体钱，再后来还探究过于阗的喀喇汗朝铜器，等等。因此，我向刘老师报了大家看到的这个题目。去年春夏，我集中半年时间将过去的相关研究进行了整理和增补，草成此书，也算是对自己近二十年学习和研究的一个阶段性总结。

小书付梓之际，忆及往昔求学点滴，感激之情充溢心间。首先要感谢两位导师林梅村师和荣新江师多年来的言传身教。林先生博闻强记，思维活跃。每次和他交谈，基本上都是同一模式——简单寒暄几句之后，就一直是我恭听他侃侃而谈。我很享受他天马行空的言谈，从中时常能获得启发。荣先生精力充沛，常年带领多个读书班，并让学生参与其中，接受专业训练。我先后参加过和田文书读书班、西市墓志读书班及马可波罗读书班。我关于丝路南道许多问题的最初思考，正是在这些读书班中生发的。

在求学之路上，我还幸遇其他众多良师与前辈，包括袁行霈、徐苹芳、赵化成、齐东方、沈睿文、韦正、刘浦江、邓小南、王小甫、罗新、朱玉麒、史睿、党宝海、李零、段晴、王一丹、徐文堪、王子今、张国刚、葛承雍、赵丰、魏坚、张德芳、于志勇、孟宪实、李肖、郭物、刘昭瑞、郑君雷、刘文锁、姚崇新、辛维廉、德金、荒川正晴、汪海岚、乌苏吉等先生。他们在各个场合予我大度指教，示以治学门径。工作后，我有幸加入浙大丝绸之路研究队伍，前辈张涌泉、刘迎胜、谢继胜、刘进宝、韩琦、冯培红、孙英刚、余欣、马娟等人对我关怀备至，提携有加。在此，谨向以上诸位先生致以衷心谢意！

本书得以完成，还要感谢朱丽双、毕波、林怡娴、西村阳子、村井恭子、庆昭蓉、文欣、盛洁、马晓林、裴成国、徐畅、郑燕燕、郭桂坤、陈春晓、付马、沈琛、苗润博、胡晓丹、求芝蓉、李晴、李昀、陈烨轩、王瑞雷、秦桦林、潘敦等学友的鼓励和帮助。感谢凌丽华、郝璐嘉、李王琦等同学帮忙细心校对书稿。

2023 年 2 月 10 日

于浙大紫金港